"新一代信息技术系列"
专家委员会

华为ICT学院指定教材

新一代信息技术系列

专家委员会主任 吕卫锋

华为基础软件

国家出版基金项目
NATIONAL PUBLICATION FOUNDATION

工信知识赋能工程

移动应用开发技术

—— 基于OpenHarmony平台

华为技术有限公司　组编

赵小刚　楚朋志　编著

人民邮电出版社

北　京

图书在版编目（CIP）数据

移动应用开发技术 ：基于 OpenHarmony 平台 / 赵小刚，楚朋志编著；华为技术有限公司组编. -- 北京：人民邮电出版社，2025. --（新一代信息技术系列）. ISBN 978-7-115-65061-0

Ⅰ. TN929.53

中国国家版本馆 CIP 数据核字第 20243K83A2 号

内 容 提 要

本书介绍 OpenHarmony 操作系统移动应用开发的必备知识，既包含基础的移动应用结构剖析，也涉及目前流行的终端设备 AI 模型的使用。本书强调理论和实践相结合，提供丰富的代码示例，方便读者理解和运用移动应用开发的知识。

本书讲解了 OpenHarmony 的系统特性、应用开发流程和开发工具、应用组成和配置，以及应用模型、ArkTS 语法、基于 ArkTS 框架的 UI 设计与开发、数据持久化、传感器应用和媒体管理、网络访问与多线程等传统移动开发内容。此外，还介绍了 OpenHarmony 应用独有的流转架构和原子化服务等。最后以一个实用性较强的健康生活应用为例，介绍如何从需求分析入手，进行概要设计和详细设计，并最终完成代码开发。本书贯彻软件工程思想，通过工程化理念来指导移动应用开发。本书除第 13 章，其他章都设计了课后习题，希望能通过练习和操作实践帮助读者巩固所学知识。

本书既可以作为本科院校和高职高专院校计算机相关专业移动应用开发课程的教材，也可以作为对 OpenHarmony 应用开发感兴趣的 IT 从业人员的自学用书。

◆ 组　　编　华为技术有限公司

　　编　　著　赵小刚　楚朋志

　　责任编辑　邓昱洲

　　责任印制　马振武

◆ 人民邮电出版社出版发行　　北京市丰台区成寿寺路 11 号

　　邮编　100164　电子邮件　315@ptpress.com.cn

　　网址　https://www.ptpress.com.cn

　　固安县铭成印刷有限公司印刷

◆ 开本：787×1092　1/16

　　印张：28　　　　　　　　　　　2025 年 7 月第 1 版

　　字数：828 千字　　　　　　　　2025 年 7 月河北第 1 次印刷

定价：119.80 元

读者服务热线：(010)81055410　印装质量热线：(010)81055316

反盗版热线：(010)81055315

当下，信息技术的浪潮正以惊人的速度重塑着全球社会经济的版图。云计算、大数据、人工智能、物联网等新一代信息技术不断涌现，推动产业结构经历深刻的变革。在这场技术革命中，基础软件扮演着至关重要的角色，它不仅是信息系统的基石，更是技术创新的源泉和信息安全的守护者。

回首数十年来我国基础软件的发展历程，国家在这一领域倾注了大量资源。得益于国家科技重大专项和政策的有力支持，我国的基础软件实现了迅猛发展，步入了快车道。国产软件阵营蔚为壮观，操作系统、数据库管理系统、中间件等核心领域硕果累累，不仅在国内市场占据了一席之地，更在多个关键领域跻身国际先进行列。随着开源生态的逐步繁荣，我国也积极响应，拥抱开源生态建设。我们目睹了 openEuler、OpenHarmony 等国产操作系统的蓬勃发展，见证了 MindSpore 人工智能框架的突破性创新，以及 Ascend C 编程语言的闪亮登场。在华为等科技企业和广大开发者的共同努力下，基础软件在开源生态蓬勃发展的推动下取得了更大的成就。这些成就是我国基础软件实力的有力证明，也是自主创新能力的生动展示。它们不仅彰显了我国在全球化技术竞争中的坚定立场，更体现了对技术自主权的坚守与对自主创新的决心。

在全球化的技术竞争中，自主创新是我们的必由之路，开源生态建设是关键一环。开源生态支持多元化的技术体系和发展路径，有助于形成多样化的产业生态系统，满足不同行业和领域的需求；推动了技术和接口的标准化，使得不同软件之间能够更容易地实现互操作和集成；促使资源共享，减少了重复开发和资源浪费，提高了资源的利用效率。因此，未来基础软件的发展离不开开源生态的建设。

当前，在核心技术、产业生态和国际标准制定上，我国的基础软件与国际先进水平仍有一定的差距。我们必须深化对基础软件的认识，加大研发投入，更加积极地拥抱开源生态建设，培育卓越人才，以确保在科技革命和产业变革中占据有利地位。当下，各大高校正在构建相关课程体系，强化理论与实践结合，建立先进的基础软件实验室，通过校企合作，推动学术与产业的融合，致力于培养具有国际视野的高水平基础软件人才。

由此，我们精心编撰了这一丛书，以响应国家对基础软件国产化替代的战略需求，为信息技术行业的人才培养提供有力的知识支持。本丛书以国产基础软件为核心，全面覆盖操作系统、编程语言、人工智能等关键技术领域，深入剖析基础软件的发展历程、核心技术、应用案例及未来趋势，力图构建多维度、立体化的知识架构，为读者提供全方位的视角。

本丛书在内容布局上，注重系统性与实用性的结合，侧重于培养读者的实践能力和创新思维。我们不仅深入探讨基础软件的理论基础与技术原理，更通过丰富的实际案例与应用场景，展示华为等企业在该领域的最新成果与创新实践，引导读者将理论知识转化为解决实际问题的能力。本丛书的编撰团队由国内一流院校的教师和业界资深专家组成，他们深厚的学术背景和丰富的实践经验，为丛书内容的权威性和实用性提供了坚实保障。

我们期望通过这套丛书，传播国产基础软件的先进理念与优秀成果，激发广大师生与从业人员的使命感，鼓励他们投身于我国基础软件国产化的创新征程。我们坚信，唯有汇聚全社会的智慧与力量，持续推动创新，才能实现我国基础软件的自主可控与高质量发展。让我们携手并进，共同推动新一代信息技术的繁荣发展，助力我国从信息技术大国迈向信息技术强国。

北京航空航天大学副校长　吕卫锋

培养基础软件人才 助力软件行业根深叶茂

当下，AI 创新风起云涌，大模型"百花齐放"，云计算步入"黄金时代"……我们看到，以人工智能、云计算、大数据等为代表的新一代信息技术加速突破应用，推动社会生产方式变革、创造人类生活新空间。基础软件作为新一代信息技术的底座，为信息产业和数字经济的发展提供了强有力的支撑，它不仅是各种应用软件运行的平台，还承载着数据处理、网络通信、系统安全等核心功能。一个强大、稳定、高效的基础软件体系，能够确保整个信息产业和数字经济的顺畅运行，为各种创新应用提供坚实的土壤。因此，基础软件技术也被称为"根技术"。

为构筑软件行业的根基，华为与全球伙伴一起，围绕鲲鹏、昇腾、欧拉、CANN、昇思等产品，构建数字基础设施生态，打造数字世界的算力底座。同时，华为秉持包容、公平、开放、团结和可持续的理念，与开发者共建世界级开源社区，加速软件创新和共享生态繁荣。

人才是高科技产业的关键资源。基础软件作为底层技术，通用性和专业性更强，因此需要更多对操作系统领域有深入研究、有自主创新能力的人才。

在 ICT 人才培养方面，华为已沉淀了 30 多年的丰富经验。华为将这些在 ICT 行业中摸爬滚打积累而来的经验、技术、人才培养标准贡献出来，联合教育主管部门、高等院校、培训机构和合作伙伴等各方生态角色，通过建设人才联盟、融入人才标准、提升人才能力、传播人才价值，构建良性 ICT 人才生态，从而促进科技进步、产业繁荣，助推社会可持续发展。

为培养高校 ICT 人才，从 2013 年起，华为携手全球高校共建华为 ICT 学院。这一校企合作项目通过提供完善的课程体系，搭建线上学习和实验平台，培养师资力量，携手高校培养创新型和应用型人才；同时通过例行发布 ICT 人才白皮书，举办华为 ICT 大赛、华为 ICT 人才双选会等，营造人才成长的良好环境和通路，促进人才培养良性循环。

教材是知识传递、人才培养的重要载体，华为通过校企合作模式出版教材，助力高校人才培养模式改革，推动 ICT 人才快速成长。为培养基础软件人才，华为聚合技术专家、高校教师等，倾心打造华为 ICT 学院教材。本丛书聚焦华为基础软件，内容覆盖 OpenHarmony、openEuler、MindSpore、Ascend C 等基础软件技术方向，系统梳理和融合前沿基础软件技术；包含大量基于真实工作场景编写的行业实际案例，理实结合；将知识条理清晰、由浅入深地拆解分析，逻辑严谨；配套丰富的学习资源，包括源代码、实验手册、在线课程、测试题等，利于学习。本丛书既适合作为高等院校相关课程的教材，也适合作为参与相关技术方向华为认证考试的参考书，还适合计算机爱好者用以学习和探索基础软件的开发应用。

　　智能化的大潮正在奔涌而来，未来智能世界充满机遇和挑战。同学们，请在基础软件的知识海洋中遨游，完成知识积累，拓展实践能力，提升软件技能，为未来职场蓄力。华为也期待与你们携手，共同打造根深叶茂的操作系统基座和开源生态系统，为促进基础软件根技术生态发展、实现科技创新、促进数字经济高速增长贡献力量。

华为 ICT 战略与业务发展部总裁　彭红华

自华为公司 2019 年推出 HarmonyOS 以来，HarmonyOS 以其便捷的互联互通能力和强大的交互能力得到了众多软硬件公司的支持，截至 2024 年 6 月，搭载 HarmonyOS 的硬件设备数量已超过 9 亿，HarmonyOS 正加速成为世界第三大移动操作系统。2023 年 8 月，在华为 HDC 大会上，华为正式推出 HarmonyOS NEXT，该操作系统不兼容 Android。这对华为公司及广大鸿蒙开发者来说，是巨大的机遇和挑战，Android 市场上的众多软件都需要适配鸿蒙操作系统，因此急需一大批掌握 HarmonyOS 应用开发技能的人才投身 HarmonyOS 生态建设。

作为 HarmonyOS 生态发展的重要一环——开源鸿蒙（OpenHarmony 操作系统），自 2020 年由开放原子开源基金会发布与命名以来，一直肩负着推广鸿蒙生态、使能千行百业的重要使命。OpenHarmony 操作系统在社会各界开源力量的帮助中快速成长，并逐渐具备 HarmonyOS 的各项重要特性，特别是从 4.0 版本起，已基本与 HarmonyOS NEXT 对齐，未来更会成为鸿蒙操作系统发展的技术底座。开设基于 OpenHarmony 操作系统的应用开发课程，不仅可以培养学生的移动应用开发能力，更能推动开源众智文化的发展。

本书采用"教、学、做"一体化的教学方法，旨在为培养 OpenHarmony 应用开发人才提供适合的教学与训练。本书以移动应用开发过程为主线，按"学做合一"的指导思想，引入 CDIO（Conceive，Design，Implement，Operate）工程教育方法，在完成技术讲解的同时引入相应的项目实例，引导读者快速理解和掌握相关技术难点。读者在阅读本书的过程中，不仅能快速学习基本技术，而且能按工程化实践要求进行项目的开发并实现相应的功能。

本书的主要特点如下。

1. 项目开发实践与理论教学紧密结合

为了使读者快速掌握 OpenHarmony 移动应用开发的相关技术，并按实际项目开发要求熟练运用开发技术，本书在重要知识点后面都安排了项目示例代码，以帮助读者巩固相关知识。第 13 章更是以较成熟的 OpenHarmony 应用——健康生活应用的设计和开发过程为例，帮助读者进行软件工程知识的应用与训练。

2. 内容组织合理，兼顾通用性和特异性

本书由浅入深，依次介绍 OpenHarmony 的系统特性、应用结构、应用模型、UI 设计与开发和数据持久化等移动应用开发都需要的知识，更突出介绍 OpenHarmony 独有的流转架构和原子化服务的设计与开发。在逐渐丰富移动应用开发技能的同时，引入相关技术与知识，实现技术讲解与训练合二为一，有助于"教、学、做"一体化教学的实施。

为方便读者使用，本书提供配套电子教案，读者可用 PC 浏览器登录 https://box.lenovo.com/l/mu2CCY 下载。

使用本书教学的参考学时为 76 学时，其中理论学时为 51 学时，实验学时为 25 学时。建议采用理论与实践一体化的教学模式，参考学时见表 0-1。

表 0-1　学时分配表

模块	理论（51 学时）						实验（25 学时）			学时共计
	序号	知识单元	知识点	重点	难点	学时	实验	实验类型	学时	
基础篇	1	OpenHarmony 开发相关基础	初识 OpenHarmony			1				11
			开发你的第一行 OpenHarmony 代码	√		4	创建简单的 Hello World	验证型	1	
			OpenHarmony 应用结构剖析		√	4	了解 OpenHarmony 应用组成	验证型	1	
	2	OpenHarmony 核心概念	OpenHarmony 应用模型	√	√	6	UIAbility 调用 ServiceExtensionAbility 获取天气实验	验证型	2	8
进阶篇	3	UI 设计	ArkTS 语法			6	使用 ArkTS 的状态管理功能完成状态实验	设计型	2	26
			ArkUI 设计与开发	√	√	6	购物车实验	设计型	3	
	4	数据持久化	OpenHarmony 数据持久化	√	√	6	基于数据库存储的手机通讯录应用程序（application，本书简称 app）的设计与实现	设计型	3	
高级篇	5	分布式程序	OpenHarmony 流转架构剖析	√	√	3	分布式媒体播放器 app 的设计与实现	设计型	2	28
	6	传感器应用	OpenHarmony 传感器应用和媒体管理	√		4	视频播放应用开发	设计型	2	
	7	服务卡片	OpenHarmony 原子化服务	√	√	3	健康饮食服务卡片开发	设计型	2	
	8	网络和多线程	OpenHarmony 网络访问与多线程	√	√	3	网络资源访问并显示的实验	设计型	2	
	9	移动应用前沿技术	OpenHarmony 高级技术		√	4	NAPI 应用实验	设计型	2	
综合篇	10	综合应用	OpenHarmony 开发实战进阶				运动健康 app 开发	设计型	3	3

本书由华为技术有限公司组编，华为公司魏彪、谭景盟、徐梓健、张博和冷佳发担任主审。在本书的编写过程中，编著者参阅并引用了华为公司的相关技术文档，在此衷心感谢华为公司工程师的大力支持和帮助。由于作者水平有限，书中难免存在不足之处，殷切希望广大读者批评指正。

作者

2025 年 3 月

目 录

第1章
初识OpenHarmony

01

学习目标

① 了解 OpenHarmony 的起源和发展。
② 掌握 OpenHarmony 技术架构及各层特点。
③ 掌握 OpenHarmony 技术特性。
④ 了解 OpenHarmony 的安全特性。

在现代信息社会，人们越来越离不开具备联网功能的智能设备，小到系统容量不到 100KB 的手环，大到系统容量在 2GB 以上的智慧屏等，各种物联网设备已经融入大众的日常生活和工作，出现在智慧城市、智慧园区、智慧物流、智慧交通、智慧消防、智慧医疗、智能家居等的方方面面——万物互联的智能设备已经与人们的生活或生产密不可分。

本章主要基于全球智能终端的发展与我国移动操作系统的机遇与挑战，简要介绍以万物互联为目标的 OpenHarmony；分析 OpenHarmony 技术架构，揭秘其核心组成部分；详解 OpenHarmony 技术特性，挖掘其内在工作机理；阐述 OpenHarmony 安全特性，研究其如何保障用户、数据和设备的安全。

1.1　全球智能终端的发展

相关统计数据表明，近年来全球智能终端产业飞速发展。2015 年，全球人均拥有近两部智能设备（包括但不限于手机、平板计算机、个人计算机等传统智能设备和物联网设备等）。2020 年，这个数值达到 4 部。预计 2025 年人均智能设备拥有量将达到 9 部，其中传统智能设备数量增加得不多，增加更多的是物联网设备（如智慧家电、电动汽车、无人机等），以及种类繁多的传感器设备等。

在智能设备快速发展的过程中，很多硬件厂商推出过各类硬件产品，苹果公司和谷歌公司在智能设备领域取得了巨大成功。苹果公司自 2007 年推出 iPhone 以来，推出的 iMAC、iPad、HomePod 和可穿戴设备等深受年轻人喜爱，占领了智能设备的高端市场。苹果公司成功的关键在于打造了一个以操作系统为核心的闭源生态系统，各种苹果终端设备都能进行互联互通，而非苹果设备则无法与苹果设备快速交互。

谷歌公司作为传统软件公司，打入智能设备领域的关键是提供了开源操作系统 Android。谷歌公司很少生产硬件，但把 Android 开源并免费提供给各硬件厂商。各硬件厂商可以使用 Android 系统来适配它们生产的各种硬件产品，包括 Android 手机、Android 手表、Android 平板计算机和 Android 机顶盒等。只要安装 Android 系统，不同厂商设备间的交互是很方便的。Android 因其开源特性，迅速占领了中低端市场。此外，谷歌公司为了更好地适应广泛的物联网市场，也推出了 Fuchsia 操作系统。

近 5 年来，苹果公司的 iOS 和谷歌公司的 Android 在智能设备领域始终占有 90%左右的市场，从其成功的共性来分析，移动操作系统对智能设备的发展至关重要。iOS 和 Android 系统的内核均为 Linux 或类 Linux，其中一个闭源，一个开源，它们能超越 Linux 成为智能设备主导操作系统的原因在于生态的搭建。

1.2　我国移动操作系统的机遇与挑战

智能终端的飞速发展，给我国移动操作系统的发展带来历史性机遇。我国已具备终端产业领先优势：2021 年，我国 5G 基站数量超过 100 万个，居全球第一；个人终端及家电在全球市场的份额超过 50%；国内有 30 多家先进的芯片及模组厂商；阿里巴巴、华为和腾讯等厂商在云服务和云计算领域也处于全球第一阵营。但在这个巨大的物联网行业市场面前，我们也应清醒地认识到我国移动终端市场如下的不足之处。

① 占据市场 90%以上的物联网设备安装的是国外的操作系统，需要支付巨额的授权费，信息的安全性也无法得到有效保障。

② 海量的物联网设备催生了众多定制化物联网系统，操作系统碎片化严重；设备的互联基本在应用级，快速、稳定的互联互通难以得到保障。

1.3　OpenHarmony 概述

OpenHarmony 是以方便智能终端系统互联互通为目标打造的一款中国自主知识产权物联网操作系统。该系统由华为公司开发，后来捐赠给开放原子开源基金会（OpenAtom Foundation），成为由其孵化及运营的开源项目。在传统的单设备系统能力基础上，OpenHarmony 提出了基于同一套系统能力、适配多种终端形态的分布式理念，支持手机、计算机、平板计算机、智能穿戴、轻量级智能穿戴、智慧屏、车机、智慧音箱、增强现实（Augment Reality，AR）/虚拟现实（Virtual Reality，VR）眼镜等多种终端设备，具备全场景（如移动办公、运动健康、社交通信、媒体娱乐等）服务能力。

HarmonyOS 则是华为公司基于 OpenHarmony 进行定制开发的商业发行版，主要运行于华为手机、平板计算机和智慧屏等带屏富设备上。自 2019 年推出以来，HarmonyOS 深受广大消费者喜爱，目前已发布了 4.0 版。开源的 OpenHarmony 操作系统截至 2024 年 2 月的版本为 3.2。越来越多的物联网（Internet of Things，IoT）设备厂商、智能家电厂商、金融公司和互联网公司从 OpenHarmony 上发现了自身产品发展进步的新方向，从而积极拥抱 OpenHarmony 生态。目前，搭载 OpenHarmony 的硬件设备已经超过 3 亿台，OpenHarmony 正以充满活力的世界第三大移动操作系统的身份吸引着越来越多的移动应用开发者的关注。

OpenHarmony 提供了支持多种开发语言的应用程序接口（Application Program Interface，API），供开发者进行应用开发。支持的开发语言包括 ArkTS、JS（JavaScript）、C、C++。ArkTS 简单、易用且功能强大，是 OpenHarmony 官方推荐的开发语言。

1.4　OpenHarmony 技术架构

OpenHarmony 整体遵从分层设计，系统功能按照"系统→子系统→组件"逐级展开，在多设备部署场景下，支持根据实际需求对某些非必要的子系统或组件进行裁剪。子系统是一个逻辑概念，它由对应的组件构成。组件就是一系列可复用的软件单元，它包含源代码、配置文件、资源文件和编译脚本等，能独立构建，以二进制方式集成，具备独立验证能力。

OpenHarmony 技术架构如图 1-1 所示，主要由内核层、系统服务层、框架层和应用层这 4 层组成，具体介绍如下。

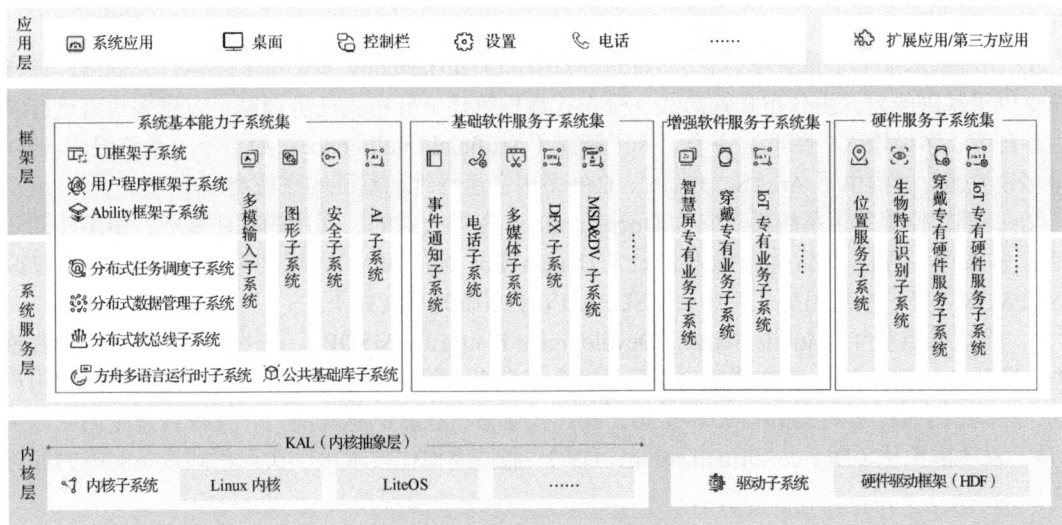

图 1-1 OpenHarmony 技术架构

1.4.1 内核层

内核层是 OpenHarmony 基本功能的集合，通过调用底层硬件为系统服务层提供服务。该层包含以下几个部分。

1. 内核子系统

OpenHarmony 采用多内核设计，支持针对不同资源的设备提供适合的操作系统（Operating System，OS）内核。对于轻设备（如手环），内核可以小于 1MB；对于富设备（如手机），内核可以大于 1GB。对内核抽象层（Kernel Abstract Layer，KAL）屏蔽多内核差异，向上层提供基础的内核能力，包括进程/线程管理、内存管理、文件系统管理、网络管理和外设管理等。

OpenHarmony 支持以下几种内核系统类型。其中轻量系统内核称为 LiteOS-M，小型系统内核称为 LiteOS-A，以上两种内核统称为 LiteOS；标准系统内核采用 Linux Kernel。

① 轻量系统（mini system）：面向 32 位微控制单元（Microcontroller Uint，MCU）类处理器（例如 ARM Cortex-M、RISC-V）的设备，硬件资源极其有限。支持的设备最小内存为 128KB，可以提供多种轻量级网络协议、轻量级的图形框架，以及丰富的 IoT 总线读写部件等。可支撑的产品有智能家居领域的连接类模组、传感器设备、穿戴类设备等。

② 小型系统（small system）：面向应用处理器（例如 ARM Cortex-A）的设备。支持的设备最小内存为 1MB，可以提供更高的安全性、标准的图形框架、视频编解码的多媒体能力。可支撑的产品有智能家居领域的网络摄像头、电子猫眼、路由器，以及智慧出行领域的行车记录仪等。

③ 标准系统（standard system）：面向应用处理器（例如 ARM Cortex-A）的设备。支持的设备最小内存为 128MB，可以提供增强的交互能力、图形处理单元（Graphics Processing Unit，GPU）及硬件合成能力、更多控件及动效更丰富的图形能力、完整的应用框架。可支撑的产品有冰箱显示屏等。华为手机的 HarmonyOS 就是基于标准系统开发的。

2. 驱动子系统

硬件驱动框架（Hardware Driver Foundation，HDF）是 HarmonyOS 硬件生态开放的基础，提供统一外设访问能力和驱动开发、管理框架。驱动子系统也支持针对不同硬件进行裁剪。

3

1.4.2 系统服务层

系统服务层是 OpenHarmony 的核心服务能力集合,通过框架层为应用层提供服务。该层包含以下几个部分。

① 系统基本能力子系统集。它为分布式应用在 OpenHarmony 多设备上的运行、调度、迁移等操作提供了基础能力,由分布式软总线、分布式数据管理、分布式任务调度、方舟多语言运行时、公共基础库、多模输入、图形、安全、人工智能(Artificial Intelligence,AI)等子系统组成。其中,方舟多语言运行时提供了 ArkTS、JS、C、C++多语言运行时和基础的系统类库。

② 基础软件服务子系统集。它为 OpenHarmony 提供公共的、通用的软件服务,由事件通知、电话、多媒体、面向产品生命周期设计(Design For X,DFX)、移动感知平台和设备虚拟化(MSDP&DV)等子系统组成。其中,MSDP&DV 子系统的功能如下。

- 移动感知平台(Mobile Sensing Development Platform,MSDP)。该平台提供分布式融合感知能力,借助 OpenHarmony 分布式能力,汇总融合来自多个设备的多种感知源,从而精确感知用户的空间、移动、手势、运动健康等多种状态,构建全场景泛在基础感知能力,支撑智慧生活新体验。
- 设备虚拟化(Device Virtualization,DV)。通过虚拟化技术可以实现不同设备的能力和资源融合。

③ 增强软件服务子系统集。为 OpenHarmony 提供针对不同设备的、差异化的能力增强型软件服务,由智慧屏专有业务、穿戴专有业务、IoT 专有业务等子系统组成。

④ 硬件服务子系统集。为 OpenHarmony 提供硬件服务,由位置服务、生物特征识别、穿戴专有硬件服务、IoT 专有硬件服务等子系统组成。

根据不同设备形态的部署环境,基础软件服务子系统集、增强软件服务子系统集、硬件服务子系统集内部可以按子系统粒度进行裁剪,每个子系统内部又可以按功能粒度进行裁剪。

1.4.3 框架层

框架层为 OpenHarmony 应用开发提供了 ArkTS、JS、C、C++等多语言的用户程序框架,以及 UI 框架和 Ability 框架。适用于 ArkTS、JS 语言的方舟开发框架即 ArkUI,同时还提供各种软硬件服务对外开放的多语言框架 API。根据系统的组件化裁剪程度,OpenHarmony 设备支持的 API 也会有所不同。

1.4.4 应用层

应用层包括系统应用和扩展应用/第三方应用。OpenHarmony 的应用由一个或多个用户界面能力(User-Interface Ability,UA)或扩展能力(Extentension Ability,EA)组成。其中,UA 有用户界面,提供与用户交互的能力;而 EA 针对具体场景,提供输入、卡片、后台运行任务的能力,以及统一的数据访问能力等。UA 在进行用户交互时所需的后台数据访问也需要由对应的 EA 提供支撑。基于 UA/EA 开发的应用,能够实现特定的业务功能,支持跨设备调度与分发,从而为用户提供一致、高效的应用体验。

1.5 OpenHarmony 技术特性

基于 OpenHarmony 先进的技术架构,OpenHarmony 对外体现出三大特性,分别是:硬件互助,资源共享;一次开发,多端部署;统一 OS,弹性部署。其中,"硬件互助,资源共享"体现了 OpenHarmony 的分布式特性,能将多个不同设备统一成一个逻辑整体;"一次开发,多端部署"则体现了 OpenHarmony 应用程序开发的便利性,OpenHarmony 应用只需修改少量界面样式代码,就可以在不同硬件配置的设备上运行；"统一 OS，弹性部署"则是指 OpenHarmony 可以根据硬件配置的不同进行灵活裁剪，以适配不同硬件。这三大特性都体现出 OpenHarmony 是一个适应多设备的物联网操作系统。

1.5.1 硬件互助，资源共享

多种设备之间能够实现硬件互助、资源共享，依赖的关键技术包括分布式软总线、分布式设备虚拟化、分布式数据管理、分布式任务调度和分布式连接能力等。

1. 分布式软总线

分布式软总线是手机、平板计算机、智能穿戴、智慧屏、车机等分布式设备的通信基础，为设备之间的互联互通提供了统一的分布式通信部署，为设备之间的无感发现和零等待传输创造了条件。开发者只需要聚焦于业务逻辑的实现，无须关注组网方式与底层协议。分布式软总线如图 1-2 所示。

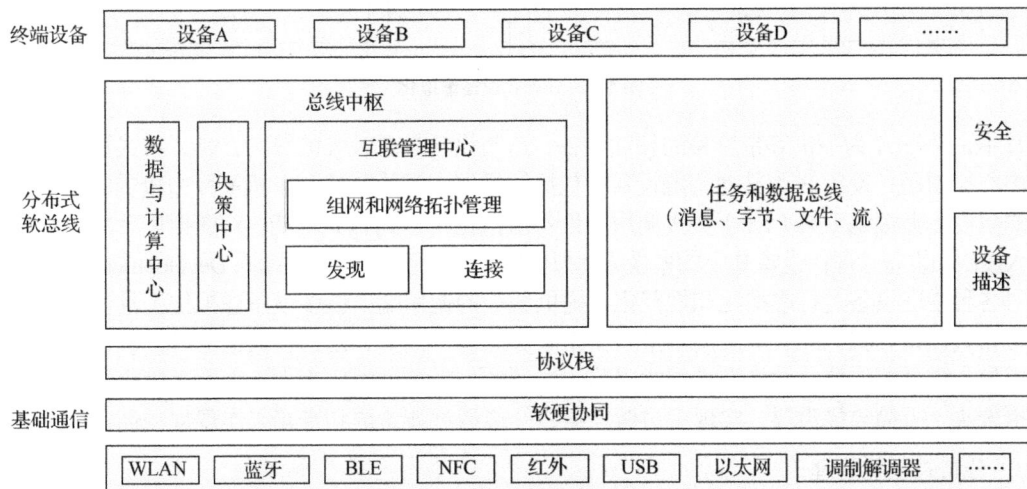

图 1-2 分布式软总线

总线中枢负责网络和计算的控制功能，是分布式软总线的"大脑"。其中，互联管理中心负责网络内设备的组网和网络拓扑管理，可以让网络内同一用户的设备进行自动发现，实现无感组网；决策中心和数据与计算中心则控制着网络内数据的分配和算力的分配，保障分布式软总线内所有设备的计算效率最大化。

任务和数据总线负责网络内设备间任务的流转和数据的传输等，是分布式软总线的执行部分；安全部分保障分布式软总线内数据的安全传输和设备间的安全访问；设备描述部分则对设备能力进行画像，决策中心可以依据该画像对设备进行合理任务分配。

分布式软总线的典型应用场景为智能家居。例如，用户在烹饪时，可以通过手机碰一碰连接烤箱，控制烤箱自动按照菜谱设置烹调参数并制作菜肴。与此类似，料理机、抽油烟机、空气净化器、空调、灯、窗帘等都可以通过手机控制，从而实现设备之间即连即用，不需要烦琐的配置。

2. 分布式设备虚拟化

分布式设备虚拟化平台可以实现不同设备的资源融合、设备管理、数据处理，多种设备共同形成超级虚拟终端。针对不同类型的任务，为用户匹配并选择能力合适的执行硬件，让业务连续地在不同设备间流转，充分发挥不同设备的能力（如显示能力、摄像能力、输入输出能力、音频能力及传感器能力等）优势。分布式设备虚拟化如图 1-3 所示。

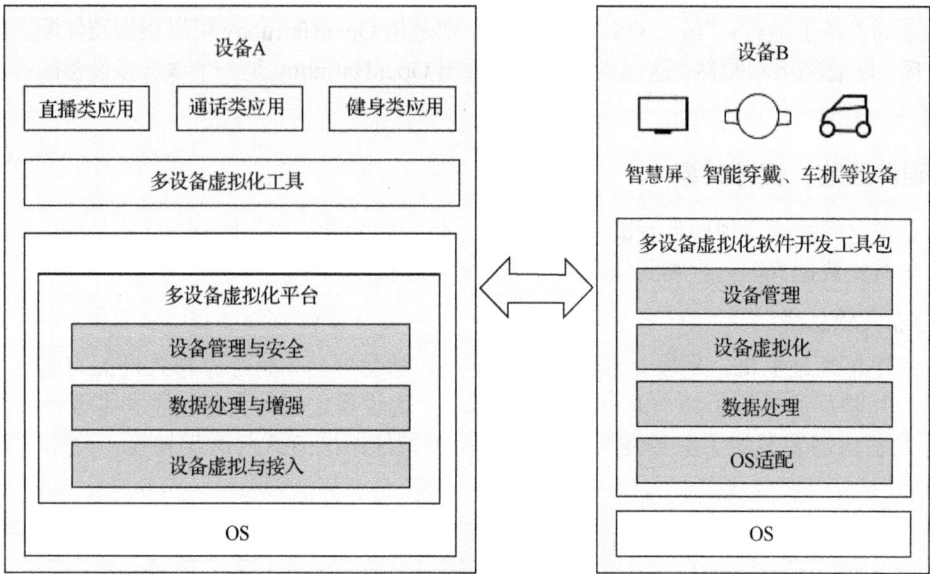

图 1-3　分布式设备虚拟化

其中，设备 A 为手机等带屏幕的移动设备，这类设备具备较强的算力，是分布式设备虚拟化场景的中心控制器；设备 B 为其他智能设备，包括智慧屏、智能穿戴和车机等算力较弱的设备。设备 A 上的多设备虚拟化工具（Kit）负责调用多设备虚拟化平台的相关功能，对虚拟化后的多种设备进行接入控制和设备管理；设备 B 上的多设备虚拟化软件开发工具包（Software Development Kit，SDK）负责对各种物理设备进行虚拟化和规范化，提供统一的调用端口供多设备虚拟化工具调用。

分布式设备虚拟化的典型应用场景为日常家务活动。例如，用户在做家务时接听视频电话，可以将手机与智慧屏连接，并将智慧屏的屏幕、摄像头与音箱虚拟化为本地资源，替代手机自身的屏幕、摄像头、听筒与扬声器，实现一边做家务、一边通过智慧屏和音箱来实现视频通话。

3. 分布式数据管理

分布式数据管理基于分布式软总线的能力，实现对应用程序数据和用户数据的分布式管理。用户数据不再与单一物理设备绑定，业务逻辑与数据存储分离，跨设备的数据处理如同本地数据处理一样方便快捷，让开发者能够轻松实现全场景、多设备下的数据存储、共享和访问，为打造一致、流畅的用户体验创造了基础条件。分布式数据管理如图 1-4 所示。

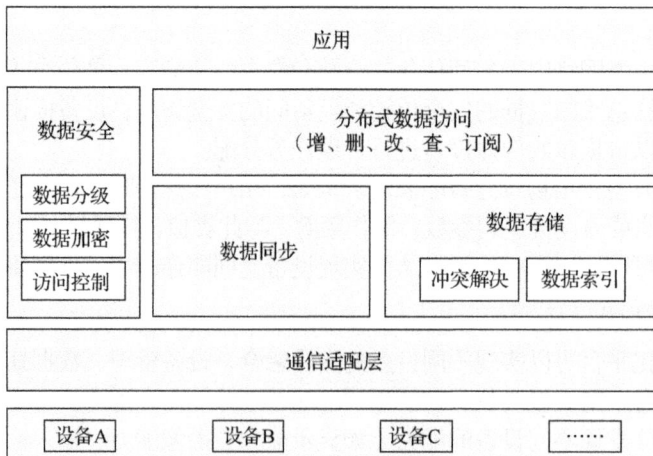

图 1-4　分布式数据管理

其中，分布式数据访问模块负责对 OpenHarmony 中的分布式数据库和分布式文件进行跨设备的增、删、改、查操作，同时支持订阅远程设备上的数据变化；数据同步模块负责网络内设备间数据的同步；数据存储模块负责建立数据索引和解决多设备访问同一数据资源时的冲突问题；数据安全模块则通过数据分级、数据加密和访问控制等多种途径来解决分布式环境下数据访问的安全问题。

分布式数据管理的典型应用场景是协同办公。例如，将手机上的文档同步到智慧屏，在智慧屏上对文档执行翻页、缩放、标记等操作，文档的最新状态可以在手机上同步显示。

4. 分布式任务调度

分布式任务调度基于分布式软总线、分布式数据管理、分布式环境画像（Profile）等技术，构建统一的分布式服务管理（发现、同步、注册、调用）机制，支持对跨设备的应用进行远程启动、远程调用、远程连接以及迁移等操作，能够根据不同设备的能力、位置、业务运行状态、资源使用情况，以及用户的习惯和意图，选择合适的设备运行分布式任务。

图 1-5 所示为应用迁移分布式任务调度。

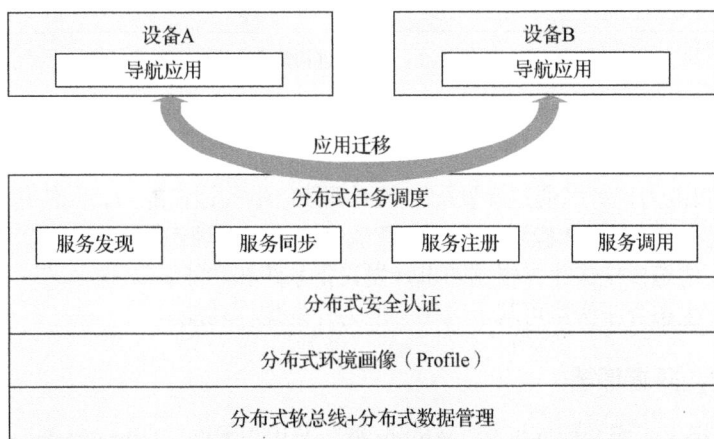

图 1-5　应用迁移分布式任务调度

分布式任务调度的典型应用场景是导航。例如，用户驾车出行时，上车前可以在手机上规划好导航路线，上车后导航自动迁移到车机和车载音箱，下车后导航自动迁移回手机。如果用户骑车出行，可以在手机上规划好导航路线，骑行时手表会接续导航，这样就不用随时查看手机，以避免出行时发生事故。

5. 分布式连接能力

分布式连接能力提供了智能终端底层和应用层的连接能力，通过通用串行总线（Universal Serial Bus，USB）接口共享终端部分硬件资源和软件能力。开发者基于分布式连接能力，可以开发相应形态的生态产品，为消费者提供更丰富的连接体验。分布式连接能力如图 1-6 所示。

分布式连接能力包含底层能力（即连接服务，Connect Service）和应用层能力（即智慧生活客户端服务，AILife Client Service）。

底层能力涉及如下模块。

① 终端 USB：智能终端侧 USB 模块，可为 USB 生态产品供电，是连接智能终端和生态产品的物理接口。

② 接入管理：智能终端对外提供的统一接口，用于和生态产品进行通信。

③ 通信框架：统一管理网络设置、信号显示，通过接入管理模块对外提供接口。

图 1-6　分布式连接能力

应用层能力涉及智慧生活模块，该模块为生态产品的公共开发平台，能够接入 USB 生态设备并创建接入卡片。

基于分布式连接能力，可以通过开发配件拓展智能终端的通信能力，配件包括如下内容。

① USB 模块：配件侧 USB 模块，用于和智能终端建立物理连接。

② 功能模块：生态合作伙伴可根据需求开发设备系统和功能。

③ 配件插件：生态合作伙伴可基于应用层能力开发配件功能。

1.5.2　一次开发，多端部署

OpenHarmony 提供了用户程序框架、Ability 框架及用户界面（User Interface，UI）框架，支持应用开发过程中多终端的业务逻辑和界面逻辑的复用，能够实现应用的一次开发、多端部署，提升跨设备应用的开发效率。一次开发、多端部署如图 1-7 所示。

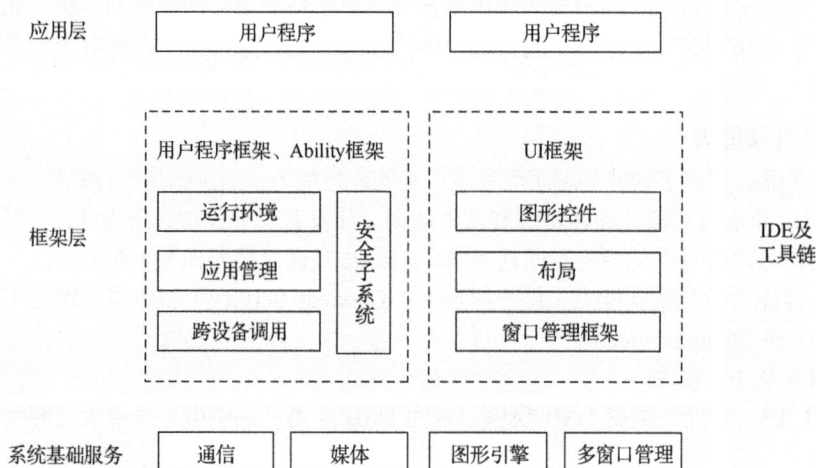

图 1-7　一次开发、多端部署

其中，UI 框架支持 ArkTS、JS 两种开发语言，并提供了丰富的多态控件，可以在手机、平板计算机、智能穿戴、智慧屏、车机等设备上显示不同的用户界面效果。UI 框架采用业界主流设计方式，提供多种响应式布局方案，支持栅格化布局，满足不同屏幕的界面适配能力。

1.5.3 统一 OS，弹性部署

OpenHarmony 通过组件化和小型化等设计方法，支持多种终端设备按需弹性部署，能够适配不同类别的硬件资源和功能需求。OpenHarmony 支持通过编译链关系自动生成组件化的依赖关系，形成组件树依赖图；支持产品系统的便捷开发，降低了硬件设备的开发门槛，它的主要特性如下。

① 支持各组件的选择（组件可有可无）：可以根据硬件的形态和需求选择所需的组件。

② 支持组件内功能集的配置（组件可大可小）：可以根据硬件的资源情况和功能需求选择配置组件中的功能集。例如，选择配置图形框架组件中的部分控件。

③ 支持组件间依赖的关联（平台可大可小）：可以根据编译链关系自动生成组件化的依赖关系。例如，选择图形框架组件，将会自动选择依赖的图形引擎组件等。

1.6 OpenHarmony 安全特性

在搭载 OpenHarmony 的终端上，主要通过访问控制和用户认证两种方式来保障硬件和数据安全。

1. 访问控制

访问令牌管理器（Access Token Manager，ATM）是 OpenHarmony 基于 Access Token 构建的统一的应用权限管理能力。

默认情况下，应用只能访问有限的系统资源。但某些情况下，应用为满足扩展功能的诉求，需要访问额外的系统或其他应用的数据（包括用户个人数据）和功能。系统或应用也必须以明确的方式对外提供接口来共享其数据或功能。OpenHarmony 提供了一种访问控制机制（即应用权限）来保证这些数据或功能不会被不当或恶意使用。

应用权限保护的对象可以分为数据和功能。

① 数据包含个人数据（如照片、通讯录、日历、位置）、设备数据（如相机、麦克风等设备的标识）、应用数据。

② 功能则包括设备功能（如打电话、发短信、联网）、应用功能（如弹出对话框、创建快捷方式）等。

应用权限是程序访问操作某种对象的通行证。权限在应用层面要求有明确定义，应用权限使得系统可以规范各类应用程序的行为准则，实现对用户隐私的保护。当应用访问操作目标对象时，目标对象会对应用进行权限检查。如果没有对应权限，则访问操作将被拒绝。

当前，ATM 提供的应用权限校验功能基于统一管理的 TokenID（Token Identity）。TokenID 是每个应用的身份标识，ATM 通过应用的 TokenID 来管理应用的权限。

2. 用户认证

用户认证模块提供用户认证能力。对应用开发者而言，可使用该模块进行用户身份认证，用于设备解锁、支付、应用登录等身份认证场景。

当前，用户认证提供人脸识别和指纹识别能力。设备具备哪种识别能力，取决于设备的硬件能力和技术实现。

① 人脸识别：基于人的脸部特征信息进行身份识别的一种生物特征识别技术，用摄像机或摄

像头采集含有人脸的图像或视频流，并自动在图像中检测和跟踪人脸，进而对检测到的人脸进行脸部识别，通常也叫作人像识别、面部识别、人脸认证。

② 指纹识别：基于人的指尖皮肤纹路进行身份识别的一种生物特征识别技术。当用户触摸指纹采集器件时，器件感知并获取用户的指纹图像，将之传输到指纹识别模块进行一定的处理后与用户预先注册的指纹信息进行比对，从而识别出用户身份。

人脸或指纹识别过程中，特征采集器件和可信执行环境（Trusted Execution Environment，TEE）之间会建立安全通道，将采集的生物特征信息直接通过安全通道传递到 TEE 中，从而避免恶意软件从富执行环境（Rich Execution Environment，REE）进行攻击。对传输到 TEE 中的生物特征数据，从活体检测、特征提取、特征存储、特征比对到特征销毁等处理都完全在 TEE 中完成，基于安全存储区进行安全隔离，提供 API 的服务框架只负责管理认证请求和处理认证结果等数据，不涉及生物特征数据本身。

用户注册的生物特征数据在 TEE 的安全存储区进行存储，采用高强度的密码算法进行加密和完整性保护，外部无法获取加密生物特征数据的密钥，用户生物特征数据的安全得到保证。本能力采集和存储的生物特征数据不会在用户未授权的情况下被传出 TEE。这意味着，用户未授权时，无论是系统应用还是第三方应用都无法获得人脸和指纹等特征数据，也无法将这些特征数据传送或备份到任何外部存储介质。

本章小结

本章首先分析了全球智能终端的发展及我国移动操作系统的机遇与挑战，引出 OpenHarmony 的问世；接着描述了 OpenHarmony 的技术架构，包括内核层、系统服务层、框架层和应用层等；然后描述了 OpenHarmony 的三大特性及实现这些特性的底层关键支撑技术。此外，OpenHarmony 设置了严格的安全机制，以保障硬件和数据的安全。

通过对本章的学习，读者能够了解 OpenHarmony 的技术架构和主要特性，理解系统实现分布式能力的核心技术。

课后习题

1．（单选题）OpenHarmony 分布式数据管理技术能够让开发者轻松实现全场景、多设备下的数据存储、共享和访问。（   ）

　　A．正确　　　　　　　　　　　　　　B．错误

2．（多选题）OpenHarmony 根据（   ）实现弹性部署。

　　A．硬件价格　　　　　　　　　　　　B．硬件形态和需求

　　C．硬件资源情况和功能需求　　　　　D．编译链关系

3．（单选题）驱动子系统位于 OpenHarmony 的（   ）。

　　A．内核层　　　　B．系统服务层　　　　C．框架层　　　　D．应用层

第 2 章

开发你的第一行 OpenHarmony代码

02

学习目标

① 了解 DevEco Studio 开发工具的特性。
② 掌握使用 DevEco Studio 搭建开发环境的步骤。
③ 掌握使用低代码开发模式构建 UI 的方法。

④ 熟悉 Hvigor 工具的工作机制和使用方法。
⑤ 掌握使用模拟器及真机调试 OpenHarmony 应用的方法。

OpenHarmony 因其万物互联和安全稳定的优点被越来越多的用户所喜爱。一个操作系统功能和特性的发挥，体现于在它之上运行的应用中。因此，功能强大、易用的 OpenHarmony 移动应用开发工具对 OpenHarmony 的发展至关重要。华为公司于 2020 年 9 月推出 DevEco Studio 1.0，截至 2025 年 3 月，已经升级到 5.0.7 版本。该版本支持通过可视化布局编辑器构建界面，功能越来越齐全，性能也越来越稳定。为了迎合移动应用开发者的已有习惯，DevEco Studio 采用与市面上已有移动应用开发工具类似的界面，从而大大降低了开发者的学习难度，因此深受开发者喜爱。

本章将围绕 OpenHarmony 应用开发的全过程进行详细介绍，包括 DevEco Studio 特性概述、搭建开发环境、开发低代码模式应用、编译构建 Hvigor、应用运行调试等。

2.1 移动应用的组成

一款移动操作系统要在消费市场存活下来，关键在于其市场占有率，有研究表明该占有率需要达到 16%。而决定其流行度的除了操作系统本身的性能、稳定性，还有一个至关重要的指标就是其系统上应用的丰富程度。只有具有丰富的应用才能更好地发挥智能设备的性能，满足用户的需要。以苹果手机为例，其 iOS 的应用市场（App Store）有超过 500 万个应用。这些应用不仅极大促进了苹果手机的销量，其服务收入也给苹果公司带来了巨大的收益。同样，Android 市场也有 300 万个以上的应用，这也为 Android 系统的成功奠定了坚实的基础。

因此，OpenHarmony 系统要成功，必须打造繁荣的应用市场。通常来说，一个移动应用就是一个独立的软件单元，它包含源代码、配置文件、资源文件和编译脚本；能独立编译构建，能运行在移动操作系统上，并能够实现开发者预定的逻辑功能。

移动应用与移动操作系统的关系及其结构如图 2-1 所示，移动操作系统上包含内核、系统服务和移动应用 3 类软件。一个移动应用的应用源代码包含与界面相关的界面代码和用于实现应用逻辑功能的业务代码。其中界面代码很关键，它直接决定了应用的友好性；界面设计与物理硬件特性紧密相关，包括屏幕大小及分辨率等，开发移动应用的一个难点就是界面的适配问题。业务代码用于实现应用的逻辑功能，决定了应用具体能做什么，代码的编写与具体编程语言相关。

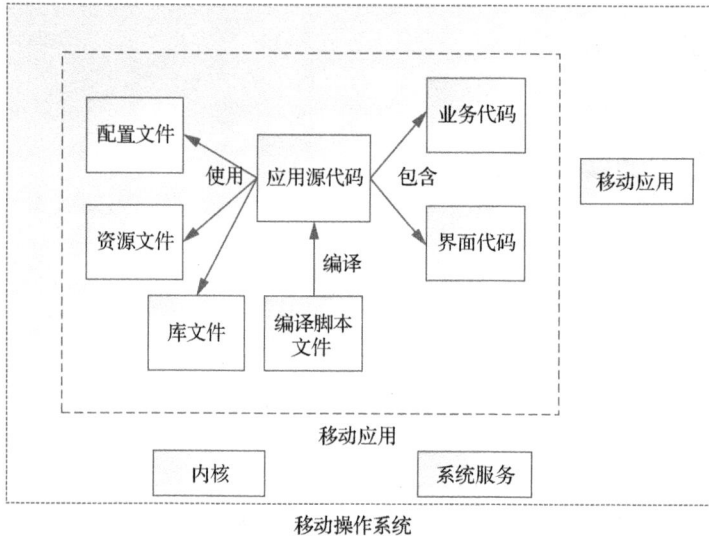

图 2-1　移动应用与移动操作系统的关系及其结构

资源文件主要是一些应用中需要使用的常量文件，包括字符串、颜色主题和图标等。配置文件则包括应用使用系统敏感资源时的权限信息，使用的第三方库的名称、版本及位置等。库文件是一些复用度较高且功能性完备的函数的集合，便于不同应用的调用。

应用源代码加上资源文件和配置文件，就是一个完整的移动应用。移动应用光有这些内容，是不能在移动操作系统上运行的，因为移动操作系统上运行的都是二进制机器码，因此还需要编译脚本文件。编译脚本文件的功能是告诉编译器如何将应用源代码、资源文件、配置文件等打包后一起编译，采用什么工具编译等。经过编译脚本文件的帮助，移动应用可以被编译成二进制代码，运行在移动操作系统上供用户使用。

2.2　移动应用的开发和运行

移动应用从本质上来说，也是一种软件，因此其遵循和计算机上软件一样的开发流程，也会经历代码编写、代码编译、代码调试运行、代码发布等阶段。由于移动设备屏幕和性能的限制，一般只能在计算机上进行开发。但与计算机上的本地应用和 Web 端服务应用的开发不同的是，移动应用运行在智能移动设备上。通常把计算机称为宿主机（Host），而把移动设备称为目标主机（Target）。移动应用的开发和运行如图 2-2 所示。

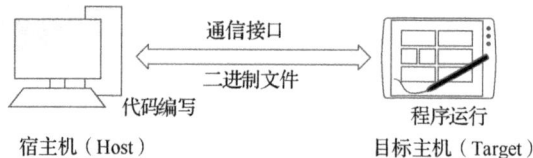

图 2-2　移动应用的开发和运行

从图 2-2 中可以看到，移动应用的开发和运行是分布在两个不同设备上的。一般来说，运行移动应用开发工具的宿主机为通用 x86 结构，而运行移动应用的目标主机为 ARM 架构。因此，移动应用的编译方式叫作交叉编译，其过程就是把宿主机上由 x86 命令解释的机器码翻译为由 ARM 命令解释的机器码。对同一套移动应用而言，需要运行的终端目标主机的硬件环境和操作系统环境是各种各样的。因此，移动应用开发的难点一直在于移动应用对目标硬件和目标操作系统的适配。

12

运行在宿主机上的移动应用开发工具至少提供如下几个功能。

① 为移动应用开发语言提供支持：主要提供与开发语言对应的交叉编译器，支持语法检查和二进制代码生成。

② 为移动应用的调试提供支持：由于移动应用运行在目标主机上，因此其调试不方便，开发工具需要对常用设备提供模拟器。

③ 为移动应用的下载提供支持：移动应用的二进制代码需要从宿主机下载到目标主机。

④ 为移动应用文件管理和编译自动化提供支持：移动应用中有很多的源代码文件，需要把它们编译成一个可执行文件，因此对源代码的管理、组织、链接、编译，需要有自动化的管理工具。

⑤ 为上述所有功能提供图形化工具，以方便开发者使用。

2.3　移动应用的部署

对初学移动应用开发的爱好者来说，开发一个简单的"Hello World"程序或者具备一定功能的简单程序，只需要编写简单的界面和逻辑，在模拟器或真机上测试运行即可。但对商用的移动应用产品而言，其功能一般较为复杂，需要考虑以下两个问题。

① 移动应用处理的数据存放位置：虽然做简单数据访问测试时，用户可以使用手机本地数据库，但对复杂应用来说，其处理的数据量十分庞大，手机本地的轻量级数据库承载不了，必须使用功能强大的远程数据库。此外，为了保证数据的安全性和可共享性，也必须使用远程数据库。

② 移动应用处理数据的性能问题：一旦用户变多，业务处理的强度就会快速增长，手机的性能有限，故需要增设额外的业务处理服务器来响应海量用户请求。

因此，一般商用 app 的部署结构包括 3 个组成部分，分别是客户端、服务端和数据库，如图 2-3 所示。它们之间的关系如下。

① 客户端特指移动应用，主要用来做页面展示和用户交互。在实际生活中，也可以在计算机上使用浏览器作为客户端。

② 服务端即 Web 服务器，用于接收来自客户端的 Web 请求并返回结果，主要用来部署移动应用的业务逻辑。Web 服务器通常是不能直接提供数据响应的，需要向数据库请求数据。

③ 数据库用于存储所有的业务数据。来自客户端的 Web 请求被 Web 服务器分析、处理后，再重定向到数据库进行数据请求（或向服务器进行服务请求）。来自 Web 服务器的请求被处理后，处理结果会被返回 Web 服务器，Web 服务器再将结果作为 Web 响应返回客户端。

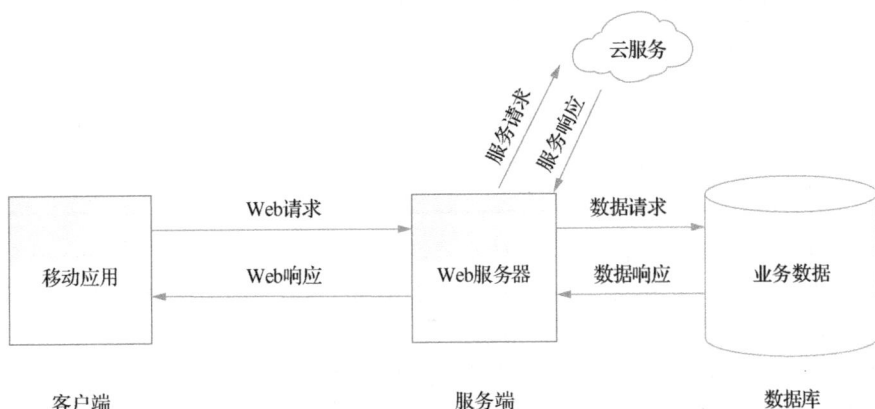

图 2-3　商用 app 的部署结构

应用市场上几乎所有的 app 都采用图 2-3 所示的结构，这样可以保障移动应用的可扩展性。从图 2-3 所示的云服务可以看到，通过云服务提供的很多扩展功能（如 AI 服务、IoT 服务等），移动应用可以扩展很多的能力，包括机器学习和物联网等方面的应用。当今的移动应用已经融入人们日常生活、学习和工作的众多场景，成为扩展手机应用领域的重要途径。因此，能极大提高移动应用开发效率的移动应用开发工具十分关键。

2.4 DevEco Studio 特性概述

HUAWEI DevEco Studio（本书简称为 DevEco Studio）基于 IntelliJ IDEA 的社区版本开发，是面向华为终端的全场景、多设备的一站式应用/服务集成开发环境（Integrated Development Environment，IDE），除了能为开发者提供传统单机模式下的 HarmonyOS/OpenHarmony 应用创建、开发、编译、调试、发布等开发服务，还支持分布式多端开发、分布式多端调测、多端模拟仿真。通过使用 DevEco Studio，开发者可以高效地开发具备 HarmonyOS/OpenHarmony 分布式能力的应用，进而提升产品创新的效率。

DevEco Studio 同时支持 HarmonyOS 和 OpenHarmony 应用/服务开发，但在部分功能（如编程语言、模拟器、签名等）的使用上存在差别，具体参见表 2-1。

表 2-1 HarmonyOS 和 OpenHarmony 开发比较

功能	HarmonyOS 的特性	OpenHarmony 的特性
支持的编程语言	ArkTS、JS、C/C++	ArkTS、JS、C/C++
支持的设备类型	搭载 HarmonyOS 的终端设备，如手机、平板计算机、智慧屏、智能穿戴、轻量级智能穿戴、智慧视觉和路由器	搭载 OpenHarmony 的开发板，如 RK3568、Hi3516DV300 等
工程结构	API 4～7：采用 Gradle 编译构建体系，其配置文件为 build.gradle API 8 和 API 9：采用 Hvigor 编译构建体系，其配置文件为 build-profile.json5、package.json	采用 Hvigor 编译构建体系，其配置文件为 build-profile.json5、package.json
模拟器	支持 Local Emulator 和 Remote Emulator，包括手机、平板计算机、智慧屏等设备	无
远程真机	支持手机、平板计算机、智慧屏等设备	无
编译构建	API 4～7：使用 Gradle 编译构建工具 API 8 和 API 9：使用 Hvigor 编译构建工具	使用 Hvigor 编译构建工具
签名	使用 DevEco Studio 自动化签名功能，或通过 AppGallery Connect 申请签名文件	使用 DevEco Studio 自动化签名功能，或使用 SDK 包中携带的签名工具进行签名
调试	支持跨语言、跨设备的分布式调试	支持单语言、单设备调试
性能分析	支持 CPU、内存、网络活动、能耗分析	支持 CPU、内存分析
发布	应用支持发布到 AppGallery Connect，服务支持发布到 HUAWEI Ability Gallery	支持 OpenHarmony 应用/服务发布到应用市场

对于安装了 OpenHarmony 3.1 以上版本的带屏设备，已经可以方便地使用 DevEco Studio 3.1 进行图形应用的开发，整个开发流程和 HarmonyOS 应用的开发几乎没有区别。仅有的区别在于开发 OpenHarmony 应用时，计算机上的 DevEco Studio 无法提供模拟器和远程真机——其实这没有必要。因为在做设备应用开发时，相应设备一般已经连接计算机了。

本书中的所有示例都采用 DevEco Studio 3.1.1 开发，使用的 API 为 OpenHarmony 9.0，开发语言为 ArkTS。

2.4.1　核心特色

DevEco Studio 作为一款开发工具，除了具有基本的代码开发、编译构建及调测等功能，还具有六大核心特色，具体介绍如下。

① 全新构建体系。通过 Hvigor 编译构建工具，可一键完成应用及服务的编译和打包，更好地支持 ArkTS/JS 开发。

② 支持多语言的代码开发和调试。支持包括 ArkTS、JS、C/C++等语言的代码高亮、代码智能补齐、代码错误检查、代码自动跳转、代码格式化、代码查找等功能，可提升代码编写效率。

③ 低代码可视化开发。丰富的 UI 界面编辑能力，支持自由拖曳组件和可视化数据绑定，可快速预览效果，所见即所得；同时支持卡片的零代码开发，可降低开发门槛和提升界面开发效率。

④ 高效代码调试。提供代码的断点设置、单步执行、变量查看等调试能力，可提升应用及服务的问题分析效率。

⑤ 一站式信息获取。在 DevEco Studio 中提供一站式的信息获取平台，高效支撑开发者活动。

⑥ 多端双向实时预览。支持 UI 界面代码的双向预览、实时预览、动态预览、组件预览及多端设备预览，便于快速查看代码运行效果。

2.4.2　开发流程

按照图 2-4 所示的 DevEco Studio 开发核心流程，即可轻松开发 OpenHarmony 应用。使用 DevEco Studio 进行 OpenHarmony 应用的开发主要包含 4 个步骤：开发准备，开发应用，编译构建，运行、调试和测试应用。各个步骤的具体介绍如下。

1. 开发准备

在进行 OpenHarmony 应用开发前，开发者需要购买一块支持运行 OpenHarmony 3.2 系统的开发板，如 RK3568、Hi3516DV300 等。本书使用的是贝启科技 RK3568 开发板。如果开发者没有开发板，并且只需要开发图形应用，可以使用 DevEco Studio 提供的模拟器。

下载 DevEco Studio，按照提示完成安装。开发工具安装完成后，还需要配置开发环境，具体介绍和操作流程详见 2.5.1 小节。

2. 开发应用

DevEco Studio 集成了手机、平板计算机、智慧屏、智能穿戴和轻量级智能穿戴等设备的多种典型能力模板（Ability Template），包括设备配置能力模板、财务能力模板和登录能力模板等。能力是 OpenHarmony 中对应用功能的抽象，而模板是功能共性的集合。开发者可以通过向导轻松地使用这些模板来创建新工程，提高开发应用的效率。

以大多数应用具备的登录功能为例，假设开发者需要开发一个工程，该工程需要先验证用户的身份，常见的做法是在工程启动时弹出登录窗口，用户输入正确的用户名和密码后即可进入系统。如果在 iOS 或 Android 工程中开发该功能，开发者通常需要建立登录界面、编写验证逻辑等，这些都会花费大量的时间。而 OpenHarmony 抽象了十几种这样的典型场景，在 DevEco Studio 中提供了

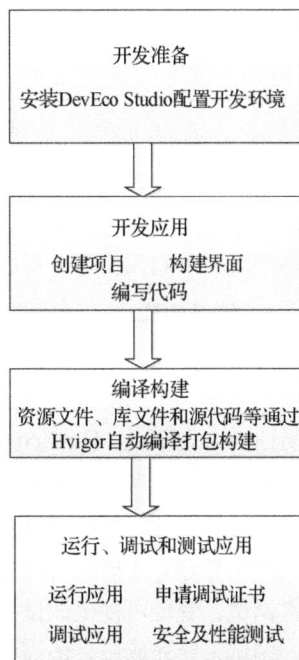

图 2-4　DevEco Studio 开发核心流程

对应的能力模板供开发者使用，可有效节省开发时间。

开发者可以在 DevEco Studio 中新建一个工程，然后在图 2-5 所示的窗口中选择 Login Ability 能力模板来实现工程所需要的登录功能。

能力模板选择好后，用户便可以直接进入图 2-6 所示的模板运行界面，该界面已经定义好可视化元素和布局模式，可以实现常见的登录功能。在上面的文本框中输入邮箱地址（作为用户名），在下面的文本框中输入对应的密码，单击"登录"按钮即可进行登录。至此，一个登录功能就在 OpenHarmony 中实现了。由此可见，DevEco Studio 的能力模板提供了开发过程中常见功能的快速实现，可简化开发者的工作，使得开发者可以更专注于具体业务功能的开发。

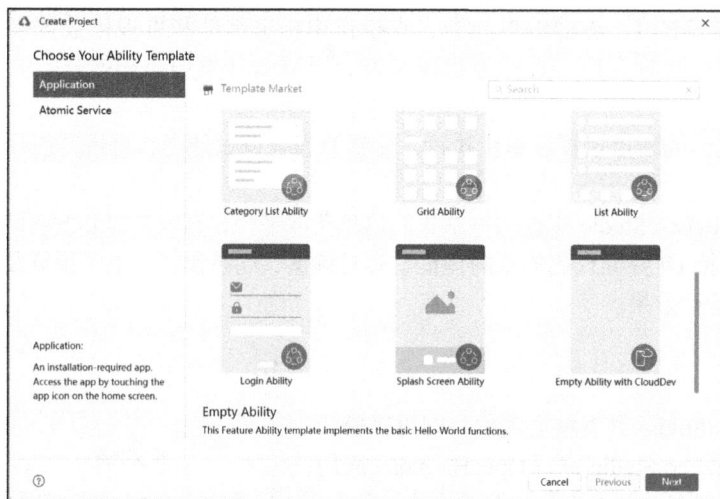

图 2-5　选择能力模板

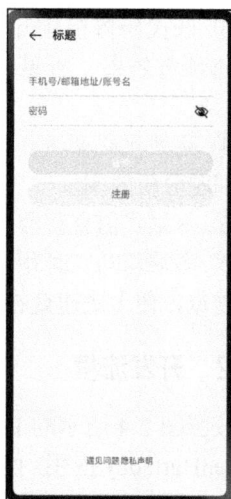

图 2-6　模板运行界面

当然，开发者也可以不使用任何能力模板，独立设计用户界面并编写代码来新建自己的工程。在设计用户界面的过程中，可以使用预览器来查看其布局效果。预览器支持对用户界面的实时预览、动态预览和双向预览等，可以有效提高编程效率。

3. 编译构建

开发者开发好用户界面及业务逻辑后，还需要通过编译工具将其编译为可执行代码。编译工具的使用涉及众多的配置信息，开发者多次修改代码也会多次引入编译过程，所有这些重复性工作都容易造成人为错误。DevEco Studio 使用华为自研的工程自动化工具 Hvigor 来管理 OpenHarmony 应用的编译构建，通过简单的配置文件来规范工程构建内容及流程，可大幅提升编译效率。

4. 运行、调试和测试应用

应用开发完成后，可以使用真机或者模拟器进行调试。模拟器支持单步调试、跨设备调试、跨语言调试、变量可视化调试等调试方式，可以有效提高应用调试的效率。

调试工作完成后，还需要对应用进行测试，主要对漏洞、隐私、兼容性、稳定性等进行测试，以确保开发的 OpenHarmony 应用是纯净和安全的，从而给用户带来良好的使用体验。

2.5　搭建开发环境

DevEco Studio 支持 Windows 操作系统和 macOS，在开发 OpenHarmony 应用前，需要准备相应的开发环境，开发环境准备流程如图 2-7 所示。搭建 OpenHarmony 应用开发环境的步骤主要包括 3 步：安装软件、配置开发环境和运行 HelloWorld 工程。

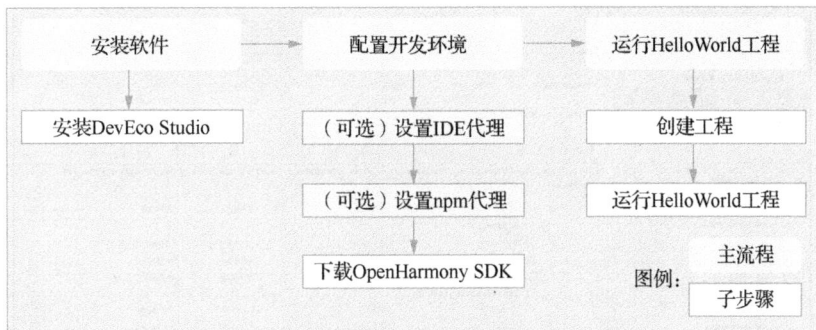

图 2-7　开发环境准备流程

2.5.1　安装软件并配置开发环境

从鸿蒙官方网站下载 Windows 和 macOS 对应的 DevEco Studio 开发工具，直接单击"下一步"按钮就可以顺利完成安装。

在配置开发环境时，需要安装 OpenHarmony SDK，这是 OpenHarmony 应用开发的关键工具包。DevEco Studio 提供了 SDK Manager 工具来统一管理 SDK 及工具链，下载各种编程语言的 SDK 时，SDK Manager 会自动下载相应 SDK 依赖的工具链。首次使用 DevEco Studio，工具的配置向导会引导用户下载 SDK 及工具链。配置向导默认下载 API Version 9 的 SDK 及工具链，如需要下载 API Version 7 或 8，可在工程配置完成后，进入 OpenHarmony SDK 界面手动下载。开发者只需要在 OpenHarmony SDK 版本管理界面中勾选不同的 SDK 版本，单击"Finish"按钮后，DevEco Studio 会自动下载对应版本的 SDK 进行安装。

DevEco Studio SDK Manager 提供多种编程语言的 SDK、工具链和预览器，如表 2-2 所示。

表 2-2　DevEco Studio SDK Manager 提供的 SDK、工具链和预览器

组件包名	说明
Native	C/C++语言 SDK 包
ArkTS	ArkTS SDK 包
JS	JS 语言 SDK 包
Toolchains	SDK 工具链，OpenHarmony 应用/服务开发必备工具集，包括编译、打包、签名、数据库管理等工具
Previewer	应用/服务预览器，在开发过程中可以动态预览手机、智慧屏、可穿戴设备、轻量级可穿戴设备等设备的应用/服务效果，支持 JS、ArkTS 和 Java 应用/服务预览

如果用户已经下载过 OpenHarmony SDK，当存在新版本的 SDK 时，可以通过 SDK Manager 更新。用户可以在两种不同的场景下进入 SDK Manager 主界面，依次如下。

① 当用户位于 DevEco Studio 欢迎界面时，单击"Configure"→"Settings"→"OpenHarmony SDK"按钮，进入 SDK Manager 主界面（macOS 下进入流程为单击"Configure"→"Preferences"→"OpenHarmony SDK"）。

② 当用户打开一个 DevEco Studio 工程时，在顶部菜单栏中单击"Tools"→"SDK Manager"命令，进入 SDK Manager 主界面；或者在顶部菜单栏中单击"Files"→"Settings"→"SDK Manager"命令，进入 SDK Manager 主界面（macOS 下进入流程为单击"DevEco Studio"→"Preferences"→"OpenHarmony SDK"命令）。

进入 SDK Manager 主界面后，勾选需要更新的 SDK，然后单击"Apply"按钮，在弹出的确认界面中单击"OK"按钮即可开始更新。也可以取消勾选对应的 SDK，单击"Apply"按钮将之删除。OpenHarmony SDK 版本管理界面如图 2-8 所示。

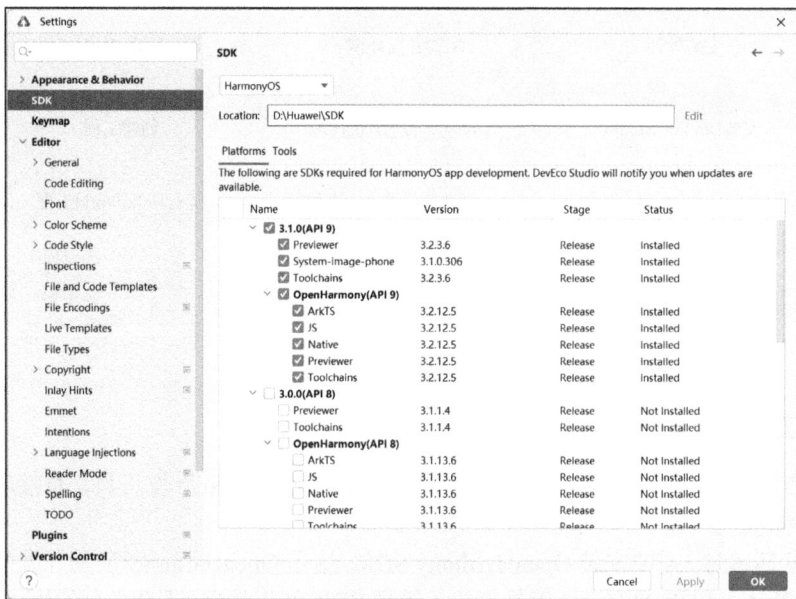

图 2-8 OpenHarmony SDK 版本管理界面

  事实上，每个 DevEco Studio 版本对应的 SDK 版本都不同。从原则上来讲，如果要更新 SDK，也需要重新下载对应版本的 DevEco Studio。例如，如果一个旧版本的 DevEco Studio 对应的 SDK 版本是 7.0，那么便无法打开一个 SDK 版本为 8.0 的 OpenHarmony 应用。想要打开该应用，只能先将原来的 DevEco Studio 删除，再下载、安装新版本的 DevEco Studio，之后更新 SDK 的版本到 8.0。

  如果要在当前 SDK 版本的 DevEco Studio 中打开低版本的 SDK 工程的源代码，可以下载老版本的 SDK，或下载老版本的 DevEco Studio 后再下载对应的 SDK。

  接下来介绍首次启动 DevEco Studio 的配置向导。

  ① 运行已安装的 DevEco Studio，首次使用请选择"Do not import settings"，单击"OK"按钮。

  ② 安装 Node.js 与 Ohpm，如图 2-9 所示。可以指定本地已安装的 Node.js 或 Ohpm（Node.js 版本要求为 14.19.1 及以上，且低于 17.0.0；对应的 npm 版本要求为 6.14.16 及以上）路径位置；如果本地没有合适的版本，可以选择"Install"选项，选择下载源和存储路径后，单击"Next"按钮进入下一步。

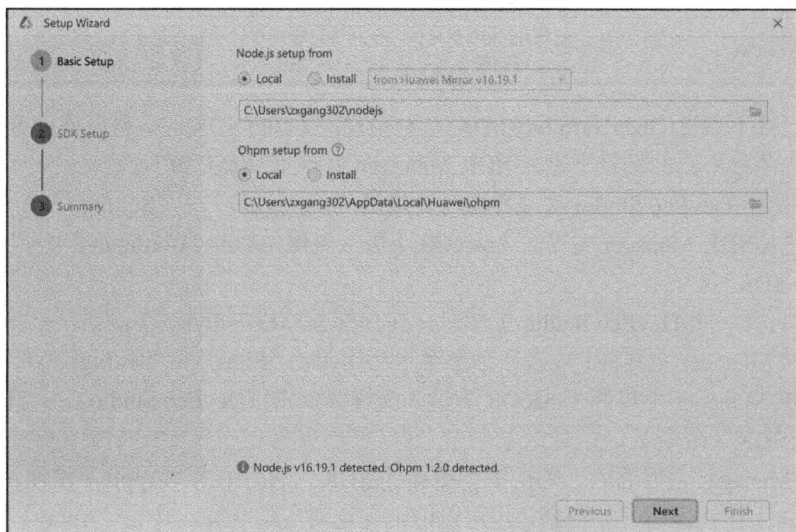

图 2-9 Node.js 和 Ohpm 的安装界面

18

③ 设置 SDK 的安装路径并完成 SDK 的下载、安装后，配置结束。

需要注意的是，DevEco Studio 开发环境的安装及使用过程依赖网络环境，必须先将计算机连接网络才能确保工具的正常使用。如果使用的是个人或家庭网络，不需要设置代理信息。只有部分企业在网络受限的情况下才需要设置代理信息，可以进入 DevEco Studio 的配置菜单设置对应的 HTTP 代理。

2.5.2　创建并运行 HelloWorld 工程

DevEco Studio 开发环境配置完成后，可以通过创建并运行 HelloWorld 工程来验证环境配置是否正确。使用 DevEco Studio 创建工程并在开发板中运行该工程的具体操作如下。

1. 创建工程

① 打开 DevEco Studio，在欢迎界面中单击"Create Project"按钮。

② 根据工程创建向导的指示，选择需要的能力模板"Empty Ability"，如图 2-10 所示，然后单击"Next"按钮。

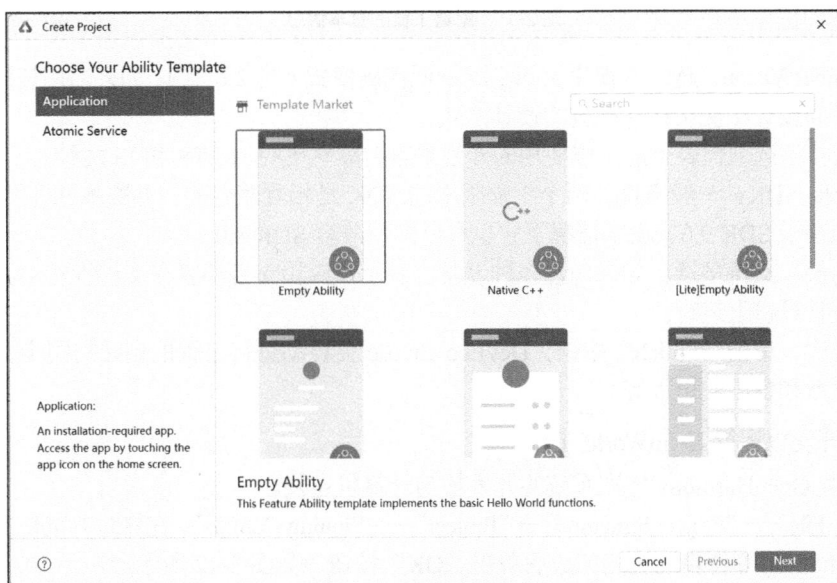

图 2-10　选择能力模板

③ 进入工程配置阶段，同样需要按照工程向导的指示配置工程的基本信息，如图 2-11 所示。工程的基本信息包括 Project name（工程名称）、Bundle name（软件包名称）、Save location（工程文件的本地存储路径）、Compile SDK（编译使用的 SDK）、Model（应用模型）、Enable Super Visual（允许超级可视化）、Language（编程语言）、Compatible SDK（兼容的 SDK 的最低版本）、Device type（工程模支持的设备类型）等，详细介绍如下。

Project name：可以根据工程意义进行自定义。该工程中将其设置为"HelloWorld"。

Bundle name：可以根据组织名和工程意义进行定义，最好唯一，这里采用 com.whu.myapplication。

Save location：请注意，存储路径不能包含中文字符。

Compile SDK：该选项是指编译本工程采用 SDK 的版本，不同 SDK 版本支持的特性是不同的，例如 SDK 8.0 和 9.0 同时支持 Stage 和 FA 模型，而 SDK 7 只支持 FA 模型。

Model：目前 OpenHarmony 支持两种类型的应用模型，分别是 Stage 模型和 FA 模型。Stage 模型是主推模型。

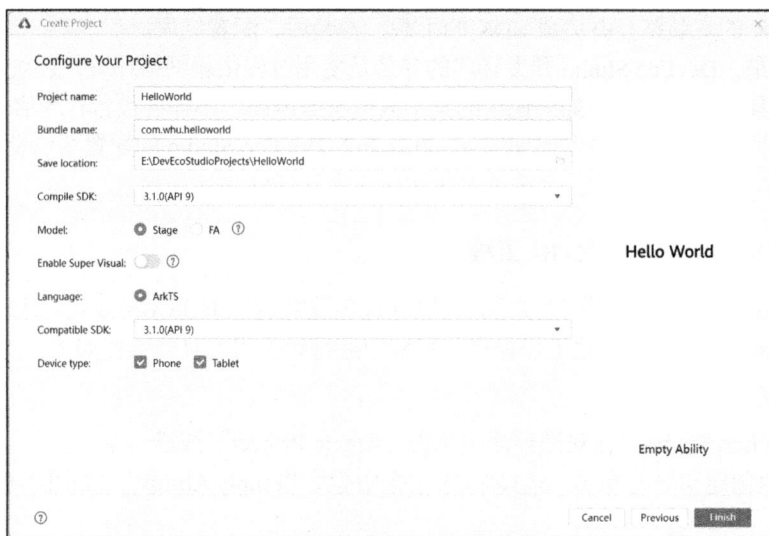

图 2-11 配置工程的基本信息

Enable Super Visual：超级可视化实际上就是低代码模式（见 2.6 节）。如果启用该选项，则可以在后续工程界面设计中使用组件拖放的设计方式。

Language：该选项代表当前工程使用的开发语言，默认支持 ArkTS 和 JS 两种。

Compatible SDK：一般来说，两个相邻版本的 SDK 是相互兼容的，如版本 9.0 和版本 8.0。该工程中的应用基于 SDK 9.0，正常情况下它也可以向下兼容 SDK 8.0。

Device type：支持多选。如果勾选多种设备，表示该应用支持部署在多种设备上。该工程支持在手机和平板计算机上运行。

配置完成后，单击"Finish"按钮，DevEco Studio 会自动进行工程的创建与同步，主要是相关配置信息的更新和资源的引入等。

2. 使用开发板运行 HelloWorld 工程

① 将搭载 OpenHarmony 标准系统的开发板与计算机连接。

② 单击"File"→"Project Structure"→"Project"→"Signing Configs"，在界面中勾选"Automatically generate signature"，等待自动签名完成后单击"OK"按钮，如图 2-12 所示。

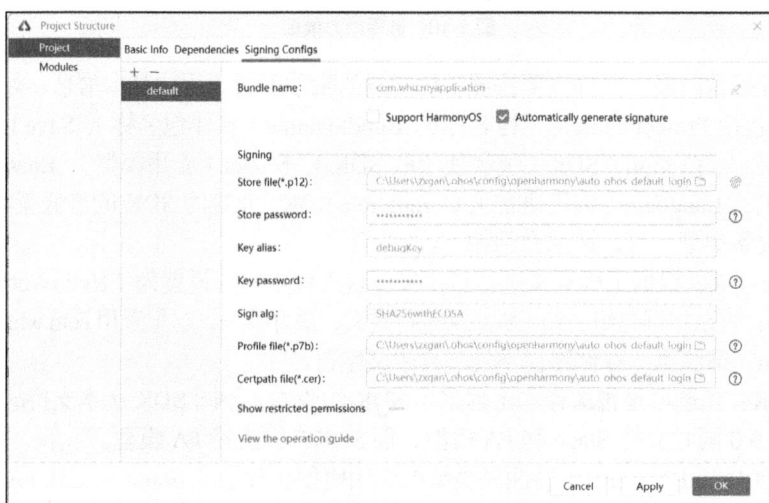

图 2-12 工程自动签名

③ 单击图 2-13 所示的 DevEco Studio 工具栏中的 ▶ 按钮运行工程。

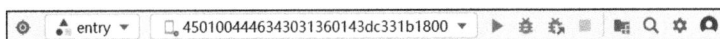

图 2-13　DevEco Studio 工具栏

④ DevEco Studio 会启动工程的编译和构建过程，完成后工程即可运行在开发板上，运行效果如图 2-14 所示。

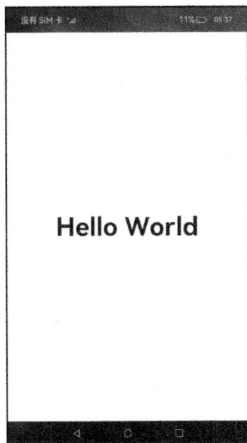

图 2-14　开发板中的运行效果

2.6　开发低代码模式应用

低代码模式应用开发是指通过少量代码就可以快速生成应用程序的开发方法。它使得具有不同经验水平的开发人员可以通过图形化的用户界面，使用模型驱动的逻辑和拖曳组件的方法来创建移动应用。DevEco Studio 支持低代码开发模式，它具有丰富的用户界面编辑功能，遵循 JS、TS（TypeScript）开发规范，可通过可视化界面开发方式快速构建用户界面布局，有效降低用户的上手成本，并提升用户构建用户界面的效率。

2.6.1　低代码开发界面简介

低代码开发界面使得用户可以采用拖曳方式生成用户界面，有利于实现低代码模式的应用开发。DevEco Studio 中的低代码开发界面如图 2-15 所示，该界面中主要包含提供组件的 UI Control（UI 组件栏），显示组件依赖关系的 Component Tree（组件树），提供常用功能的 Panel（功能面板），提供组件拖曳功能的 Canvas（画布）和配置组件属性的 Attributes & Styles（属性样式栏）等。

低代码开发界面的具体介绍如下。

① UI Control：可以将相应的组件选中并拖动到画布中，实现组件的添加。

② Component Tree：组件树可以方便开发者直观地看到组件的层级结构、摘要信息及错误提示等；开发者可以通过选中组件树中的组件（画布中对应的组件被同步选中）实现画布内组件的快速定位；单击组件右侧的"可见"按钮◉或"不可见"按钮◉，可以选择显示或隐藏相应的组件。

③ Panel：包括常用的画布缩小或放大、撤销、恢复、显示或隐藏组件虚拟边框，以及将可视化布局界面一键转换为 HML 和 CSS 文件等功能。

④ Canvas：开发者可在此区域对组件进行拖曳、拉伸等可视化操作，构建用户界面布局效果。

⑤ Attributes & Styles：选中画布中的组件后，在右侧属性样式栏中可以对相应组件的属性、样式进行配置。

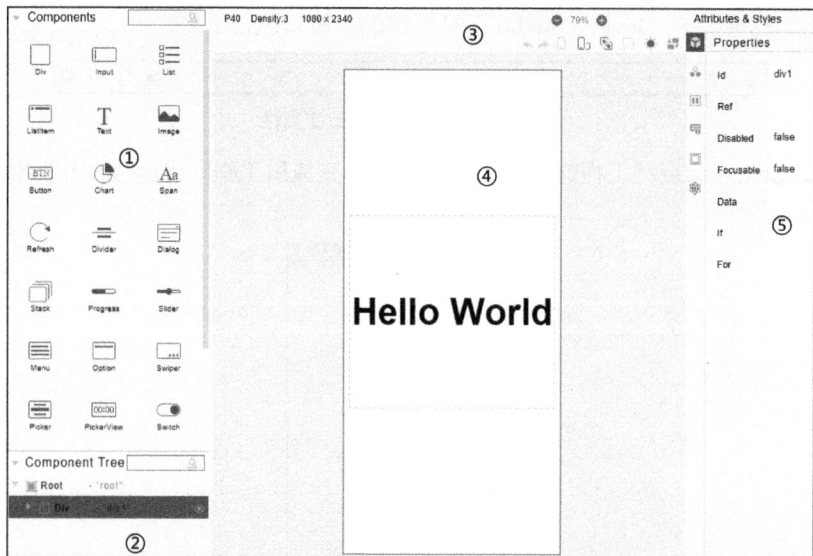

图 2-15 DevEco Studio 中的低代码开发界面

①—UI Control；②—Component Tree；③—Panel；④—Canvas；⑤—Attributes & Styles

2.6.2　使用低代码开发界面

使用低代码开发界面开发应用或服务有以下两种方式。

① 创建一个支持低代码开发的新工程，开发应用或服务的 UI。

② 在已有工程中，创建 Visual 文件来开发应用或服务的 UI。

ArkTS 工程和 JS 工程使用低代码开发界面的步骤相同，接下来以 ArkTS 工程为例讲解第二种开发方式，在工程"HelloWorld"上进行改造。

① 选中模块的 pages 文件夹，单击鼠标右键，在弹出的快捷菜单中选择"New"→"Visual"→"Page"命令，如图 2-16 所示。

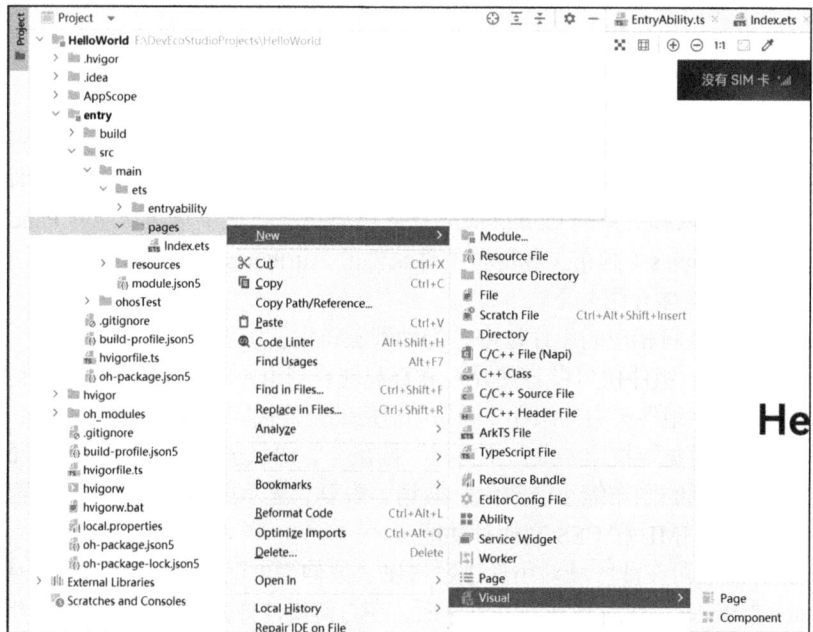

图 2-16　新建 Visual

② 在弹出的对话框中的"Visual name"文本框中输入"detail"，单击"Finish"按钮，如图 2-17 所示。

工程会自动生成低代码的目录结构，如图 2-18 所示。该目录中的主要模块介绍如下。

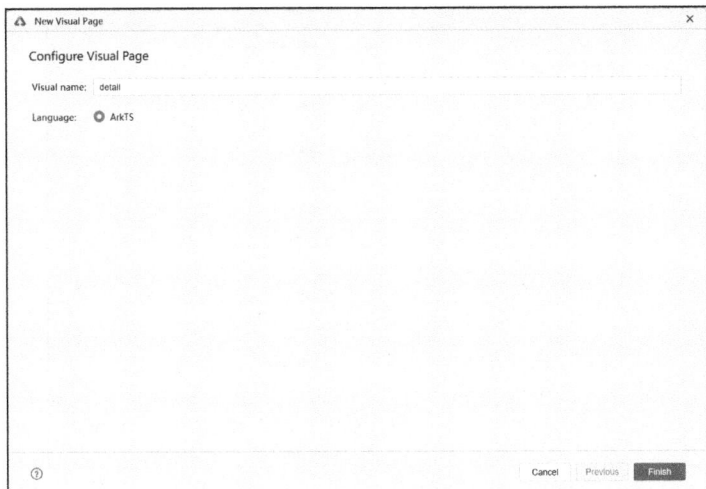

图 2-17　为 Visual 命名

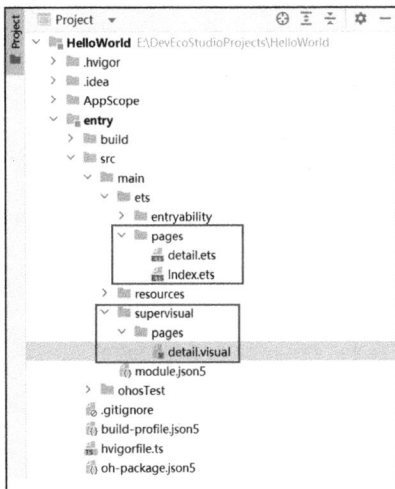

图 2-18　目录结构

pages/detail.ets：.ets 文件是低代码界面的逻辑描述文件，定义了界面里的所有逻辑关系，如数据、事件等。如果创建了多个低代码界面，则 pages 目录下会生成多个.ets 文件。

supervisual/pages/detail.visual：.visual 文件存储低代码界面的数据模型，双击该文件即可打开低代码界面，进行可视化开发设计。如果创建了多个低代码界面，则 pages 目录下会生成多个界面文件夹及对应的.visual 文件。

③ 打开 detail.visual 文件，即可进行界面的可视化布局设计与开发。

使用低代码开发界面的过程中，如果界面需要使用其他暂不支持可视化布局的组件，可以在低代码界面开发完成后，单击按钮进行转换，将低代码界面中的开发结果转换为.ets 文件中的代码。

2.6.3　案例——花朵展示列表应用

本小节将制作一个花朵展示列表应用，该应用在屏幕中间显示一个列表，每个列表栏目显示一张花朵图片（花图）和相应花朵名称（花名），如图 2-19 所示。

这里依然基于 2.5.2 小节开发的 HelloWorld 工程进行演进，大致分为两个步骤——界面设计和业务逻辑设计，具体介绍如下。

1. 界面设计

界面设计工作是在 detail.visual 中完成的，用简单的拖曳方式来生成界面。

图 2-19　花朵展示列表应用示意

① 向界面中添加 List（列表）组件和 ListItem（列表项）组件。删除模板界面中的组件后，选中组件栏中的 List 组件，将其拖至画布区域，松开鼠标，实现一个 List 组件的添加。在 List 组件添加完成后，用同样的方法拖曳一个 ListItem 组件至 List 组件内，效果如图 2-20 所示。

② 调整 List 组件的大小。选中画布内的 List 组件，按住组件的"resize"按钮，将 List 组件拉大，主要是增大宽度。

③ 设置 ListItem 组件的属性。选中组件树中的 ListItem 组件，在右侧属性样式栏的通用属性中修改 ListItem 组件的高度到 200px（px 为屏幕物理像素单位），如图 2-20 所示。

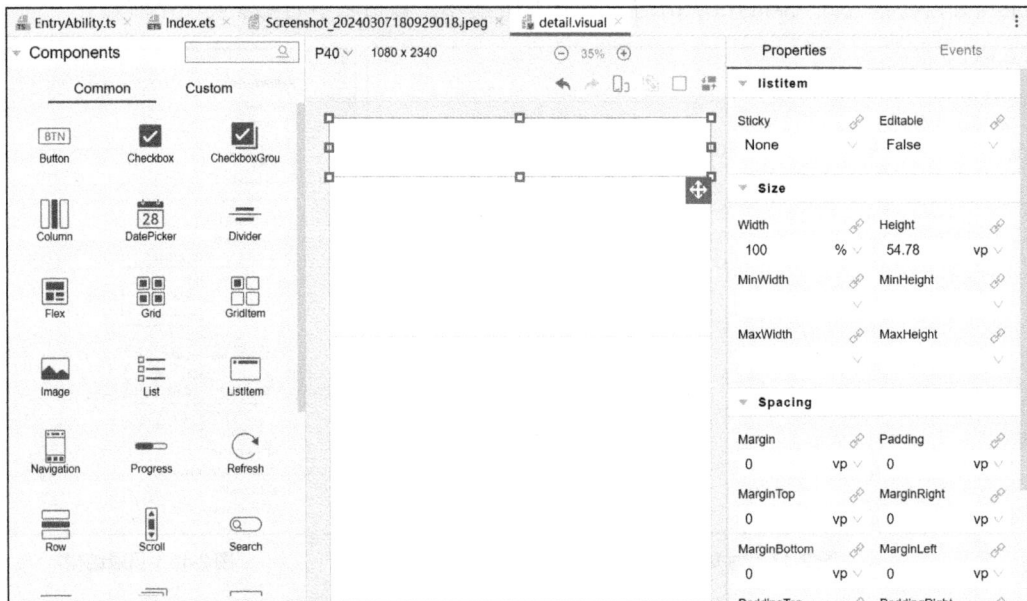

图 2-20　通过属性样式栏修改 ListItem 组件的样式

④ 向界面中添加其他组件。依次选中组件栏中的 Image（图像）组件、Row（划分）组件、Text（文本）组件，将 Row 组件拖曳至中央画布区域的 ListItem 组件内，将 Image 和 Text 组件拖至 Row 组件内，效果如图 2-21 所示。

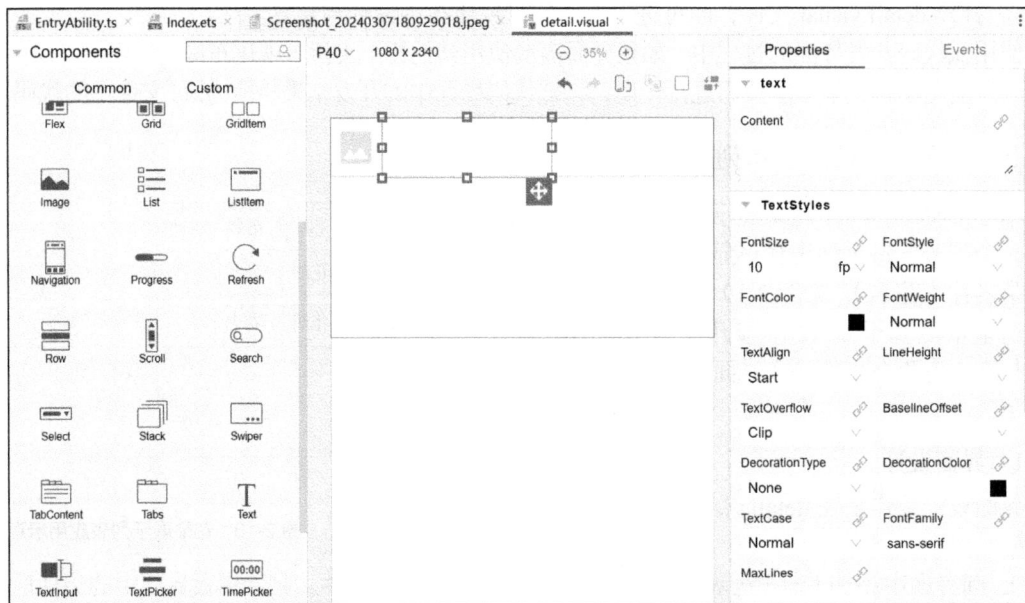

图 2-21　添加 Image、Row 和 Text 组件的效果

⑤ 调整 Row 组件的样式。选中 Row 组件后，在 Properties（属性）页中调整 Row 组件的 Height 属性为 200px；设置 JustifyContent 属性为 Start，这样设置的含义是 Row 组件中的子组件从行头排列；设置 AlignItems 属性为 Center，表示子组件垂直方向居中，如图 2-22 所示。

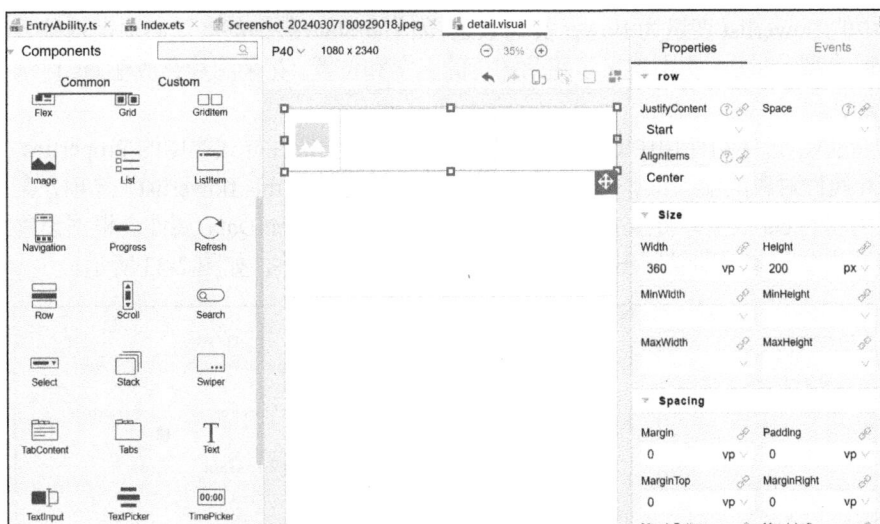

图 2-22 通过属性样式栏修改 Row 组件的样式

2. 业务逻辑设计

设计好前端界面后，剩下的就是业务逻辑设计，在本例中就是向前端界面中的 ListItem 组件提供数据来填充 Image 组件和 Text 组件。在 ArkUI 框架部分，业务逻辑设计是通过.ets 文件中的交互逻辑来实现的。.ets 文件用来定义界面的业务逻辑，基于 TS 动态化能力，可以使应用更加富有表现力，布局设计更加灵活。低代码开发界面支持设置 Properties（属性）和绑定 Events（事件）时关联.ets 文件中的数据及方法。

具体操作过程如下。

① 数据定义。在低代码界面关联的 detail.ets 文件中定义 flower 类和 flowerlist 数组，如例 2-1 所示。

例 2-1 detail.ets 文件中的数据定义

```
class flower {
  name:string
  src:string
  constructor(name: string,src:string) {
    this.name = name
    this.src=src
  }
}
@Entry
@Component
struct Detail {
  @State flowerlist:flower[]=[
    {name:'菊花',src:'image/ju.jpeg'},
    {name:'玫瑰',src:'image/rose.jpeg'},
    {name:'向日葵',src:'image/sun.jpg'}
  ];
  @State text:string='Hello World'
  changecontext() {
    this.text='Hello HarmonyOS'
  }
  build() {
  }
}
```

例 2-1 中的 flowerlist 变量为 flower 类的数组，因为@State 装饰的变量必须是基础数据类型和类这样的强关联类型。flower 类中定义了花朵图片的名字和位置。花朵图片存放在 ets 目录下的子目录 image 文件夹中。

② 数据关联。选中组件树中的 ListItem 组件，单击右侧属性样式栏中的 Properties（属性）页，单击 ForEach 属性对应的输入框，并在弹出的下拉列表中选择"this.flowerlist"选项，实现在低代码界面内引用关联的.ets 文件中定义的数据。成功实现关联后，ItemData 属性会根据设置的数据列表 flowerlist 展开当前元素，即复制出 3 个结构一致的 ListItem 组件，如图 2-23 所示。

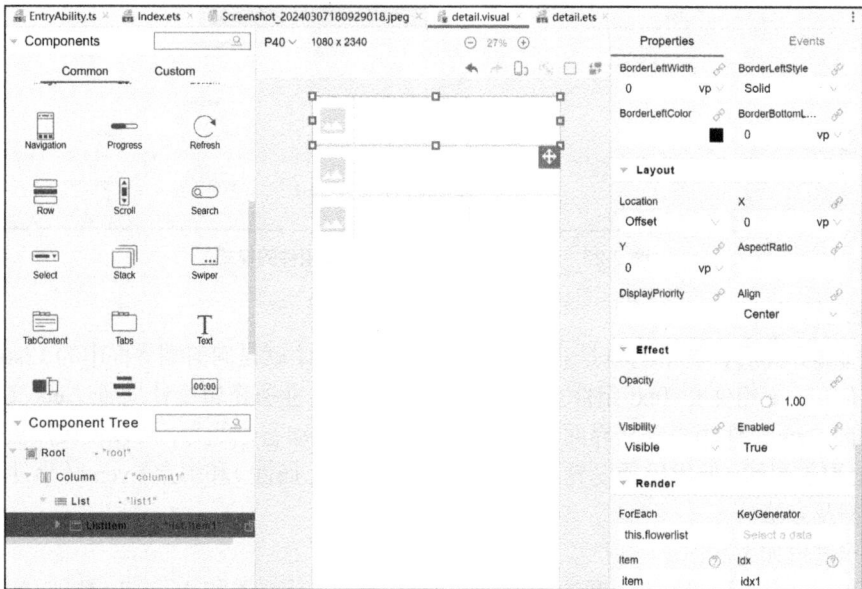

图 2-23　JS 代码与前端界面的相互影响

③ Image 组件属性设置。选中画布中的 Image 组件，修改右侧属性样式栏中的 Src 属性为 item.Src，为 Image 组件设置图片资源。其中 item 为 flowerlist 数组中定义的对象，item.image 为对象的 image 属性，如图 2-24 所示。

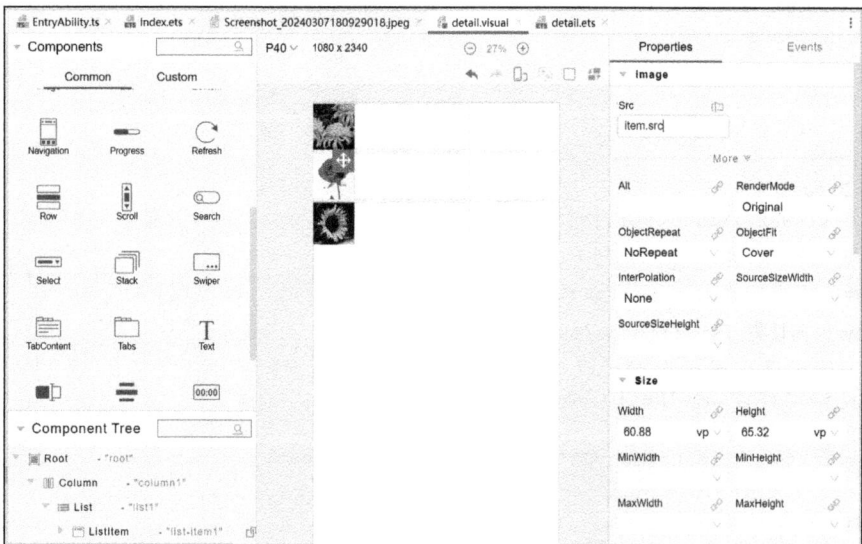

图 2-24　通过属性样式栏修改 Image 组件的样式

④ Text 组件属性设置。选中画布中的 Text 组件，修改右侧属性样式栏中的 Content 属性为 item.name，并调整 Text 的 FontSize 样式，如图 2-25 所示。

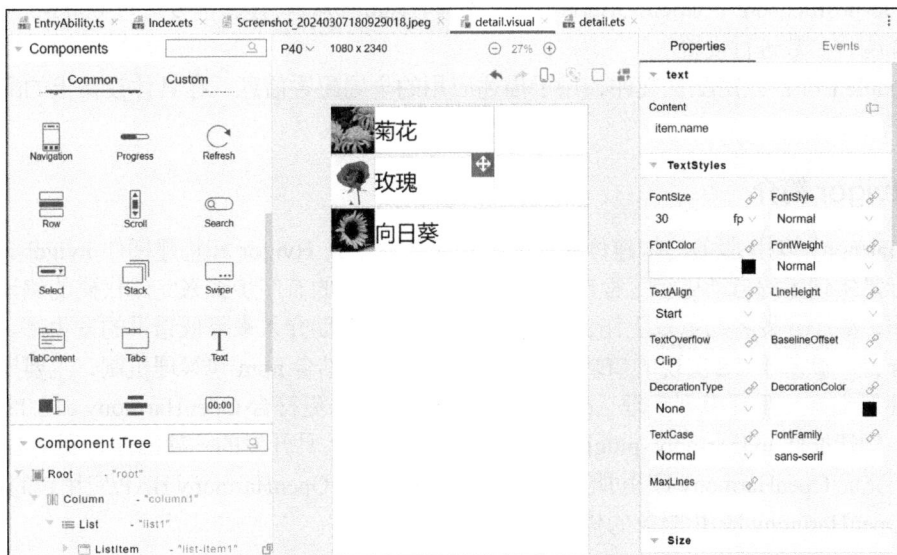

图 2-25　通过属性样式栏修改 Text 组件的样式

⑤ 为 Button 组件绑定事件。在现有界面中拖入一个新的 Button 组件并绑定 Click（点击）事件，再关联 .ets 文件中的 changecontext( ) 函数。关联后，在预览器、模拟器及真机中点击该 Button 组件，会将 Button 按钮上的文字从"Hello World"切换成"Hello HarmonyOS"。打开预览器后的显示效果如图 2-26 所示（预览器的打开方法是单击窗口右侧的"Previewer"）。

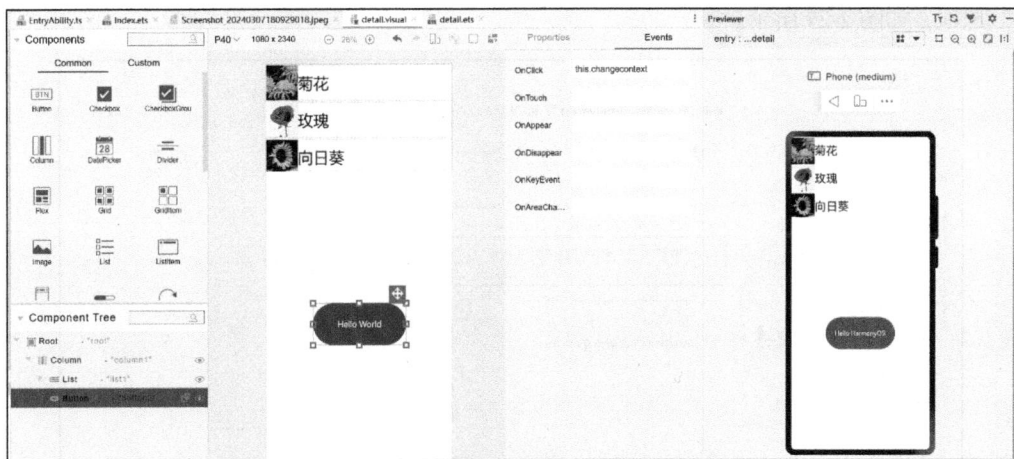

图 2-26　通过预览器查看前端设计和交互效果

2.7　编译构建 Hvigor

编译构建是指将 OpenHarmony 应用的源代码、资源、第三方库等通过编译工具转换为可直接在硬件设备上运行的二进制机器码，然后将二进制机器码封装为 HAP/应用包，并为 HAP/应用包进行签名的过程。其中，HAP（Harmony Ability Package）可以直接运行在真机中，应用包则用于将应用上架到华为应用市场。

在进行 OpenHarmony 应用的编译构建前，需要对工程和编译构建的 module（模块）进行设置，可以根据实际情况修改以下两个配置文件。

① build-profile.json5：OpenHarmony 应用依赖 Hvigor 进行构建，需要通过 build-profile.json 来对工程编译构建参数进行设置。

② module.json：应用配置文件，用于描述应用的全局配置信息、在具体设备上的配置信息和 HAP 的配置信息。

2.7.1 Hvigor 简介

OpenHarmony 应用/服务的构建体系由华为自研构建工具 Hvigor 和构建插件 hvigor-ohos-plugin 组成，目标是实现工程自动化。工程自动化是指通过自定义的有序步骤来完成代码的编译、测试和打包等工作，减少开发者的重复工作，并通过减少开发者手动介入来降低错误的发生率。

Hvigor 是一款基于 TS 实现的前端构建任务编排工具，结合 npm 包管理机制，主要提供任务管理、任务注册编排、工程模型管理、配置管理等关键能力，更符合 OpenHarmony eTS/JS 开发者的开发习惯。构建插件 hvigor-ohos-plugin 是基于 Hvigor 构建工具开发的一款插件，利用 Hvigor 的任务编排机制完成 OpenHarmony 应用/服务任务流的构建，完成 OpenHarmony HAP/应用包的构建打包，从而完成 OpenHarmony 应用/服务的构建。

1. 任务增量

OpenHarmony 应用的编译构建流程是由任务组成的。DevEco Hvigor 具备任务增量能力，通过判断任务的输入与输出，对于输入与输出没有变化的任务可以复用上次构建的产物，从而跳过对应的任务，节省构建时间。

要在 DevEco Studio 中开启 DevEco Hvigor 的任务增量能力，需要打开"Settings"→"Build, Execution, Deployment"→"Build Tools"→"Hvigor"选项，并勾选"Re-execute the task in incremental mode"选项，如图 2-27 所示。

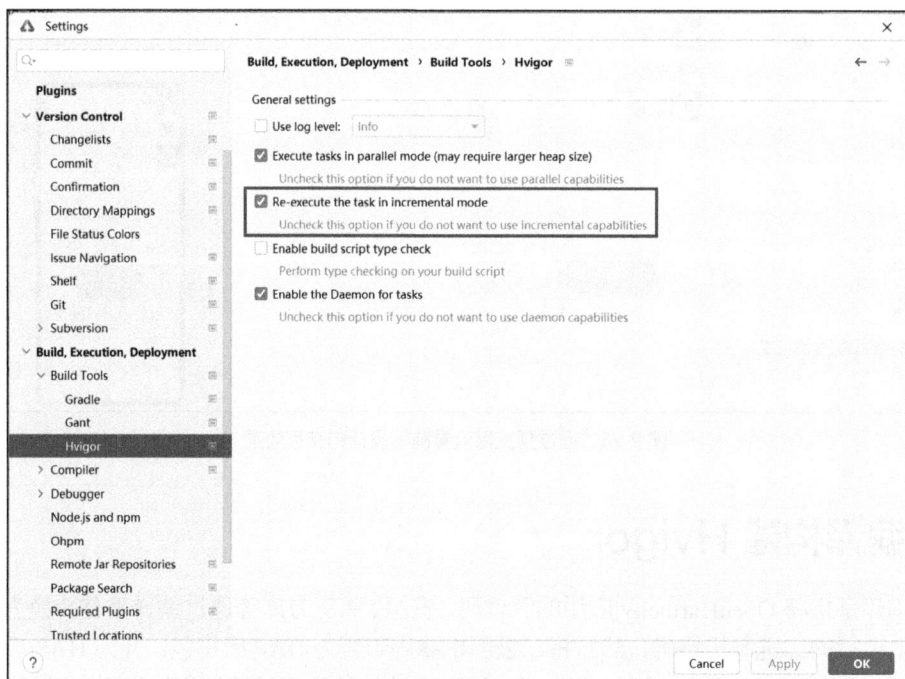

图 2-27 在 DevEco Studio 中开启 DevEco Hvigor 的任务增量能力

2. 构建过程可视化

DevEco Hvigor 会记录每次构建任务的日志信息，并通过可视化的图表界面进行展示。记录的信息包括任务执行的耗时与线程、ArkTS 编译中各环节的细分耗时情况等。开发者可以借此分析构建过程中的耗时情况，进而改善构建效率。

2.7.2　OpenHarmony 应用中的 Hvigor

Hvigor 是在安装 DevEco Studio 开发工具时默认安装的，该工具包对工程的管理依赖一些配置文件。基于 Hvigor 构建体系，DevEco Studio 定义了 OpenHarmony 的工程范式。图 2-28 所示为 Hvigor 构建体系的工程目录结构。

```
|--- entry_module    // entry模块，编译构建产物为HAP
|    |--- src          // 存放模块的源码、资源等文件
|    |--- build-profile.json5    // 模块级配置文件，声明模块对应的编译构建参数
|    |--- hvigorfile.ts    // 模块级编译构建脚本
|    |--- oh-package.json5 // 模块级依赖配置文件
|--- feature_module  // Feature模块，编译构建产物为HAP
|    |--- src
|    |--- build-profile.json5
|    |--- hvigorfile.ts
|    |--- oh-package.json5
|--- library // 库模块，编译构建产物为共享包
|    |--- src
|    |--- build-profile.json5
|    |--- hvigorfile.ts
|    |--- oh-package.json5
|--- build-profile.json5    // 工程级配置文件，声明工程对应的编译构建参数
|--- hvigorfile.ts    // 工程级编译构建脚本
|--- oh-package.json5 // 工程级依赖配置文件
```

图 2-28　Hvigor 构建体系的工程目录结构

在进行 OpenHarmony 应用/服务的编译构建前，用户可以对构建配置文件、应用依赖的 npm 包等信息进行设置。

① build-profile.json5：OpenHarmony 应用/服务构建配置文件。

② package.json：应用的第三方包依赖，支持遵循 npm 标准规范的 HAR（Harmony Archive）和 npm 包的依赖。

此外，hvigorfile.js 作为编译构建脚本是自动生成的，当前暂不支持自定义。

最核心的为 build-profile.json5 文件。该文件分为工程级和模块级两种类型，其中工程根目录下的工程级 build-profile.json5 用于工程的全局设置，各模块下的 build-profile.json5 只对当前模块生效。packge.json 也分为工程级和模块级。下面对这些文件的内部组成进行具体分析。

1. 工程级 build–profile.json5 文件结构

工程级配置文件中主要包含 app 闭包和 modules 闭包，分别对应工程和工程内的模块。

① app 闭包：设置工程配置信息，包括如下配置项。

signingConfigs：OpenHarmony 工程签名时的配置信息，可包含多个签名信息。可以手动配置，但工作量较大。目前 DevEco Studio 已经提供自动签名方式，如例 2-2 所示。

例 2-2　工程签名配置信息

```
"signingConfigs": [
  {
    "name": "default",
    "material": {
```

```
        "certpath":
"C:\\Users\\zxgang301\\.ohos\\config\\Openharmony\\auto_ohos_default_opentest_com.whu.
opentest.cer",
        "storePassword":
"0000001B2EA8CC05F9DC560A9BCDAEE2CDF36257980B69CE0E7F3AD8EB63C5A5C8A409B47A742EE0F8708C",
        "keyAlias": "debugKey",
        "keyPassword":
"0000001B838FABA49D1717361828BE918DE22E866D16E5F5CB90F1A28A9A38760BDE001A9E749F88215675",
        "profile":
"C:\\Users\\zxgang301\\.ohos\\config\\Openharmony\\auto_ohos_default_opentest_com.whu.
opentest.p7b",
        "signAlg": "SHA256withECDSA",
        "storeFile":
"C:\\Users\\zxgang301\\.ohos\\config\\Openharmony\\auto_ohos_default_opentest_com.whu.
opentest.p12"
      }
    }
  ]
```

例 2-2 中的签名信息是自动生成的，下面对这些信息进行分析。

name：签名方案的名称，默认为 default。

material：方案的签名材料，包括以下内容。

- certpath：调试文件或发布证书文件存放的位置，证书扩展名为.cer。
- storePassword：密码库密钥，以密文形式呈现。
- keyAlias：密钥别名信息。
- keyPassword：密钥密码，以密文形式呈现。
- profile：调试或发布证书的描述（Profile）文件，扩展名为.p7b。
- signAlg：密钥库参数。
- storeFile：密钥库文件，扩展名为.p12。

compileSdkVersion：依赖的 SDK 版本。

```
"compileSdkVersion": 8, //指定 OpenHarmony 应用/服务编译时的 SDK 版本
"compatibleSdkVersion": 8, //指定 OpenHarmony 应用/服务兼容的最低 SDK 版本
```

products：定义构建的产品品类，如通用版、付费版、免费版等。该配置项有两个属性。

```
"name": "default", //定义产品的名称，由开发者自定义
"signingConfigs": "default", //指定当前产品品类对应的签名信息，需要在 signingConfigs 中指定
```

② modules 闭包：指明工程内模块的编译构建信息，如例 2-3 所示。

例 2-3　modules 闭包

```
"modules": [
  {
    "name": "entry",
    "srcPath": "./entry",
    "targets": [
      {
       "name": "default", //target 名称，由各个模块的 build-profile.json5 中的 targets 字段定义
        "applyToProducts": [ //产品品类名称，由 products 字段定义
          "default"
        ]
      }
    ]
  }
]
```

例 2-3 所示的 modules 闭包是个数组，工程内有多少模块就有多少个模块配置信息，每个模块具体包含如下信息。

name：模块名称，这里为 "entry"。

srcPath：表示模块 src 目录相对工程根目录的路径。

targets：定义构建的产物，由 products 字段和各模块定义的 targets 字段共同定义。

2. 模块级 build-profile.json5 文件结构

模块级 build-profile.json5 文件的结构如例 2-4 所示。

例 2-4　模块级配置信息

```
{
  "apiType": 'stageMode',
  "buildOption": { },
  "targets": [
    {
      "name": "default",
      "runtimeOS": "Openharmony"
    },
    {
      "name": "ohosTest",
    }
  ]
}
```

① apiType：指明模块采用的应用模型，分为 FA 模型和 Stage 模型。API 8 为 FA 模型，API 9 为 FA 或 Stage 模型。

② buildOption：指明模块的编译选项，通常为模块采用第三方库函数时的编译规则，包括第三方库的打包顺序和过滤规则等。其他的编译规则包括模块在调用 C 源代码时的编译选项，如 CMake 配置文件和编译参数等。

③ targets：模块对应的产物配置，默认为 default。

3. 工程级 package.json 文件结构

OpenHarmony 应用/服务支持通过 npm 来安装、共享、分发代码，管理项目的依赖关系。OpenHarmony npm 包规范在 npm 标准规范的基础上增加了对 OpenHarmony 平台的拓展。因此，package.json 遵循 npm 标准规范。

工程级 package.json 的结构如例 2-5 所示。

例 2-5　工程级配置信息

```
{
  "name": "myapplication",
  "version": "1.0.0",
  "ohos": {
    "org": "huawei",
    "buildTool": "hvigor",
    "directoryLevel": "project"
  },
  "description": "example description",
  "repository": {},
  "license": "ISC",
  "dependencies": {
    "@ohos/hypium": "1.0.2",
    "@ohos/hvigor": "1.2.2",
```

```
    "@ohos/hvigor-ohos-plugin": "1.2.2"
  }
}
```

关于 OpenHarmony npm 包的相关字段说明如下。

① ohos 闭包：OpenHarmony 应用/服务的扩展字段，表示在 npm 标准规范的基础上叠加了 OpenHarmony npm 包。

org：标识 OpenHarmony npm 包的维护主体。

buildTool：标识 OpenHarmony npm 包的构建工具是 Hvigor。

directoryLevel：标识 OpenHarmony npm 包是工程的依赖。

② dependencies 闭包：设置工程依赖的 npm 包及版本，在遵循 npm 原生的基础上，可以添加 @ohos 相关的依赖，如构建插件、OpenHarmony npm 第三方共享包等。

npm 包的依赖一般包括 3 种：npm 原生第三方包依赖、OpenHarmony npm 第三方共享包依赖和 OpenHarmony npm 本地共享模块依赖。开发者可在工程或模块下的 package.json 中进行配置，配置依赖的示例如下。

npm 原生第三方包依赖。

```
"dependencies": {
  "eslint": "^7.32.0",
  ...
}
```

OpenHarmony 第三方包依赖。

```
"dependencies": {
 "@ohos/vcard": "^2.1.0",
 ...
}
```

OpenHarmony npm 本地共享模块依赖。

```
"dependencies": {
 "@ohos/library": "file:../library",
 ...
}
```

模块级 package.json 的内容和工程级 package.json 的内容基本一致，此处就不展开了。

2.8 应用运行调试

应用开发完毕后，需要对其逻辑正确性进行验证。DevEco Studio 提供了丰富的 OpenHarmony 应用/服务调试能力，帮助开发者更方便、高效地调试应用/服务。

OpenHarmony 应用/服务调试支持使用真机设备调试。使用真机设备进行调试前，需要配置 HAP 签名信息。详细的调试过程如图 2-29 所示。

配置签名信息在 2.7.2 小节中已经讲过了，接下来介绍设置调试类型、设置 HAP 安装方式和启动调试。

1. 设置调试类型

OpenHarmony 支持对 eTS、JS 和 C/C++代码进行调试，默认情况下调试器支持的调试类型为 Detect Automatically，支持调试 eTS 和 JS 代码。如果需要调试 C/C++代码，请将调试器的调试类型设置为 Native Only。各调试类型及说明如表 2-3 所示。

配置签名信息
↓
设置调试类型
↓
设置HAP安装方式
↓
启动调试

图 2-29 真机设备调试过程

表 2-3　调试类型及其说明

调试类型	说明
JS Only	调试 ArkTS 代码，API 7～9 支持；调试 JS 代码，API 4～9 支持
Native Only	仅调试 C/C++代码，API 4～9 支持
Dual(JS + Native)	调试 C/C++工程的 ArkTS/JS 和 C/C++代码，API 8～9 支持
Detect Automatically	新建工程默认调试类型，根据调试的工程类型自动启动对应的调试器，API 4～9 支持

设置调试类型的方法如下。

单击"Run"→"Edit Configurations"，在 OpenHarmony App 中选择相应模块，在"Debugger"选项卡中设置"Debug type"即可，如图 2-30 所示。

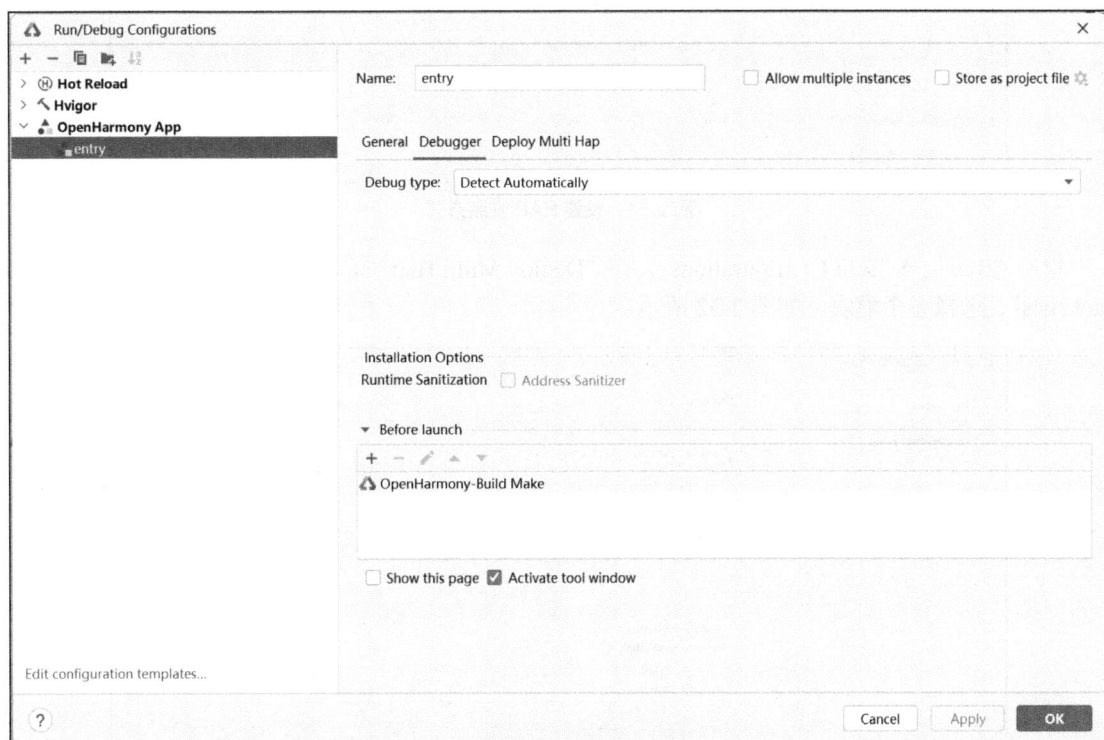

图 2-30　设置调试类型

2. 设置 HAP 安装方式

在调试阶段，HAP 在设备上的安装方式有两种，可以根据实际需要进行设置。

安装方式一：先卸载应用/服务，再重新安装。该方式会清除设备上的所有应用/服务缓存数据（默认安装方式）。

安装方式二：采用覆盖安装方式，不卸载应用/服务。该方式会保留应用/服务的缓存数据。

单击"Run"→"Edit Configurations"，在"General"选项卡中设置指定模块的 HAP 安装方式。勾选"Keep Application Data"则表示采用覆盖安装方式，保留应用/服务缓存数据，如图 2-31 所示。

如果一个工程中同一个设备存在多个模块（如 Phone 设备存在 Entry 和 Feature 模块），且存在模块间的调用，那么调试阶段就需要同时安装多个模块的 HAP 到设备中。此时，需要在"Deploy Multi Hap"选项卡中选择多个模块，启动调试时，DevEco Studio 会将所有的模块都安装到设备上（DevEco Studio 3.1 开始支持）。

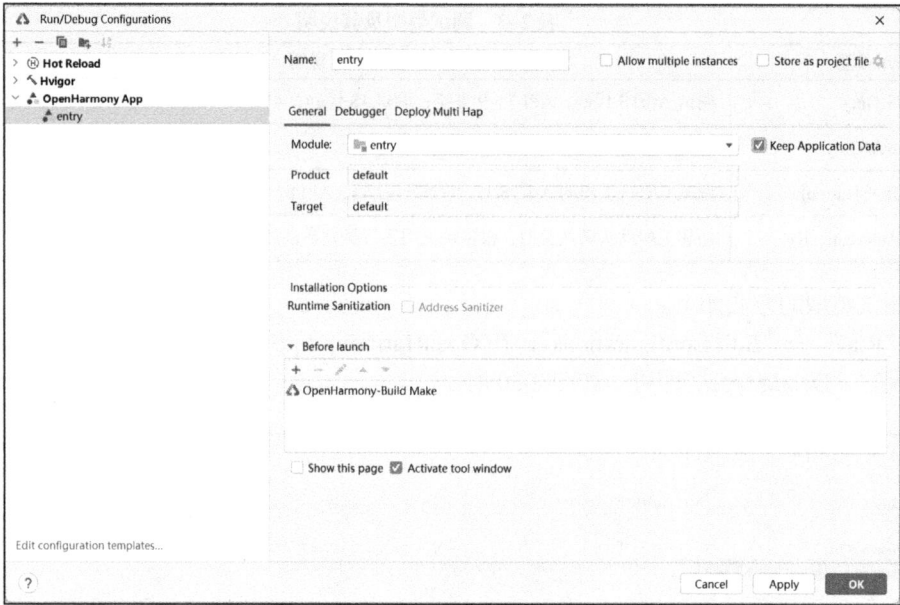

图 2-31　设置 HAP 安装方式

单击"Run"→"Edit Configurations"，在"Deploy Multi Hap"选项卡中勾选"Deploy Multi Hap Packages"，选择多个模块，如图 2-32 所示。

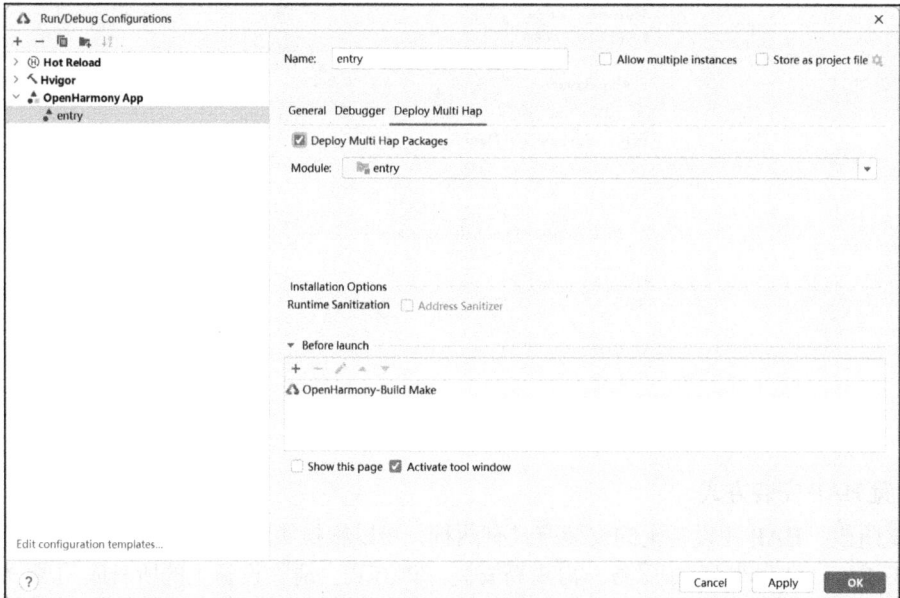

图 2-32　多 HAP 安装方式设定

3. 启动调试

在工具栏中选择调试的设备，然后单击"Debug"按钮 ❂或"Attach Debugger to Process"按钮 ❂启动调试。如果需要设置断点，则选定要设置断点的有效代码行，在行号（如第 7 行）处单击即可，如图 2-33 所示（圆点表示断点所在位置）。

启动调试后，开发者可以通过调试器进行代码调试。调试器中各个按钮的名称、快捷键和功能说明如表 2-4 所示。

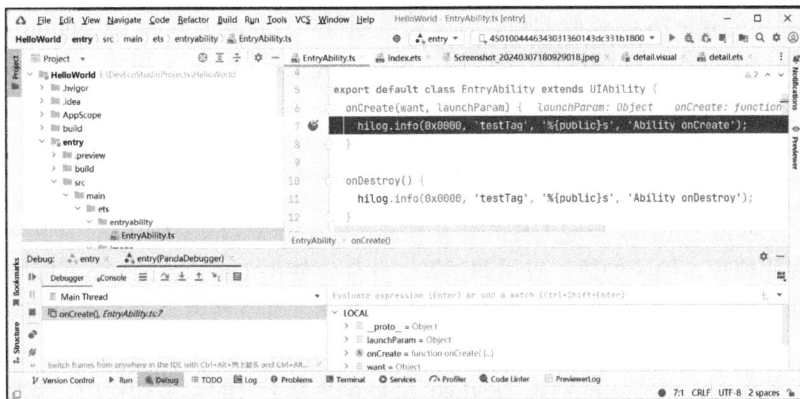

图 2-33　断点设置

表 2-4　调试器中各个按钮的名称、快捷键和功能说明

按钮	名称	快捷键	功能说明
▶	Resume Program（重启程序）	F9（macOS 为 Option+Command+R）	程序执行到断点时会停止执行，单击此按钮程序继续执行
⌐	Step Over（单步跨过）	F8（macOS 为 F8）	在单步调试时，直接前进到下一行
↧（蓝色）	Step Into（单步进入）	F7（macOS 为 F7）	在单步调试时，对子函数也进行单步执行
↧（红色）	Force Step Into(强迫单步进入)	Alt+Shift+F7（macOS 为 Option+ Shift+F7）	在单步调试时，强制进行下一步
↥	Step Out（单步跳出）	Shift+F8（macOS 为 Shift+F8）	在单步调试执行到子函数内时，单击此按钮会执行完子函数剩余的部分，并返回上一层函数
■	Stop（停止）	Ctrl+F2（macOS 为 Command+F2）	停止调试任务
⤵	Run To Cursor（执行到鼠标指针处）	Alt+F9（macOS 为 Option+F9）	执行到鼠标指针停留处

调试的难点在于 Step Over、Step Into 和 Step Out 这 3 个调试选项在单步执行到子函数时该如何选取。如果函数中存在子函数，Step Over 不会进入子函数内单步执行，而是将整个子函数当作一步执行；Step Into 会进入子函数内进行单步执行；而 Step Out 在函数中单步执行时，会将剩余代码执行完毕并从子函数中跳出。

在设置的程序断点处单击鼠标右键，在弹出的快捷菜单中选择"More"命令或按快捷键 Ctrl+Shift+F8（macOS 中为 Shift+Command+F8），可以管理断点，如图 2-34 所示。

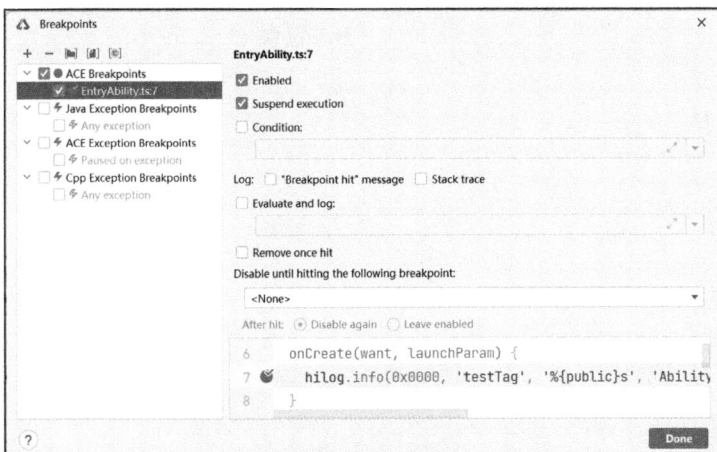

图 2-34　断点管理

图 2-34 中显示的是 eTS 源代码的断点，支持普通行断点管理方式和 Exception（异常）断点模式。C 或 C++ 源代码的断点在此基础上又增加了 Symbolic（符号）断点模式。

本章小结

本章介绍了 DevEco Studio 开发工具的特性和使用它来开发 OpenHarmony 应用的关键步骤，包括环境搭建、代码编写、编译构建、应用调试等。此外，使用 DevEco Studio 的新特性——低代码开发模式来快速构建应用前端的方法，在本章中也有描述。在这些内容中，代码编写和应用调试部分是本章重点，辅助编译构建的工程自动化管理工具 Hvigor 的使用是本章难点。

通过对本章的学习，读者应能熟悉 DevEco Studio 开发工具的安装和使用，掌握使用该工具开发一个完整应用的流程，学会如何对应用进行调试。

课后习题

1. （多选题）DevEco Studio 的核心特色包括（   ）。
   A. 支持 UI 实时预览
   B. 支持一站式信息获取
   C. 支持分布式多端应用开发
   D. 支持多语言的代码开发和调试
2. （多选题）低代码开发模式的优点包括（   ）。
   A. 支持界面的拖曳构建模式
   B. 支持业务逻辑 ArkTS 和界面相互绑定
   C. 支持界面自动生成 .ets 文件
   D. 支持 .ets 文件反向生成界面
3. （多选题）工程自动化构建工具 Hvigor 的优点包括（   ）。
   A. 它可以尽量减少开发者手动介入，从而节省开发者的时间并减少错误的发生
   B. 自动化可以自定义有序的步骤来完成代码的编译、测试和打包等工作，让重复的步骤变得简单
   C. IDE 可能受到不同操作系统的限制，而自动化构建不依赖特定操作系统和 IDE，具有平台无关性
   D. Hvigor 适用于 ArkTS、C++ 和 JS 等开发语言
4. （单选题）目前 OpenHarmony 应用支持在设备和模拟器上调试执行。（   ）
   A. 正确
   B. 错误
5. （单选题）移动应用开发过程中，应用需要经过编译才能在设备上运行。（   ）
   A. 正确
   B. 错误

第3章
OpenHarmony
应用结构剖析

学习目标

① 了解 OpenHarmony 中 app 的概念和 HAP 模块　　③ 掌握资源文件的访问方法。
　的组成。　　　　　　　　　　　　　　　　　　④ 掌握配置文件内各重要对象的属性设置方法。
② 掌握在 OpenHarmony 中创建和使用共享包。

对任何一款移动应用来说，给用户直接呈现的就是它的前端界面。而前端界面的美化工作除了需要美工对系统已有的组件进行外观设计和定制，还需要引用很多图片资源，如系统图标等。为了实现应用的本地化和国际化，还需要在应用中定义语言资源。总而言之，界面设计涉及资源文件的存储和引用。

要开发一款复杂的应用，除了开发者自身的努力，还需要"站在巨人的肩膀上"。很多优秀的第三方库可以集成到开发者的应用中，从而加速开发过程。然而，在应用中引用第三方资源，会涉及代码资源在应用中存储和引用的相关问题。

配置文件是 OpenHarmony 应用十分关键的信息，也是应用运行和分发时的重要依据。配置文件包含版本信息、开发者信息、各功能模块的定义、运行的设备、所需权限、核心业务对象的类型定义等内容。

本章的主要内容包括对 OpenHarmony 中的 app 和 HAP 模块的组成分析、库文件的创建和使用、资源限定词的定义与使用、对配置文件内部构成的分析等。

3.1　app 的概念和 HAP 模块的组成

用户应用程序泛指运行在设备的操作系统之上、为用户提供特定服务的程序，简称应用（app）。一个应用所对应的软件包文件称为"应用程序包"。

OpenHarmony 提供了应用程序包开发、安装、查询、更新、卸载的管理机制，可方便开发者开发和管理 OpenHarmony 应用，具体如下。

① 应用所涉及的文件多种多样，开发者可通过 OpenHarmony 提供的集成开发工具将其开发的可执行代码、资源、第三方库等文件整合到一起制作成 OpenHarmony 应用程序包，以便对应用程序进行部署。

② 应用所涉及的设备类型多种多样，开发者可通过 OpenHarmony 提供的应用程序包配置文件指定其应用程序包的分发设备类型，以便应用市场对应用程序包进行分发管理。

③ 应用所包含的功能多种多样，将不同的功能特性按模块来划分和管理是一种良好的设计方

式。OpenHarmony 提供了同一应用程序的多包管理机制，开发者可以将不同的功能特性聚合到不同的包中，以方便后续的维护与扩展。

④ 应用涉及的芯片平台多种多样，有 x86、ARM 等，还有 32 位、64 位之分。OpenHarmony 为应用程序包屏蔽了芯片平台的差异，使应用程序包在不同的芯片平台都能够安装运行。

⑤ 应用涉及的软件信息多种多样，有应用版本、应用名称、组件、申请权限等信息。OpenHarmony 包管理为开发者提供了这些信息的查询接口，以方便开发者在程序中查询所需要的包信息。

⑥ 应用涉及的资源多种多样，有媒体资源、原生资源、字符资源以及国际化资源等，OpenHarmony 包管理将不同的资源归档到不同的目录中，并集成资源索引文件，以方便应用对资源进行查找和使用。

在 OpenHarmony 上运行的应用有如下两种形态。

① 按照传统方式安装的应用。

② 提供特定功能，免安装的应用（即原子化服务）。

在本书中，如无特殊说明，应用所指代的对象包括上述两种形态。

3.1.1　应用包结构

在开发态，一个应用包含一个或者多个 module，可以在 DevEco Studio 工程中创建一个或者多个 module。module 是 OpenHarmony 应用/服务的基本功能单元，包含源代码、资源文件、第三方库及应用/服务配置文件，每一个 module 都可以独立编译和运行。module 分为 Ability 和 Library 两种类型，Ability 类型的 module 对应于编译后的 HAP；Library 类型的 module 对应于 HAR 或者 HSP（Harmony Shared Package）。一个 module 可以包含一个或多个 UIAbility 组件，如图 3-1 所示。

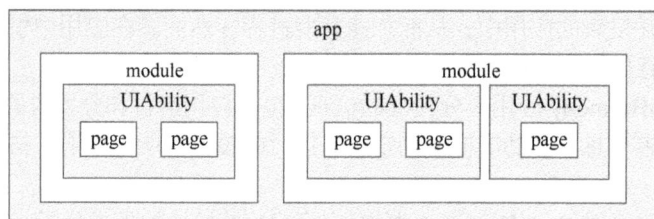

图 3-1　module 与 UIAbility 组件的关系

开发者可通过 DevEco Studio 把应用程序编译为一个或多个.hap 文件，即 HAP。HAP 是 OpenHarmony 应用安装的基本单位，包含编译后的代码、资源、第三方库及配置文件。HAP 可分为 Entry 和 Feature 两种类型。

① Entry 类型的 HAP：应用的主模块，在 module.json5 配置文件中的 type 标签配置为 Entry 类型。在同一个应用中，一个设备类型对应一个 Entry 类型的 HAP，通常用于实现应用的入口界面、入口图标、主特性功能等。

② Feature 类型的 HAP：应用的动态特性模块，在 module.json5 配置文件中的 type 标签配置为 Feature 类型。一个应用程序包可以包含一个或多个 Feature 类型的 HAP，也可以不包含；Feature 类型的 HAP 通常用于实现应用的特性功能，可以配置成按需下载安装，也可以配置成随 Entry 类型的 HAP 一起下载安装。

每个 OpenHarmony 应用可以包含多个.hap 文件，一个应用中的.hap 文件合在一起称为一个 Bundle，而 bundleName 就是应用的唯一标识。需要特别说明的是，在上架应用到应用市场时，需要把应用包含的所有.hap 文件（即 Bundle）打包为一个.app 文件，这个.app 文件被称为应用包，其中同时包含描述应用包属性的 pack.info 文件。在云端分发和端侧安装时，都是以 HAP 为单位进行分发和安装的。

　　pack.info 是 Bundle 中用于描述每个 HAP 属性的文件，例如 app 中的 bundleName 和 versionCode 信息，以及 module 中的 name、type 和 abilities 等信息，Bundle 由 IDE 工具自动生成。

3.1.2　HAP 模块结构

　　一个 HAP 模块是由代码、库文件、资源文件、配置文件和 OpenHarmony 能力资源组成的模块包。代码主要是 UIAbility 类和页面设计，可以调用资源文件和第三方库；配置文件则描述 UIAbility 的类型等信息。打包后的 HAP 包括 ets、libs、resources 等文件夹和 resources.index、module.json、pack.info 等文件。应用包的具体结构如图 3-2 所示。

　　① ets 文件夹用于存放应用代码编译后的字节码文件。

　　② libs 文件夹用于存放库文件。库文件是 OpenHarmony 应用依赖的第三方代码（.so 二进制文件）。

　　③ resources 文件夹用于存放应用的资源文件（字符串、图片等），以便开发者使用和维护相关资源。

　　④ resources.index 是资源索引表，由 IDE 编译工程时生成。

　　⑤ module.json 是 HAP 的配置文件，其内容由工程配置中的 module.json5 和 app.json5 组成，module.json 是 HAP 中必不可少的文件。IDE 会自动生成一部分默认配置，开发者可按需修改。

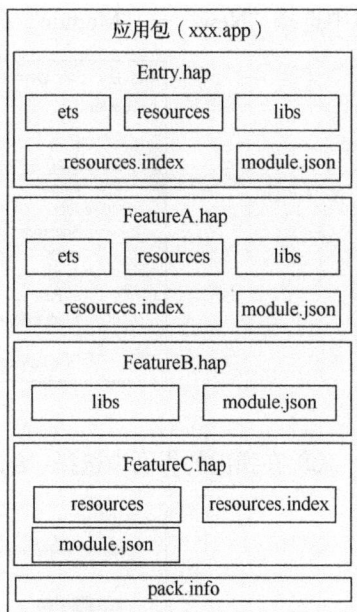

图 3-2　应用包的具体结构

3.2　创建和使用共享包

　　OpenHarmony 提供了两种共享包：HAR 静态共享包和 HSP 动态共享包。

　　HAR 与 HSP 都可以实现代码和资源的共享，都包含代码、C++库、资源和配置文件，两者最大的不同之处在于 HAR 中的代码和资源跟随使用方编译，如果有多个使用方，它们的编译结果中会存在多份相同的副本；而 HSP 中的代码和资源可以独立编译，运行时在一个进程中的代码也只会存在一份，HSP 旨在解决多个 HAP 引用相同的 HAR 导致应用包膨胀的问题。共享包的使用方式如图 3-3 所示。

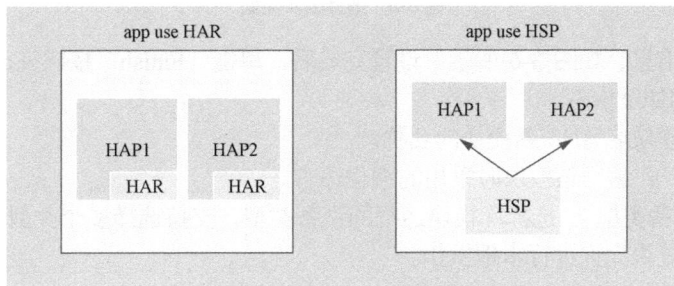

图 3-3　共享包的使用方式

　　HAR 是静态共享包，可以包含代码、C++库、资源和配置文件。通过 HAR 可以实现多个模块或多个工程共享 ArkUI 组件、资源等相关代码。HAR 不同于 HAP，不能独立安装运行在设备上，只能作为应用模块的依赖项被引用。HAR 库文件的使用过程包括创建库模块、将库文件编译为 HAR，以及为应用添加依赖。

3.2.1 创建 HAR 库模块

在 DevEco Studio 中，可以通过如下步骤创建 HAR 库模块。

① 在已有项目中新建模块。将鼠标指针移到项目目录顶部，单击鼠标右键，在弹出的快捷菜单中选择"New"→"Module"命令，如图 3-4 所示。

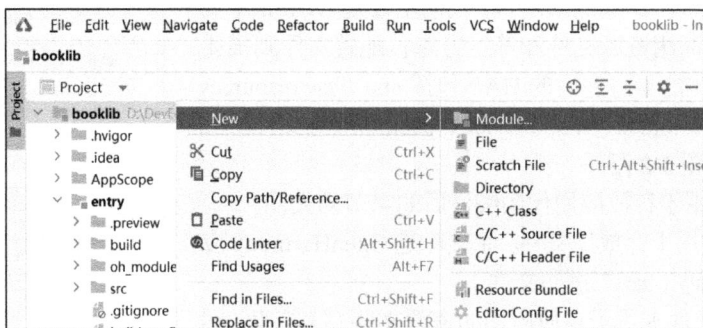

图 3-4　新建模块

② 在弹出的界面中选择"Static Library"选项，如图 3-5 所示，并单击"Next"按钮。

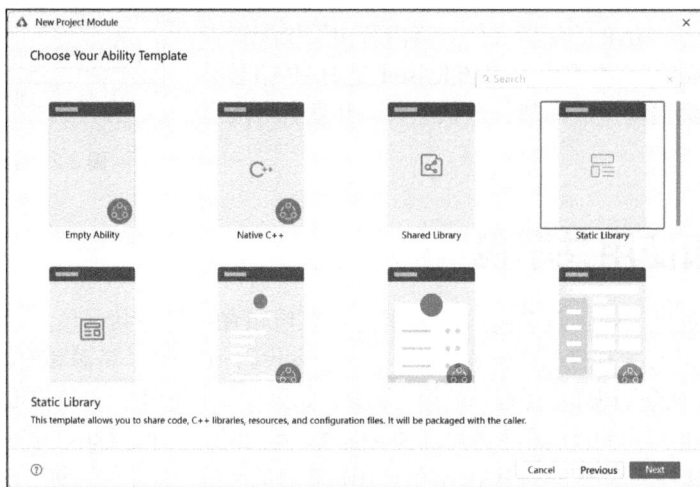

图 3-5　选择模块类型

③ 设置新模块信息，如图 3-6 所示。设置完成后，单击"Finish"按钮完成模块创建。在该界面中需要配置模块的如下信息。

Module name（模块名称）：新模块的名称。

Language（语言）：编写该模块时采用的编程语言。

Device type（设备类型）：选择库模块运行的设备类型，支持选择多个类型。

Enable native：是否允许进行本地操作。

④ 等待 Hvigor 同步完成后，项目目录中会生成对应的库模块 staticlibrary。该模块和 Entry 模块同级，内部也有源代码 src 目录，库文件的结构如图 3-7 所示。Entry 模块和库模块都有 build-profile.json5 文件和 module.json5 文件，整个项目也有 build-profile.json5 文件，这些文件存储了模块和项目编译过程中依赖的库文件信息。

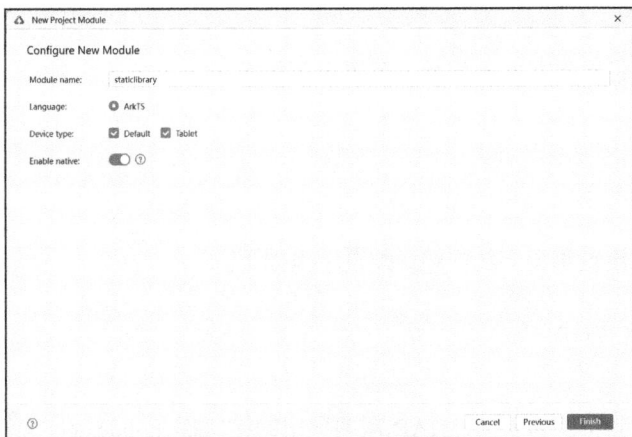

图 3-6　设置新模块信息

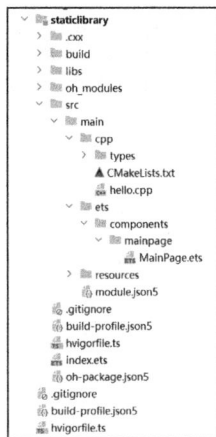

图 3-7　库文件的结构

3.2.2　编译 HAR 库文件

开发完库模块后，选中模块名，然后单击 DevEco Studio 菜单栏中的"Build"→"Make Module 'staticlibrary'"进行编译构建，生成 HAR 库文件，如图 3-8 所示。HAR 库文件可用于工程其他模块的引用，或将 HAR 库文件上传至 ohpm 仓库，供其他开发者下载使用。若部分源代码文件不需要打包至 HAR 库文件中，可通过创建.ohpmignore 文件配置打包时要忽略的文件/文件夹。

编译构建的 HAR 库文件可在模块的 build 目录下获取，格式为*.har。在编译构建 HAR 库文件的过程中，不会将模块中的 C++代码直接打包进.har 文件，而是将 C++代码编译成动态依赖库.so 文件，放置在.har 文件中的 libs 目录下（staticlibrary.har），如图 3-9 所示。

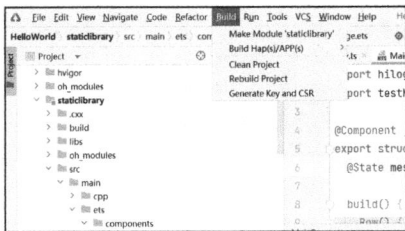

图 3-8　编译构建 HAR 库文件

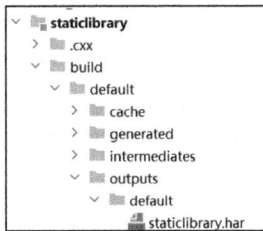

图 3-9　HAR 编译后路径

3.2.3　为应用添加 HAR 依赖

在应用模块（Entry 或 Feature 模块）中调用 HAR，需要为模块添加库依赖。引用第三方 HAR，包括从仓库进行安装、引用本地文件夹、调用本地 HAR 这 3 种方式。

1．从仓库进行安装

引用 ohpm 仓中的 HAR，首先需要设置第三方 HAR 的仓库信息。DevEco Studio 默认仓库地址为 OpenHarmony 第三方库中心仓，如果需要自定义仓库，可在 DevEco Studio 的 Terminal 窗口执行如下命令（执行命令前，请确保将 DevEco Studio 中 ohpm 安装 bin 目录配置在"环境变量-系统变量-PATH"中，第一次配置环境变量后需重启 DevEco Studio）。

```
ohpm config set registry your_registry1,your_registry2
```
在工程的 oh-package.json5 中设置第三方包依赖，配置示例如下。

```
"dependencies": {
  "@ohos/mylibrary ": "^1.0.0"
}
```

2. 引用本地文件夹

在工程的 oh-package.json5 中设置第三方包依赖，配置示例如下。

```
"dependencies": {
  "folder": "file:../ mylibrary "
}
```

3. 调用本地 HAR

在工程的 oh-package.json5 中设置第三方包依赖，配置示例如下。

```
"dependencies": {
  "package": "file:./mylibrary.har"
}
```

index.ets 文件是 HAR 导出声明文件的入口，HAR 需要导出的接口都在 index.ets 文件中导出。index.ets 文件是 DevEco Studio 默认自动生成的，用户也可以自定义，在模块的 oh-package.json5 文件中的 main 字段配置入口声明文件，配置如下所示。

```
{
  "main": "index.ets"
}
```

ArkUI 组件的导出方式与 TS 的导出方式一致，通过 export 导出，如例 3-1 所示。

例 3-1　导出 HAR 中的 ArkUI 组件

```
// library/src/main/ets/components/MainPage/MainPage.ets
@Component
export struct MainPage {
  @State message: string = 'Hello World'
  build() {
    Row() {
      Column() {
        Text(this.message)
          .fontSize(50)
          .fontWeight(FontWeight.Bold)
      }
      .width('100%')
    }
    .height('100%')
  }
}
```

对于 HAR 对外暴露的接口，在 index.ets 导出文件中的声明如下所示。

```
// library/index.ets
export { MainPage } from './src/main/ets/components/MainPage/MainPage'
```

3.2.4　创建和使用 HSP 库模块

对于企业大型应用开发，有部分公共的资源和代码只能在开发态静态共享，并且会被打包到每个依赖的 HAP 里，这样会有多份公共资源和代码被重复打包到应用包中，导致包体积较大。

为了解决运行态状态无法共享的问题，以及减小包体积、让多个 HAP 能够共享同一公共资源代码，DevEco Studio 支持动态共享包 HSP。

应用内 HSP 指的是专门为某一应用开发的 HSP，只能被该应用内部其他 HAP/HSP 使用，用于应用内部代码、资源的共享。应用内 HSP 跟随其宿主应用的应用包一起发布，与该宿主应用具有相同的包名和生命周期。创建 HSP 包时选择 "Shared Library"，如图 3-10 所示。

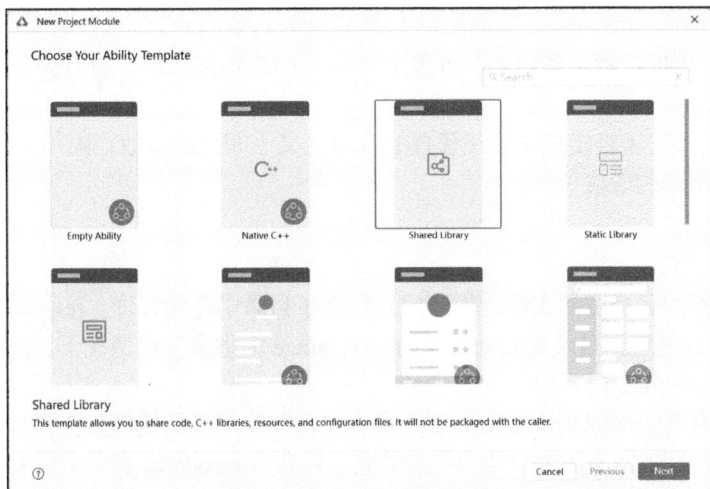

图 3-10　新建动态库

给 HSP 库模块取名为 mylibrary，创建完成后，工程目录中会生成库模块及相关文件，如图 3-11 所示。

编译 HSP 的过程和 HAR 的相同。打包 HSP 时，会同时默认打包 HAR，在模块的 build 目录下可以看到 *.har 和 *.hsp，如图 3-12 所示。

在使用方 Entry 和 Feature 模块的 oh-package.json5 文件中添加 HSP 模块引用，以引用名为 mylibrary 的 HSP 为例，如下所示。

```
{
  ...
  "dependencies": {
    "sharedlibrary": "file:../mylibrary"
  }
}
```

添加引用后，系统会提示 "Run 'ohpm install!'"。单击"确认"后，HSP 目录将映射到 Entry 和 Feature 的 oh_modules 目录下，如图 3-13 所示。

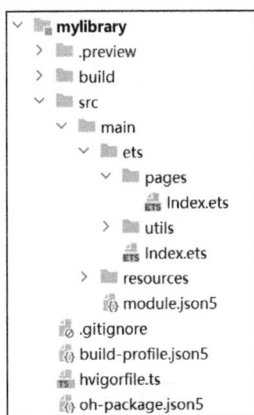

图 3-11　库模块及相关文件

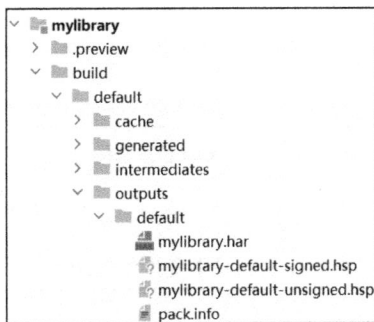

图 3-12　HSP 编译后路径

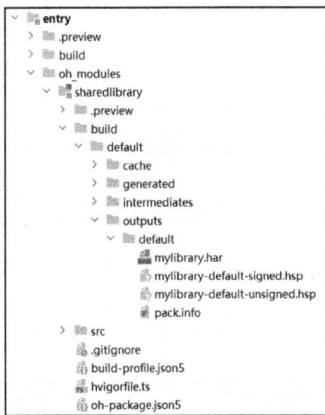

图 3-13　HSP 打包到调用者目录

3.3　资源限定与访问

在应用开发过程中，经常需要用到字体、图片等资源。在不同的设备或配置中，这些资源的值可能不同。

① 应用资源：借助资源文件能力，开发者在应用中自定义资源，自行管理这些资源在不同设备或配置中的表现。

② 系统资源：开发者直接使用系统预置的资源定义（即分层参数，同一资源文件 id 在设备类型等不同配置下有不同的取值）。

3.3.1 资源分类

应用开发中使用的各类资源文件，需要放入特定子目录中存储管理。resources 目录包括三大类目录，即 base 目录、限定词目录和 rawfile 目录。在 stage 模型多工程情况下，共有的资源文件存放在 AppScope 下的 resources 目录中。

base 目录默认存在，而限定词目录需要开发者自行创建。应用使用某资源时，系统会根据当前设备状态优先从相匹配的限定词目录中寻找该资源。只有当 resources 目录中没有与设备状态匹配的限定词目录，或者在限定词目录中找不到该资源时，才会在 base 目录中查找。rawfile 是原始文件目录，不会根据设备状态匹配不同的资源。resources 目录结构如图 3-14 所示。

```
resources
|---base
| |---element
| | |---string.json
| |---media
| | |---icon.png
| |---profile
| | |---test_profile.json
|---en_US // 默认存在的目录，设备语言环境是英文时，优先匹配此目录下资源
| |---element
| | |---string.json
| |---media
| | |---icon.png
| |---profile
| | |---test_profile.json
|---zh_CN // 默认存在的目录，设备语言环境是简体中文时，优先匹配此目录下资源
| |---element
| | |---string.json
| |---media
| | |---icon.png
| |---profile
| | |---test_profile.json
|---en_GB-vertical-car-mdpi // 自定义限定词目录示例，由开发者创建
| |---element
| | |---string.json
| |---media
| | |---icon.png
| |---profile
| | |---test_profile.json
|---rawfile // 其他类型文件，原始文件形式保存，不会被集成到resources.index文件中。文件名可自定义
```

图 3-14　resources 目录结构

base 目录、限定词目录和 rawfile 目录中资源文件的比较如表 3-1 所示。

表 3-1　3 种目录中资源文件的比较

目录名	组织形式	编译方式	引用方式
base 目录	默认存在的目录。当应用的 resources 目录中没有与设备状态匹配的限定词目录时，会自动引用该目录中的资源文件。base 目录的二级子目录为资源组目录，用于存放字符串、颜色、布尔值等基础元素，以及媒体、动画、布局等资源文件	目录中的资源文件会被编译成二进制文件，并赋予资源文件 id	通过指定资源类型（type）和资源名称（name）来引用

续表

目录名	组织形式	编译方式	引用方式
限定词目录	en_US 和 zh_CN 是默认存在的两个限定词目录，其余限定词目录需要开发者自行创建。 目录名称由一个或多个表征应用场景或设备特征的限定词组合而成。 限定词目录的二级子目录为资源组目录，用于存放字符串、颜色、布尔值等基础元素，以及媒体、动画、布局等资源文件	目录中的资源文件会被编译成二进制文件，并赋予资源文件 id	通过指定资源类型（type）和资源名称（name）来引用
rawfile 目录	支持创建多层子目录，目录名称可以自定义，目录内可以自由放置各类资源文件。 rawfile 目录的文件不会根据设备状态匹配不同的资源	目录中的资源文件会被直接打包进应用，不经过编译，也不会被赋予资源文件 id	通过指定文件路径和文件名来引用

3.3.2　限定词目录命名规则

限定词目录可以由一个或多个表征应用场景或设备特征的限定词组合而成，包括移动设备国家代码（Mobile Country Code，MCC）和移动设备网络代码（Mobile Network Code，MNC）、横竖屏、颜色模式、设备类型、屏幕密度等维度，限定词之间通过下画线（_）或者短横线（-）连接。开发者在创建限定词目录时，需要掌握限定词目录的命名规则，具体如下。

1. 限定词的组合顺序

限定词的组合顺序：MCC-MNC-横竖屏-颜色模式-设备类型-屏幕密度。开发者可以根据应用的使用场景和设备特征，选择其中的一类或几类限定词组成目录名称，顺序不可颠倒。其中，MCC 和 MNC 必须同时存在。

2. 限定词的连接方式

限定词的连接方式：语言、文字、国家或地区之间采用下画线（_）连接，MCC 和 MNC 之间也采用下画线（_）连接，除此之外的其他限定词之间均采用短横线（-）连接。例如，zh_Hant_CN、zh_CN-car-ldpi。

3. 限定词的取值范围

限定词的类型及含义必须符合表 3-2 所示的条件，否则将无法匹配目录中的资源文件。需要注意的是，限定词区分大小写。

表 3-2　限定词的类型及含义

类型	含义
横竖屏	表示设备的屏幕方向
颜色模式	表示设备使用的主题颜色
设备类型	表示设备属于哪一种硬件类型
屏幕密度	表示设备屏幕上每英寸长度内的像素点个数

表中各限定词类型的详细取值如下。

① 对横竖屏，取值可以为 vertical 和 horizontal，分别代表竖屏和横屏。

② 对颜色模式，取值为 dark 代表深色模式，light 代表浅色模式。如果没有定义，则使用 base 目录中定义的系统颜色。

③ 设备类型有 3 种取值，分别为 car、tv 和 wearable。

④ 屏幕密度代表设备的物理像素值，单位为 dpi，取值如下。

sdpi：表示小规模的屏幕密度（Small-scale Dots Per Inch），适用于 dpi 取值为(0,120]的设备。

mdpi：表示中规模的屏幕密度（Medium-scale Dots Per Inch），适用于 dpi 取值为(120,160]的设备。

hdpi：表示大规模的屏幕密度（Large-scale Dots Per Inch），适用于 dpi 取值为(160,240]的设备。

xhdpi：表示特大规模的屏幕密度（Extra Large-scale Dots Per Inch），适用于 dpi 取值为(240,320]的设备。

xxhdpi：表示超大规模的屏幕密度（Extra Extra Large-scale Dots Per Inch），适用于 dpi 取值为(320,480]的设备。

xxxhdpi：表示超特大规模的屏幕密度（Extra Extra Extra Large-scale Dots Per Inch），适用于 dpi 取值为(480,640]的设备。

3.3.3　限定词目录

开发者在创建限定词目录时，除了需要掌握限定词目录的命名规则，还需要掌握限定词目录与设备状态的匹配规则。

限定词文件必须由 OpenHarmony 应用进行加载，并运行到具体的设备上才能起作用。而当 resources 目录下定义了不止一个限定词文件或目录时，限定词文件与设备的匹配规则如下。

① 在为设备匹配对应的资源文件时，限定词目录匹配的优先级从高到低依次为 MCC 和 MNC、横竖屏、颜色模式、设备类型、屏幕密度。例如，限定词目录名 "en_GB-vertical-car-mdpi" 就符合该规则，该名称的含义是 "英国、竖屏、车载设备、中密度屏幕"。

② 如果限定词目录中包含 MCC、MNC、语言、文字、横竖屏、设备类型、颜色模式限定词，则对应限定词的取值必须与当前的设备状态完全一致，该目录才能够参与设备的资源匹配。例如，限定词目录 "zh_CN-car-ldpi" 不能参与 "en_US" 设备的资源匹配。

3.3.4　资源组目录

在 base 目录与限定词目录下可以创建资源组目录（包括 element、media、profile），用于存放特定类型的资源文件。资源组目录说明及资源文件如表 3-3 所示。

表 3-3　资源组目录说明及资源文件

目录	说明	资源文件
element	表示元素资源，以下每一类数据都采用相应的 JSON 文件来表征。 - boolean，布尔型 - color，颜色 - float，浮点型 - intarray，整型数组 - integer，整型 - pattern，样式 - plural，复数形式 - strarray，字符串数组 - string，字符串	element 目录中的文件名称建议与下面的文件保持一致。每个文件中只能包含同一类型的数据。 - boolean.json - color.json - float.json - intarray.json - integer.json - pattern.json - plural.json - strarray.json - string.json
media	表示媒体资源，包括图片、音频、视频等非文本格式的文件（目录下只支持文件类型）	文件名可自定义，例如 icon.png
profile	表示自定义配置文件，其文件内容可通过包管理接口获取（目录下只支持文件类型）	文件名可自定义，例如 test_profile.json

一个资源组目录文件的示例如例 3-2 所示。

例 3-2　资源组目录文件

```
{
    "color": [
        {
            "name": "color_hello",
            "value": "#ffff0000"
        },
        {
            "name": "color_world",
            "value": "#ff0000ff"
        }
    ]
}
```

3.3.5　资源文件的建立及访问

基于 ArkUI 框架开发的应用程序，可以按照需求对 ets 目录内 resources 目录下的.json 资源文件进行建立，并获取相应的资源内容。

1. 创建资源目录及文件

在 resources 目录下，可按照限定词目录和资源组目录的说明创建子目录和目录内的文件。同时，DevEco Studio 也提供了创建资源目录和资源文件的界面。在 resources 目录上单击鼠标右键，在快捷菜单中选择 "New" → "Resource File"，此时可同时创建目录和文件，如图 3-15 所示。文件默认创建在 base 目录的对应资源组下。如果选择了限定词，则会按照命名规范自动生成限定词和资源组目录，并将文件创建在目录中。Avaliable qualifiers 为供选择的限定词目录，可通过右边的小箭头按钮添加或删除。File name 为需要创建的文件名；Resource type 为资源组类型，默认是 Element；Root element 为资源类型。目录名自动生成，格式固定为 "限定词.资源组"，例如创建一个限定词为 dark 的 element 目录，自动生成的目录名为 "dark.element"。

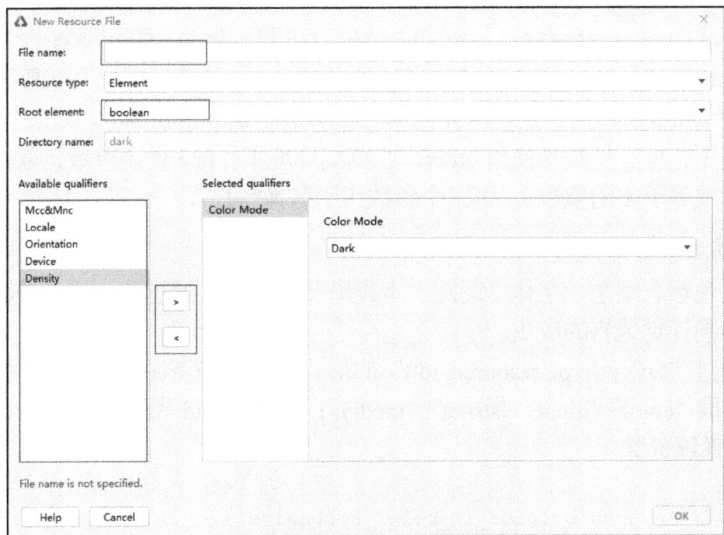

图 3-15　创建资源目录及文件

2. 访问应用资源

在工程中，通过 "$r('app.type.name')" 的形式引用应用资源。app 代表应用内 resources 目录中定义的资源；type 代表资源类型（或资源的存放位置），可以取 "color" "float" "string" "plural" "media"；

name 代表资源名,由开发者定义资源时确定。

引用 rawfile 目录下的资源时使用"$rawfile('filename')"的形式,filename 需要表示为 rawfile 目录下的文件相对路径,文件名需要包含扩展名,路径不可以以"/"开头。

访问 rawfile 文件的 descriptor 时,可使用资源管理 getRawFd 接口,其返回值 descriptor.fd 为 HAP 的 fd,访问此 rawfile 文件需要结合{fd,offset,length}一起使用。

在 xxx.ets 文件中,可以使用在 resources 目录中定义的资源。表 3-3 所示的 element 目录中显示了.json 文件列表,包含 color.json 文件、string.json 文件和 plural.json 文件等。应用资源的具体访问方法如例 3-3 所示。

例 3-3 访问应用资源

```
Text($r('app.string.string_hello'))
  .fontColor($r('app.color.color_hello'))
  .fontSize($r('app.float.font_hello'))

Text($r('app.string.string_world'))
  .fontColor($r('app.color.color_world'))
  .fontSize($r('app.float.font_world'))

//如下示例代码 value 为"We will arrive at five of the clock"
Text($r('app.string.message_arrive', "five of the clock"))
  .fontColor($r('app.color.color_hello'))
  .fontSize($r('app.float.font_hello'))

// 如下示例代码为复数, value 为"5 apples"
Text($r('app.plural.eat_apple', 5, 5))
  .fontColor($r('app.color.color_world'))
  .fontSize($r('app.float.font_world'))
Image($r('app.media.my_background_image'))   // media 资源的$r 引用
Image($rawfile('test.png'))                    // 引用 rawfile 目录下的图片
Image($rawfile('newDir/newTest.png'))          // 引用 rawfile 目录下的图片
```

引用 string.json 资源时,Text 中$r 的第一个参数指定 string 资源,第二个参数用于替换 string.json 文件中的%s。引用 plural 资源时,Text 中$r 的第一个参数指定 plural 资源。第二个参数用于指定单、复数(在中文环境下,单、复数均使用 other。在英文环境下,one 代表单数,取值为 1;other 代表复数,取值为大于或等于 1 的整数)。第三个参数用于替换%d。

3. 访问系统资源

系统资源包含色彩、圆角、字体、间距、字符串及图片等。通过使用系统资源,不同的开发者可以开发出具有相同视觉风格的应用。

开发者可以通过"$r('sys.type.resource_id')"的形式引用系统资源。sys 代表系统资源;type 代表资源类型,可以取"color""float""string""media";resource_id 代表资源文件 id,如例 3-4 所示。

例 3-4 访问系统资源

```
Text('Hello')
  .fontColor($r('sys.color.ohos_id_color_emphasize'))
  .fontSize($r('sys.float.ohos_id_text_size_headline1'))
  .fontFamily($r('sys.string.ohos_id_text_font_family_medium'))
  .backgroundColor($r('sys.color.ohos_id_color_palette_aux1'))

Image($r('sys.media.ohos_app_icon'))
  .border({
```

```
  color: $r('sys.color.ohos_id_color_palette_aux1'),
  radius: $r('sys.float.ohos_id_corner_radius_button'), width: 2
})
.margin({
  top: $r('sys.float.ohos_id_elements_margin_horizontal_m'),
  bottom: $r('sys.float.ohos_id_elements_margin_horizontal_l')
})
.height(200)
.width(300)
```

3.4　配置文件

配置文件 app.json5 和 module.json5 均采用 JSON 文件格式，其中包含了一系列配置项，每个配置项由属性和值两部分构成，内容如下。

① 属性：属性出现顺序不分先后，且每个属性最多只允许出现一次。

② 值：每个属性的值为 JSON 的基本数据类型（数值、字符串、布尔值、数组、对象或者 null 类型）。

以 app.json5 文件为例，DevEco Studio 提供了两种编辑该文件的方式，分别在代码编辑视图和可视化编辑视图。在 app.json5 的编辑窗口中，右上角的两个按钮 ▤ 和 ▣ 分别用于切换至代码编辑视图和可视化编辑视图。其中代码编辑视图就是列举出 app.json5 文件的所有源代码，用户可以自己查看修改；而可视化编辑视图通过将文件进行一定的格式化，并配以注释和分类来提高用户的修改效率，如图 3-16 所示。

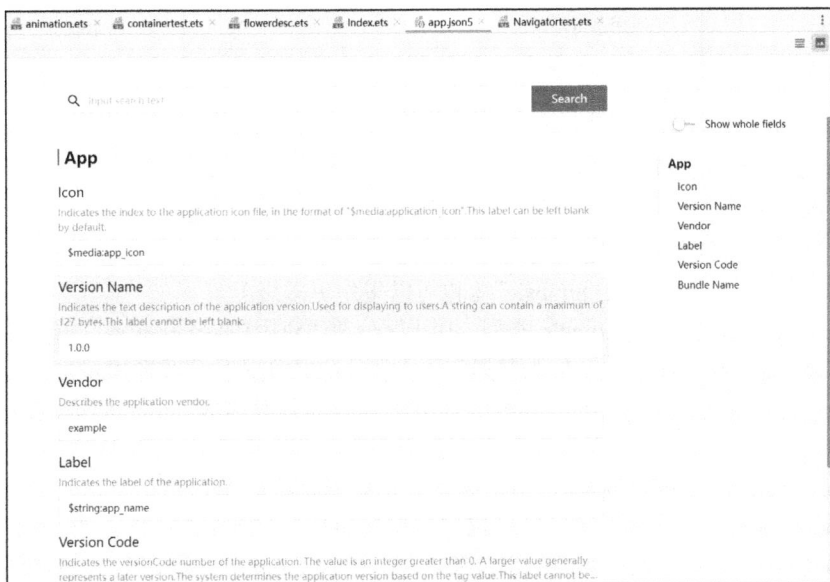

图 3-16　app.json5 的可视化编辑视图

3.4.1　配置文件的内部结构

每个应用项目必须在项目的代码目录下加入配置文件，这些配置文件会向编译工具、操作系统和应用市场提供应用的基本信息。

基于 Stage 模型开发的工程代码目录下都存在一个 app.json5 及一个或多个 module.json5 配置文件。

app.json5 主要包含以下内容。

① 应用的全局配置信息，包含应用的包名、开发厂商、版本号等基本信息。

② 特定设备类型的配置信息。

module.json5 主要包含以下内容。

① module 的基本配置信息，例如 module 名称、类型、描述、支持的设备类型等基本信息。

② 应用组件信息，包含 UIAbility 组件和 ExtensionAbility 组件的描述信息。

③ 应用运行过程中所需的权限信息。

OpenHarmony 应用中的配置文件内容涵盖 app 标签和 module 标签的相关配置信息。

① app 标签：主要为应用的全局配置信息，包含应用的包名、生产厂商、版本号等基本信息。

② module 标签：主要为 HAP 模块的配置信息，包含每个 Ability 必须定义的基本属性（如包名、类名、类型，以及 Ability 提供的能力）应用访问系统或其他应用受保护部分所需的权限等。

下面分别介绍 app 标签和 module 标签。

3.4.2 app 标签的内部结构

app 标签包含应用的全局配置信息，定义在 app.json5 文件中，其重要属性如表 3-4 所示。

表 3-4 app 标签的重要属性

属性名称	含义	数据类型	是否能省略
bundleName	应用的包名，用于标识应用的唯一性	字符串	否
vendor	对应用开发厂商的描述，长度不超过 255 字节	字符串	是
versionCode	应用的版本信息	数值	否
debug	标识应用是否可调试	布尔值	是
bundleType	标识应用的 Bundle 类型，用于区分应用或原子化服务	字符串	否
targetAPIVersion	标识应用运行需要的 API 目标版本	数值	否

app 标签各属性的具体意义如下。

① bundleName：包名，由字母、数字、下画线（_）和点号（.）组成的字符串，必须以字母开头。包名通常采用反域名形式表示，建议第一级为域名后缀"com"，第二级为厂商名或个人名，第三级为应用名，例如"com.huawei.himusic"（也可以采用更多级）。

② bundleType：标识应用的 Bundle 类型，用于区分普通应用和原子化服务。该标签可选值为 app 和 atomicService，app 表示当前 Bundle 为普通应用，atomicService 表示当前 Bundle 为原子化服务。

③ debug：标识应用是否可调试。该标签由 IDE 编译构建时生成，true 为可调试，false 为不可调试。

④ vendor：指出该应用是由哪家厂商开发的，例如 Huawei、Whu 等。

⑤ versionName：标识应用版本的文字描述，现在通常以三级模式呈现，如 1.0.1。

⑥ versionCode：标识应用可兼容的最低版本号，如 1.0.0.0。如果该属性没有设置，默认值与 name 相同。

⑦ minAPIVersion：标识应用运行需要的 SDK 的 API 最小版本，由 build-profile.json5 中的 compileSdkVersion 生成。

⑧ targetAPIVersion：标识应用运行需要的 API 目标版本，由 build-profile.json5 中的 compatibleSdkVersion 生成。

⑨ car&tablet&wearable：标识应用对 car、table 和 wearable 设备的特殊配置。

app 标签结构如例 3-5 所示。该代码中定义了应用包名、开发者和版本号。

例 3-5 app 标签结构

```
"app": {
  "bundleName": "com.application.myapplication",
  "vendor": "example",
  "versionCode": 1000000,
  "versionName": "1.0.0",
  "icon": "$media:app_icon",
  "label": "$string:app_name",
  "description": "$string:description_application",
  "minAPIVersion": 9,
  "targetAPIVersion": 9,
  "apiReleaseType": "Release",
  "debug": false,
  "car": {
    "minAPIVersion": 8,
  }
}
```

3.4.3 module 标签的内部结构

module 标签包含 HAP 模块的配置信息，这是极重要的配置信息，如表 3-5 所示。

表 3-5 module 标签

标签名称	含义	数据类型	是否能省略
name	HAP 模块的类名。采用反域名形式表示，前缀需要与同级的 package 标签指定的包名一致	字符串	否
type	标识当前 module 的类型，有如下两种。 - Entry：应用的主模块。 - Feature：应用的动态特性模块	字符串	否
srcEntry	标识当前 module 所对应的代码路径，标签值为字符串（最长为 127B）	字符串	是，默认值为空
description	HAP 模块的描述信息	字符串	是
mainElement	HAP 模块的入口 Ability 名称。该标签的值应配置为 module/abilities 中存在的 Page 类型的 Ability 的名称	字符串	如果存在 Page 类型的 Ability，则该字段不可省略
package	HAP 模块的包结构名称，在应用内应保证唯一性，采用反域名形式表示	字符串	否
deviceType	允许 Ability 运行的设备类型，可以取值为 tablet、tv、wearable、car 和 default	字符串数组	否
deliveryWithInstall	标识当前 module 是否在用户主动安装的时候安装，表示该 module 对应的 HAP 是否跟随应用一起安装。 - true：主动安装时安装。 - false：主动安装时不安装	布尔值	否
installationFree	标识当前 module 是否支持免安装特性。 - true：支持免安装特性，且符合免安装约束。 - false：不支持免安装特性	布尔值	否
pages	标识当前 module 的 profile 资源，用于列举每个页面信息。该标签最大长度为 255 字节	字符串	在有 UIAbility 的场景下，该标签不可省略

标签名称	含义	数据类型	是否能省略
metadata	标识当前 module 的自定义元信息，标签值为数组类型，只对当前 module、UIAbility、ExtensionAbility 生效	对象数组	是，默认值为空
abilities	表示当前模块内的所有 Ability。采用对象数组格式，其中每个元素表示一个 UIAbility 对象	对象数组	是
extensionAbilities	标识当前 module 中 ExtensionAbility 的配置信息，标签值为数组类型，只对当前 ExtensionAbility 生效	对象	是，默认值为空
requestPermissions	应用运行时向系统申请的权限	对象数组	是
testRunner	标识当前 module 用于支持对测试框架的配置	对象	是，默认值为空
atomicService	标识当前应用是原子化服务时，有关原子化服务的相关配置	对象	是，默认值为空
dependencies	标识当前模块运行时依赖的共享库列表	对象数组	是，默认值为空

module 标签结构如例 3-6 所示，该代码表示 HAP 模块的启动 Ability 为 EntryAbility，运行的设备是平板计算机。

例 3-6　module 标签结构

```
"module": {
  "name": "entry",
  "type": "entry",
  "description": "$string:module_desc",
  "mainElement": "EntryAbility",
  "deviceTypes": [
    "default",
    "tablet"
  ],
  "deliveryWithInstall": true,
  "installationFree": false,
  "pages": "$profile:main_pages",
  "virtualmachine": "ark",
  "metadata": [
...
  ],
  "abilities": [
...
  ],
  "requestPermissions": [
    {
...
    }
  }
  ]
}
```

在 module 标签中，pages 和 metadata 这两个标签需要重视，其详细说明如下。

1．pages 标签

该标签是一个 profile 文件资源，用于指定描述页面信息的配置文件。例 3-7 中的代码表明在开发视图的 resources/base/profile 目录下定义了配置文件 main_pages.json，其中文件名（main_pages）可自定义，但需要和 pages 标签指定的信息对应。pages 配置文件中列举了当前应用组件中的页面信息，包含页面的路由信息（src）和显示窗口相关的配置（window），如表 3-6 所示。

表 3-6　pages 配置文件定义

标签名称	含义	数据类型	是否能省略
src	描述 JS 模块中所有页面的路由信息，包括页面路径和页面名称。该值是一个字符串数组，其中每个元素表示一个页面，第一个元素表示主页	字符串数组	否
window	用于定义与显示窗口相关的配置	对象	是，默认值为空

window 标签定义如表 3-7 所示。

表 3-7　window 标签定义

标签名称	含义	数据类型	是否能省略
designWidth	标识页面设计基准宽度。以此为基准，根据设备的实际宽度来缩放元素	数值	是，默认值为 720，表示 720px
autoDesignWidth	标识页面设计基准宽度是否自动计算。当配置为 true 时，designWidth 将会被忽略，设计基准宽度由设备宽度与屏幕密度计算得出	布尔值	是，默认值为 false

一个实际的 pages 配置文件的示例如例 3-7 所示。

例 3-7　pages 配置文件

```
{
  "src": [
    "pages/index/mainPage",
    "pages/second/payment",
    "pages/third/shopping_cart",
    "pages/four/owner"
  ],
  "window": {
    "designWidth": 720,
    "autoDesignWidth": false
  }
}
```

2. metadata 标签内部结构

该标签标识 HAP 的自定义元信息，标签值为数组类型，包含 name、value、resource 这 3 个子标签，如表 3-8 所示。

表 3-8　metadata 标签的子属性

属性名称	含义	数据类型	是否能省略
name	标识数据项的名称	字符串	是，默认值为空
value	标识数据项的值	字符串	是，默认值为空
resource	标识用户自定义数据格式，标签值为标识该数据的资源的索引值。该标签最大字节长度为 255 字节	字符串	是，默认值为空

metadata 标签结构如例 3-8 所示。

例 3-8　metadata 标签结构

```
{
  "module": {
    "metadata": [{
      "name": "module_metadata",
      "value": "a test demo for module metadata",
      "resource": "$profile:shortcuts_config",
    }],
```

```
"abilities": [{
  "metadata": [{
    "name": "ability_metadata",
    "value": "a test demo for ability",
    "resource": "$profile:config_file"
  },
  {
    "name": "ability_metadata_2",
    "value": "a string test",
    "resource": "$profile:config_file"
  }],
}],

"extensionAbilities": [{
  "metadata": [{
    "name": "extensionAbility_metadata",
    "value": "a test for extensionAbility",
    "resource": "$profile:config_file"
  },
  {
    "name": "extensionAbility_metadata_2",
    "value": "a string test",
    "resource": "$profile:config_file"
  }],
}]
}
}
```

例 3-8 中分别为 module、abilities 和 extensionAbilities 定义了元数据 metadata。

3.4.4 abilities 标签的内部结构

abilities 标签也是 module 标签的属性，表示的是 module 内包含的所有业务能力的配置信息。abilities 标签的属性较多，本小节根据属性的常用与否和重要程度将其分为重要属性和次重要属性两类，重点介绍重要属性中的 skills 属性。

1. 重要属性

abilities 标签的重要属性如表 3-9 所示。

表 3–9　abilities 标签的重要属性

标签名称	含义	数据类型	是否能省略
name	UIAbility 的名称。该名称在整个应用中唯一	字符串	否
srcEntry	标识入口 UIAbility 的代码路径	字符串	否
launchType	Ability 的启动模式	字符串	是，默认值为 standard
permissions	其他应用的 Ability 调用此 Ability 时需要申请的权限	字符串数组	是，默认值为空
metadata	标识当前 UIAbility 组件的元信息	对象数组	是，默认值为空
exported	标识 Ability 是否可以被其他应用调用	布尔值	是，默认值为 false
continuable	标识当前 UIAbility 组件是否可以迁移。 - true：可以迁移。 - false：不可以迁移	布尔值	是，默认值为 false
skills	UIAbility 或 ExtensioniAbility 能够接收的 Want 的特征	对象数组	是，默认值为空

续表

标签名称	含义	数据类型	是否能省略
backgroundModes	标识当前 UIAbility 组件的长时任务集合。指定用于满足特定类型的长时任务	字符串数组	是，默认值为空
startWindowIcon	标识当前 UIAbility 组件启动页面图标资源文件的索引。取值示例：$media:icon	字符串	否
startWindowBackground	标识当前 UIAbility 组件启动页面背景颜色资源文件的索引。取值示例：$color:red	字符串	否
orientation	标识当前 UIAbility 组件启动时的方向	字符串	是，默认值为 unspecified

abilities 对象的核心属性是 module 对象中每一个 UIAbility 都具有的属性，这些属性的具体取值和意义介绍如下。

① launchType：支持 multiton、singleton 和 specified 这 3 种模式。

multiton（标准）模式：表示该 UIAbility 在一个应用中可以有多个实例，每次启动创建一个新的实例，适用于大多数应用场景。

singleton（单实例）模式：仅第一次启动创建新实例。表示该 Ability 在所有任务栈中仅可以有一个实例，当然一个应用中也只能有一个实例。例如，具有全局唯一性的呼叫来电界面的 Page Ability 就采用单实例模式，这个来电 Ability 有一个单独的任务栈，该栈只有这一个 Ability。当用户通过外卖应用联系商家时，系统会将该栈一起压入外卖应用的堆栈中；当用户返回外卖应用时，系统会将该堆栈弹出，而外卖 Ability 并没有被弹出。不管多少个应用访问该来电 Ability，它始终是一个实例。

specified（指定实例）模式：运行时由开发者决定是否创建新实例。

② exported：当该属性取值为 true 时，该 Ability 可以被其他属性看见，可以被其他应用访问；否则不能被访问。

③ permissions：取值通常采用反域名形式，可以是系统预定义的权限。

④ continuable：用来描述当前 UIAbility 是否可以迁移，true 代表可以迁移到其他设备，false 代表禁止迁移。

⑤ backgroundModes：标识当前 UIAbility 组件的长时任务集合，指定用于满足特定类型的长时任务。长时任务类型如下。

dataTransfer：通过网络/对端设备进行数据下载、备份、分享、传输等业务。

audioPlayback：音频输出业务。

location：定位、导航业务。

bluetoothInteraction：蓝牙扫描、连接、传输业务（可穿戴设备）。

multiDeviceConnection：多设备互联业务。

wifiInteraction：Wi-Fi 扫描、连接、传输业务（克隆多屏）。

⑥ orientation：标识当前 UIAbility 组件启动时的方向，支持的 6 种取值如下。

unspecified：由系统自动判断显示方向。

landscape：横屏模式。

portrait：竖屏模式。

landscape_inverted：反向横屏。

portrait_inverted：反向竖屏。

auto_rotation：随传感器旋转。

2. skills 属性

在表 3-9 列举的重要属性中，skills 较为特殊，它主要用于页面发生跳转的过程中，标识 UIAbility 组件或者 ExtensionAbility 组件能够接收的 Want 的特征，如表 3-10 所示。

表 3-10　skills 属性

属性名称	含义	数据类型	是否能默认
actions	标识能够接收的 Want 的 Action 值的集合，取值通常为系统预定义的 action 值，也允许自定义	字符串数组	是
entities	标识能够接收的 Want 的 UIAbility 的类别（如视频、桌面应用等），可以包含一个或多个 entity	字符串数组	是
uris	标识能够接收的 Want 的 URI（Uniform Resource Identifier，统一资源标识符），可以包含一个或者多个 URI	对象数组	是

actions 属性用于指定该 UIAbility 能对外提供哪些服务，如支付服务、天气查询服务等。通过暴露这些接口，外界能够看到并通过 Want 进行跳转访问。skills 对象结构如例 3-9 所示。

例 3-9　skills 对象结构

```
"skills": [
  {
    "actions": [
      "ohos.Want.action.QUERY_WEATHER "
    ],
    "entities": [
      "entity.system.home"
    ],
    "uris": [
      {
        "scheme":"http",
        "host":"example.com",
        "port":"80",
        "path":"path",
        "type": "text/*"
      }
    ]
  }
]
```

例 3-9 表示该 Ability 能提供天气查询服务。有关 skills 对象的具体使用场景将在 4.2 节详细介绍。

3. 次重要属性

abilities 标签的次重要属性如表 3-11 所示。

表 3-11　abilities 标签的次重要属性

属性名称	含义	数据类型	是否能省略
description	对 Ability 的描述，默认值为空	字符串	是
icon	Ability 图标资源文件的索引。取值示例：$media:ability_icon	字符串	是
label	Ability 对用户显示的名称。取值可以是 Ability 名称，也可以是对该名称的资源索引，以支持多语言	字符串	是

abilities 标签结构如例 3-10 所示。

例 3-10　abilities 标签结构

```
{
  "abilities": [{
    "name": "EntryAbility",
    "srcEntry": "./ets/entryability/EntryAbility.ts",
    "launchType":"singleton",
    "description": "$string:description_main_ability",
```

```
    "icon": "$media:icon",
    "label": "Login",
    "permissions": [],
    "metadata": [],
    "exported": true,
    "continuable": true,
    "skills": [{
      "actions": ["ohos.Want.action.home"],
      "entities": ["entity.system.home"],
      "uris": []
    }],
    "backgroundModes": [
      "dataTransfer",
      "audioPlayback",
      "audioRecording",
      "location",
      "bluetoothInteraction",
      "multiDeviceConnection",
      "wifiInteraction",
      "voip",
      "taskKeeping"
    ],
    "startWindowIcon": "$media:icon",
    "startWindowBackground": "$color:red",
    "removeMissionAfterTerminate": true,
    "orientation": " ",
    "supportWindowMode": ["fullscreen", "split", "floating"],
    "maxWindowRatio": 3.5,
    "minWindowRatio": 0.5,
    "maxWindowWidth": 2560,
    "minWindowWidth": 1400,
    "maxWindowHeight": 300,
    "minWindowHeight": 200,
    "excludeFromMissions": false
  }]
}
```

其中包含一个名为 EntryAbility 的 UIAbility, 路径为/ets/entryability/, 启动模式为单实例模式, 可以被其他应用调用并可以流转, 具备在后台传输数据、播放音乐等能力, 最大窗口宽度和最小窗口宽度分别为 2560 像素和 1400 像素。

3.4.5　module 内其他标签的内部结构

module 标签内还包括 extensionAbilities、requestPermissions、testRunner、atomicServcie 和 dependencies 等标签。

1. extensionAbilities 标签

extensionAbilities 标签用来描述 extensionAbilities 的配置信息, 标签值为数组类型, 该标签下的配置只对当前 extensionAbilities 生效。该标签下的配置信息和 abilities 标签下的配置信息基本一样, 有两个属性有区别, 分别是 type 属性和 uri 属性。

① type 属性。type 属性用来标识当前 ExtensionAbility 组件的类型, 取值如下。

form: 卡片的 ExtensionAbility。

workScheduler: 延时任务的 ExtensionAbility。

inputMethod：输入法的 ExtensionAbility。

service：后台运行的 service 组件。

accessibility：辅助能力的 ExtensionAbility。

dataShare：数据共享的 ExtensionAbility。

fileShare：文件共享的 ExtensionAbility。

staticSubscriber：静态广播的 ExtensionAbility。

wallpaper：壁纸的 ExtensionAbility。

backup：数据备份的 ExtensionAbility。

window：该 ExtensionAbility 会在启动过程中创建一个 window，为开发者提供开发界面。开发者开发出来的界面将通过 abilityComponent 组件组合到其他应用的窗口中。

thumbnail：获取文件缩略图的 ExtensionAbility，开发者可以对自定义文件类型的文件提供缩略图。

preview：该 ExtensionAbility 会将文件解析后在一个窗口中显示，开发者可以将此窗口组合到其他应用窗口中。

② uri 属性。uri 标识当前 ExtensionAbility 组件提供的数据 URI，为字符数组类型，采用反域名的形式表示。默认可省略，但对于 type 为 dataShare 类型的 ExtensionAbility 不可省略。

extensionAbilities 标签结构如例 3-11 所示。

例 3-11　extensionAbilities 标签结构

```
{
  "extensionAbilities": [
    {
      "name": "FormName",
      "srcEntry": "./form/MyForm.ts",
      "icon": "$media:icon",
      "label" : "$string:extension_name",
      "description": "$string:form_description",
      "type": "form",
      "permissions": ["ohos.abilitydemo.permission.PROVIDER"],
      "readPermission": "",
      "writePermission": "",
      "exported": true,
      "uri":"scheme://authority/path/query",
      "skills": [{
        "actions": [],
        "entities": [],
        "uris": []
      }],
      "metadata": [
        {
          "name": "ohos.extension.form",
          "resource": "$profile:form_config",
        }
      ]
    }
  ]
}
```

在例 3-11 描述的 extensionAbilities 标签的元属性（metadata）的 resource 属性中，定义了服务卡片的配置文件 form_config.json，该文件默认存放在 resource/base/profile 目录下。该配置文件十分关键，它包含的是 OpenHarmony 独有的服务卡片的配置信息，其重要属性如表 3-12 所示。

表 3–12　form_config.json 配置文件的重要属性

属性名称	含义	数据类型	是否能省略
name	卡片的类名	字符串	否
description	对卡片的描述。取值可以是描述性内容，也可以是描述性内容的资源索引	字符串	是
isDefault	该卡片是否为默认卡片，每个 Ability 有且只有一个默认卡片	布尔值	否
uiSyntax	卡片的类型	字符串	否
colorMode	卡片的主题样式，默认值为 "auto"	字符串	是
defaultDimension	卡片的默认外观规格，取值必须在该卡片 supportDimensions 属性配置的列表中	字符串	否
supportDimensions	卡片支持的外观规格列表	字符串数组	否
jsComponentName	JS 卡片的模块名称	字符串	否

表 3-12 中部分属性的具体取值和意义如下。

① colorMode：取值可以为 auto（自适应）、dark（深色主题）和 light（浅色主题）。

② uiSyntax：卡片类型，可分为 Java 卡片和 JS 卡片两种。

③ supportDimensions：取值可以为如下 4 种，定义卡片在不同设备分辨率下的不同外观。

1×2：1 行 2 列的二宫格。

2×2：2 行 2 列的四宫格。

2×4：2 行 4 列的八宫格。

4×4：4 行 4 列的十六宫格。

服务卡片配置文件 form_config.json 的结构如例 3-12 所示。

例 3-12　form_config.json 文件结构

```
"forms": [
  {
    "name": "agency",
    "description": "This is a service widget.",
    "src": "./ets/agency/pages/AgencyCard.ets",
    "uiSyntax": "arkts",
    "window": {
      "designWidth": 720,
      "autoDesignWidth": true
    },
    "colorMode": "auto",
    "isDefault": true,
    "updateEnabled": true,
    "scheduledUpdateTime": "00:00",
    "defaultDimension": "2*4",
    "supportDimensions": [
      "2*4"
    ]
  }
]
```

例 3-12 表示有一个名称为 agency 的 eTS 类型的卡片，卡片外观规格为 2×4，卡片允许刷新，并从 00:00 开始刷新。

2. requestPermissions 标签

requestPermissions 标签标识应用运行时需向系统申请的权限集合，其结构如表 3-13 所示。

表3–13　requestPermissions 标签结构

标签名称	含义	类型	取值范围	默认值
name	必填，填写需要使用的权限名称	字符串	自定义	无
reason	可选，当申请的权限为 user_grant 时此字段必填，用于描述申请权限的原因	字符串	使用 string 类资源引用，格式为 $string: ***	空
usedScene	可选，当申请的权限为 user_grant 时此字段必填，用于描述权限使用的场景，由 abilities 和 when 组成，其中 abilities 可以配置为多个 UIAbility 组件，when 表示调用时机	abilities：UIAbility 或 ExtensionAbility 名称的字符串数组。 when：字符串	abilities：UIAbility 或者 ExtensionAbility 组件的名称。 when：inuse（使用时）、always（始终）	abilities：空 when：空

requestPermissions 标签结构如例 3-13 所示。

例 3-13　requestPermissions 标签结构

```
"requestPermissions": [
  {
    "name": "ohos.abilitydemo.permission.PROVIDER",
    "reason": "$string:reason",
    "usedScene": {
      "abilities": [
        "EntryFormAbility"
      ],
      "when": "inuse"
    }
  }
]
```

3. testRunner 标签

testRunner 标签用于支持对测试框架的配置，包含两个属性—— name 和 srcPath，分别标识测试框架对象名称和路径。testRunner 标签结构如例 3-14 所示。

例 3-14　testRunner 标签结构

```
{
  "module": {
    "testRunner": {
      "name": "myTestRunnerName",
      "srcPath": "etc/test/TestRunner.ts"
    }
  }
}
```

4. atomicService 标签

atomicService 标签用于支持对原子化服务的配置。此标签仅在 app.json 中 bundleType 被指定为 atomicService 时生效。该标签只有一个 preloads 属性，用来标识原子化服务中的预加载列表。其结构如例 3-15 所示。

例 3-15　atomicService 标签结构

```
{
  "module": {
    "atomicService": {
      "preloads":[
        {
          "moduleName":"feature"
```

```
      }
    ]
  }
 }
}
```

5. dependencies 标签

dependencies 标签标识模块运行时依赖的共享库列表，包含一个属性 moduleName，标识当前模块依赖的共享库模块名。dependencies 标签结构如例 3-16 所示。

例 3-16　dependencies 标签结构

```
{
  "module": {
    "dependencies": [
      {
        "moduleName": "library"
      }
    ]
  }
}
```

本章小结

本章主要介绍了 OpenHarmony 中 app 的概念和 HAP 模块的组成，通过对这些包的主要成分的介绍，引出如何构建 HAR 库文件、如何在项目中引用库文件等。还分析了资源限定与访问、配置文件的内容和作用等。

通过对本章的学习，读者应能够深入理解 OpenHarmony 中应用包和 HAP 模块的结构及其工作原理，掌握对关键资源进行配置和访问的方法。

课后习题

1.（单选题）OpenHarmony 应用包是由一个或多个 HAP 模块以及描述每个 HAP 属性的 pack.info 组成的。（　　　）

    A. 正确　　　　　　　　　　　　　　B. 错误

2.（多选题）一个 OpenHarmony 应用中的 HAP 模块是由（　　　）组成的。

    A. 代码　　　　B. 资源文件　　　　C. 第三方库　　　　D. 应用配置文件

3.（单选题）限定词是进行应用多语言化支持、多设备支持和多场景支持的重要手段。（　　　）

    A. 正确　　　　　　　　　　　　　　B. 错误

4.（多选题）配置文件通过 abilities 标签的属性 launchType 定义 Ability 对象的启动模式，有 3 种，分别为（　　　）。

    A. multiton　　　　B. singleton　　　　C. singleMission　　　　D. specified

第 4 章
OpenHarmony应用模型

04

学习目标

① 掌握 UIAbility 的定义和分类，能够将其与常用 MVC
模式进行类比分析。
② 掌握 UIAbility 和其 UI 之间交互的工作机制。
③ 掌握 UIAbility 的生命周期含义，能够运用系统
回调函数进行页面初始化。
④ 掌握应用内和应用间 UIAbility 的导航机制，能
够运用 Want 进行跳转。

一个典型的 OpenHarmony 应用具备与用户交互的界面、完成应用功能的业务逻辑和需要处理的
业务数据。直观来说，这 3 项其实就是用户在操作应用时所看到的内容、通过应用所完成的功能，
以及应用真实作用的对象。当然，一个复杂应用不会只有一个可视化页面，它包含承载很多功能的
显示处理逻辑，这些功能模块需要通过跳转进行切换。

本章将对 OpenHarmony 应用中最核心的功能组件 UIAbility 的特性、配置、生命周期和 UIAbility
间的导航等进行详细讲解。

4.1　应用模型概述

应用模型是 OpenHarmony 为开发者提供的应用程序所需能力的抽象提炼，它提供了应用程序必
备的组件和运行机制。有了应用模型，开发者可以基于统一的模型进行应用开发，使应用开发更简
单且高效。

4.1.1　应用模型的组成

OpenHarmony 应用模型的构成要素如下。

（1）应用组件

应用组件是应用的基本组成单位，是应用的运行入口。在用户启动、使用和退出应用的过程中，
应用组件会在不同的状态间切换，这些状态合起来称为应用组件的生命周期。应用组件提供生命周
期的回调函数，开发者通过应用组件的生命周期回调函数感知应用的状态变化。应用开发者在编写
应用时，首先需要编写的就是应用组件，同时需编写应用组件的生命周期回调函数，并在应用配置
文件中配置相关信息。这样，操作系统在运行期间通过配置文件创建应用组件的实例，并调度它的
生命周期回调函数，从而执行开发者的代码。

（2）应用进程模型

应用进程模型定义应用进程的创建和销毁方式，以及进程间的通信方式。

（3）应用线程模型

应用线程模型定义应用进程内线程的创建和销毁方式、主线程和 UI 线程的创建方式、线程间

的通信方式。

（4）应用任务管理模型

应用任务管理模型定义任务（Mission）的创建和销毁方式，以及任务与组件间的关系。OpenHarmony 应用任务管理由系统应用负责，第三方应用无须关注，本书不做具体介绍。

（5）应用配置文件

应用配置文件中包含应用配置信息、应用组件信息、权限信息、开发者自定义信息等，这些信息在编译构建、分发和运行阶段分别提供给编译工具、应用市场和操作系统使用。

4.1.2　从 FA 模型到 Stage 模型

随着系统的演进，OpenHarmony 先后提供了以下两种应用模型。

① FA（Feature Ability）模型：OpenHarmony API 7 开始支持的模型，已经不再主推。

② Stage 模型：OpenHarmony 3.1 新增的模型，是目前主推且会长期演进的模型。在该模型中，由于提供了 AbilityStage、WindowStage 等类作为应用组件和窗口的"舞台"，因此称这种应用模型为 Stage 模型。

Stage 模型之所以能成为主推模型，是因为其先进的设计思想。Stage 模型的设计基于以下出发点。

1. 为复杂应用而设计

① 多个应用组件共享同一个 ArkTS 引擎（运行 ArkTS 语言程序的虚拟机）实例，应用组件之间可以方便地共享对象和状态，同时减少复杂应用运行对内存的占用。

② 采用面向对象的开发方式，使得复杂应用代码可读性高、可维护性好、可扩展性强。

2. 原生支持应用组件级的跨端迁移和多端协同

Stage 模型实现了应用组件与 UI 解耦。UI 和应用组件都可以独立实现分布式的交互能力，实现 UI 的流转和组件的分布式交互。

① 在跨端迁移场景下，系统在多设备的应用组件之间迁移数据/状态后，UI 便可利用 ArkUI 的声明式特点，通过应用组件中保存的数据/状态恢复用户界面，便捷实现跨端迁移。

② 在多端协同场景下，应用组件具备组件间通信的 RPC（Remote Procedure Call，远程过程调用）能力，天然支持跨设备应用组件的交互。

3. 支持多设备和多窗口形态

应用组件管理和窗口管理在架构层面解耦。

① 便于系统对应用组件进行裁剪（如对于无屏设备可裁剪窗口）。

② 便于系统扩展窗口形态。

③ 在多设备（如桌面设备和移动设备）上，应用组件可使用同一套生命周期。

4. 平衡应用能力和系统管控成本

Stage 模型重新定义应用能力的边界，可平衡应用能力和系统管控成本。

① 提供特定场景（如卡片、输入法）的应用组件，以便满足更多的场景使用需求。

② 规范化后台进程管理。为保障用户体验，Stage 模型对后台应用进程进行了有序治理，应用程序不能随意驻留在后台，同时应用后台行为受到严格管理，以防止出现恶意应用行为。

4.1.3　Stage 模型和 FA 模型的对比

Stage 模型与 FA 模型最大的区别如下：在 Stage 模型中，多个应用组件共享同一个 ArkTS 引擎实例；在 FA 模型中，每个应用组件独享一个 ArkTS 引擎实例。因此在 Stage 模型中，应用组件之间可以方便地共享对象和状态，同时减少复杂应用运行时对内存的占用。Stage 模型是主推的应用模型，开发者通过它能够更加便利地开发出分布式场景下的复杂应用。

通过表 4-1 所示的对比可了解两种模型的整体概况。

表 4-1　Stage 模型和 FA 模型对比

对比项目	FA 模型参数	Stage 模型参数
应用组件	1．组件分类 PageAbility 组件：包含 UI，提供展示 UI 的能力。 ServiceAbility 组件：提供后台服务的能力，无 UI。 DataAbility 组件：提供数据分享的能力，无 UI。 2．开发方式 通过导出匿名对象、固定入口文件的方式指定应用组件。开发者无法进行派生，不利于扩展能力	1．组件分类 UIAbility 组件：包含 UI，提供展示 UI 的能力，主要用于和用户交互。 ExtensionAbility 组件：提供特定场景（如卡片、输入法）的扩展能力，满足更多的场景使用需求。 2．开发方式 采用面向对象的方式，将应用组件以类接口的形式开放给开发者，可以进行派生，利于扩展能力
进程模型	有 2 类进程：主进程、渲染进程	有 3 类进程：主进程、ExtensionAbility 进程、渲染进程
线程模型	1．ArkTS 引擎实例的创建 一个进程可以运行多个应用组件实例，每个应用组件实例运行在一个单独的 ArkTS 引擎实例中。 2．线程模型 每个 ArkTS 引擎实例都在一个单独线程（非主线程）上创建，主线程没有 ArkTS 引擎实例。 3．进程内对象共享：不支持	1．ArkTS 引擎实例的创建 一个进程可以运行多个应用组件实例，所有应用组件实例共享一个 ArkTS 引擎实例。 2．线程模型 ArkTS 引擎实例在主线程上创建。 3．进程内对象共享：支持
应用配置文件	使用 config.json 描述应用信息、HAP 信息和应用组件信息	使用 app.json5 描述应用信息，使用 module.json5 描述 HAP 信息、应用组件信息

4.2　Stage 模型

本节主要介绍 Stage 模型应用组件的基本概念和核心组件关系，以及 Stage 应用/组件的配置。

4.2.1　Stage 模型应用组件简介

Stage 模型中几个核心对象之间的关系如图 4-1 所示。

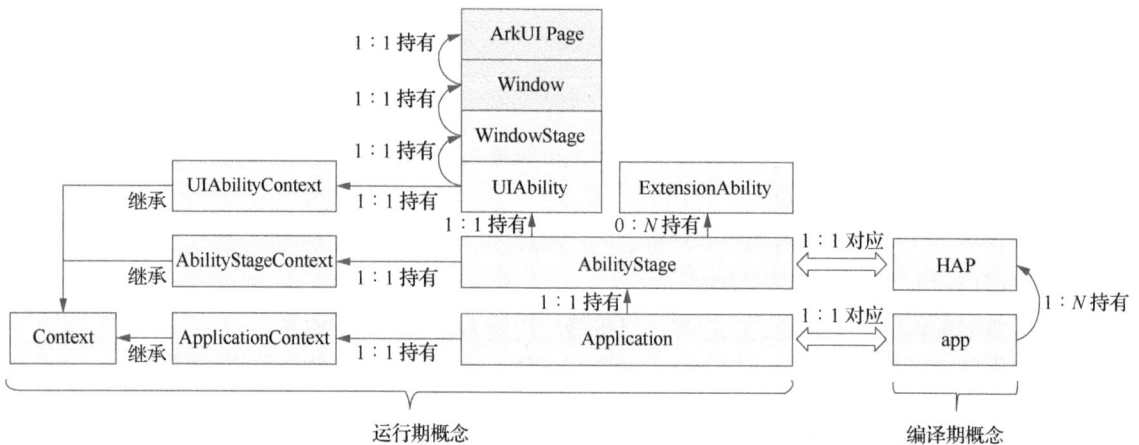

图 4-1　Stage 模型组成

1．UIAbility 组件和 ExtensionAbility 组件

Stage 模型提供 UIAbility 和 ExtensionAbility 两种类型的组件，这两种组件都有具体的类承载，支持面向对象的开发方式。

UIAbility 组件是一种包含 UI 的应用组件，主要用于和用户交互。例如，图库类应用可以在

UIAbility 组件中展示图片瀑布流，在用户选择某图片后，在新的页面中展示图片的详细内容，同时用户可以通过返回键返回瀑布流页面。UIAbility 的生命周期只包含创建/销毁/前台/后台等状态，与显示相关的状态通过 WindowStage 的事件暴露给开发者。

ExtensionAbility 组件是一种面向特定场景的应用组件。开发者并不直接使用 ExtensionAbility 类，而是需要使用 ExtensionAbility 的派生类。目前 ExtensionAbility 有用于卡片场景的 FormExtensionAbility、用于输入法场景的 InputMethodExtensionAbility、用于闲时任务场景的 WorkSchedulerExtensionAbility 等多种派生类，这些派生类都是基于特定场景提供的。例如，用户在桌面创建应用的卡片，需要应用开发者从 FormExtensionAbility 派生类中实现回调函数，并在配置文件中配置该能力。ExtensionAbility 派生类实例由用户触发创建，并由系统管理生命周期。在 Stage 模型上，普通应用开发者不能开发自定义服务，而需要根据自身的业务场景通过 ExtensionAbility 的派生类来实现。

2. WindowStage 类

每个 UIAbility 类实例都会与一个 WindowStage 类实例绑定，该类提供了应用进程内窗口管理器的作用，它包含一个主窗口。也就是说，UIAbility 通过 WindowStage 持有一个窗口，该窗口为 ArkUI 提供了绘制区域。

3. Context 类

在 Stage 模型上，Context 及其派生类向开发者提供在运行期可以调用的各种能力。UIAbility 组件和各种 ExtensionAbility 派生类都有各自不同的 Context 类，它们都继承自基类 Context，但是各自又根据所属组件提供不同的能力。

4. AbilityStage 类

每个 Entry 类型或者 Feature 类型的 HAP 在运行期都有一个 AbilityStage 类实例，当 HAP 中的代码首次被加载到进程中的时候，系统会先创建 AbilityStage 实例。每个在该 HAP 中定义的 UIAbility 类，在实例化后都会与该实例产生关联。开发者可以使用 AbilityStage 获取该 HAP 中 UIAbility 实例的运行时信息。

4.2.2　Stage 模型核心组件关系

UIAbility 组件和 ExtensionAbility 组件为 Stage 模型中承载应用功能的核心组件，理解它们的作用和相互关系对移动应用的开发有重要帮助。可以使用软件工程领域经典的 MVC（Model-View-Controller，模型－视图－控制器）模式来类比 UIAbility 组件和 ExtensionAbility 组件的关系。

MVC 模式是 Xerox PARC 在 20 世纪 80 年代为编程语言 Smalltalk-80 发明的一种软件设计模式，现已被广泛使用。

M 即 Model（模型），是指应用处理的数据。在 MVC 的 3 个部件中，Model 接收 Controller 提出的数据请求，并将所请求的数据返回。被 Model 返回的数据是中立的，Model 与数据格式无关，这样一个 Model 能为多个 View 提供数据，因此可减少代码的重复。

V 即 View（视图），是指用户的交互界面，如由 HTML（HyperText Markup Language，超文本标记语言）元素组成的网页界面，或软件的客户端界面等。在 View 中不进行真正的数据处理，它只是输出数据，并允许用户操作。

C 即 Controller（控制器），能够接收用户的输入并调用 Model 和 View 去处理用户的需求。它只是接收请求并将数据请求（如果有）转发给 Model，然后确定用哪个 View 来显示 Model 返回的数据。

使用 MVC 模式的目的是实现 Model、View 和 Controller 这 3 个部分的分离，从而方便不同的专业人员分别处理应用的不同部分。例如，数据库管理员规划 Model，美工优化 View，应用开发程序员设计 Controller 的业务逻辑，这样有利于加快开发进度。

OpenHarmony 应用中的 UIAbility 和 ExtensionAbility 组件，与 MVC 模式的相关度很高。ExtensionAbility 提供了用户对特定场景自定义组件能力的方法。这些应用场景中重要的两个场景分别为用户需要访问数据库的场景，对应 DataShareExtensionAbility（简称 Data）；用户调用后台服务的场景，对应 ServiceExtensionAbility（简称 Service）。Model 在这里对应 Data，View 对应 UIAbility，Controller 对应 Service，取这 3 个 Ability 的首字母组成 DUS，具体的对应关系如图 4-2 所示。

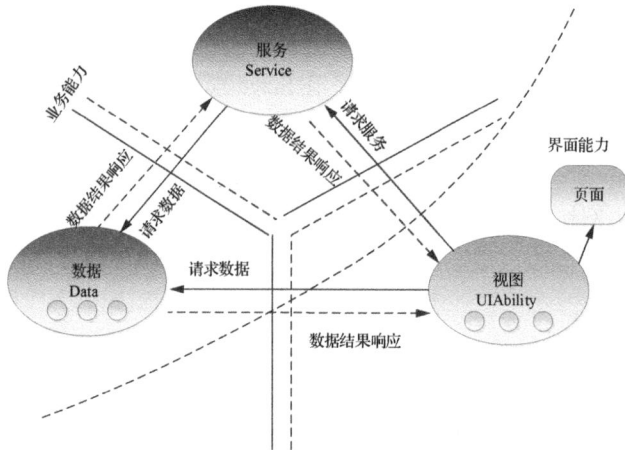

图 4-2　DUS 与 MVC 的对应关系

UIAbility 和 View 的作用是类似的，它除了显示作用，还可以响应用户交互。也就是说，OpenHarmony 应用中的 UIAbility 兼有 View 和 Controller 的部分功能，其 View 功能是通过加载对应的 UI 来实现的。

Service 和 Controller 的作用类似，主要承载应用的业务逻辑功能，不承载 View 功能。其与 UIAbility 的交互主要是通过 UIAbility 提出服务请求，再通过 Service 进行服务结果响应来实现的。应用可以把关键功能放在后台服务实现，更为重要的是，ExtensionAbility 中的 Service 概念体现了 OpenHarmony 与 iOS 和 Android 的显著不同，它可以跨设备提供服务，体现了分布式服务的特点。

Data 和 Model 的作用类似，主要承载的是应用的 Data 服务，响应来自 UIAbility 的数据请求，返回的是标准的数据结果。同样，这里的 Data 服务既可以是本地 Data 服务，也可以是远程 Data 服务，体现分布式数据服务的特点。作为 Data 服务，当然也可以响应来自 Service 端的数据请求，将数据结果返回 Service。

可以把 Service 和 Data 统称为"元服务"，因为它们都是向 UIAbility 提供服务的。"元服务"是可以部署在不同的设备上，实现分布式的应用程序。从图 4-3 可以看到，设备 A 上的 UIAbility2 可以调用设备 B 上的 UIAbility3，设备 A 上的 Service2 可以调用设备 B 上的 Service3 等，设备 A 和设备 B 上的各组件可以属于同一应用，也可以属于不同应用，整个调用过程完全分布化。

目前，在 Stage 模型中已经淡化 MVC 模式，ServiceExtensionAbility 和 DataShareExtensionAbility 都被归纳到 ExtensionAbility 中，同时 ExtensionAbility 中增加了更多的业务使用场景。但这种 MVC 三层架构的模式一直会在 OpenHarmony 移动应用开发中使用，开发者可以将应用中提供服务的类划分到 Service 组（目录），提供数据访问的类划分到 Model 组，提供页面的类划分到 View 组，这样应用源代码逻辑性更好，层次更加清晰，更适合移动开发者的阅读和使用。图 4-4 是一个典型的 OpenHarmony 应用目录，除了设置 model 目录、service 目录、view 目录、viewmodel 目录，还设置了 common 目录，其中是应用的公共工具类。从这个结构来看，应用的功能模块化非常清晰，可读性和可维护性很高。

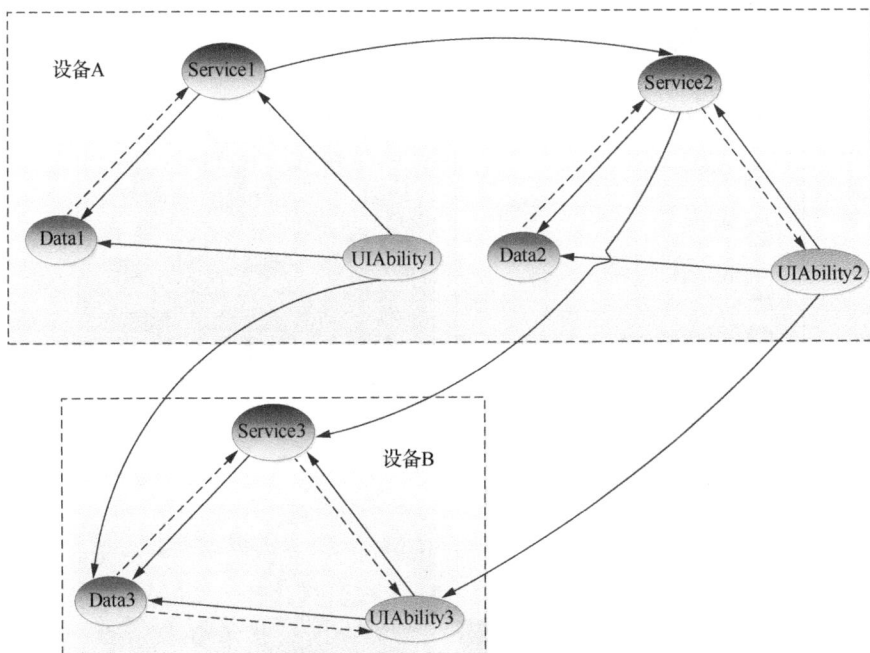

图 4-3　多 DUS、多设备分布式交互

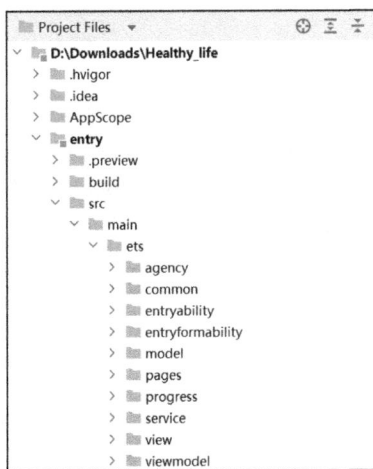

图 4-4　典型的 OpenHarmony 应用目录

4.2.3　Stage 应用/组件配置

在开发应用时，需要配置应用的一些标签。通常一起配置图标和标签，分别对应 app.json5 配置文件和 module.json5 配置文件中的 icon 和 label 标签，可以分为应用图标和标签、入口图标和标签。应用图标和标签在设置应用时使用，例如设置"应用管理"中的应用列表；入口图标和标签是应用安装完成后在设备桌面上显示出来的，如图 4-5 所示。入口图标和标签以 UIAbility 为粒度，同一个应用可以存在多个入口图标和标签，单击后进入对应的 UIAbility 界面。

1．应用包名配置

应用需要在工程的 AppScope 目录下的 app.json5 配置文件中配置 bundleName 标签，该标签用于标识应用的唯一性。推荐采用反域名形式命名（如 com.example.demo，建议第一级为域名后缀 com，第二级为厂商/个人名，第三级为应用名，也可以使用更多级）。

图 4-5　应用图标、应用标签和入口图标、入口标签

2. 应用图标和标签配置

Stage 模型的应用需要配置图标和标签。

应用图标需要在工程的 AppScope 目录下的 app.json5 配置文件中配置 icon 标签。应用图标需配置为图片的资源索引，配置完成后，相应图片即为应用图标。

应用标签需要在工程的 AppScope 目录下的 app.json5 配置文件中配置 label 标签。标识应用对用户显示的名称，需要配置为字符串资源的索引。具体如下所示。

```
{
  "app": {
    "icon": "$media:app_icon",
    "label": "$string:app_name"
  }
}
```

3. 入口图标和标签配置

Stage 模型支持对组件配置入口图标和标签。入口图标和标签会显示在桌面上。

入口图标需要在 module.json5 配置文件中配置，在 abilities 标签下面有 icon 标签。例如希望在桌面上显示该 UIAbility 的图标，则需要在 skills 标签下面的 entities 字段中添加 entity.system.home、在 actions 字段中添加 action.system.home。同一个应用有多个 UIAbility 配置上述字段时，桌面上会显示出多个图标，分别对应各自的 UIAbility。

入口标签需要在 module.json5 配置文件中配置，在 abilities 标签下面有 label 标签。例如希望在桌面上显示该 UIAbility 的标签，则需要在 skills 标签下面的 entities 字段中添加 entity.system.home、在 actions 字段中添加 action.system.home。同一个应用有多个 UIAbility 配置上述字段时，桌面上会显示出多个标签，分别对应各自的 UIAbility。某个 UIAbility 的配置文件如例 4-1 所示。

例 4-1　入口图标和标签配置

```
{
  "module": {
    "abilities": [
```

```
  {
    // 以$开头的字段为资源值
    "icon": "$media:icon",
    "label": "$string:EntryAbility_label",
    "skills": [
      {
        "entities": [
          "entity.system.home"
        ],
        "actions": [
          "action.system.home"
        ]
      }
    ],
  }
 ]
}
}
```

如图 4-6 所示，该应用中有两个 UIAbility，配置文件中 label 名称分别是 EntryAbility 和 FuncAbility，且都定义了 skills 属性，让它们在桌面显示。运行后，桌面上有两个图标，分别点击这两个不同图标，可以激活对应的 UIAbility。

4. 应用版本声明配置

应用版本声明需要在工程的 AppScope 目录下的 app.json5 配置文件中配置 versionCode 标签和 versionName 标签。versionCode 标签用于标识应用的版本号，其值为 32 位非负整数。此数字仅用于确定某个版本是否比另一个版本更新，数值越大表示版本越高。versionName 标签用于标识版本号的文字描述。

图 4-6 入口图标和标签

5. module 支持的设备类型配置

module 支持的设备类型需要在 module.json5 配置文件中配置 deviceTypes 标签，如果 deviceTypes 标签中添加了某种设备，则表明当前的 module 支持在相应设备上运行。

6. module 权限配置

module 访问系统或其他应用受保护部分所需的权限信息需要在 module.json5 配置文件中配置 requestPermissions 标签。该标签用于声明需要申请权限的名称、申请权限的原因以及权限使用的场景。

4.3 UIAbility 组件

UIAbility 组件是一种包含 UI 的应用组件，主要用于和用户交互。UIAbility 组件是系统调度的基本单元，为应用提供绘制界面的窗口，在一个 UIAbility 组件中可以通过多个页面来实现一个功能模块。每一个 UIAbility 组件实例都对应一个最近任务列表中的任务。

4.3.1 UIAbility 配置

为使应用能够正常使用 UIAbility，需要在 module.json5 配置文件的 abilities 标签中声明 UIAbility 的名称、入口图标和标签等相关信息，如例 4-2 所示。

例 4-2　UIAbility 配置文件

```
{
  "module": {
    "abilities": [
      {
        "name": "EntryAbility", // UIAbility 组件的名称
        "srcEntrance": "./ets/entryability/EntryAbility.ts", // UIAbility 代码路径
        "description": "$string:EntryAbility_desc", // UIAbility 组件的描述信息
        "icon": "$media:icon", // UIAbility 组件的图标
        "label": "$string:EntryAbility_label", // UIAbility 组件的标签
        "startWindowIcon": "$media:icon", // UIAbility 组件启动页面图标资源文件的索引
        "startWindowBackground": "$color:start_window_background", // UIAbility 组件启动
//页面背景颜色资源文件的索引
      }
    ]
  }
}
```

在例 4-2 中，定义了一个名为 EntryAbility 的 UIAbility 组件，包括该组件在应用中的相对路径、描述信息、入口图标和标签等。

4.3.2　UIAbility 生命周期及回调

从面向对象的程序设计角度来讲，每个对象都有生命周期的概念。对象的生命周期是指对象从被构造出来（对象生命周期的起点），到该对象被使用（对象的活跃期），最后到没有人使用该对象、对象被析构（对象生命周期的终点）。对象的生命周期详细描述了对象在程序中的活动轨迹，经常用于操作系统对象内存管理机制。

只有对对象的活动轨迹有清晰的统计和追踪，才能帮助操作系统安排为对象分配内存、回收对象内存等动作的合适时机，这对操作系统（尤其是对内存不太充足的移动操作系统）来说非常重要。在 OpenHarmony 中，占用内存最大的是各种应用，在这些应用中最活跃的是可视化的 UIAbility 对象，因此了解 UIAbility 对象的生命周期、知道 UIAbility 对象在哪种状态时响应应用用户操作最恰当，对 OpenHarmony 应用开发者来说非常关键。

只有深入理解 UIAbility 的生命周期，才能对管理应用的程序资源有更深刻的认识，从而开发出更加流畅、连贯的 OpenHarmony 应用，使用户有更好的使用体验。系统管理或用户操作等行为均会引起 UIAbility 实例在其生命周期的不同状态之间进行转换。当 Page 对象的状态发生变化时，OpenHarmony 会通知相应的 Page 对象。通知的外在表现形式便是 UIAbility 类提供的回调机制，因此回调函数能够让 UIAbility 对象及时感知外界变化，从而让系统和开发者及时、准确地应对状态变化（如释放资源），这有助于提升应用的性能和稳健性。UIAbility 生命周期如图 4-7 所示。

每个 UIAbility 对象在其生命周期内都有 4 种状态，分别为 Create（创造态）、Foreground（前台态）、Background（后台态）和 Destroy（析构态）。每种状态代表对象在其生命周期内的一个阶段，具有一定的稳定性，而 OpenHarmony 会一直监控每个对象的状态，从而维护每个 UIAbility 对象的生命周期；每个状态都会在满足某项条件的时候被切

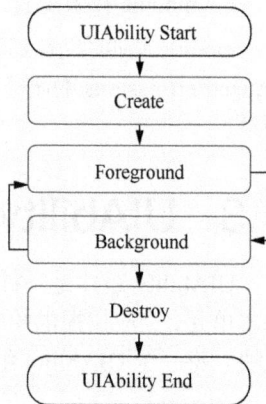

图 4-7　UIAbility 生命周期

换，状态的切换又会触发相应的 UIAbility 回调函数，因此，对象的状态变化和回调函数是成对出现的，且回调函数是被动调用的。

1. Create 状态

Create 状态在应用加载过程中 UIAbility 实例创建完成时触发，系统会进入 onCreate( )回调。可以在该回调中进行应用初始化操作，例如定义变量和加载资源等，用于后续的 UI 展示。

```
import UIAbility from '@ohos.app.ability.UIAbility';
import Window from '@ohos.window';

export default class EntryAbility extends UIAbility {
    onCreate(Want, launchParam) {
        // 应用初始化
    }
}
```

2. WindowStageCreate 和 WindowStageDestory 状态

UIAbility 实例创建完成之后，在进入 Foreground 之前，系统会创建一个 WindowStage 对象。WindowStage 创建完成后会进入 onWindowStageCreate( )回调，可以在该回调中设置 UI 加载、设置 WindowStage 的事件订阅，如图 4-8 所示。

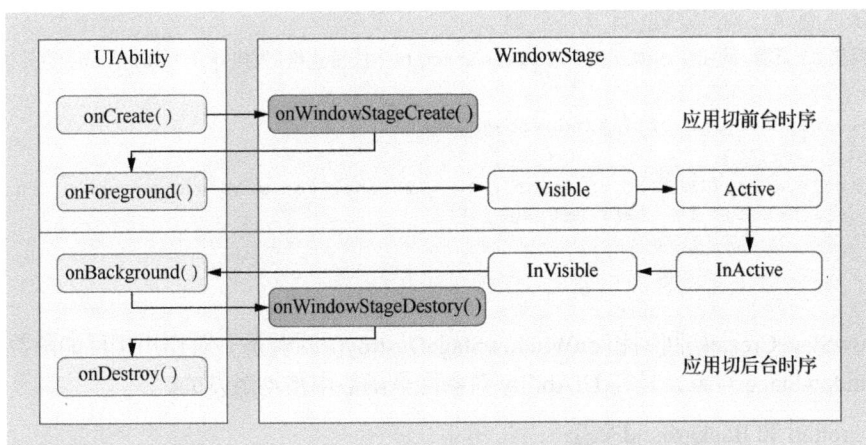

图 4-8　WindowStageCreate 和 WindowStageDestory 状态

在 onWindowStageCreate( )回调中通过 loadContent( )方法设置应用要加载的页面并根据需要订阅 WindowStage 的事件（获焦/失焦、可见/不可见），如例 4-3 所示。

例 4-3　UIAbility 加载显示页面

```
import UIAbility from '@ohos.app.ability.UIAbility';
import Window from '@ohos.window';

export default class EntryAbility extends UIAbility {
    onWindowStageCreate(WindowStage: Window.WindowStage) {
        // 设置 WindowStage 的事件订阅（获焦/失焦、可见/不可见）
        try {
            WindowStage.on('WindowStageEvent', (data) => {
                let stageEventType: window.WindowStageEventType = data;
                switch (stageEventType) {
                    case window.WindowStageEventType.SHOWN: // 切换到前台
                        console.info('WindowStage foreground.');
```

```
                    break;
        ...
    }
        });
    } catch (exception) {
    console.error('Failed to enable the listener for window stage event changes. Cause:' +
    JSON.stringify(exception));
    }
        // 设置 UI 加载
        WindowStage.loadContent('pages/Index', (err, data) => {
        });
    }
}
```

对应于 onWindowStageCreate( )回调，在 UIAbility 实例销毁之前，会进入 onWindowStageDestroy( )回调，可以在该回调中释放 UI 资源。例如在 onWindowStageDestroy( )中注销获焦/失焦等 WindowStage 事件。

```
import UIAbility from '@ohos.app.ability.UIAbility';
import Window from '@ohos.window';

export default class EntryAbility extends UIAbility {
    onWindowStageDestroy() {
    // 释放 UI 资源,例如在 onWindowStageDestroy()中注销获焦/失焦等 WindowStage 事件
    try {
        this.WindowStage.off('WindowStageEvent');
    } catch (err) {
        console.error(`Failed to disable the listener for window stage event changes. Code
is ${err.code}, message is ${err.message}`);
    };
    }
}
```

onWindowStageCreate( )回调和 onWindowStageDestroy( )回调是一对作用相反的函数，且这两个函数属于 WindowStage 对象，是在 UIAbility 对象回调函数中被动触发的。

3. Foreground 和 Background 状态

Foreground 和 Background 状态分别在 UIAbility 实例切换至前台和切换至后台时触发，对应于 onForeground( )回调和 onBackground( )回调。

onForeground( )回调在 UIAbility 的 UI 可见之前（如 UIAbility 切换至前台时）触发。可以在 onForeground( )回调中申请系统需要的资源，或者重新申请在 onBackground( )中释放的资源。

onBackground( )回调在 UIAbility 的 UI 完全不可见之后（如 UIAbility 切换至后台时）触发。可以在 onBackground( )回调中释放 UI 不可见时无用的资源，或者在此回调中执行较为耗时的操作（例如状态保存等）。

例如应用在使用过程中需要使用用户定位时，假设应用已获得用户的定位权限授权。在 UI 显示之前，可以在 onForeground( )回调中开启定位功能，从而获取当前的位置信息。

当应用切换到后台状态时，可以在 onBackground( )回调中停用定位功能，以节省系统的资源。

```
import UIAbility from '@ohos.app.ability.UIAbility';

export default class EntryAbility extends UIAbility {
    onForeground() {
        // 申请系统需要的资源，或者重新申请在 onBackground()中释放的资源
```

```
    }

    onBackground() {
        // 释放 UI 不可见时无用的资源，或者在此回调中执行较为耗时的操作
        // 例如状态保存等
    }
}
```

4. Destroy 状态

Destroy 状态在 UIAbility 实例销毁时触发。可以在 onDestroy( ) 回调中进行系统资源的释放、数据的保存等操作。例如调用 terminateSelf( ) 方法停止当前 UIAbility 实例，从而完成 UIAbility 实例的销毁；或者使用最近任务列表关闭该 UIAbility 实例，完成 UIAbility 实例的销毁。

```
import UIAbility from '@ohos.app.ability.UIAbility';
import Window from '@ohos.window';

export default class EntryAbility extends UIAbility {
    onDestroy() {
        // 系统资源的释放、数据的保存等
    }
}
```

4.3.3　启动模式

UIAbility 的启动模式是指 UIAbility 实例在启动时的不同呈现状态。针对不同的业务场景，系统提供了 3 种启动模式：singleton（单实例）、multiton（多实例）和 specified（指定实例）。

1. singleton 启动模式

singleton 启动模式为单实例，也是默认情况下的启动模式。每次调用 startAbility( ) 方法时，如果应用进程中该类型的 UIAbility 实例已经存在，则复用系统中的 UIAbility 实例。系统中只存在唯一 UIAbility 实例，即在最近任务列表中只存在一个该类型的 UIAbility 实例。

如果需要使用 singleton 启动模式，在 module.json5 配置文件中将 launchType 字段配置为 singleton 即可。

```
{
  "module": {
    "abilities": [
      {
        "launchType": "singleton",
      }
    ]
  }
}
```

2. multiton 启动模式

multiton 启动模式为多实例模式，每次调用 startAbility( ) 方法时，都会在应用进程中创建一个该类型的新 UIAbility 实例，即在最近任务列表中可以看到多个该类型的 UIAbility 实例。这种情况下可以将 UIAbility 配置为 multiton（多实例）。

如果需要使用 multiton 启动模式，在 module.json5 配置文件中将 launchType 字段配置为 multiton 即可。

```
{
  "module": {
```

```
    "abilities": [
      {
        "launchType": "multiton",
      }
    ]
  }
}
```

3. specified 启动模式

specified 启动模式为指定实例模式，针对一些特殊场景使用（例如在文档应用中，希望每次新建文档都能新建一个文档实例；重复打开一个已保存的文档，希望每次打开的都是同一个文档实例）。

在 UIAbility 实例创建之前，允许开发者为该实例创建一个唯一的字符串 Key，为创建的 UIAbility 实例绑定 Key 之后，每次调用 startAbility( )方法时都会询问应用使用哪个 Key 对应的 UIAbility 实例来响应 startAbility( )请求。运行时由 UIAbility 内部业务决定是否创建多实例，如果匹配该 UIAbility 实例的 Key，则直接拉起与之绑定的 UIAbility 实例，否则创建一个新的 UIAbility 实例。

4. 实例解析

新建一个名为 LaunchtestTS 的项目，除了默认的 EntryAbility 外，再额外建立一个名为 FuncAbility 的 UIAbility，需要从 EntryAbility 的页面中启动 FuncAbility。该项目尝试从两种不同启动模式的运行效果来说明 singleton 和 multiton 二者间的差别。specified 模式需要基于不同的应用场景，这里不讨论。

（1）singleton 启动

在 FuncAbility 中，将 module.json5 配置文件的 launchType 字段配置为 singleton，如例 4-4 所示。

例 4-4 UIAbility 启动模式配置

```
{
  "name": "FuncAbility",
  "srcEntry": "./ets/funcability/FuncAbility.ts",
  "description": "$string:FuncAbility_desc",
  "icon": "$media:icon",
  "label": "$string:FuncAbility_label",
  "startWindowIcon": "$media:icon",
  "launchType": "singleton",
  "startWindowBackground": "$color:start_window_background"
}
```

在 EntryAbility 对应的页面文件 index.ts 中定义一个按钮，通过点击按钮来启动 FuncAbility，代码如例 4-5 所示。

例 4-5 以 singleton 模式启动目标 UIAbility

```
import common from '@ohos.app.ability.common'
@Entry
@Component
struct Index {
  @State message: string = 'First Page'
  build() {
    Row() {
      Column() {
        Text(this.message)
          .fontSize(50)
          .fontWeight(FontWeight.Bold)
```

```
    Button('Next')
      .onClick(() => {
        let Want = {
          deviceId: '', // deviceId 为空表示本设备
          bundleName: 'com.whu.tsapplication',
          abilityName: 'FuncAbility',
        }
        let context = getContext(this) as common.UIAbilityContext;
        context.startAbility(Want).then(() => {
          console.log('Ability launched success')
        }).catch((err) => {
          console.log('Ability launched failed')
        })
      })
      .width('100%')
  }
  .height('100%')
}
}
```

在例 4-5 中定义了一个 Want 对象,通过在 Want 对象中定义 deviceid、bundleName 和 abilityName 属性来指定目标 UIAbility 的地址。最后通过获取该 Ability 的上下文环境对象 context 调用 startAbility( ) 方法启动 FuncAbility。

当 FuncAbility 的启动模式为 singleton 时,运行结果如图 4-9(a)所示。

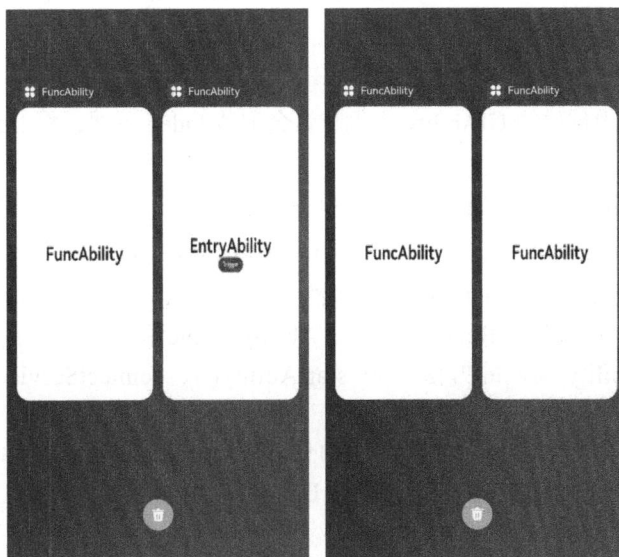

（a）singleton 启动模式　　　　　（b）multiton 启动模式

图 4-9　UIAbility 的两种启动模式对比

从图 4-9 中可以看到,不论点击多少次按钮,处于 singleton 模式下的 UIAbility 只能被创建一次,任务管理器中只能看到一个"LaunchType test"标识的 UIAbility 对象。

（2）multiton 启动

将 module.json5 配置文件中的 launchType 字段配置为 multiton,再次运行程序,运行结果如图 4-9(b)所示。从图中可以看到运行两次后,任务管理器中只能看到两个"LaunchType test"

标识的 UIAbility 对象。从图 4-10 所示的控制台输出中，也可以看到 UIAbility 对象确实被启动了两次。

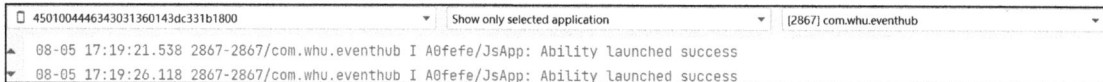

```
□ 450100444634303136043dc331b1800          ▼   Show only selected application          ▼   [2867] com.whu.eventhub          ▼
  08-05 17:19:21.538 2867-2867/com.whu.eventhub I A0fefe/JsApp: Ability launched success
  08-05 17:19:26.118 2867-2867/com.whu.eventhub I A0fefe/JsApp: Ability launched success
```

图 4-10　被启动两次的 UIAbility 对象

4.3.4　基本用法

UIAbility 组件的基本用法包括指定 UIAbility 的启动页面，以及获取 UIAbility 的上下文 UIAbilityContext。

1.　指定 UIAbility 的启动页面

应用中的 UIAbility 在启动过程中，需要指定启动页面，否则应用启动后会因为没有默认加载页面而导致白屏。可以在 UIAbility 的 onWindowStageCreate( )生命周期回调中通过 WindowStage 对象的 loadContent( )方法设置启动页面，代码如下。

```
import UIAbility from '@ohos.app.ability.UIAbility';
import Window from '@ohos.window';

export default class EntryAbility extends UIAbility {
    onWindowStageCreate(WindowStage: Window.WindowStage) {
        // 创建主窗口，为此 Ability 设置主页
        WindowStage.loadContent('pages/Index', (err, data) => {
        });
    }
}
```

在 DevEco Studio 中创建的 UIAbility 实例默认会加载 Index 页面，将 Index 页面路径替换为需要的页面路径即可。

2.　获取 UIAbility 的上下文信息

UIAbility 类拥有自身的上下文信息，该信息为 UIAbilityContext 类的实例，UIAbilityContext 类拥有 abilityInfo、currentHapModuleInfo 等属性。通过 UIAbilityContext 可以获取 UIAbility 的相关配置信息（如包代码路径、Bundle Name、Ability Name 和应用程序需要的环境状态等属性信息）以及操作 UIAbility 实例的方法（如 startAbility( )、connectServiceExtensionAbility( )、terminateSelf( )等）。

有两种方式可以获取 UIAbility 类的上下文信息，分别是在 UIAbility 中和在页面中。

① 在 UIAbility 中可以通过 this.context 获取 UIAbility 实例的上下文信息。

```
import UIAbility from '@ohos.app.ability.UIAbility';
export default class EntryAbility extends UIAbility {
    onCreate(Want, launchParam) {
        // 获取 UIAbility 实例的上下文信息
        let context = this.context;
    }
}
```

this 指代当前的 UIAbility 对象。

② 在页面中获取 UIAbility 实例的上下文信息，包括导入依赖资源 context 模块和在组件中定义一个 context 变量。这部分功能的代码已经在例 4-5 中展示了。

```
let context = getContext(this) as common.UIAbilityContext;
```

context 变量就是上下文环境，通过 as 关键字，将 getContext( )方法的返回值强制转换为 UIAbilityContext 类型。这句代码中的 this 指代当前的页面。

4.3.5 与 UI 的交互

基于 OpenHarmony 的应用模型，可以通过以下两种方式来实现 UIAbility 组件与 UI 之间的数据同步。

① eventHub：基于发布—订阅模式来实现，事件需要先订阅后发布，订阅者收到消息后进行处理。

② globalThis：ArkTS 引擎实例内部的一个全局对象，ArkTS 引擎实例都能访问。

从这两种方式各自的作用可以看出，eventHub 主要用于实现 UIAbility 与页面间的事件交互，而 globalThis 主要用于实现信息传递。下面就这两种交互方式进行分析。

1. 使用 eventHub 进行数据通信

eventHub 提供了 UIAbility 组件/ExtensionAbility 组件级别的事件机制，以 UIAbility 组件/ExtensionAbility 组件为中心提供了订阅、取消订阅和触发事件的数据通信能力。

在使用 eventHub 之前，需要获取 eventHub 对象。基类 Context 提供了 eventHub 对象，此处以使用 eventHub 实现 UIAbility 与 UI 之间的数据通信为例进行说明。

① 在 UIAbility 中调用 eventHub.on( )方法注册一个自定义事件 event1，如例 4-6 所示。

例 4-6　在 UIAbility 中订阅 UI 中的事件

```
import UIAbility from '@ohos.app.ability.UIAbility';

const TAG: string = '[Example].[Entry].[EntryAbility]';

export default class EntryAbility extends UIAbility {
    func1(...data) {
        // 触发事件，完成相应的业务操作
        console.info(TAG, '1. ' + JSON.stringify(data));
    }

    onCreate(Want, launch) {
        // 获取 eventHub
        let EventHub = this.context.eventHub;
        // 执行订阅操作
        eventHub.on('event1', this.func1);
        eventHub.on('event1', (...data) => {
            // 触发事件，完成相应的业务操作
            console.info(TAG, '2. ' + JSON.stringify(data));
        });
    }
}
```

② 在 UI 中通过 eventHub.emit( )方法（根据需要传入参数信息）触发该事件，如例 4-7 所示。

例 4-7　在 UI 中触发事件

```
import common from '@ohos.app.ability.common';
@Entry
@Component
struct Index {
  @State message: string = 'Hello World'
  private context = getContext(this) as common.UIAbilityContext;
```

```
eventHubFunc() {
  // 不带参数触发自定义事件 event1
  this.context.eventHub.emit('event1');
  // 带 1 个参数触发自定义事件 event1
  this.context.eventHub.emit('event1', 1);
  // 带 2 个参数触发自定义事件 event1
  this.context.eventHub.emit('event1', 2, 'test');
  // 开发者可以根据实际的业务场景设计事件传递的参数
}
build() {
  Row() {
    Column() {
      Text(this.message)
        .fontSize(50)
        .fontWeight(FontWeight.Bold)
      Button('Trigger')
        .onClick(()=>{
          this.eventHubFunc()
        })
    }
    .width('100%')
  }
  .height('100%')
}
}
```

在例 4-7 中通过点击按钮触发了 3 次 event1 事件，分别是不带参数、带 1 个参数和带 2 个参数。这些事件的触发会触发订阅了 event1 事件的 UIAbility 中的回调函数，从而在控制台输出信息。该项目运行后，UIAbility 与 UI 的交互如图 4-11 所示。

```
03-11 19:19:19.433 23058-20973/com.whu.eventhub I 0FEFE/JsApp: [Example].[Entry].[EntryAbility] 2. []
03-11 19:19:19.438 23058-20973/com.whu.eventhub I 0FEFE/JsApp: [Example].[Entry].[EntryAbility] 2. [1]
03-11 19:19:19.439 23058-20973/com.whu.eventhub I 0FEFE/JsApp: [Example].[Entry].[EntryAbility] 2. [2,"test"]
```

图 4-11　UIAbility 与 UI 的交互

③ 在自定义事件 event1 使用完成后，可以根据需要调用 eventHub.off( )方法取消该事件的订阅。

```
this.context.eventHub.off('event1');
```

2. 使用 globalThis 进行数据同步

globalThis 是 ArkTS 引擎实例内部的一个全局对象，引擎实例的 UIAbility/ ExtensionAbility/Page 都可以使用，因此可以使用 globalThis 对象进行数据同步，如图 4-12 所示。

下面从 UIAbility 与 Page 的交互、UIAbility 之间的交互，以及 UIAbility 和 ExtensionAbility 之间的交互来说明 globalThis 的使用。

（1）UIAbility 与 Page 的交互

通过在 globalThis 对象上绑定属性/方法，可以实现 UIAbility 组件与 UI 之间的数据同步。例如在 UIAbility 组件中绑定 Want 参数，即可在 UIAbility 对应的 UI 上获取 Want 参数信息。具体步骤如下。

① 调用 startAbility( )方法启动一个 UIAbility 实例时，被启动的 UIAbility 实例创建完成后会进入 onCreate( )生命周期回调，且在 onCreate( )生命周期回调中能够接收传递过来的 Want 参数，可以将 Want 参数绑定到 globalThis 上。

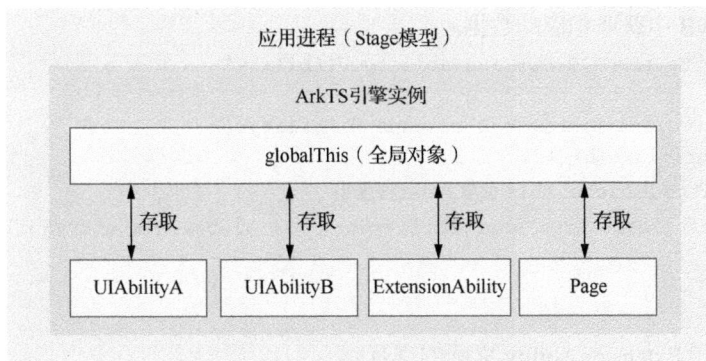

图 4-12　globalThis 全局对象

```
import UIAbility from '@ohos.app.ability.UIAbility';

export default class EntryAbility extends UIAbility {
  onCreate(Want, launch) {
    globalThis.entryAbilityWant = Want;
    ...
  }

  ...
}
```

② 在 UI 中即可通过 globalThis 获取 Want 参数信息。

```
let entryAbilityWant;

@Entry
@Component
struct Index {
  aboutToAppear() {
    entryAbilityWant = globalThis.entryAbilityWant;
  }

  // 页面展示
  build() {
    ...
  }
}
```

（2）UIAbility 之间的交互

在同一个应用中，UIAbility 之间的数据传递可以通过将数据绑定到全局变量 globalThis 上来实现。例如，在 UIAbilityA 中将数据保存在 globalThis 对象中，然后跳转到 UIAbilityB 中就可以获取相应数据。

① 在 UIAbilityA 中保存数据（一个字符串数据）并挂载到 globalThis 上。

```
import UIAbility from '@ohos.app.ability.UIAbility'

export default class UIAbilityA extends UIAbility {
  onCreate(Want, launch) {
    globalThis.entryAbilityStr = 'UIAbilityA'; //存放字符串 "UIAbilityA" 到 globalThis
    ...
  }
}
```

② 从 UIAbilityB 中获取相应的数据。

```
import UIAbility from '@ohos.app.ability.UIAbility'

export default class UIAbilityB extends UIAbility {
  onCreate(Want, launch) {
    // UIAbilityB 从 globalThis 读取 name 并输出
    console.info('name from entryAbilityStr: ' + globalThis.entryAbilityStr);
    ...
  }
}
```

（3）UIAbility 和 ExtensionAbility 之间的交互

在同一个应用中，UIAbility 和 ExtensionAbility 之间的数据传递也可以通过将数据绑定到全局变量 globalThis 上来实现。例如，在 UIAbilityA 中保存数据，在 ServiceExtensionAbility 中就可以获取相应数据。

① 在 UIAbilityA 中保存数据（一个字符串数据）并挂载到 globalThis 上。

```
import UIAbility from '@ohos.app.ability.UIAbility'

export default class UIAbilityA extends UIAbility {
  onCreate(Want, launch) {
    // UIAbilityA 在 globalThis 上存放字符串 "UIAbilityA"
    globalThis.entryAbilityStr = 'UIAbilityA';
    ...
  }
}
```

② ServiceExtensionAbility 从 globalThis 中获取数据。

```
import Extension from '@ohos.app.ability.ServiceExtensionAbility'

export default class ServiceExtAbility extends Extension {
  onCreate(Want) {
    // ServiceExtensionAbility 从 globalThis 读取 name 并输出
    console.info('name from entryAbilityStr: ' + globalThis.entryAbilityStr);
    ...
  }
}
```

globalThis 不支持跨进程使用，不同进程的 UIAbility 组件和 ExtensionAbility 组件无法使用 globalThis 共享数据。对于绑定在 globalThis 上的对象，其生命周期与 ArkTS 虚拟机实例相同。

4.4 Stage 模型页面导航

UIAbility 是系统调度的最小单元。在设备内的功能模块之间跳转时，会启动特定的 UIAbility，该 UIAbility 可以是应用内的其他 UIAbility，也可以是其他应用的 UIAbility（例如启动第三方支付 UIAbility）。

本节从获取上下文（Context）、启动应用内的 UIAbility、启动其他应用的 UIAbility 等方面介绍设备内 UIAbility 的交互方式。进行 UIAbility 跳转前，必须获取其 Context。

4.4.1 Context

Context 是应用中对象的上下文，提供了应用的一些基础信息，例如 resourceManager（资源管理）、applicationInfo（当前应用信息）、dir（应用文件路径）、area（文件分区）等，以及应用的一些基本方法，例如 createBundleContext( )、getApplicationContext( )等。UIAbility 组件和各种 ExtensionAbility 派生类组件都有各自不同的 Context 类，如 BaseContext、ApplicationContext、AbilityStageContext、UIAbilityContext、ExtensionContext、ServiceExtensionContext 等。

各种 Context 类之间的继承关系如图 4-13 所示。

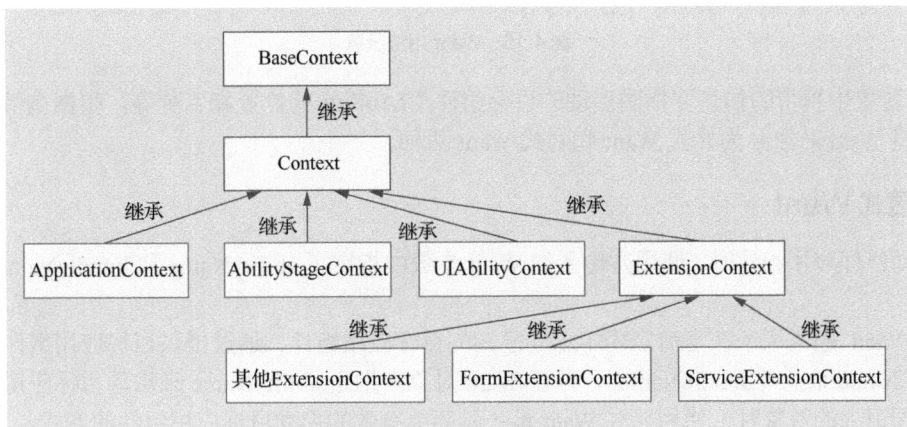

图 4-13　Context 类继承关系

从图 4-13 可以看出，Context 类继承自基类 BaseContext，在代码中使用的 Context 类其实都是 Context 类的子类。根据用户的不同使用场景及需求，依次为应用（Applicatoin）、模块（Module）、能力（Ability）；提供了场景由大到小的 Context 子类，依次为应用上下文（ApplicationContext）、模块上下文（AbilityStageContext）、能力上下文（UIAbiltiyContext 和 ExtensionContext）。

图 4-14 展示了各种 Context 类的持有关系，如 Application 持有 ApplicationContext、UIAbility 持有 UIAbilityContext。

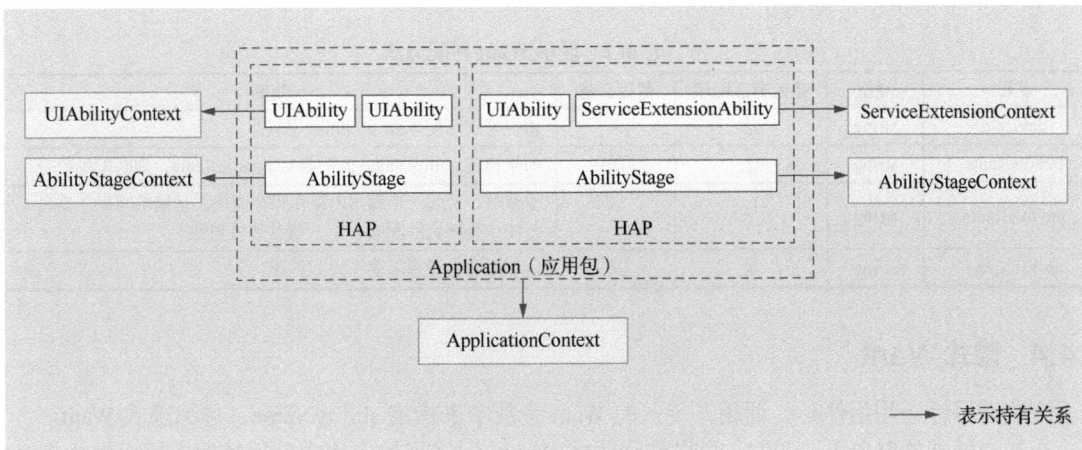

图 4-14　各种 Context 类的持有关系

4.4.2　Want

Want 是一种对象，用于在应用组件之间传递信息，可以称为"信使"。一种常见的使用场景是将 Want 作为 startAbility( )方法的参数。例如，当 UIAbilityA 需要启动 UIAbilityB 并向 UIAbilityB 传递一些数据时，可以使用 Want 作为载体将数据传递给 UIAbilityB，如图 4-15 所示。

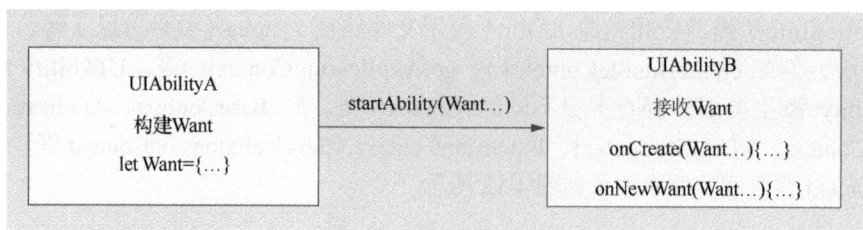

图 4-15　Want 用法示意

Want 对象中携带的信息要指明启动的目标组件 UIAbility 的位置和名称等。根据携带信息的不同，可以将 Want 对象分为显式 Want 和隐式 Want 两种。

4.4.3　显式 Want

在启动目标应用组件时，调用方传入的 Want 参数中指定了 abilityName 和 bundleName，称为显式 Want。

显式 Want 通常用于在当前应用中启动已知的目标应用组件，通过提供目标应用组件所在应用的 Bundle Name 信息（bundleName），并在 Want 对象内指定 abilityName 来启动目标应用组件。当有明确处理请求的对象时，使用显式 Want 是一种简单有效的启动目标应用组件的方式。

在 4.3.3 小节的示例项目 LaunchtestTS 中，当 EntryAbility 启动 FuncAbility 时，使用的为显式 Want，如下所示。

```
let Want = {
  deviceId: '', // deviceId 为空表示本设备
  bundleName: 'com.whu.tsapplication',
  abilityName: 'FuncAbility',
}
```

在启动目标应用组件时，会通过显式 Want 进行目标应用组件的匹配。
显式 Want 匹配方法如表 4-2 所示。

表 4–2　显示 Want 匹配方法

名称	类型	是否有匹配项	是否必选	规则
deviceId	string	是	否	留空将仅匹配本设备内的应用组件
bundleName	string	是	是	如果指定 abilityName 而不指定 bundleName，则匹配失败
moduleName	string	是	否	留空时，若同一个应用内存在多个模块，且模块间存在重名应用组件，将默认匹配第一个，该参数可省略
abilityName	string	是	是	该字段必须设置以表示显式匹配

4.4.4　隐式 Want

在启动目标应用组件时，调用方传入的 Want 参数中未指定 abilityName，称为隐式 Want。

当需要处理的对象不明确时，可以使用隐式 Want，即在当前应用中使用其他应用提供的某个能力，而不关心提供该能力的具体应用。隐式 Want 使用 skills 标签来定义需要的能力，并由系统匹配声明支持该请求的所有应用来处理请求。例如，需要打开一个链接的请求，系统将匹配所有声明支持该请求的应用，然后让用户选择使用哪个应用打开链接。

一个隐式 Want 的使用示例如下。

```
let Want = {
  action: 'ohos.Want.action.search',
```

```
// 可以省略 entities
entities: [ 'entity.system.browsable' ],
uri: 'https://www.test.com:8080/query/student',
type: 'text/plain',
};
```

该示例中并没有声明 bundleName 和 abilityName，也就是没有指定目标 UIAbility 属于哪个应用，以及目标 UIAbility 的名字。调用方仅通过 action 属性指明了需要被调用方提供搜索（search）能力。如果在本机上有多个能够提供搜索能力的应用，就让用户进行选择。

对隐式 Want 来说，最关键的就是调用方需要的能力与被调用方声明的能力之间的匹配。隐式 Want 匹配方法如表 4-3 所示，这些均为 Want 对象的属性。

表 4-3　隐式 Want 匹配方法

名称	类型	是否有匹配项	是否必选	规则
deviceId	string	是	否	跨设备目前不支持隐式调用
abilityName	string	否	否	该字段必须留空以表示隐式匹配
bundleName	string	是	否	声明 bundleName 时，隐式搜索将仅限于对应应用包内。单独声明 moduleName 时，该字段无效
moduleName	string	是	否	同时声明 bundleName 与 moduleName 时，隐式搜索将仅限于对应应用包内的对应模块内
uri	string	是	否	表示携带的数据，一般配合 type 使用
type	string	是	否	表示 MIME type 类型描述
action	string	是	否	表示要执行的通用操作
entities	Array<string>	是	否	表示目标 Ability 额外的类别信息，在隐式 Want 中是对 action 字段的补充

从隐式 Want 的定义可得出如下结论。

① 调用方传入的 Want 参数表明调用方需要执行的操作，并提供相关数据以及其他应用类型限制。

② 待匹配应用组件的 skills 配置声明其具备的能力（module.json5 配置文件中的 skills 标签参数）。

系统将调用方传入的 Want 参数（包含 action、entities、uri 和 type 属性）与已安装待匹配应用组件的 skills 配置（包含 action、entities、uri 和 type 属性）依次进行匹配。4 个属性匹配均通过，此应用才会被应用选择器展示给用户进行选择。由此看出，action 和 entities 的匹配很重要。

4.4.5　常见的 action 与 entities

action 表示调用方要执行的通用操作（如查看、分享）。在隐式 Want 中，用户可定义该字段，配合 uri 或 parameters 来表示对数据要执行的操作。例如，若 uri 为一段网址，action 为 ohos.Want.action.viewData，则表示系统希望匹配可查看该网址的应用组件。在 Want 内声明 action 字段表示希望被调用方应用支持声明的操作，在被调用方应用配置文件 skills 字段内声明 actions 表示该应用支持声明的操作。

OpenHarmony 中常见的 action 如下。

① ACTION_HOME：启动应用入口组件的动作，需要和 ENTITY_HOME 配合使用。系统桌面应用图标就是显式的入口组件，点击图标启动入口组件。可以配置多个入口组件。

② ACTION_CHOOSE：选择本地资源数据，例如联系人、相册等。系统一般对不同类型的数据有对应的 Picker 应用，例如联系人和图库。

③ ACTION_VIEW_DATA：查看数据。当使用网址时，则表示显示该网址对应的内容。

④ ACTION_VIEW_MULTIPLE_DATA：发送多个数据记录的操作。

entities 表示目标应用组件的类别信息（如浏览器、视频播放器），在隐式 Want 中是对 action 的补充。在隐式 Want 中，开发者可定义该字段来过滤匹配应用的类别，例如必须是浏览器。

OpenHarmony 中常见的 entities 如下。

① ENTITY_DEFAULT：默认类别，无实际意义。

② ENTITY_HOME：主屏幕有图标入口。

③ ENTITY_BROWSABLE：指示浏览器类别。

以打开浏览器为例，假设设备上安装了一个或多个浏览器应用。为了使浏览器应用能够正常工作，需要在多个浏览器应用的 module.json5 配置文件中进行配置，具体配置如例 4-8 所示。

例 4-8　被调用方的 UIAbility 配置

```
{
  "module": {
    ...
    "abilities": [
      {
        ...
        "skills": [
          {
            "entities": [
              "entity.system.home",
              "entity.system.browsable"
              ...
            ],
            "actions": [
              "action.system.home",
              "ohos.Want.action.viewData"
              ...
            ],
            "uris": [
              {
                "scheme": "https",
                "host": "www.test.com",
                "port": "8080",
                // 前缀匹配
                "pathStartWith": "query"
              },
              {
                "scheme": "http",
                ...
              }
              ...
            ]
          }
        ]
      }
    ]
  }
}
```

这个配置文件声明了该应用具备网址浏览功能，而且浏览的网址的前缀为 https://www.test.com:8080/query。

在调用方 UIAbility 中，使用隐式 Want 方式启动浏览器应用，如例 4-9 所示。调用方没有声明

bundleName 和 abilityName，因此为隐式 Want，通过 action、entities 和 uri 属性定义了需要被调用方提供的能力。

例 4-9　使用隐式 Want 方式启动浏览器应用

```
import common from '@ohos.app.ability.common';

function implicitStartAbility() {
  let context = getContext(this) as common.UIAbilityContext;
  let Want = {
    'action': 'ohos.Want.action.viewData',
    'entities': ['entity.system.browsable'],
    'uri': 'https://www.test.com:8080/query/student'
  }
  context.startAbility(wantInfo).then(() => {
    ...
  }).catch((err) => {
    ...
  })
}
```

匹配过程如下。

① 调用方传入的 Want 参数的 action 不为空，待匹配目标应用组件的 skills 配置中的 actions 不为空且包含调用方传入的 Want 参数的 action，action 匹配成功。

② 调用方传入的 Want 参数的 entities 不为空，待匹配目标应用组件的 skills 配置中的 entities 不为空且包含调用方传入的 Want 参数的 entities，entities 匹配成功。

③ 待匹配目标应用组件的 skills 配置中内 uris 拼接为 https://www.test.com:8080/query*（其中*表示通配符），包含调用方传入的 Want 参数的 uri，uri 匹配成功。

例 4-9 中的调用方传入的 Want 参数和例 4-8 中的两个目标应用组件项匹配，运行结果如图 4-16 所示。当调用方想启动浏览器查看学生信息时，本机上存在两个提供浏览功能的应用组件，系统生成弹窗，用户可以选择其中一个。

图 4-16　隐式 Want 运行

4.4.6　UIAbility 间数据传递

对移动应用来说，其内部会包含多个功能页面，用户会频繁通过点击操作来激活页面间的跳转，甚至是跨应用的页面跳转（如从旅游应用跳转到地图应用）。UIAbility 提供了多种 UIAbility 间的跳转方式。

1. 启动应用内的 UIAbility

当一个应用内包含多个 UIAbility 时，存在应用内启动 UIAbility 的场景，例如在支付应用中从入口 UIAbility 启动收付款 UIAbility。假设应用中有两个 UIAbility：EntryAbility 和 FuncAbility（可以在应用的同一个 module 中，也可以在不同的 module 中）。

① 需要从 EntryAbility 的页面中启动 FuncAbility，代码如例 4-10 所示。

例 4-10　调用方通过 Want 传递数据

```
let context = ...; // UIAbilityContext
let Want = {
  deviceId: '', // deviceId 为空表示本设备
  bundleName: 'com.example.myapplication',
  abilityName: 'FuncAbility',
  moduleName: 'func', // moduleName 非必选
  parameters: {
    info: '来自 EntryAbility Index 页面',
  },
}
context.startAbility(Want).then(() => {
  console.info('Succeeded in starting ability.');
}).catch((err) => {
  console.error(`Failed to start ability. Code is ${err.code}, message is ${err.message}`);
})
```

代码中的 context 为调用方 UIAbility 的 UIAbilityContext。在 EntryAbility 中，通过调用 startAbility( ) 方法启动 UIAbility。Want 为 UIAbility 实例启动的入口参数（简称入参），其中 bundleName 为待启动应用的 Bundle Name；abilityName 为待启动的 Ability 名称；moduleName 在待启动的 UIAbility 属于不同的 module 时添加；parameters 为自定义信息参数，用来在调用方和被调用方间传递数据。

② 在 FuncAbility 的 onCreate( )或者 onNewWant( )生命周期回调文件中接收 EntryAbility 传递过来的参数，代码如例 4-11 所示。

例 4-11　被调用方通过 Want 接收数据

```
import UIAbility from '@ohos.app.ability.UIAbility';

export default class FuncAbility extends UIAbility {
  onCreate(Want, launchParam) {
    // 接收调用方 UIAbility 传过来的参数
    let funcAbilityWant = Want;
    let info = funcAbilityWant?.parameters?.info;
    console.info('Succeeded in getting message '+info);
  }
}
```

在被拉起的 FuncAbility 中，可以通过获取传递过来的 Want 参数的 parameters 来获取拉起方 UIAbility 的 PID、Bundle Name 等信息。运行结果如图 4-17 所示，从图中可以看出，来自调用方的信息已通过 Want 传输到目标组件。

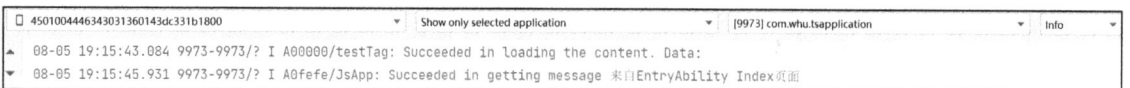

图 4-17　通过 Want 参数传输数据

③ 在 FuncAbility 业务完成之后，如需要关闭当前 UIAbility 实例，可在 FuncAbility 中通过调用 terminateSelf( )方法实现，代码如下所示。

```
context.terminateSelf((err) => {
  if (err.code) {
    console.error(`Failed to terminate Self. Code is ${err.code}, message is ${err.message}`);
    return;
  }
});
```

调用 terminateSelf( )方法关闭当前 UIAbility 实例时，默认会保留该实例的快照（Snapshot），即在最近的任务列表中仍然能查看到该实例对应的任务。如不需要保留该实例的快照，可以在其对应 UIAbility 的 module.json5 配置文件中将 abilities 标签的 removeMissionAfterTerminate 字段配置为 true。

④ 如需要关闭应用所有的 UIAbility 实例，可以通过调用 ApplicationContext 的 killProcessBySelf( )方法关闭应用所有的进程来实现。ApplicationContext 可以从 context 对象中获取，代码如下所示。

```
let applicationContext: common.ApplicationContext = this.context. getApplicationContext();
```

2. 启动应用内的 UIAbility 并返回结果

在一个 EntryAbility 启动另外一个 FuncAbility 时，希望在被启动的 FuncAbility 完成相关业务后，能将结果返回调用方。例如在应用中将入口功能和账号登录功能分别设计为两个独立的 UIAbility，在账号登录 UIAbility 中完成登录操作后，需要将登录的结果返回入口 UIAbility。

① 在 EntryAbility 中，调用 startAbilityForResult( )接口启动 FuncAbility，异步回调中的 data 用于接收 FuncAbility 停止自身后返回 EntryAbility 的信息，如例 4-12 所示。

例 4-12 调用方启动 UIAbility 并接收处理结果

```
let context = ...; // UIAbilityContext
let Want = {
  deviceId: '',
  bundleName: 'com.whu.tsapplication',
  abilityName: 'FuncAbility',
  parameters: {
    info: '来自 EntryAbility Index 页面',
  },
}
// context 为调用方 UIAbility 的 UIAbilityContext
context.startAbilityForResult(Want).then((data) => {
  ...
}).catch((err) => {
  console.error(`Failed to start ability for result. Code is ${err.code}, message is
${err.message}`);
})
```

② FuncAbility 停止自身时需要调用 terminateSelfWithResult( )方法，入参 abilityResult 为 FuncAbility 需要返回 EntryAbility 的信息，如例 4-13 所示。

例 4-13 被调用方返回结果

```
let context = ...; // UIAbilityContext
const RESULT_CODE: number = 1001;
let abilityResult = {
  resultCode: RESULT_CODE,
  Want: {
    bundleName: 'com.whu.tsapplication',
    abilityName: 'FuncAbility',
```

```
    moduleName: 'func',
    parameters: {
      info: '来自 FuncAbility Index 页面',
    },
  },
}
// context 为被调用方 UIAbility 的 AbilityContext
context.terminateSelfWithResult(abilityResult, (err) => {
  if (err.code) {
    console.error(`Failed to terminate self with result. Code is ${err.code}, message is
${err.message}`);
    return;
  }
});
```

③ FuncAbility 停止自身后，EntryAbility 通过 *startAbilityForResult( )*方法接收 FuncAbility 返回的信息，RESULT_CODE 需要与前面的数值保持一致。

```
let context = ...; // UIAbilityContext
const RESULT_CODE: number = 1001;

...

// context 为调用方 UIAbility 的 UIAbilityContext
context.startAbilityForResult(Want).then((data) => {
  if (data?.resultCode === RESULT_CODE) {
    // 解析被调用方 UIAbility 返回的信息
    let info = data.Want?.parameters?.info;
    console.log('Ability return result is ' + info);

  }
}).catch((err) => {
  console.error(`Failed to start ability for result. Code is ${err.code}, message is
${err.message}`);
})
```

运行后返回结果如图 4-18 所示，从图中可以看到目标组件中的信息已传回调用方。

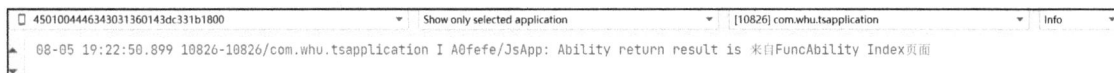

图 4-18　通过 Want 参数传输数据

4.4.7　导航至 UIAbility 指定页面

一个 UIAbility 可以对应多个页面，在不同的场景下启动该 UIAbility 时需要展示不同的页面，例如从一个 UIAbility 跳转到另外一个 UIAbility 时，希望启动目标 UIAbility 的指定页面。本小节主要讲解目标 UIAbility 首次启动和目标 UIAbility 非首次启动两种启动指定页面的场景，在此之前会讲解在调用方如何指定启动页面。

调用方 UIAbility 启动另外一个 UIAbility 时，通常需要跳转到指定的页面。例如 FuncAbility 包含两个页面（Index 对应首页，Second 对应功能 A 页面），EntryAbility 希望启动 FuncAbility 的指定页面。此时需要在传入 FuncAbility 的 Want 参数中配置指定的页面路径信息，可以通过在 Want 的 parameters 参数中增加一个自定义参数来传递页面跳转信息。例 4-14 的代码是 EntryAbility 的代码。

例 4-14 调用方通过 Want 指定启动页面

```
let context = ...; // UIAbilityContext
let Want = {
    deviceId: '', // deviceId 为空表示本设备
    bundleName: 'com.whu.faapplication',
    abilityName: 'FuncAbility',
    moduleName: 'func', // moduleName 非必选
    parameters: { // 自定义参数传递页面信息
        router: 'funcA',
    },
}
// context 为调用方 UIAbility 的 UIAbilityContext
context.startAbility(Want).then(() => {
  console.info('Succeeded in starting ability.');
}).catch((err) => {
  console.error(`Failed to start ability. Code is ${err.code}, message is ${err.message}`);
})
```

调用方代码通过 Want 指定了要启动 FuncAbility，而且使用 parameters 参数说明了希望导航到 FuncAbility 的功能 A 页面。此时根据 FuncAbility 的状态，存在如下两种情况。

① 没有创建 FuncAbility 对象，即目标 UIAbility 首次启动。

② 在 ArkTS 实例进程中已经存在 FuncAbility 对象，即目标 UIAbility 非首次启动。

接下来根据这两种情况进行介绍。

1. 目标 UIAbility 首次启动

目标 UIAbility 首次启动时，在目标 UIAbility 的 onWindowStageCreate( )生命周期回调中解析 EntryAbility 传递过来的 Want 参数，获取需要加载的页面信息，并将之传入 WindowStage.loadContent( ) 方法。代码如例 4-15 所示。

例 4-15 被调用方根据 Want 加载启动页面

```
import UIAbility from '@ohos.app.ability.UIAbility'
import Window from '@ohos.window'

export default class FuncAbility extends UIAbility {
  funcAbilityWant;

  onCreate(Want, launchParam) {
    // 接收调用方 UIAbility 传过来的参数
    this.funcAbilityWant = Want;
  }

  onWindowStageCreate(WindowStage: Window.WindowStage) {
    // 创建主窗口，为该 Ability 设置主页面
    let url = 'pages/Index';
    if (this.funcAbilityWant?.parameters?.router) {
      if (this.funcAbilityWant.parameters.router === 'funcA') {
        url = 'pages/Second';
      }
    }
    WindowStage.loadContent(url, (err, data) => {
      ...
    });
  }
}
```

代码运行结果如图 4-19 所示，这里 Second 页面仅包含一个显示"Second Page"的 Text 组件。

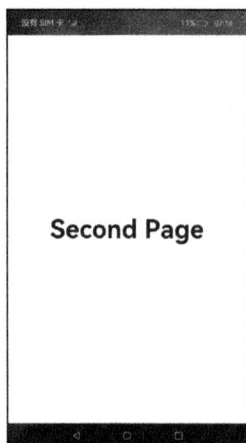

图 4-19 导航到指定 UIAbility 的指定页面（1）

2. 目标 UIAbility 非首次启动

经常还会遇到一类场景：当应用 A 已经启动且处于主页面时，回到桌面，打开应用 B，并从应用 B 再次启动应用 A，且需要跳转到应用 A 的指定页面，如图 4-20 所示。例如联系人应用和短信应用配合使用的场景：打开短信应用主页，回到桌面，此时短信应用处于已打开状态且当前处于短信应用的主页；再打开联系人应用主页，进入联系人用户 A 页面查看详情，点击短信图标，准备给用户 A 发送短信，此时会再次拉起短信应用且处于短信应用的发送页面。

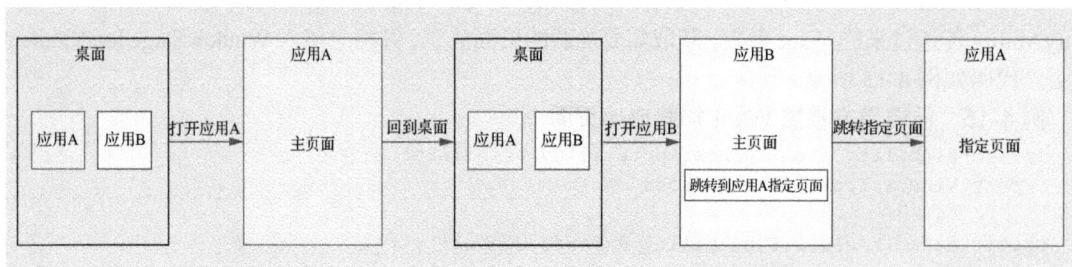

图 4-20 导航到指定 UIAbility 的指定页面（2）

针对以上场景，即当应用 A 的 UIAbility 实例已创建，并且处于该 UIAbility 实例对应的主页面中时，从应用 B 中需要再次启动应用 A 的 UIAbility，并且需要跳转到不同的页面，要如何实现呢？

① 在目标 UIAbility 中，默认加载的是 Index 页面。由于已经创建完成当前 UIAbility 实例，此时会进入 UIAbility 的 onNewWant( )回调中，且不会进入 onCreate( )和 onWindowStageCreate( )生命周期回调，在 onNewWant( )回调中解析调用方传递过来的 Want 参数，并挂载到全局变量 globalThis 中，以便于后续在页面中获取该参数，代码如下所示。

```
import UIAbility from '@ohos.app.ability.UIAbility'

export default class FuncAbility extends UIAbility {
  onNewWant(Want, launchParam) {
    // 接收调用方 UIAbility 传过来的参数
    globalThis.funcAbilityWant = Want;
    ...
  }
}
```

② 在 FuncAbility 中，需要在 Index 页面中通过页面路由 Router 模块实现指定页面的跳转，由于此时 FuncAbility 对应的 Index 页面处于激活状态，不会重新声明变量以及进入 aboutToAppear( ) 生命周期回调，因此可以在 Index 页面的 onPageShow( )生命周期回调中实现页面路由跳转的功能，代码如下所示。

```
import router from '@ohos.router';

@Entry
@Component
struct Index {
  onPageShow() {
    let funcAbilityWant = globalThis.funcAbilityWant;
    let url2 = funcAbilityWant?.parameters?.router;
    if (url2 && url2 === 'funcA') {
      router.replaceUrl({
        url: 'pages/Second',
      })
    }
  }

  // 页面展示
  build() {
    ...
  }
}
```

4.4.8　任务管理

一个 UIAbility 实例对应一个单独的任务，因此应用调用 startAbility( )方法启动一个 UIAbility 时，就是创建了一个任务。

任务（Mission）管理相关的基本概念如下。

① AbilityRecord：系统服务侧管理一个 UIAbility 实例的最小单元，对应一个应用侧的 UIAbility 组件实例。系统服务侧管理 UIAbility 实例数量上限为 512 个。

② MissionRecord：任务管理的最小单元。一个 MissionRecord 中仅有一个 AbilityRecord，即一个 UIAbility 组件实例对应一个单独的任务。

③ MissionList：一个从桌面开始启动的任务列表，记录任务之间的启动关系，上一个任务由下一个任务启动，最底部的任务由桌面启动（也称任务链）。

④ MissionListManager：系统任务管理模块，内部维护当前所有的任务链，与最近任务列表保持一致。

任务管理如图 4-21 所示。

任务管理由系统应用（如桌面应用）负责，第三方应用无法管理任务。用户通过最近任务列表进行任务的相关交互。当创建任务后，用户可以对最近任务列表进行如下操作。

① 删除指定的任务。

② 加锁或解锁指定的任务（加锁后的任务在清理所有任务时不会被清理）。

③ 清理最近任务列表中的所有任务。

④ 将指定的任务切换到前台。

任务管理中有两个核心概念：页面栈和任务栈。

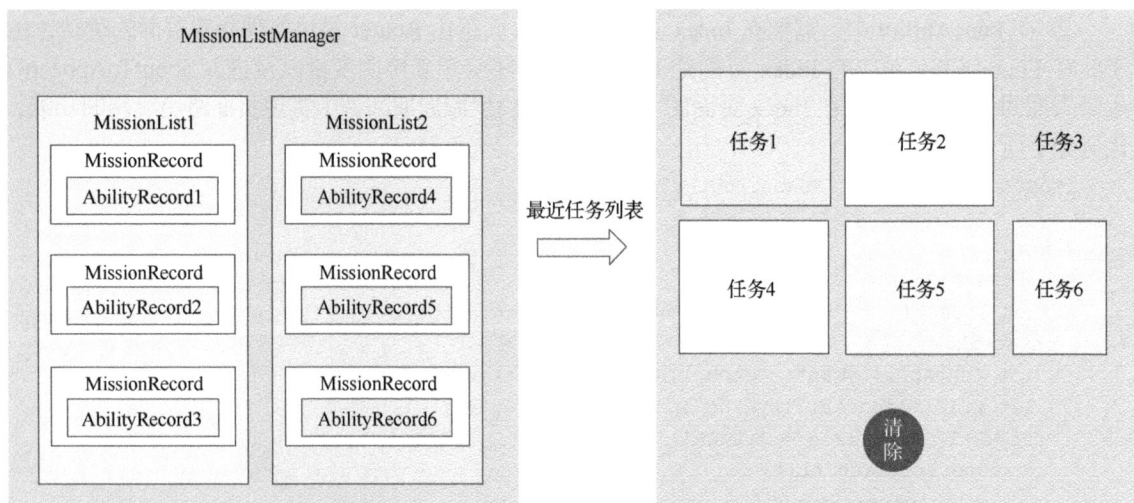

图 4-21　任务管理

1．页面栈

单个 UIAbility 组件可以实现多个页面，并在多个页面之间跳转，这种 UIAbility 组件内部的页面跳转关系称为页面栈，由 ArkUI 框架统一管理，如图 4-22 中的 UIAbility1 和 UIAbility2 所示。

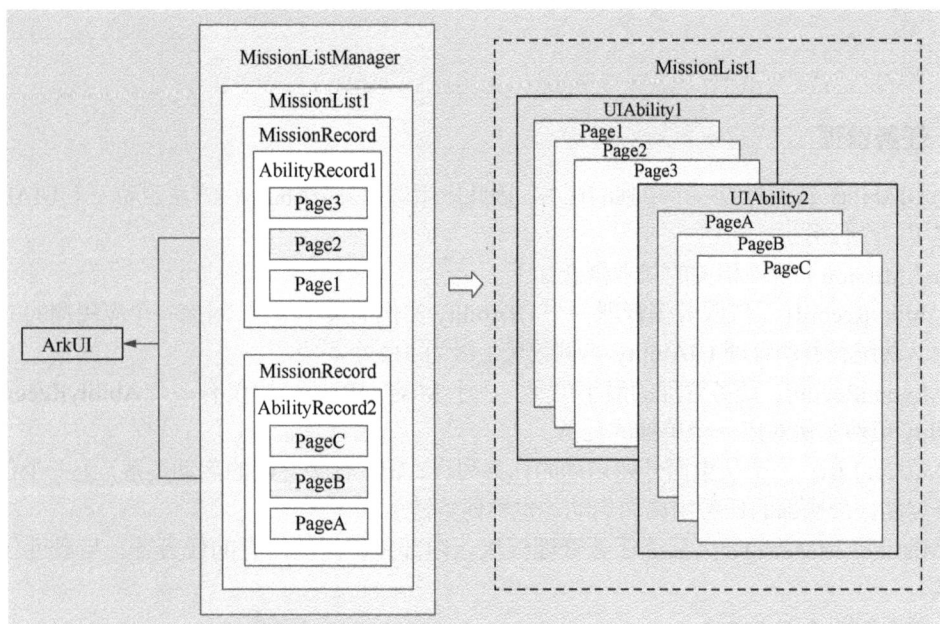

图 4-22　页面栈

页面栈的形成步骤如下，其中步骤②③⑤⑥为页面跳转，由 ArkUI 管理。

① 点击桌面图标（startAbility）启动 UIAbility1，UIAbility1 的初始页面为 Page1。

② 点击 Page1 页面按钮（Navigator）跳转到 Page2 页面。

③ 点击 Page2 页面按钮（Navigator）跳转到 Page3 页面。

④ 点击 Page3 页面按钮（startAbility）跳转到 UIAbility2，UIAbility2 的初始页面为 PageA。

⑤ 点击 PageA 页面按钮（Navigator）跳转到 PageB 页面。

⑥ 点击 PageB 页面按钮（Navigator）跳转到 PageC 页面。

2. 任务栈

如果在 Ability2 页面栈通过返回键一层层返回首页，再次点击返回键，会返回 Ability1。因为在 MissionList 中记录了任务（Mission）之间的启动关系，即如果 Ability1 通过 startAbility 启动 Ability2，则会形成一个 MissionList 任务链：Ability1→Ability2。当 Ability2 页面栈返回首页时，再次点击返回键，会返回 Ability1 的页面。

MissionList 任务链记录了任务之间的拉起关系，但是这个任务链可能会断开，有以下几种情况会导致任务链的断开。

① 进入任务列表，把任务链中某个任务移动到前台，如图 4-23 所示。

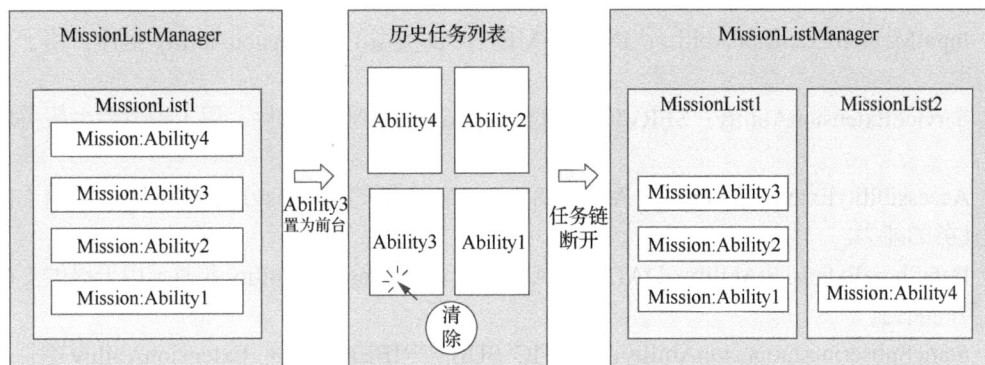

图 4-23　任务栈中的多个任务链

② 单实例 UIAbility 的任务被不同的任务（包括 Ability 或桌面）反复拉起（AbilityB 为单实例），如图 4-24 所示。

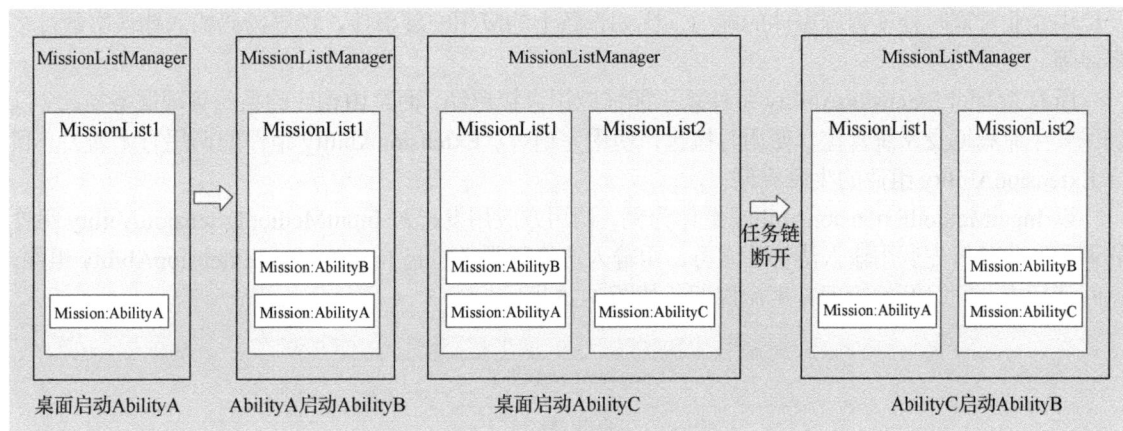

图 4-24　任务栈中的单实例 UIAbility

简单来说，页面栈是由一个 UIAbility 内的多个页面形成的，而任务栈是由一个应用中多个 UIAbility 形成的。

4.5　ExtensionAbility 组件

ExtensionAbility 组件是基于特定场景（例如服务卡片、输入法等）提供的应用组件，以便满足更多的使用场景。OpenHarmony 将移动开发中具有共性的服务通过场景进行分析，总结出具有代表性的 ExtensionAbility 类型方便开发者的使用，与开发者在创建项目时选择合适的项目场景模板类似。

每一个具体场景对应一个 ExtensionAbilityType，各类型的 ExtensionAbility 组件均由相应的系统服务统一管理，例如 InputMethodExtensionAbility 组件由输入法管理服务统一管理。当前支持的 ExtensionAbility 类型如下。

① FormExtensionAbility：FORM 类型的 ExtensionAbility 组件，用于提供服务卡片场景相关能力。

② WorkSchedulerExtensionAbility：WORK_SCHEDULER 类型的 ExtensionAbility 组件，用于提供延迟任务回调实现的能力。

③ InputMethodExtensionAbility：INPUT_METHOD 类型的 ExtensionAbility 组件，用于开发输入法应用。

④ ServiceExtensionAbility：SERVICE 类型的 ExtensionAbility 组件，用于提供后台服务场景相关能力。

⑤ AccessibilityExtensionAbility：ACCESSIBILITY 类型的 ExtensionAbility 组件，用于提供辅助功能业务的能力。

⑥ DataShareExtensionAbility：DATA_SHARE 类型的 ExtensionAbility 组件，用于提供支持数据共享业务的能力。

⑦ StaticSubscriberExtensionAbility：STATIC_SUBSCRIBER 类型的 ExtensionAbility 组件，用于提供静态广播的能力。

⑧ WindowExtensionAbility：WINDOW 类型的 ExtensionAbility 组件，用于提供界面组合扩展能力，允许系统应用进行跨应用的界面拉起和嵌入。

⑨ EnterpriseAdminExtensionAbility：ENTERPRISE_ADMIN 类型的 ExtensionAbility 组件，用于提供企业管理时处理管理事件的能力，比如设备上的应用安装事件、锁屏密码输入错误次数过多事件等。

所有类型的 ExtensionAbility 组件均不能被应用直接启动，而是由相应的系统管理服务拉起，以确保其生命周期受系统管控，使用时拉起，使用完销毁。ExtensionAbility 组件的调用方无须关心目标 ExtensionAbility 组件的生命周期。

以 InputMethodExtensionAbility 组件为例，调用方应用发起对 InputMethodExtensionAbility 组件的调用，此时将先调用输入法管理服务，由输入法管理服务拉起 InputMethodExtensionAbility 组件，返回调用方，同时开始管理其生命周期，如图 4-25 所示。

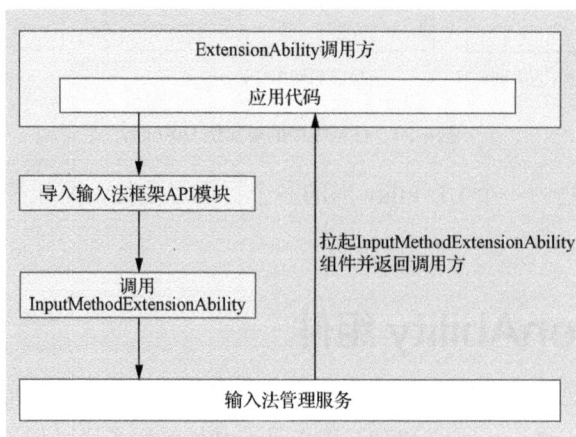

图 4-25　ExtensionAbility 的使用方法

4.6 ServiceExtensionAbility 组件

ServiceExtensionAbility 是 SERVICE 类型的 ExtensionAbility 组件，提供后台服务能力，其内部持有 ServiceExtensionContext，通过 ServiceExtensionContext 提供丰富的接口供外部使用。本节称被启动的 ServiceExtensionAbility 为服务端，称启动 ServiceExtensionAbility 的组件为客户端。

ServiceExtensionAbility 可以被其他组件启动或连接，并根据调用者的请求信息在后台处理相关事务。ServiceExtensionAbility 支持以启动和连接两种形式运行，系统应用可以调用 startServiceExtensionAbility( ) 方法启动后台服务，也可以调用 connectServiceExtensionAbility( ) 方法连接后台服务，而第三方应用只能调用 connectServiceExtensionAbility( ) 方法连接后台服务。启动和连接后台服务的差别如下。

① 启动：AbilityA 启动 ServiceB，启动后 AbilityA 和 ServiceB 为弱关联，AbilityA 退出后，ServiceB 可以继续存在。

② 连接：AbilityA 连接 ServiceB，连接后 AbilityA 和 ServiceB 为强关联，AbilityA 退出后，ServiceB 也一起退出。

4.6.1 ServiceExtensionAbility 生命周期

ServiceExtensionAbility 提供了 onCreate( )、onRequest( )、onConnect( )、onDisconnect( ) 和 onDestory( ) 生命周期回调，可根据需要重写对应的回调方法。图 4-26 展示了 ServiceExtensionAbility 的生命周期。

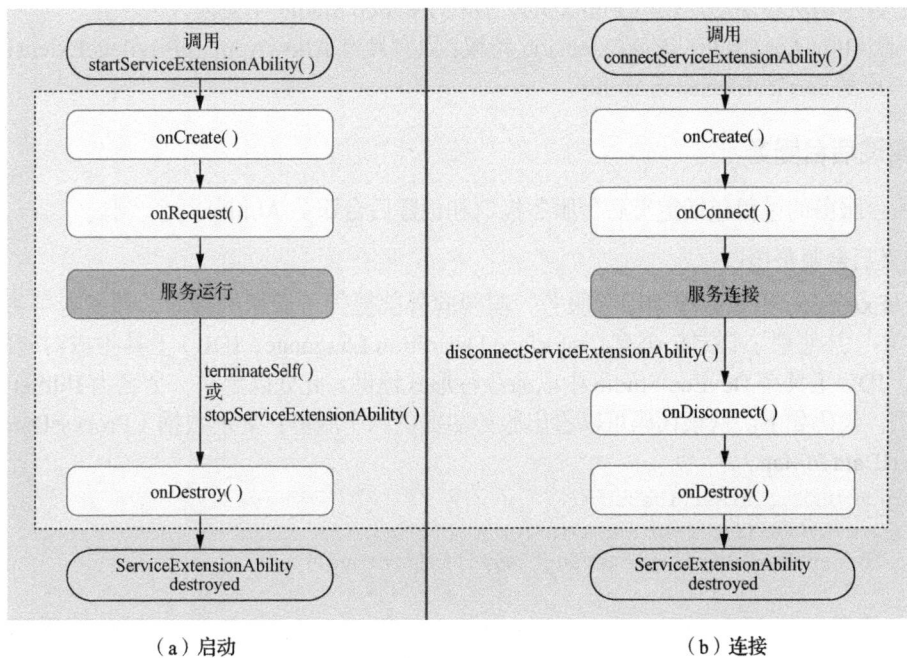

图 4-26 SeviceExtensionAbility 的生命周期

图 4-26（a）中的客户端只是启动服务端，与服务端并无交互；而图 4-26（b）中的客户端和服务端有信息交互，服务端生命周期由客户端控制。

1. onCreate( )

服务被创建时触发该回调，开发者可以在此进行一些初始化操作，例如注册公共事件监听等。如果服务已创建，再次启动相应 ServiceExtensionAbility 不会触发 onCreate( ) 回调。

2. onRequest( )

当另一个组件调用 startServiceExtensionAbility( )方法启动该服务组件时，触发该回调。执行此方法后，服务会启动并在后台运行。每次调用 startServiceExtensionAbility( )方法均会触发该回调。

3. onConnect( )

当另一个组件调用 connectServiceExtensionAbility( )方法与该服务连接时，触发该回调。开发者可在此方法中返回一个远端代理对象（IRemoteObject），客户端拿到这个对象后可以通过这个对象与服务端进行 RPC 通信，同时系统侧会将该远端代理对象保存。后续若有组件调用 connectServiceExtensionAbility( )方法，系统则会直接将所保存的远端代理对象返回，而不再触发该回调。

4. onDisconnect( )

当最后一个连接断开时，将触发该回调。客户端销毁或者调用 disconnectServiceExtensionAbility( )方法可以使连接断开。

5. onDestroy( )

当不再使用服务且准备将其销毁时，触发该回调。开发者可以在该回调中清理资源，如注销监听等。

下面介绍如何实现 ServiceExtensionAbility 项目。目前只有系统应用才允许实现 ServiceExtensionAbility，后续会逐步开放到用户程序，因此开发者在开发之前需做如下准备。

① 替换 Full SDK：ServiceExtensionAbility 相关接口都被标记为 System-API，默认对开发者隐藏，因此需要手动从镜像站点获取 Full SDK，并在 DevEco Studio 中替换。

② 申请 AllowAppUsePrivilegeExtension 特权：只有具有 AllowAppUsePrivilegeExtension 特权的应用才允许开发 ServiceExtensionAbility。

4.6.2　实现后台服务

实现后台服务的过程包括定义后台服务接口和创建后台服务 Ability 两个步骤。

1. 定义后台服务接口

ServiceExtensionAbility 作为后台服务，需要向外部提供可调用的接口，开发者可将接口定义在.idl 文件中，并使用接口定义语言（Interface Definition Language，IDL）工具生成对应的.proxy、.stub 文件。IDL 工具在 DevEco Studio 中以命令行形式提供。此处以定义一个名为 IIdlServiceExt.idl 的文件为例，代码如下。从该代码可以看出服务端提供两个服务：处理数据（ProcessData）和数据插入（InsertDataToMap）。

```
interface OHOS.IIdlServiceExt {
  int ProcessData([in] int data);
  void InsertDataToMap([in] String key, [in] int val);
}
```

接口文件采用 C 语言编写。在 DevEco Studio 工程 module 对应的 ets 目录下手动新建名为 IdlServiceExt 的目录，将 IDL 工具生成的文件复制到该目录下，并创建一个名为 idl_service_ext_impl.ts 的文件定义对 IDL 接口的具体实现，具体目录和文件如图 4-27 所示。

```
|---ets
| |---IdlServiceExt
| | |---i_idl_service_ext.ts    //生成文件
| | |---idl_service_ext_proxy.ts //生成文件
| | |---idl_service_ext_stub.ts  //生成文件
| | |---idl_service_ext_impl.ts //开发者自定义文件，对IDL接口的具体实现
```

图 4-27　目录和文件

idl_service_ext_impl.ts 中接口实现代码如例 4-16 所示。

例 4-16　服务端接口实现代码

```
import {processDataCallback} from './i_idl_service_ext';
import {insertDataToMapCallback} from './i_idl_service_ext';
import IdlServiceExtStub from './idl_service_ext_stub';

const ERR_OK = 0;
const TAG: string = "[IdlServiceExtImpl]";

// 开发者需要在这个类里实现该接口
export default class ServiceExtImpl extends IdlServiceExtStub {
  processData(data: number, callback: processDataCallback): void {
    ...
    console.info(TAG, `processData: ${data}`);
    callback(ERR_OK, data + 1);
  }

  insertDataToMap(key: string, val: number, callback: insertDataToMapCallback): void {
    ...
    console.info(TAG, `insertDataToMap, key: ${key} val: ${val}`);
    callback(ERR_OK);
  }
}
```

从例 4-16 所示代码可以看出，服务端实现类 ServiceExtImpl 继承自 IdlServiceExtStub 类。因此需要实现定义在 IDL 接口中的两个函数，开发者自行实现对应业务逻辑。

2. 创建后台服务 Ability

在 DevEco Studio 工程中手动新建一个 ServiceExtensionAbility，具体步骤如下。

① 在工程 module 对应的 ets 目录下，点击鼠标右键选择"New→Directory"，新建一个目录并命名为 ServiceExtAbility。

② 在 ServiceExtAbility 目录，点击鼠标右键选择"New→TypeScript File"，新建一个 TS 文件并命名为 ServiceExtAbility.ts。整个项目目录结构如图 4-28 所示。

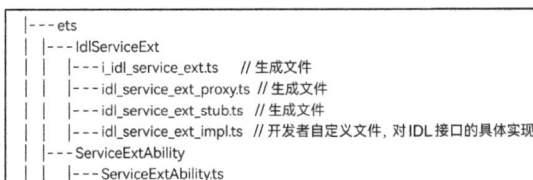

```
|---ets
| |---IdlServiceExt
| | |---i_idl_service_ext.ts    // 生成文件
| | |---idl_service_ext_proxy.ts // 生成文件
| | |---idl_service_ext_stub.ts  // 生成文件
| | |---idl_service_ext_impl.ts  // 开发者自定义文件，对 IDL 接口的具体实现
| |---ServiceExtAbility
| | |---ServiceExtAbility.ts
```

图 4-28　目录结构

③ 在 ServiceExtAbility.ts 文件中导入 ServiceExtensionAbility 的依赖包，自定义类继承自 ServiceExtensionAbility 并实现生命周期回调，在 onConnect 生命周期回调里将之前定义的 ServiceExtImpl 对象返回，如例 4-17 所示。

例 4-17　服务端 ServiceExtensionAbility 实现代码及回调

```
import ServiceExtensionAbility from '@ohos.app.ability.ServiceExtensionAbility';
import ServiceExtImpl from '../IdlServiceExt/idl_service_ext_impl';

const TAG: string = "[ServiceExtAbility]";

export default class ServiceExtAbility extends ServiceExtensionAbility {
```

```
    serviceExtImpl = new ServiceExtImpl("ExtImpl");

    onCreate(Want) {
      console.info(TAG, `onCreate, Want: ${Want.abilityName}`);
    }

    onRequest(Want, startId) {
      console.info(TAG, `onRequest, Want: ${Want.abilityName}`);
    }

    onConnect(Want) {
      console.info(TAG, `onConnect, Want: ${Want.abilityName}`);

      return this.serviceExtImpl;
    }

    onDisconnect(Want) {
      console.info(TAG, `onDisconnect, Want: ${Want.abilityName}`);
    }

    onDestroy() {
      console.info(TAG, `onDestroy`);
    }
  }
}
```

例 4-17 所示代码中非常重要的一句就是在 onConnect( )回调中返回 ServiceExtImpl 对象，这个对象中包含服务端函数实现代码以及与客户端交互的接口，客户端获取接口后便可以与 ServiceExtensionAbility 进行通信。

④ 在工程 module 对应的 module.json5 配置文件中注册 ServiceExtensionAbility，type 标签需要设置为"service"，srcEntry 标签表示当前 ExtensionAbility 组件所对应的代码路径，如例 4-18 所示。

例 4-18　服务端 ServiceExtensionAbility 配置

```
{
  "module": {
    ...
    "extensionAbilities": [
      {
        "name": "ServiceExtAbility",
        "icon": "$media:icon",
        "description": "service",
        "type": "service",
        "exported": true,
        "srcEntry": "./ets/ServiceExtAbility/ServiceExtAbility.ts"
      }
    ]
  }
}
```

4.6.3　启动后台服务

系统应用（后续会开放为普通用户应用）通过 startServiceExtensionAbility( )方法启动一个后台服务，服务的 onRequest( )回调就会被调用，并在该回调方法中接收调用者传递过来的 Want 对象。后台服务启动后，其生命周期独立于客户端，即使客户端已经销毁，该后台服务仍可继续运行。因此，后台服务需要在其工作完成时通过调用 ServiceExtensionContext 的 terminateSelf( )方法自行停止，或者由另一个组件调用 stopServiceExtensionAbility( )方法将其停止。下面是客户端具体代码。

① 在系统应用中启动一个新的服务端 ServiceExtensionAbility。启动 ServiceExtensionAbility 的代码和启动 UIAbility 的代码几乎无区别，如例 4-19 所示。

例 4-19 启动服务端 ServiceExtensionAbility

```
let context = ...; // UIAbilityContext
let Want = {
  "deviceId": "",
  "bundleName": "com.example.myapplication",
  "abilityName": "ServiceExtAbility"
};
context.startServiceExtensionAbility(Want).then(() => {
  console.info('Succeeded in starting ServiceExtensionAbility.');
}).catch((err) => {
  console.error(`Failed to start ServiceExtensionAbility. Code is ${err.code}, message
is ${err.message}`);
})
```

② 在系统应用中停止一个已启动的 ServiceExtensionAbility，如下为客户端代码。

```
let context = ...; // UIAbilityContext
let Want = {
  "deviceId": "",
  "bundleName": "com.example.myapplication",
  "abilityName": "ServiceExtAbility"
};
context.stopServiceExtensionAbility(Want).then(() => {
  console.info('Succeeded in stoping ServiceExtensionAbility.');
}).catch((err) => {
  console.error(`Failed to stop ServiceExtensionAbility. Code is ${err.code}, message
is ${err.message}`);
})
```

③ 已启动的 ServiceExtensionAbility 自行停止，如下为服务端代码。

```
let context = ...; // ServiceExtensionContext
context.terminateSelf().then(() => {
  console.info('Succeeded in terminating self.');
}).catch((err) => {
  console.error(`Failed to terminate self. Code is ${err.code}, message is ${err.message}`);
})
```

4.6.4 连接后台服务

系统应用或者第三方应用可以通过 connectServiceExtensionAbility( )方法连接一个服务(在 Want 对象中指定启动的目标服务)，服务的 onConnect( )回调就会被调用，并在该回调方法中接收到调用者传递过来的 Want 对象，从而建立长连接。

ServiceExtensionAbility 服务组件在 onConnect( )中返回 IRemoteObject 对象，开发者通过该 IRemoteObject 定义通信接口，用于客户端与服务端的 RPC 交互。多个客户端可以同时连接到同一个后台服务，客户端完成与服务的交互后需要调用 disconnectServiceExtensionAbility( )方法断开连接。如果所有连接到某个后台服务的客户端均已断开连接，则系统会销毁该服务。

① 使用 connectServiceExtensionAbility( )方法建立与后台服务的连接，如例 4-20 所示。

例 4-20 连接服务端 ServiceExtensionAbility

```
let Want = {
  "deviceId": "",
  "bundleName": "com.example.myapplication",
```

```
        "abilityName": "ServiceExtAbility"
      };
      let options = {
        onConnect(elementName, remote) {
          console.info('onConnect callback');
          if (remote === null) {
            console.info(`onConnect remote is null`);
            return;
          }
        },
        onDisconnect(elementName) {
          console.info('onDisconnect callback')
        },
        onFailed(code) {
          console.info('onFailed callback')
        }
      }
      // 建立连接后返回的 connectionId 需要保存下来，在解绑服务时需要作为参数传入
      let connectionId = this.context.connectServiceExtensionAbility(Want, options);
```

例 4-20 所示代码中的关键部分就是 onConnect( )回调，其入参 remote 为 ServiceExtensionAbility 在 onConnect( )生命周期回调中返回的对象，开发者通过这个对象便可以与 ServiceExtensionAbility 进行通信。

② 使用 disconnectServiceExtensionAbility( )方法断开与后台服务的连接，代码如下所示。

```
// connectionId 为调用 connectServiceExtensionAbility 接口时的返回值，需开发者自行维护
this.context.disconnectServiceExtensionAbility(connectionId).then((data) => {
  console.info('disconnectServiceExtensionAbility success');
}).catch((error) => {
  console.error('disconnectServiceExtensionAbility failed');
})
```

4.6.5 客户端与服务端通信

客户端在 onConnect( )回调中获取 rpc.RemoteObject 对象后便可与 Service 进行通信，具体方法是使用服务端提供的 IDL 接口。客户端需要将服务端对外提供的接口文件导入本地工程，如例 4-21 所示。

例 4-21 客户端调用服务端函数

```
import IdlServiceExtProxy from '../IdlServiceExt/idl_service_ext_proxy';

let options = {
  onConnect(elementName, remote) {
    console.info('onConnect callback');
    if (remote === null) {
      console.info(`onConnect remote is null`);
      return;
    }
    let serviceExtProxy = new IdlServiceExtProxy(remote);
    serviceExtProxy.processData(1, (errorCode, retVal) => {
      console.info(`processData, errorCode: ${errorCode}, retVal: ${retVal}`);
    });
    serviceExtProxy.insertDataToMap('theKey', 1, (errorCode) => {
      console.info(`insertDataToMap, errorCode: ${errorCode}`);
    })
```

```
  },
  onDisconnect(elementName) {
    console.info('onDisconnect callback')
  },
  onFailed(code) {
    console.info('onFailed callback')
  }
}
```

在 onConnect( )回调中可以获得服务端返回的 ServiceExtImpl 对象，该对象为 rpc.RemoteObject 类型，是客户端与服务端交互的通道。然后使用 IdlServiceExtProxy( )方法将其作为参数，创建一个 IdlServiceExtProxy 对象。该对象屏蔽了 RPC 通信细节，采用接口调用的方式进行通信，简洁明了。

4.6.6　获取后台天气数据示例

本小节展示一个通过后台 ServiceExtensionAbility 获取天气数据后，将之显示在前台 UIAbility 所属页面上的示例。后台 ServiceExtensionAbility 也是由前台启动的，该示例名为 AbilityConnectServiceExtension。

1. 定义天气服务 IDL 接口

定义一个获取天气数据的后台 ServiceExtensionAbility 需要先建立 IDL 接口，该 IDL 接口由 C 语言编写，取名为 IIdlWeatherService，扩展名为.idl。

```
interface OHOS.IIdlWeatherService {
    int updateWeather([in] int data);
}
```

该接口就是服务端向外提供的功能的声明，interface 关键字表明其为接口。接口中提供的服务为 updateWeather( )，该函数的输入参数为整型，输出也为整型。接着使用 IDL 工具在命令行下生成对应的.proxy、.stub 和接口文件。

2. 服务端的.stub 文件

服务端的.stub 文件为服务端收到用户端请求后的处理过程，其中必须实现的功能为 onRemoteRequest( )，如例 4-22 所示。

例 4-22　服务端.stub 文件

```
import rpc from '@ohos.rpc'
import { updateWeatherCallback } from './i_idl_weather_service'
import IIdlWeatherService from './i_idl_weather_service'
import Logger from '../../../util/Logger'

export default class IdlWeatherServiceStub extends rpc.RemoteObject implements
IIdlWeatherService {
    constructor(des: string) {
      super(des)
    }

    onRemoteRequest(code: number, data, reply, option): boolean {
      Logger.info("onRemoteRequest called, code = " + code)
      switch (code) {
        case IdlWeatherServiceStub.COMMAND_UPDATE_WEATHER: {
          let _data = data.readInt()
          this.updateWeather(_data, (errCode, returnValue) => {
            reply.writeInt(errCode)
```

```
          if (errCode == 0) {
            reply.writeInt(returnValue)
          }
        })
        return true
      }
      default: {
        Logger.error("invalid request code" + code)
        break
      }
    }
    return false
  }

  updateWeather(data: number, callback: updateWeatherCallback): void {
  }

  static readonly COMMAND_UPDATE_WEATHER = 1
}
```

例 4-22 所示代码中定义的 **IdlWeatherServiceStub** 类是 rpc.RemoteObjec 的子类，其中实现了 **IIdlWeatherService** 接口。在收到客户端请求后，回调函数 **onRemoteRequest( )** 会根据客户端发送的请求码 code 来进行相应的处理。如果 code 为天气查询，则调用服务端函数 **updateWeather( )** 进行处理，并将查询结果以整型返回客户端。

3. 客户端的.proxy 文件

客户端的.proxy 文件为客户端向服务器发送请求及相关回调的实现。具体代码如例 4-23 所示。

例 4-23　客户端.proxy 文件

```
import rpc from '@ohos.rpc'
import { updateWeatherCallback } from './i_idl_weather_service'
import IIdlWeatherService from './i_idl_weather_service'

export default class IdlWeatherServiceProxy implements IIdlWeatherService {
  constructor(proxy) {
    this.proxy = proxy
  }

  updateWeather(data: number, callback: updateWeatherCallback): void {
    let _option = new rpc.MessageOption(0)
    let _data = new rpc.MessageParcel()
    let _reply = new rpc.MessageParcel()
    _data.writeInt(data)
    this.proxy.sendRequest(IdlWeatherServiceProxy.COMMAND_UPDATE_WEATHER, _data,
_reply, _option).then(function (result) {
      if (result.errCode === 0) {
        let _errCode = result.reply.readInt()
        if (_errCode != 0) {
          let _returnValue = undefined
          callback(_errCode, _returnValue)
          return
        }
        let _returnValue = result.reply.readInt()
        callback(_errCode, _returnValue)
      } else {
```

```
        Logger.error("sendRequest failed, errCode: " + result.errCode)
      }
    })
  }

  static readonly COMMAND_UPDATE_WEATHER = 1
  private proxy
}
```

例 4-23 所示代码中的 updateWeather( )函数使用 sendRequest( )函数将天气查询请求发送给服务端，并将返回结果读取出来。

4. 服务端实现天气数据获取

服务端需要实现天气数据获取功能，具体代码如例 4-24 所示。

例 4-24　服务端实现天气数据获取

```
class WeatherServiceStub extends IdlWeatherServiceStub {
  constructor(des) {
    super(des)
  }

  updateWeather(data: number, callback: updateWeatherCallback): void {
    let temperature = getUpdateTemperature()
    callback(0, temperature)
    Logger.info(`testIntTransaction: temperature: ${temperature}`)
  }
}

export default class ServiceExtAbility extends ServiceExtension {
...
onConnect(Want) {
    Logger.info(`onConnect , Want: ${Want.abilityName}`)
    return new WeatherServiceStub("weather service stub")
  }
}
```

例 4-24 所示代码中定义了一个继承 IdlWeatherServiceStub 的子类 WeatherServiceStub，实现了其中的 updateWeather( )函数，并在客户端与服务器建立连接时触发的服务端 onConnect( )回调中将 WeatherServiceStub 对象返回。

5. 客户端发起服务端连接

客户端页面在加载时就请求天气数据，请求服务端天气数据的第一步是与服务端建立连接，如例 4-25 所示。

例 4-25　服务端实现天气数据获取

```
@Entry
@Component
struct Home {
  @State currentWeather: number = 36
  private context: any = getContext(this)
  private homeFeature = new HomeFeature(this.context)

  updateWeatherTask() {
    Logger.info(TAG, `updateWeatherTask`)
    let that = this
    this.homeFeature.connectServiceExtAbility(function (code, data) {
```

```
      if (code === SUCCESS_CODE) {
        that.currentWeather = data
        Logger.info(TAG, `updateWeatherTask, that.currentWeather = ${that.currentWeather}`)
      } else {
        Logger.info(TAG, `updateWeatherTask, connectServiceExtAbility fail`)
      }
    })
    setTimeout(() => {
      this.updateWeatherTask()
    }, 5000)
  }
aboutToAppear() {
    this.updateWeatherTask()
  }
 ...
}
    connectServiceExtAbility(callback) {
    Logger.info(`connectServiceExtAbility`)
    this.remoteCallback = callback
    let Want = {
      bundleName: BUNDLE_NAME,
      abilityName: SERVICE_EXTENSION_ABILITY_NAME
    }
    this.connection = this.context.connectAbility(Want, this.options)
    Logger.info(`connectServiceExtAbility result:${this.connection}`)
  }
```

例 4-25 所示代码中，通过客户端调用 connectAbility( )函数连接到服务器。

6. 客户端请求天气数据

当服务器同意和客户端建立连接后，会触发服务端的 onConnect( )回调。根据例 4-24 所示的代码，服务端会返回一个 WeatherServiceStub 对象。客户端收到服务端返回的 WeatherServiceStub 对象后，也会触发客户端的 onConnect( )回调，如例 4-26 所示。

例 4-26　客户端请求天气数据

```
 export default class HomeFeature {
constructor(context) {
    this.context = context
    this.options = {
      outObj: this,
      // 连接成功时回调
      onConnect: function (elementName, proxy) {
        Logger.info(`onConnect success`)
        // 接收服务端返回的实例
        let weatherProxy = new IdlWeatherServiceProxy(proxy)
        weatherProxy.updateWeather(123, this.outObj.remoteCallback)
      },
      onDisconnect: function () {
        Logger.info(`onDisconnect`)
      },
      onFailed: function () {
        Logger.info(`onFailed`)
      }
    }
  }
}
```

客户端收到服务端返回的实例后，首先将其转换为 IdlWeatherServiceProxy 实例，然后调用该对象的 updateWeather( )函数来向服务端请求天气数据，其实就是调用服务端的 updateWeather( )函数。调用后返回的天气数据会存储在例 4-25 所示代码中的状态变量 currentWeather 中，从而显示在客户端界面上。运行效果如图 4-29 所示。

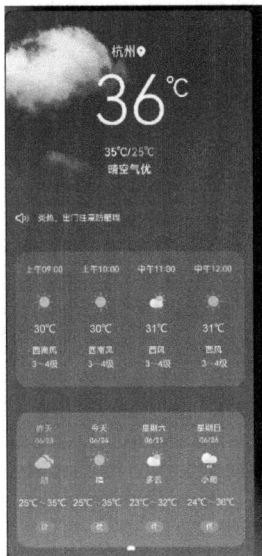

图 4-29　获取后台天气数据并显示

4.7　Stage 模型中的进程模型

OpenHarmony 进程模型如图 4-30 所示。

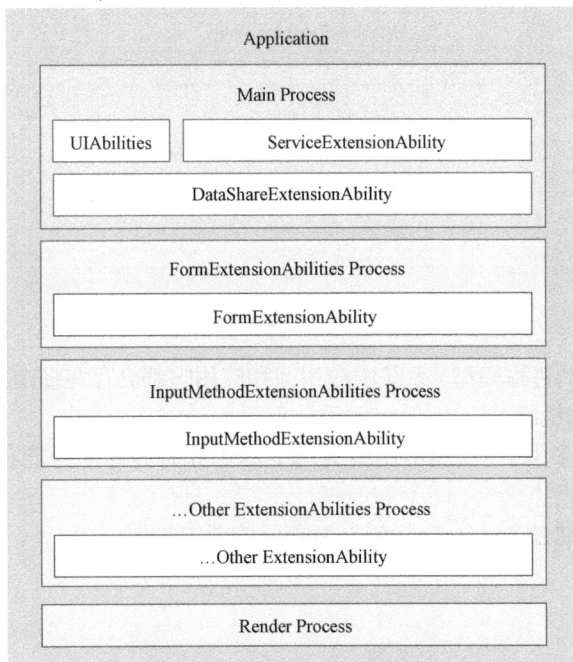

图 4-30　OpenHarmony 进程模型

应用中（同一 Bundle Name）的所有 UIAbility、ServiceExtensionAbility 和 DataShareExtensionAbility 均运行在同一个独立进程（主进程）中，如 Main Process。

应用中（同一 Bundle Name）的所有同一类型 ExtensionAbility（除 ServiceExtensionAbility 和 DataShareExtensionAbility 外）均运行在独立进程中，如 FormExtensionAbility Process、InputMethodExtensionAbility Process、Other ExtensionAbility Process。

WebView 拥有独立的渲染进程，如 Render Process。

执行 hdc shell 命令，进入设备的命令行工具。在命令行中，执行 ps -ef 命令，可以查看所有正在运行的进程信息，如图 4-31 所示。

```
PS D:\OpenHarmony\Sdk\9\toolchains> ../hdc shell
# ps -ef
UID          PID PPID C STIME TTY        TIME CMD
root           1    0 1 17:00:01 ?    00:00:02 init --second-stage
root           2    0 0 17:00:01 ?    00:00:00 [kthreadd]
root           3    2 0 17:00:01 ?    00:00:00 [rcu_gp]
root           4    2 0 17:00:01 ?    00:00:00 [rcu_par_gp]
root           5    2 0 17:00:01 ?    00:00:00 [kworker/0:0-rcu_gp]
root           6    2 0 17:00:01 ?    00:00:00 [kworker/0:0H-events_highpri]
root           7    2 0 17:00:01 ?    00:00:00 [kworker/u8:0-events_unbound]
root           8    2 0 17:00:01 ?    00:00:00 [mm_percpu_wq]
root           9    2 0 17:00:01 ?    00:00:00 [rcu_tasks_rude_]
root          10    2 0 17:00:01 ?    00:00:00 [ksoftirqd/0]
root          11    2 0 17:00:01 ?    00:00:00 [rcu_sched]
```

图 4-31　OpenHarmony 设备上的当前进程信息

在上述模型基础上，对于系统应用可以通过申请多进程权限（见图 4-32），为指定 HAP 配置自定义进程名，相应 HAP 中的 UIAbility、DataShareExtensionAbility、ServiceExtensionAbility 就会运行在自定义进程中。不同的 HAP 可以通过配置不同的进程名运行在不同进程中。

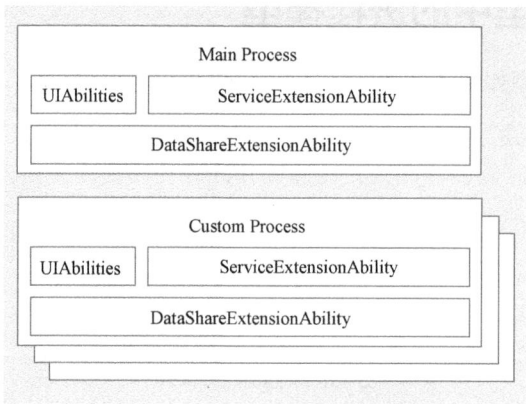

图 4-32　OpenHarmony 自定义多进程

基于 OpenHarmony 的进程模型，系统中应用间和应用内都会存在多个进程的情况，因此系统提供了如下两种进程间通信机制。

① 公共事件机制：多用于一对多的通信场景，公共事件发布者可能存在多个订阅者同时接收事件。

② 后台服务机制：通过 ServiceExtensionAbility 的能力实现。

本章小结

本章主要讲解了 OpenHarmony 应用中的核心概念——应用模型，它是应用能力的抽象。Stage 模型包含界面组件 UIAbility 和扩展能力组件 ExtensionAbility, 本章重点介绍了 UIAbility 和 ExtensionAbility, 特别是 ServiceExtensionAbility 的生命周期及其创建和启动的方法。在不同 UIAbility 间进行跳转，需要借助 Want 对象。本章对显式 Want、隐式 Want 的启动和 UIAbility 间的数据传递均进行了详细介绍。

　　通过对本章内容的学习，读者应能够理解应用模型的核心理念，熟悉 UIAbility 和 ServiceExtensionAbility 的运作方式，掌握 UIAbility 和 ServiceExtensionAbility 的构建及使用方法、通过 Want 启动其他 UIAbility 和 ServiceExtensionAbility 的方法。

课后习题

1．（单选题）Stage 应用模型包含两大类组件，分别是（　　　）和（　　　）。

　　A．FeatureAbility　　　　　　　　　B．ExtensionAility

　　C．UIAbility　　　　　　　　　　　　D．ServiceAbility

2．（单选题）UIAbility 对应 MVC 模式中的（　　　）。

　　A．View　　　　　B．Model　　　　　C．Controller　　　　　D．ViewModel

3．（多选题）UIAbility 的生命周期包括（　　　）状态。

　　A．Create　　　　　B．Foreground　　　　　C．Background　　　　D．Destroy

4．（多选题）Context 类是指上下文环境，Context 的子类包括（　　　）。

　　A．UIAbilityContext　　　　　　　　B．ExtensionContext

　　C．ApplicatoinContext　　　　　　　D．AbilityStageContext

5．（多选题）当通过 Want 启动网络内其他主机上的 Ability 时，必须提供（　　　）。

　　A．deviceID　　　　　B．bundleName　　　　C．abilityName　　　　D．action

6．（单选题）Want 可以分为（　　　）和（　　　）两大类。

　　A．显式 Want　　　　B．隐式 Want　　　　C．导航 Want　　　　D．跳转 Want

第 5 章
ArkTS语法

05

学习目标

① 掌握 ArkTS 语法基础知识。

② 掌握 ArkTS 语言在 UI 设计方面的应用 ArkUI。

③ 熟练掌握 ArkTS 语言在 UI 组件状态管理和渲染控制方面的使用方法。

④ 掌握 ArkTS 语言高级使用方法,如基础类库等的开发。

在 IoT 时代,各种设备的能力差异非常大,有 KB 级内存的可穿戴设备,也有 GB 级内存的富设备等,因此 OpenHarmony 的 UI 框架需要能覆盖各种终端设备。方舟开发框架(简称 ArkUI)为 OpenHarmony 应用的 UI 开发提供了完整的基础设施,包括简洁的 UI 语法、丰富的 UI 功能(组件、布局、动画以及交互事件等),以及实时界面预览工具等,可以支持开发者进行可视化界面开发。针对不同的应用场景及技术背景,ArkUI 提供了两种开发范式,分别是基于 ArkTS 的声明式开发范式(简称声明式开发范式)和兼容 JS 的类 Web 开发范式(简称类 Web 开发范式)。ArkUI 如图 5-1 所示。

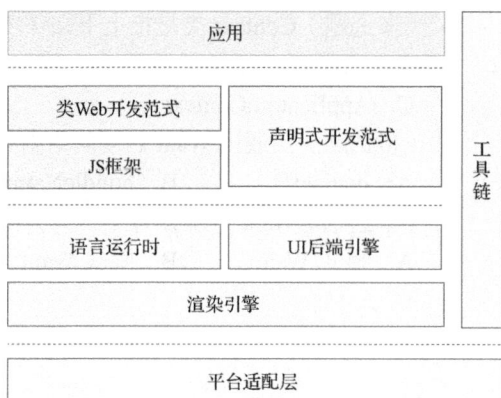

图 5-1 ArkUI

声明式开发范式是采用基于 TS 声明式 UI 语法扩展(extended TypeScript,eTS)而来的 ArkTS 语言,继承了 TS 的所有特性,是 TS 的超集,从组件、动画和状态管理这 3 个维度提供 UI 开发能力。

本章主要介绍 ArkTS 语法。

5.1 ArkTS 基本语法

ArkTS 是 OpenHarmony 的主力应用开发语言。它在 TS 生态基础上做了进一步扩展,保持了 TS 的基本风格,强制使用静态类型,对部分影响性能的 TS 语法进行了约束。

当前,ArkTS 主要对 TS 的语法做了如下约束。

① 强制使用静态类型:静态类型是 ArkTS 最重要的特性之一。如果使用静态类型,那么程序中变量的类型就是确定的。同时,由于所有类型在程序实际运行前都是已知的,编译器可以验证代码的正确性,从而减少运行时的类型检查,有助于性能提升。

② 禁止在运行时改变对象布局:为实现最大性能,ArkTS 要求在程序执行期间不能更改对

象布局。

③ 限制运算符语义：为获得更好的性能并鼓励开发者编写更清晰的代码，ArkTS 限制了一些运算符的语义。比如，二元加法运算符只能用于数字或字符串，但不能用于其他类型的变量。

④ 不支持 Structural typing：当前 ArkTS 不支持 Structural typing 特性，只支持对语言、编译器和运行时的调整。TS 是 JS 的超集，ArkTS 则是 TS 的超集。ArkTS 会结合应用开发和运行的需求持续演进，包括但不限于引入分布式开发范式、并行和并发能力增强、类型系统增强等方面的语言特性。它们的关系如图 5-2 所示。

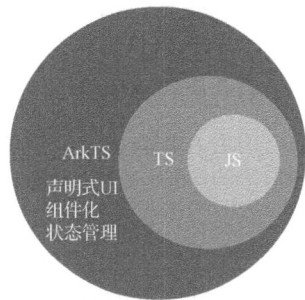

图 5-2　ArkTS 与 TS 和 JS 的关系

当前，在 UI 开发框架中，ArkTS 主要扩展了如下能力。

① 基本语法：ArkTS 定义了声明式 UI 描述、自定义组件和动态扩展 UI 元素的能力，再配合 ArkUI 开发框架中的系统组件及其相关的事件方法、属性方法等共同构成了 UI 开发的主体。

② 状态管理：ArkTS 提供了多维度的状态管理机制。在 UI 开发框架中，与 UI 相关联的数据可以在组件内使用，也可以在不同组件层级间（比如父、子组件之间，爷、孙组件之间）传递，还可以在应用全局范围内传递或跨设备传递。另外，从数据的传递形式来看，可分为只读的单向传递和可变更的双向传递。开发者可以灵活地利用这些能力来实现数据和 UI 的联动。

③ 渲染控制：ArkTS 提供了渲染控制的能力。条件渲染可根据应用的不同状态渲染对应状态下的 UI 内容；循环渲染可从数据源中迭代获取数据，并在每次迭代过程中创建相应的组件。数据栏加载从数据源中按需迭代数据，并在每次迭代过程中创建相应的组件。

5.1.1　基本语法简介

ArkTS 是一种为构建高性能应用而设计的编程语言。ArkTS 在 TS 语法的基础上进行了优化，以提供更高的性能和开发效率。

人们在日常生活中使用移动设备越来越普遍。但是许多编程语言在设计之初没有考虑到移动设备的情况，导致移动应用运行缓慢、低效、功耗大，编程语言针对移动环境的优化需求也越来越多。ArkTS 是专为解决这些问题聚焦于提高运行效率而设计的。

目前流行的编程语言 TS 是在 JS 基础上通过添加类型定义扩展而来的，而 ArkTS 则是 TS 的进一步扩展。TS 深受开发者的喜爱，因为它提供了一种更结构化的 JS 编码方法。ArkTS 旨在保持 TS 的大部分语法，帮助现有的 TS 开发者实现无缝过渡，快速上手 ArkTS。

ArkTS 的一大特性是它专注于低运行时开销。ArkTS 对 TS 的动态类型特性施加了更严格的限制，以减少运行时开销，提高运行效率。通过取消动态类型特性，ArkTS 代码能更有效地在运行前被编译和优化，从而实现更快的应用启动和更低的功耗。

与 JS 的互通性是 ArkTS 语言设计中的关键考虑因素。鉴于许多移动应用开发者希望复用其 TS/JS 代码和库，ArkTS 提供了与 JS 的无缝互通，使开发者可以很容易地将 JS 代码集成到他们的应用中。这意味着开发者可以利用现有的代码和库进行 ArkTS 开发。

为了确保 OpenHarmony UI 应用开发的最佳体验，ArkTS 提供对方舟开发框架 ArkUI 的声明式语法和其他特性的支持。

5.1.2　变量、常量和基本类型

ArkTS 通过声明引入变量、常量和类型。

1. 变量声明

以关键字 let 开头的声明引入变量，相应变量在程序执行期间可以具有不同的值。

```
let hi: string = "hello"
hi = "hello, world"
```

2. 常量声明

以关键字 const 开头的声明引入只读常量，相应常量只能被赋值一次。

```
const hello: string = "hello"
```

3. 自动类型推断

由于 ArkTS 是一种静态类型语言，所有数据的类型都必须在编译时确定。但是，如果一个变量或常量的声明包含初始值，那么开发者就不需要显式指定其类型。ArkTS 规范中列举了所有允许自动推断类型的场景。

在如下代码中，两条声明语句都是有效的，两个变量都是 string 类型。

```
let hi1: string = "hello"
let hi2 = "hello, world"
```

4. 类型

ArkTS 中支持的常用数据类型包括 number、string 和 array 等。

① number。ArkTS 提供 number 类型，任何整数和浮点数都可以被赋给此类型的变量，可以支持不同类型的数字表示方式，如下列代码中的 n1、n2 等。

```
let n1 = 3.14
let n2 = 3.141592
let n3 = .5
let n4 = 1e10

function factorial(n: number) : number {
    if (n <= 1) {
        return 1
    }
    return n * factorial(n - 1)
}
```

② string。string 代表字符序列，可以使用转义字符来表示字符。

字符串字面量由单引号（'）或双引号（"）引起来的零个或多个字符组成。字符串字面量还有一种特殊形式，即用反向单引号（`）括起来的模板字面量，如下面代码中的 s3 字符串变量。

```
let s1 = "Hello, world!\n"
let s2 = 'this is a string'
let a = 'Success'
let s3 = `The result is ${a}`
```

③ array。array，即数组，是由可赋值给数组声明中指定的元素类型的数据组成的对象。数组可由数组复合字面量（即用方括号括起来的零个或多个表达式的列表，其中每个表达式为数组中的一个元素）来赋值。数组的长度由数组中元素的个数确定，数组中第一个元素的索引为 0。

以下代码将创建包含 3 个元素的数组。

```
let names: string[] = ["Alice", "Bob", "Carol"]
```

④ union 类型。union 类型，即联合类型，是由多个类型组合成的引用类型。联合类型包含变量可能的所有类型。下列代码中声明的 animal 变量可以是 Cat、Dog、Frog 对象，也可以是 number 类型。

```
class Cat {
}
class Dog {
```

```
}
class Frog {
}
type Animal = Cat | Dog | Frog | number
// Cat、Dog、Frog 是类型（类或接口）

let animal: Animal = new Cat()
animal = new Frog()
animal = 42
// 可以将联合类型的变量赋值为任何组成类型的有效值
```

⑤ aliases 类型。aliases 类型为匿名类型（数组、函数、对象字面量或联合类型）提供名称，或为已有类型提供替代名称，包括数组、函数、泛型和空值等。如下列代码中的 Matrix 可以是 number 数组类型。

```
type Matrix = number[][]
type Handler = (s: string, no: number) => string
type Predicate <T> = (x: T) => Boolean
type NullableObject = Object | null
```

5.1.3　控制流

ArkTS 控制流通过条件分支和循环等方式控制代码执行的顺序，包括 if、while、for、throw 和 try 等语句。

1. if 语句

if 语句用于需要根据逻辑条件执行不同语句的场景。当逻辑条件为真时，执行对应的一组语句，否则，执行另一组语句（如果有）。else 部分也可能包含 if 语句。if 语句使用方式如下。

```
if (condition1) {
...    // 语句 1
} else if (condition2) {
...    // 语句 2
} else {
...    // else 语句
}
```

2. for 语句

for 语句会被重复执行，直到循环退出语句值为 false。for 语句使用示例如下所示（求 10 以内奇数的和）。

```
let sum = 0
for (let i = 1; i < 10; i += 2) {
    sum += i
}
```

使用 for-of 语句可遍历数组或字符串，以下代码使用 ch 字符变量遍历常量字符串 "a string object"。

```
for (let ch of "a string object") { /* process ch */ }
```

3. while 语句

只要 condition 的值为 true，while 语句就会执行 statements 语句，如下所示。

```
while (condition) {
    statements
}
```

while 语句的 condition 必须是逻辑表达式，比如如下代码中的 n < 3。

```
let n = 0
let x = 0
while (n < 3) {
    n++
    x += n
}
```

do-while 语句在 condition 的值为 false 之前，statements 语句会重复执行，如下所示。

```
do {
    statements
} while (condition)
```

do-while 语句的 condition 必须是逻辑表达式，如下代码中的条件为 i < 10。

```
let i = 0
do {
    i += 1
} while (i < 10)
```

4. throw 和 try 语句

throw 语句用于抛出异常或错误，中断程序的执行。如下代码抛出一个异常，主程序若没有处理，就会被异常终止。

```
throw new Error("this error")
```

try 语句用于捕获和处理异常或错误，如下所示。它的作用是对一些可能会造成异常的语句进行监视，防止程序因为异常（如网络请求没有获得数据、读取文件时文件不存在等）而被中断执行。

```
try {
    // 可能发生异常或错误的语句块
} catch (e) {
    // 异常或错误处理
}
```

5.1.4 函数

函数是所有编程语言的基本功能之一，ArkTS 语言提供了简洁的函数声明和灵活的调用方式。

1. 函数声明

函数声明用于引入函数，包含函数名称、参数列表、返回类型和函数体。以下代码是一个简单的函数，包含两个 string 类型的参数，返回类型为 string。

```
function add(x: string, y: string): string {
    let z : string = `${x} ${y}`
    return z
}
```

在函数声明中，必须为每个参数标记类型。如果参数为可选参数，那么允许在调用函数时省略该参数。函数的最后一个参数可以是 res 参数。

2. 可选参数

可选参数的格式可为 "name?:Type"。可选的意思是可以有，也可以留空。可能为空值的可选参数名后需要加上 "?"。如以下代码中的 hello( )函数，调用时可以不加上任何参数。

```
function hello(name?: string) {
    if (name == undefined) {
        console.log("Hello, ${name}!")
```

```
    } else {
        console.log("Hello!")
    }
}
```

可选参数的另一种形式为设置的参数默认值。如果在函数调用中某个参数被省略了，则会使用相应参数的默认值作为实参。如调用下列代码中的 **multiply( )** 函数时可以接收两个参数，也可以只接收一个参数。如果只有一个参数，另一个参数的值采用 2。

```
function multiply(n: number, coeff: number = 2): number {
    return n * coeff
}
multiply(2)    // 返回 2*2
multiply(2, 3) // 返回 2*3
```

3. res 参数

函数的最后一个参数可以是 res 参数。使用 res 参数时，允许函数接收任意数量的实参。如以下代码中的 sum( ) 函数，可以接收任意数量的参数求和。

```
function sum(...numbers: number[]): number {
    let res = 0
    for (let n of numbers)
        res += n
    return res
}

sum() // 返回 0
sum(1, 2, 3) // 返回 6
```

4. 函数调用

调用函数以执行其函数体，实参值会赋给函数的形参。如下代码定义了 join( )函数。

```
function join(x :string, y :string) :string {
    let z: string = `${x} ${y}`
    return z
}
```

调用此函数需要传递两个 string 类型的参数，如下所示。

```
let x = join("hello", "world")
console.log(x)
```

5. 函数类型

声明的函数也可以作为变量类型使用，函数类型通常用于定义回调。下列代码中的 trigFunc 被定义为函数类型，该函数带有一个 number 类型的参数，返回值也为 number 类型。do_action( )函数的参数 f 为 trigFunc 类型，调用 do_action( )函数时传递的是 sin( )函数。sin( )函数必须是 number 类型，返回值也必须是 number 类型。最后 do_action( )函数的执行结果是执行 sin(3.141592653589)。

```
type trigFunc = (x: number) => number // 这是一个函数类型

function do_action(f: trigFunc) {
    f(3.141592653589) // 调用函数
}

do_action(Math.sin) // 将函数作为参数传入
```

6. 箭头函数（或 lambda 函数）

在 ArkTS 中函数的定义可以非常灵活，比如可以定义箭头函数。如下列代码中的 sum( )函数，直接像声明变量一样声明函数，可以出现在程序任何位置，按需定义，按需使用。

```
let sum = (x: number, y: number): number => {
    return x + y
}
```

箭头函数的返回类型可以省略，省略时，返回类型通过函数体推断。这种用法通常被称为"语法糖"。表达式可以指定为箭头函数，这样表达式会更简短，因此以下两种表达式是等价的。

```
let sum1 = (x: number, y: number) => { return x + y }
let sum2 = (x: number, y: number) => x + y
```

7. 闭包

箭头函数通常在另一个函数中定义。作为内部函数，它可以访问外部函数中定义的所有变量和函数。为了捕获上下文，内部函数将其环境组合成闭包，以允许内部函数在自身环境之外的访问，如下所示。

```
function f(): () => number {
    let count = 0
    return (): number => { count++; return count }
}
let z = f()
console.log(z()) // 输出: 1
console.log(z()) // 输出: 2
```

5.1.5 类

类声明用于引入新类型，并定义其字段、方法和构造函数。在以下示例中，定义了 Person 类，有字段 name 和 surname、构造函数 fullName( )。

```
class Person {
    name: string = ""
    surname: string = ""
    constructor (n: string, sn: string) {
        this.name = n
        this.surname = sn
    }
    fullName(): string {
        return this.name + " " + this.surname
    }
}
```

定义类后，可以使用关键字 new 创建实例，如以下代码中的变量 p。

```
let p = new Person("John", "Smith")
console.log(p.fullName())
```

1. 实例属性和类属性

实例字段存在于类的每个实例上，每个实例都有自己的实例字段集合。下列代码中的变量 p1 和 p2 为 Person 实例，它们的实例字段为 name 和 age。

```
class Person {
    name: string = ""
    age: number = 0
    constructor(n: string, a: number) {
        this.name = n
        this.age = a
```

```
    }
  }

let p1 = new Person("Alice", 25)
let p2 = new Person("Bob", 28)
```

要访问实例字段，需要使用类的实例，如下所示。

```
p1.name
this.name
```

使用关键字 static 可将字段声明为静态字段。静态字段属于类本身，类的所有实例共享一个静态字段。要访问静态字段，需要使用类名，如下列代码中的 numberOfPersons。

```
class Person {
    static numberOfPersons = 0
    constructor() {
       Person.numberOfPersons++
    }
}

console.log(Person.numberOfPersons)
```

2. 实例方法和类方法

方法属于类。类可以定义实例方法或者静态方法。静态方法属于类本身，只能访问静态字段。而实例方法既可以访问静态字段，也可以访问实例字段，包括类的私有字段。

（1）实例方法

以下示例说明了实例方法的工作原理，calculateArea( ) 函数通过用高度乘以宽度来计算矩形的面积。

```
class Rectangle {
    private height: number = 0
    private width: number = 0
    constructor(height: number, width: number) {
    }
    calculateArea(): number {
       return this.height * this.width;
    }
}
```

必须通过类的实例调用实例方法。

```
let square = new Rectangle(10, 10)
console.log(square.calculateArea()) // 输出 100
```

（2）类方法

使用关键字 static 可将方法声明为静态方法。静态方法属于类本身，只能访问静态字段。静态方法定义了类作为一个整体的公共行为。所有实例都可以访问静态方法，但必须通过类名调用，如以下代码中的 C1.staticMethod( )。

```
class C1 {
    static staticMethod(): string {
       return "this is a static method."
    }
}
console.log(C1.staticMethod())
```

（3）继承

一个类可以继承另一个类（称为基类），继承的关键字为 extends。可使用以下语法实现多个接口，定义接口的关键字为 implements。

```
class [extends BaseClassName] [implements listOfInterfaces] {
}
```

继承的类会继承基类的字段和方法，但不继承构造函数。继承的类可以新增定义字段和方法，也可以覆盖其基类定义的方法。基类也称为"父类"或"超类"，继承的类也称为"派生类"或"子类"。如以下示例中 Employee 类为 Person 类的子类。

```
class Person {
    name: string = ""
    private _age = 0
    get age(): number {
        return this._age
    }
}
class Employee extends Person {
    salary: number = 0
    calculateTaxes(): number {
        return this.salary * 0.42
    }
}
```

包含 implements 子句的类必须实现列出的接口中定义的所有方法，但使用默认实现定义的方法除外。如以下代码中的 MyDate 类实现了 DataInterface 接口中的 now( )方法。

```
interface DateInterface {
    now(): string;
}
class MyDate implements DateInterface {
    now(): string {
        // 在此实现
        return "now is now"
    }
}
```

（4）父类访问

关键字 super 可用于访问父类的实例字段、实例方法和构造函数。在实现子类功能时，可以通过该关键字从父类中获取所需内容，如例 5-1 所示。

例 5-1　父类访问

```
class Rectangle {
    protected height: number = 0
    protected width: number = 0

    constructor (h: number, w: number) {
        this.height = h
        this.width = w
    }

    draw() {
        ...//绘制边界线
    }
}
class FilledRectangle extends Rectangle {
    color = ""
    constructor (h: number, w: number, c: string) {
```

```
    super(h, w) // 父类构造函数的调用
    this.color = c
}

override draw() {
    super.draw() // 父类方法的调用
    // super.height 可在此处使用
    /* 填充矩形 */
}
}
```

例 5-1 中的子类 FilledRectangle 使用了从父类 Rectangle 继承过来的构造函数和 draw( )方法，采用了 super 关键字来引用父类。

（5）重载

子类可以重写其父类中定义的方法的实现。重写的方法可以用关键字 override 标记，以提高可读性。重写的方法必须具有与原始方法相同的参数类型和相同或派生的返回类型，如以下代码中，子类 Square 重载了父类 Rectangle 中的 area( )方法。

```
class Rectangle {
    area(): number {
        // 实现
        return 0
    }
}
class Square extends Rectangle {
    private side: number = 0
    override area(): number {
        return this.side * this.side
    }
}
```

（6）构造函数

类声明中通常包含可以用于初始化对象状态的构造函数。构造函数定义如下所示。

```
constructor ([parameters]) {
}
```

如果未定义构造函数，则会自动创建具有空参数列表的默认构造函数，如以下代码中的 Point( )函数就是自动创建的构造函数。

```
class Point {
    x: number = 0
    y: number = 0
}
let p = new Point()
```

在这种情况下，默认构造函数使用字段类型的默认值来初始化实例中的字段，如上述代码中的变量 p 的实例字段 x 和 y 的值均为 0。

（7）可见性修饰符

类的方法和属性都可以使用可见性修饰符。可见性修饰符包括 private、protected、public 和 internal，默认可见性为 public。internal 意味着只在当前包中可见。

① public（公有）：public 修饰的类成员（字段、方法、构造函数）在程序中任何可访问该类的位置都是可见的。

② private（私有）：private 修饰的成员不能在声明相应成员的类之外访问，如下列代码中的 x 属性为公有属性，可以直接访问；私有属性 y 不能直接访问。

```
class C {
    public x: string = ""
    private y: string = ""
    set_y (new_y: string) {
        this.y = new_y // 正确，因为 y 在类中可访问
    }
}
let c = new C()
c.x = "a" // 正确，该字段是公有的
c.y = "b" // 编译时发生错误，y 不可见
```

③ protected（受保护）：protected 修饰符的作用与 private 修饰符相似，不同点是 protected 修饰的成员允许在派生类中访问，如下列代码中的属性 x。

```
class Base {
    protected x: string = ""
    private y: string = ""
}
class Derived extends Base {
    foo() {
        this.x = "a" // 正确，访问受保护成员
        this.y = "b" // 编译时发生错误，y 不可见，因为它是私有的
    }
}
```

（8）对象字面量

对象字面量是一种表达式，可用于创建类实例并提供一些初始值。它在某些情况下很方便，可以用来代替 new 表达式。对象字面量的表示方式是封闭在花括号对(())中的"属性名: 值"的列表。

```
class C {
    n: number = 0
    s: string = ""
}

let c: C = {n: 42, s: "foo"}
```

ArkTS 是静态类型语言。如上述代码所示，对象字面量只能在可以推导出该字面量类型的上下文中使用，变量 c 为 C 类的实例，n 和 s 属性被赋值。

泛型 Record<K, V>用于将类型（键类型）的属性映射到另一个类型（值类型），称为 Record 类型的对象字面量。常用对象字面量来初始化 Record 类型变量的值，如下列代码中的变量 map，其实就是一个 Record 类型变量。

```
let map: Record<string, number> = {
    "John": 25,
    "Mary": 21,
}

console.log(map["John"]) // 输出 25
```

（9）struct 和 class 的区别

struct 也可以有属性和方法，它和类最大的区别是 struct 为值引用，而 class 为地址引用。此外，struct 无法继承和派生。

5.1.6　接口

可以使用接口声明来引入新类。接口是定义代码协定的常见方式。任何一个类的实例只要实现了特定接口，就可以通过相应接口实现多态。接口通常包含属性和方法的声明，如下列代码定义了两个接口 Style 和 Area，Style 只包含属性，Area 只包含方法。

```
interface Style {
    color: string // 属性
}
interface Area {
    calculateArea(): number // 方法的声明
    someMethod() : void;    // 方法的声明
}
```

实现接口的类的示例代码如例 5-2 所示。类 Rectangle 实现了 Area 接口，实现了 Area 接口中的 calculateArea( )方法和 someMethod( )方法。

例 5-2　接口实现

```
// 接口
interface Area {
    calculateArea(): number // 方法的声明
    someMethod() : void;    // 方法的声明
}

// 实现
class Rectangle implements Area {
    private width: number = 0
    private height: number = 0
    someMethod() : void {
        console.log("someMethod called")
    }
    calculateArea(): number {
        this.someMethod() // 调用另一个方法并返回结果
        return this.width * this.height
    }
}
```

1.　接口属性

接口属性可以是字段、get、set，或 get 和 set 组合的形式。属性字段只能是 get/set 对的便捷写法。以下表达方式是等价的。

```
interface Style {
    color: string
}

interface Style {
    get color(): string
    set color(x: string)
}
```

实现接口的类可以使用短表示法或长表示法，以下代码所示为短表示法。

```
interface Style {
    color: string
```

```
}

class StyledRectangle implements Style {
    color: string = ""
}
```

2. 接口继承

接口可以继承其他接口，如下列代码所示。

```
interface Style {
    color: string
}

interface ExtendedStyle extends Style {
    width: number
}
```

继承接口包含被继承接口的所有属性和方法，还可以添加自己的属性和方法。继承 Style 接口的 ExtendedStyle 接口也包含 color 属性，因此如果有类实现了 ExtendedStyle 接口，也必须具有 color 属性。

5.1.7 泛型类和函数

泛型类和函数允许创建的代码在各种类上运行，而非仅支持单一类。

1. 泛型类和接口

类和接口可以定义为泛型，将参数添加到类定义中，如以下代码中的类参数 Element。

```
class Stack<Element> {
    public pop(): Element {
    }
    public push(e: Element):void {
    }
}
```

要使用类 Stack，必须为每个类参数指定类实参。如以下代码中的变量 s，使用了类 string 作为实参，那么 s 中的 pop( )方法的返回值，以及 push( )方法的参数均为 string 类型。

```
let s = new Stack<string>
s.push("hello")
```

2. 泛型函数

使用泛型函数可编写更通用的代码。比如下列代码定义了返回类 number 数组中的最后一个元素的 last( )函数。

```
function last(x: number[]): number {
    return x[x.length -1]
}
console.log(last([1, 2, 3])) // 输出 3
```

如果需要为任何数组定义相同的函数，可使用类参数将该函数定义为泛型。

```
function last<T>(x: T[]): T {
    return x[x.length - 1]
}
```

现在，该函数可以与任何数组一起使用。在函数调用中，可以显式或隐式设置类实参。

```
// 显式设置的类实参
console.log(last<string>(["aa", "bb"]))  //输出 bb
console.log(last<number>([1, 2, 3]))
```

```
// 隐式设置的类实参
// 编译器根据调用参数的类来确定类实参
console.log(last([1, 2, 3]))
```

5.1.8　空安全

默认情况下，ArkTS 中的所有类都是不可为空的，因此类的值不能为空。这类似于 TS 的严格空值检查模式（strictNullChecks），但规则更严格。

下面代码中所有的行都会导致编译时发生错误。

```
let x: number = null     // 编译时发生错误
let y: string = null     // 同上
let z: number[] = null   // 同上
```

可以为空值的变量应定义为联合类 T|null。

```
let x: number | null = null
x = 1   // OK
x = null // OK
if (x != null) { /* do something */ }
```

1.　非空断言符

后缀运算符（!）可用于断言其操作数为非空。应用于空值时，运算符将抛出错误，否则值的类将从 T|null 更改为 T。

```
let x: number | null = 1
let y: number
y = x + 1   // 编译时发生错误，无法对空值做加法运算
y = x! + 1 // OK
```

2.　空值合并运算符

空值合并二元运算符（??）用于检查左侧表达式的值是否等于 null。如果是，则表达式的结果为右侧表达式，否则为左侧表达式。换句话说，a??b 等价于 a!=null?a:b。

在以下示例中，getNick( )方法如果设置了昵称，则返回昵称，否则返回空字符串。

```
class Person {
    nick: string | null = null
    getNick(): string {
        return this.nick ?? ""
    }
}
```

3.　可选链

在访问对象属性时，如果相应属性是 undefined 或者 null，可选链运算符会返回 undefined，如例 5-3 所示。由于 Person 的构造函数将 spouse 字段初始化为 undefined，如果不设置 spouse 字段直接读取 spouse 的值，会产生异常。但这里采用了可选链形式 spouse?.nick，程序会返回 undefined。

例 5-3　可选链

```
class Person {
    nick   : string | null = null
    spouse ?: Person

    setSpouse(spouse: Person) : void {
        this.spouse = spouse
    }
```

```
    getSpouseNick(): string | null | undefined {
        return this.spouse?.nick
    }

    constructor(nick: string) {
        this.nick = nick
        this.spouse = undefined
    }
}
```

可选链可以为任意长度，可以包含任意数量的?.运算符。在例 5-4 中，如果一个 Person 的实例有不为空的 spouse 属性，且 spouse 有不为空的 nick 属性，则输出 spouse.nick，否则输出 undefined。

例 5-4 可选链

```
class Person {
    nick    : string | null = null
    spouse ?: Person

    constructor(nick: string) {
        this.nick = nick
        this.spouse = undefined
    }
}

let p: Person = new Person("Alice")
console.log(p.spouse?.nick) // 输出 undefined
console.log(p.spouse?.spouse?.nick) // 输出 undefined
```

5.1.9 模块

程序可划分为多组编译单元或模块。每个模块都有自己的作用域，即在模块中创建的任何声明（变量、函数、类等）在该模块之外都不可见，除非它们被显式导出。与此相对，从另一个模块导出的变量、函数、类、接口等必须先导入本模块才可用。

1. 导出

可以使用关键字 export 导出顶层的声明。未导出的声明名称被视为私有名称，只能在声明该名称的模块中使用。如例 5-5 中的类 Point，类 Point 的实例 Origin 和 Distance( )函数均可以在模块外使用。

例 5-5 导出

```
export class Point {
    x: number = 0
    y: number = 0
    constructor(x: number, y: number) {
        this.x = x
        this.y = y
    }
}
export let Origin = new Point(0, 0)
export function Distance(p1: Point, p2: Point): number {
    return Math.sqrt((p2.x - p1.x) * (p2.x - p1.x) + (p2.y - p1.y) * (p2.y - p1.y))
}
```

2. 导入

导入声明用于导入从其他模块导出的实体，并在当前模块中提供其绑定。导入声明由两部分组成：导入路径，用于指定导入的模块；导入绑定，用于定义导入模块中的可用实体集和使用形式（限定或不限定使用）。

假设模块具有路径"./utils"和导出实体"X"和"Y"，导入绑定"* as Utils"表示绑定名称"Utils"，通过"Utils.name"可访问从导入路径指定的模块导出的所有实体，如下所示。

```
import * as Utils from "./utils"
Utils.X // 表示来自 Utils 的 X
Utils.Y // 表示来自 Utils 的 Y
```

5.2　ArkUI 支持

本节演示 ArkTS 为创建图形用户界面（Graphical User Interface，GUI）提供的机制。ArkUI 基于 TS 提供了一系列扩展能力，以声明式描述应用程序的 GUI 以及 GUI 组件间的交互。

5.2.1　ArkUI 支持描述

下面以一个具体的示例来说明 ArkTS 声明式开发范式的基本组成。如图 5-3 所示，当开发者点击按钮时，文本内容由"Hello World"变为"Hello ArkUI"。

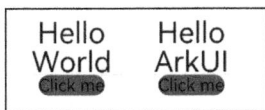

图 5-3　ArkTS 代码运行效果

在本示例中，ArkTS 声明式开发范式的基本组成如图 5-4 所示。

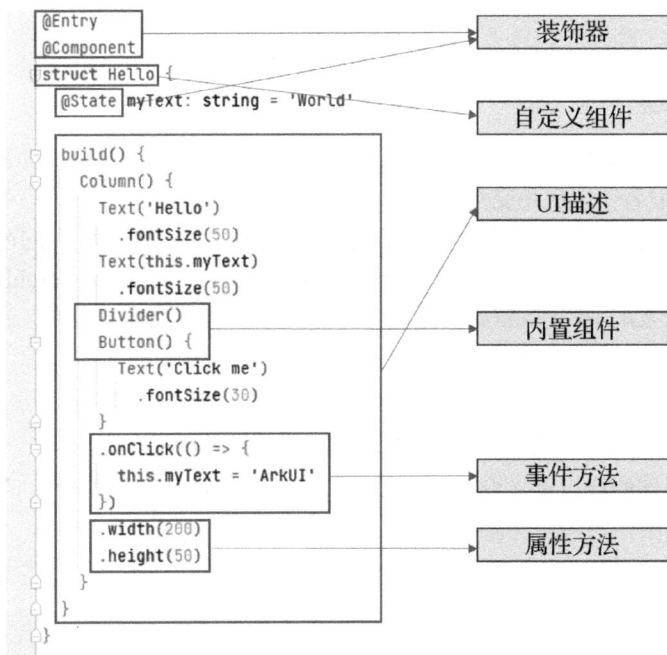

图 5-4　ArkTS 声明式开发范式的基本组成

123

这个示例中所包含的 ArkTS 声明式开发范式的基本组成说明如下。

① 装饰器：用来装饰类、结构体、方法及变量，赋予其特殊的含义，如上述示例中@Entry、@Component、@State 都是装饰器。具体而言，@Component 表示这是个自定义组件；@Entry 则表示这是个入口组件；@State 用于指示组件中的状态变量，此变量变化会引起 UI 变更。

② 自定义组件：可复用的 UI 单元，可组合其他组件，如上述示例中被@Component 装饰的 struct Hello。

③ UI 描述：以声明式的方式来描述 UI 的结构，如上述示例中 build( ) 函数内部的代码块。

④ 内置组件：框架中默认内置的基础和布局组件，可直接被开发者调用，如上述示例中的 Column、Text、Divider、Button。

⑤ 事件方法：用于添加组件对事件的响应逻辑，统一通过事件方法进行设置，如跟随在 Button( ) 方法后面的 onClick( ) 方法。

⑥ 属性方法：用于组件属性的配置，统一通过属性方法进行设置，如 fontSize( )、width( )、height( ) 等方法，可通过链式调用的方式设置多项属性。

除此之外，ArkTS 扩展了多种语法范式来使开发更加便捷，如下所示。

① @Builder/@BuilderParam：特殊的封装 UI 的描述方法，细粒度的封装和复用 UI 描述。

② @Extend/@Style：扩展内置组件和封装属性样式，更灵活地组合内置组件。

③ stateStyles：多态样式，可以依据组件的内部状态的不同设置不同样式。

从 UI 框架的需求角度，ArkTS 在 TS 的类型系统的基础上做了进一步的扩展：定义了各种装饰器、自定义组件和 UI 描述机制，再配合 UI 开发框架中的 UI 内置组件、事件方法、属性方法等共同构成了应用开发的主体。在应用开发中，除了 UI 的结构化描述，还有一个重要的方面：状态管理。如上述示例中用@State 装饰过的变量 myText 包含一个基础的状态管理机制，即 myText 的值的变化会自动触发相应的 UI 变更（Text 组件）。ArkUI 中进一步提供了多维度的状态管理机制。和 UI 相关联的数据，不仅可以在组件内使用，还可以在不同组件层级间（比如父子组件之间，爷孙组件之间）传递，也可以全局范围内传递，还可以跨设备传递。另外，从数据的传递形式来看，可分为只读的单向传递和可变更的双向传递。开发者可以灵活地利用这些能力来实现数据和 UI 的联动。

5.2.2　声明式 UI 描述

ArkTS 以声明方式组合和扩展组件来描述应用程序的 UI，同时提供了基本的属性、事件和子组件配置方法，以帮助开发者实现应用交互逻辑。

应用界面由一个个页面组成，声明式 UI 构建页面的过程其实是组合组件的过程，这类似 iOS 的 SwiftUI 中的组合视图 View、Android 的 Jetpack Compose 中的组合@Composable 函数。ArkUI 作为 OpenHarmony 应用开发的 UI 开发框架，其使用 ArkTS 语言构建自定义组件，通过组合自定义组件完成页面的构建。

1. 创建组件

根据组件构造方法的不同，创建组件包含无参数和有参数两种方式。

① 无参数：如果组件的接口定义没有包含必选构造参数，则组件后面的 "( )" 中不需要配置任何内容。例如，Divider 组件不包含构造参数。

```
Column() {
 Text('item 1')
 Divider()
 Text('item 2')
}
```

② 有参数：如果组件的接口定义包含构造参数，则在组件后面的"( )"中配置相应参数，如下所示。

Image 组件的必选参数 src 如下。

```
Image('https://xyz/test.jpg')
```

Text 组件的非必选参数 content（第二行以$r 形式引入应用资源，可应用于多语言场景）如下。

```
// string 类型的参数
Text('test')
Text($r('app.string.title_value'))
// 无参数形式
Text()
```

2. 配置属性

创建组件后就要给组件配置属性。属性方法以"."链式调用的方式配置系统组件的样式和其他属性，建议每个属性方法单独写一行。

① 配置组件的某个属性。

```
Text('test')
  .fontSize(12)
```

② 配置组件的多个属性。

```
Image('test.jpg')
  .alt('error.jpg')
  .width(100)
  .height(100)
```

③ 对于系统组件，ArkUI 还为其属性预定义了一些枚举类型供开发者调用。枚举类型可以作为参数传递，但必须满足参数类型要求。例如，可以按以下方式配置 Text 组件的颜色和字体样式。

```
Text('hello')
  .fontSize(20)
  .fontColor(Color.Red)
  .fontWeight(FontWeight.Bold)
```

3. 配置事件

事件方法以"."链式调用的方式配置系统组件支持的事件，建议每个事件方法单独写一行。

① 使用 lambda 表达式配置组件的事件方法。

```
Button('Click me')
  .onClick(() => {
    this.myText = 'ArkUI';
  })
```

② 使用匿名函数表达式配置组件的事件方法，要求使用 bind 以确保函数体中的 this 指向当前组件。

```
Button('add counter')
  .onClick(function(){
    this.counter += 2;
  }.bind(this))
```

4. 配置子组件

如果组件支持子组件配置，则需在尾随闭包中为组件添加子组件的 UI 描述。Column、Row、Stack、Grid、List 等组件都是容器组件。

① 容器组件内包含基础组件作为子组件，下面代码中的 Column 容器中包含两个 Text 子组件，显示结果为两个 Text 垂直排列。

```
Column() {
  Text('Hello')
    .fontSize(100)
  Divider()
  Text(this.myText)
    .fontSize(100)
    .fontColor(Color.Red)
}
```

② 容器组件内包含其他容器组件作为子组件，可以实现相对复杂的多级嵌套。下面代码中的 Column 容器包含一个 Row 容器作为子组件，Row 容器中包含一个 Image 和一个 Button，显示结果为 Image 和 Button 水平排列。

```
Column() {
  Row() {
    Image('test1.jpg')
      .width(100)
      .height(100)
    Button('click +1')
      .onClick(() => {
        console.info('+1 clicked!');
      })
  }
}
```

5.2.3　创建自定义组件

在 ArkUI 中，UI 显示的内容均为组件，由框架直接提供的称为系统组件，由开发者定义的称为自定义组件。在进行 UI 开发时，通常不是简单地将系统组件进行组合使用，而是需要考虑代码可复用性、业务逻辑与 UI 分离、后续版本演进等因素。因此，将 UI 和部分业务逻辑封装成自定义组件是不可或缺的能力。

自定义组件具有以下特点。

① 可组合：允许开发者组合使用系统组件及其属性和方法。

② 可复用：自定义组件可以被其他组件复用，并作为不同的实例在不同的父组件或容器中使用。

③ 数据驱动 UI 刷新：通过状态变量的改变来驱动 UI 的刷新。

例 5-6 展示了自定义组件定义。

例 5-6　自定义组件定义

```
@Component
struct HelloComponent {
  @State message: string = 'Hello, World!';

  build() {

    Row() {
      Text(this.message)
        .onClick(() => {
          this.message = 'Hello, ArkUI!';
        })
    }
  }
}
```

HelloComponent 自定义组件组合系统组件 Row 和 Text，通过@State 装饰的状态变量 message 的改变将驱动 UI 刷新，UI 从"Hello,World!"刷新为"Hello,ArkUI!"，如图 5-2 所示。

HelloComponent 可以在其他自定义组件中的 build( )函数中多次创建，实现自定义组件的复用，如例 5-7 所示。

例 5-7 自定义组件多次调用

```
@Entry
@Component
struct ParentComponent {
  build() {
    Column() {
      Text('ArkUI message')
      HelloComponent({ message: 'Hello, World!' });
      Divider()
      HelloComponent({ message: '你好!' });
    }
  }
}
```

例 5-7 中调用了自定义组件 HelloComponent 两次，运行结果如图 5-5 所示。

使用自定义组件，需要掌握自定义组件的 5 个关键使用方法，接下来进行分析。

```
ArkUI message
Hello, World!
你好!
```

图 5-5　自定义组件多次调用运行结果

1. 自定义组件的基本结构

自定义组件依靠以下 4 个关键字来定义自身的结构。

① struct：自定义组件基于 struct 实现，"struct + 自定义组件名 + {…}"的组合构成自定义组件，不能有继承关系。对于 struct 的实例化，可以省略 new。

② @Component：@Component 仅能装饰 struct 关键字声明的数据结构。struct 被@Component 装饰后具备组件化的能力，需要实现 build( )函数描述 UI，一个 struct 只能被一个@Component 装饰。

```
@Component struct MyComponent {}
```

③ build( )函数：build( )函数用于定义自定义组件的声明式 UI 描述，自定义组件必须定义 build( )函数。

```
@Component
struct MyComponent {
  build() {
  }
}
```

④ @Entry：@Entry 装饰的自定义组件将作为 UI 页面的入口。在单个 UI 页面中，最多可以使用@Entry 装饰一个自定义组件。@Entry 可以接收一个可选的 LocalStorage 的参数。

```
@Entry
@Component
struct MyComponent {
}
```

2. 成员函数/变量

自定义组件除了必须实现 build( )函数，还可以实现其他成员函数，但具有以下约束。

① 不支持静态函数。

② 成员函数始终是私有的。

自定义组件可以包含成员变量，但具有以下约束。

① 不支持静态成员变量。

② 所有成员变量都是私有的，变量的访问规则与成员函数的访问规则相同。

③ 自定义组件的成员变量具体是否需要本地初始化、是否需要从父组件通过参数传递初始化子组件的成员变量，需根据具体情况确定。

3. 自定义组件的参数

可以在 build( )函数或者@Builder 装饰的函数里创建自定义组件，在创建的过程中，参数可以被提供给自定义组件，如例 5-8 所示。

例 5-8　带参数的自定义组件

```
@Component
struct MyComponent {
  private countDownFrom: number = 0;
  private color: Color = Color.Blue;

  build() {
Text(this.countDownFrom.toString())
  .fontSize(30)
  .fontColor(this.color)
  .margin(50)
  }
}

@Entry
@Component
struct ParentComponent {
  private someColor: Color = Color.Black;
  build() {
    Column() {
      MyComponent({ countDownFrom: 10, color: this.someColor })
    }
  }
}
```

例 5-8 在自定义组件 ParentComponent 中创建自定义组件 MyComponent 的实例，并将 MyComponent 的成员变量 countDownFrom 初始化为 10、color 初始化为 this.someColor。运行结果如图 5-6 所示，图中 Text 组件显示的文本为 10，颜色为黑色。

图 5-6　自定义组件参数传递

4. build( )函数

所有声明在 build( )函数的语言，统称为 UI 描述语言。UI 描述语言需要遵循以下主要规则。

① @Entry 装饰的自定义组件，其 build( )函数下的根节点唯一且必要，且必须为容器组件，其中 ForEach 禁止作为根节点。@Component 装饰的自定义组件，其 build( )函数下的根节点唯一且必要，可以为非容器组件，其中 ForEach 禁止作为根节点，如例 5-9 所示。

例 5-9　build( )函数根节点规则

```
@Entry
@Component
struct MyComponent {
  build() {
    Row() {
      ChildComponent()
```

```
    }
  }
}

@Component
struct ChildComponent {
  build() {
    Image('test.jpg')
  }
}
```

例 5-9 中 MyComponent 作为由@Entry 装饰的入口组件，其根节点为 Row 容器组件；而由
@Component 装饰的 ChildComponent 组件，其根节点为系统组件 Image。

② 不能调用未被@Builder 装饰的函数，允许系统组件的参数是 TS 函数的返回值，如例 5-10
所示。

例 5-10　build( )函数调用规则

```
@Component
struct ParentComponent {
  calcTextValue(): string {
    return 'Hello World';
  }

  @Builder doSomeRender() {
    Text(`Hello World`)
  }

  build() {
    Column() {
      // 反例：不能调用未被@Builder 装饰的函数
      this.calcTextValue();
      // 正例：可以调用
      this.doSomeRender();
      Text(this.calcTextValue())
    }
  }
}
```

例 5-10 中，在 build( )函数中调用未被@Builder 装饰的 calcTextValue( )函数会引起编译器错误，
而用@Builder 装饰的 doSomeRender( )函数则可以正常调用。Text 系统组件用 calcTextValue( )函数的
返回值做参数。

③ 不允许声明本地变量，不能使用 switch 语法和表达式（该规则是为了减少组件渲染时的
错误）。

5. 自定义组件通用样式

自定义组件通过 "." 链式调用的形式设置通用样式，如例 5-11 所示。

例 5-11　自定义组件通用样式设置

```
@Component
struct MyComponent2 {
  build() {
    Button(`Hello World`)
  }
}
```

```
@Entry
@Component
struct MyComponent {
  build() {
    Row() {
      MyComponent2()
        .width(200)
        .height(300)
        .backgroundColor(Color.Grey)
    }
  }
}
```

在例 5-11 中，ArkUI 给自定义组件设置样式时，相当于给 MyComponent2 套了一个不可见的容器组件，这些样式是设置在容器组件上的，而非直接设置给 MyComponent2 的 Button 组件。通过图 5-7 所示的渲染结果可以很清楚地看到，背景颜色灰色并没有直接生效在 Button 上，而是生效在 Button 所处的容器组件上，这个容器组件的大小为 200 像素×300 像素。

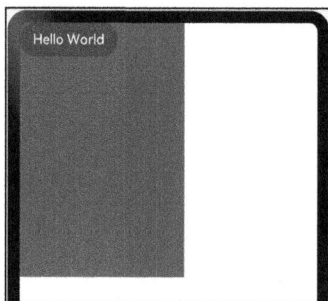

图 5-7　自定义组件的通用样式显示

5.2.4　页面和自定义组件生命周期

自定义组件必须在手机的页面上进行显示，页面和自定义组件的关系如下。

① 自定义组件：@Component 装饰的 UI 单元，可以组合多个系统组件实现 UI 的复用。

② 页面：即应用的 UI 页面。可以由一个或者多个自定义组件组成，@Entry 装饰的自定义组件为页面的入口组件，即页面的根节点，一个页面有且仅能有一个@Entry。只有被@Entry 装饰的组件才可以调用页面的生命周期。

页面生命周期即被@Entry 装饰的组件的生命周期，提供以下生命周期回调函数。

① onPageShow( )：页面每次显示时触发。

② onPageHide( )：页面每次隐藏时触发。

③ onBackPress( )：当用户点击返回按钮时触发。

组件生命周期即一般用@Component 装饰的自定义组件的生命周期，提供以下生命周期回调函数。

① aboutToAppear( )：组件即将出现时触发，具体时机为在创建自定义组件的新实例后，在执行其 build( )函数之前。

② aboutToDisappear( )：在自定义组件即将析构时触发。

图 5-8 展示的是被@Entry 装饰的组件（页面）的生命周期。

根据图 5-8 展示的组件生命周期，本小节从自定义组件的创建与渲染、自定义组件的删除等方面来展开讨论。

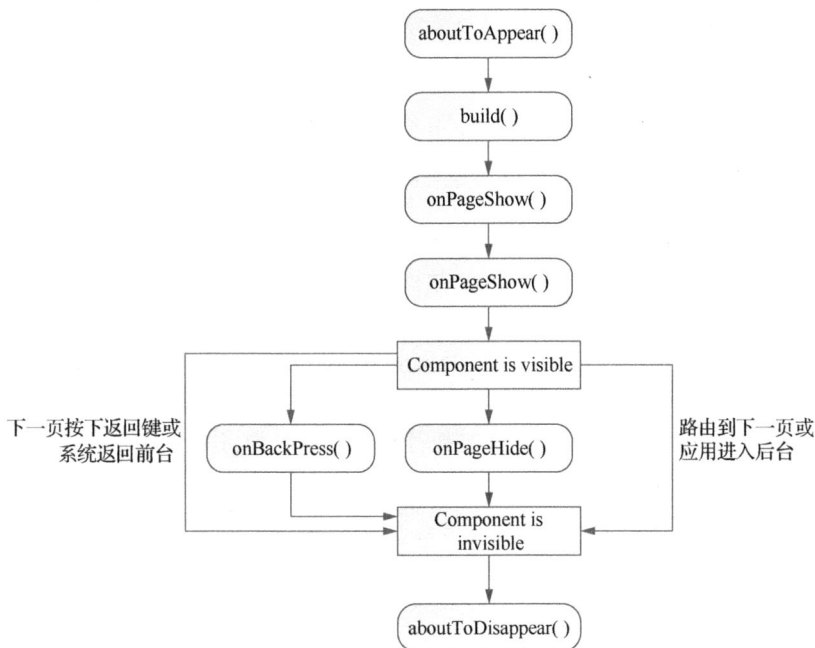

图 5-8　组件生命周期

1. 自定义组件的创建与渲染

自定义组件在内存中创建后，需要进行渲染才能够在页面上展示，主要流程如下所示。

① 自定义组件的创建：自定义组件的实例由 ArkUI 框架创建。

② 初始化自定义组件的成员变量：通过本地默认值或者构造方法传递参数来初始化自定义组件的成员变量，初始化顺序为成员变量的定义顺序。

③ 如果开发者定义了 **aboutToAppear( )** 方法，则执行 **aboutToAppear( )** 方法。

④ 在首次渲染的时候，执行 **build( )** 函数渲染系统组件，如果有自定义子组件，则创建自定义子组件的实例。在执行 build( ) 函数的过程中，框架会观察每个状态变量的读取状态，将保存如下两个 map。

- 状态变量→UI 组件（包括 ForEach 和 if）。
- UI 组件→此组件的更新函数，即一个 lambda 函数，作为 build( )函数的子集，创建对应的 UI 组件并执行其属性方法，如例 5-12 所示。

例 5-12　自定义组件的渲染

```
@Component
struct MyComponent{
@State myValue='Hello World'
build() {
  ...
 Text(myValue)
 Button(myValue)
.onClick(() => {
   myValue='你好世界';
 })
  ...
}
}
```

在例 5-12 中，Text 组件的渲染为前一个 map，Button 的更新函数 onClick()函数为后一个 map。当应用从后台返回前台时，此时应用进程并没有被销毁，所以页面仅需要执行 onPageShow( )回调。

2. 自定义组件的删除

如果 if 组件的分支发生改变，或者 ForEach 循环渲染中数组的个数发生改变，组件将被删除。在删除组件之前，将调用其生命周期 aboutToDisappear( )方法，该方法被调用标志着该节点将要被销毁。ArkUI 的节点删除机制如下：后端节点直接被从组件树上摘下，后端节点被销毁；对前端节点解引用，当前端节点已经没有被引用时，将被 JS 虚拟机回收。

当自定义组件和它的变量被删除时，如果该组件有同步的变量，比如@Link、@Prop、@StorageLink，将从同步源上取消该自定义组件的注册。

不建议在自定义组件的生命周期 aboutToDisappear( )方法内使用异步调用函数（async await）。如果在生命周期 aboutToDisappear( )方法内使用异步操作（Promise 或者回调函数），自定义组件将被保留在 Promise 的闭包中，直到回调函数被执行完，这个行为将阻止自定义组件的回收。

3. 自定义组件生命周期示例

接下来新建一个 lifecycletest 工程来测试自定义组件的生命周期。例 5-13 为 lifecycletest 工程的核心文件 index.ets 的源代码。

例 5-13　index.ets 文件源代码

```
import router from '@ohos.router';

@Entry
@Component
struct MyComponent {
  @State showChild: boolean = true;

  // 只有被@Entry 装饰的组件才可以调用页面的生命周期
  onPageShow() {
    console.info('Index onPageShow');
  }
  onPageHide() {
    console.info('Index onPageHide');
  }
  onBackPress() {
    console.info('Index onBackPress');
  }

  // 组件生命周期
  aboutToAppear() {
    console.info('MyComponent aboutToAppear');
  }

  // 组件生命周期
  aboutToDisappear() {
    console.info('MyComponent aboutToDisappear');
  }

  build() {
    Column() {

      if (this.showChild) {
```

```
      Child()
    }
    Button('create or delete Child').onClick(() => {
      this.showChild = false;
    })
    // 推到 Page2 页面, 执行 onPageHide 动作
    Button('push to next page')
      .onClick(() => {
        router.pushUrl({ url: 'pages/detail'});
      })
    }
  }
}

@Component
struct Child {
  @State title: string = 'Hello World';
  // 组件生命周期
  aboutToDisappear() {
    console.info('[lifeCycle] Child aboutToDisappear')
  }
  // 组件生命周期
  aboutToAppear() {
    console.info('[lifeCycle] Child aboutToAppear')
  }

  build() {
    Text(this.title).fontSize(50).onClick(() => {
      this.title = 'Hello ArkUI';
    })
  }
}
```

在例 5-13 中, Index 页面包含两个自定义组件: 一个是被@Entry 装饰的 MyComponent, 也是页面的入口组件, 即页面的根节点; 另一个是 Child, 是 MyComponent 的子组件。只有@Entry 装饰的节点才可以使页面的生命周期函数生效, 所以 MyComponent 中声明了当前 Index 页面的生命周期函数。MyComponent 和其子组件 Child 也同时声明了组件的生命周期函数。整个工程的执行过程如下所示。

① 初始时状态变量 showChild 的取值为 true, ArkUI 框架创建 Child 子组件, 执行 Child 子组件的 aboutToAppear( )回调函数。应用冷启动的初始化流程为 MyComponent.aboutToAppear( )→MyComponent.build( )→Child.aboutToAppear( )→Child.build( )→Child.build( )执行完毕→MyComponent.build( )执行完毕→Index 页面 onPageShow( )。工程启动后的运行结果如图 5-9 所示。图 5-9 左侧为MyComponent 组件在开发板屏幕上的运行效果; 图 5-9 右侧为工程在控制台上的输出, 从中可以看到 MyComponent 组件创建后继续创建子组件 Child, 接着 MyComponent 页面开始显示。

② 点击 "Create or delete Child" 按钮, if 绑定的 this.showChild 变成 false, 删除 Child 组件, 会执行 Child 子组件的 aboutToDisappear( )方法, 运行结果如图 5-10 所示。从该图的左侧部分和右侧部分均可看出 Child 子组件已经被删除了。

③ 点击 "push to next page" 按钮, 调用 router.pushUrl( )接口, 跳转到另外一个 detail 页面, 当前 Index 页面隐藏, 执行页面生命周期 Index onPageHide。此处调用的是 router.pushUrl( )接口, Index 页面被隐藏, 并没有销毁, 所以只调用 onPageHide( )方法。跳转到新页面后, 执行初始化新页面的生命周期的流程, 运行结果如图 5-11 所示。

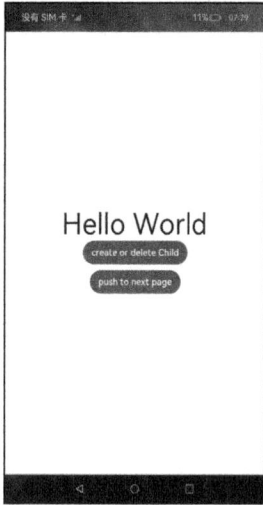

```
08-05 19:44:04.600 9071-9071/? I A0fefe/JsApp: [Lifecycle] MyComponent aboutToAppear
08-05 19:44:04.604 9071-9071/? I A0fefe/JsApp: [Lifecycle] Child aboutToAppear
08-05 19:44:04.608 9071-9071/? I A0fefe/JsApp: [Lifecycle] Index onPageShow
```

图 5-9　启动后的运行结果

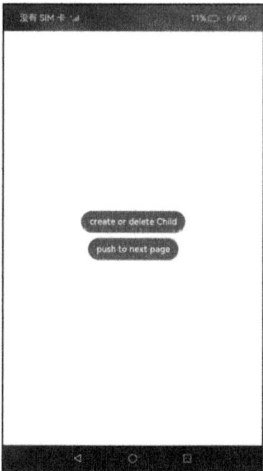

```
08-05 19:44:39.320 9071-9071/com.whu.lifecycletest I A0fefe/JsApp: [Lifecycle] Child aboutToDisappear
```

图 5-10　删除子组件的运行结果

```
08-05 19:45:11.672 9071-9071/com.whu.lifecycletest I A0fefe/JsApp: [Lifecycle] Index onPageHide
```

图 5-11　跳转到 detail 页面

④ 在 detail 页点击返回按钮，由于 Index 页面处于隐藏态，直接触发 Index onPageShow，如图 5-12 所示。

```
08-05 19:46:34.974 9071-9071/com.whu.lifecycletest I A0fefe/JsApp: [Lifecycle] Index onPageShow
```

图 5-12　返回 Index 页面

⑤ 继续在 Index 页面点击返回按钮，触发页面生命周期 Index onBackPress，且触发返回页面操作会导致当前 Index 页面被销毁，执行的生命周期流程将变为 Index onBackPress→MyComponent aboutToDisappear→Child aboutToDisappear。销毁组件时，会从组件树上直接摘下子树，所以先调用父组件的 aboutToDisappear( )方法，再调用子组件的 aboutToDisappear( )方法，最后执行初始化新页面的生命周期流程，如图 5-13 所示。

```
08-05 20:09:28.885 10604-10604/com.whu.lifecycletest I A0fefe/JsApp: [Lifecycle] Index onBackPress
08-05 20:09:29.060 10604-10604/com.whu.lifecycletest I A0fefe/JsApp: [Lifecycle] MyComponent aboutToDisappear
08-05 20:09:29.061 10604-10604/com.whu.lifecycletest I A0fefe/JsApp: [Lifecycle] Child aboutToDisappear
```

图 5-13　组件的销毁

⑥ 最小化应用或者应用进入后台，触发 Index onPageHide，当前 Index 页面没有被销毁，所以并不会执行组件的 aboutToDisappear( )方法；应用回到前台，执行 Index onPageShow，如图 5-14 所示。

```
08-05 20:18:23.669 11157-11157/com.whu.lifecycletest I A0fefe/JsApp: [Lifecycle] Index onPageHide
08-05 20:18:30.142 11157-11157/com.whu.lifecycletest I A0fefe/JsApp: [Lifecycle] Index onPageShow
```

图 5-14　页面在前、后台切换

5.2.5　自定义构建函数

ArkUI 还提供了一种更轻量的 UI 元素复用机制@Builder，@Builder 所装饰的函数遵循 build( ) 函数语法规则，开发者可以将重复使用的 UI 元素抽象成一个方法，并在 build( )函数里调用。被@Builder 装饰的函数也被称为"自定义构建函数"。

自定义构建函数的使用场景可以分为组件内和全局两种。

1. 组件内的自定义构建函数

组件内的自定义构建函数只在组件内进行定义并使用，定义的语法如下。

```
@Builder MyBuilderFunction({ ... })
```

使用的方法如下。

```
this.MyBuilderFunction({ ... })
```

组件内自定义构建函数的使用要遵循以下规则。

① 允许在自定义组件内定义一个或多个自定义构建函数，相应函数被认为是该组件的私有、特殊类型的成员函数。

② 自定义构建函数可以在所属组件的 build( )函数和其他自定义构建函数中被调用，但不允许在组件外被调用。

③ 在自定义函数体中，this 指代当前所属组件，组件的状态变量可以在自定义构建函数内访问。建议通过 this 访问自定义组件的状态变量，而不是通过参数传递的方式。

2. 全局自定义构建函数

全局的自定义构建函数可以被整个应用获取，不允许使用 this 和 bind。定义全局自定义构建函数的语法如下。

```
@Builder function MyGlobalBuilderFunction({ ... })
```
全局自定义构建函数定义在组件外，且函数名前有关键字 function。使用的方法如下。
```
MyGlobalBuilderFunction()
```
使用全局自定义构建函数不需要使用关键字 this，直接使用函数名即可。

3. 自定义构建函数的调用

定义完自定义构建函数后，下一步就是在组件中对自定义构建函数进行调用。对自定义构建函数进行调用时的参数传递有按值传递和按引用传递两种，均需遵守以下规则。

① 参数的类型必须与参数声明的类型一致，不允许使用 undefined、null 类型的参数和返回 undefined、null 的表达式。

② 在自定义构建函数内部，不允许改变参数值。如果需要改变参数值，且同步回调用点，建议使用@Link。

③ @Builder 内 UI 语法遵循 UI 语法规则。

（1）按值传递参数

调用@Builder 装饰的函数默认按值传递。当传递的参数为状态变量时，状态变量的改变不会引起@Builder 装饰的函数内 UI 的刷新，如例 5-14 所示。

例 5-14　值传递的自定义构建函数调用

```
@Builder function ABuilder(paramA1: string) {
  Row() {
Text('UseStateVarByValue: ' +paramA1)
.margin(10)

  }
}
@Entry
@Component
struct Parent {
  label: string = 'Hello';
  build() {
    Column() {
      ABuilder(this.label)
      Button('Click me').onClick(() => {
        // 点击 "Click me" 后, UI 从 "Hello" 刷新为 "ArkUI"
        this.label = 'ArkUI'
      }
    }
  }
}
```

例 5-14 在自定义组件 Parent 外定义了一个全局自定义构建函数 ABuilder( )，接着在组件 Parent 中调用 ABuilder( )，并采用值传递方式传递了 this.label 字符串。改变状态变量 label 的值，Text 组件的内容不会有变化。例 5-14 的运行结果如图 5-15 所示。

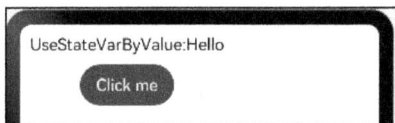

UseStateVarByValue:Hello

Click me

图 5-15　值传递的自定义构建函数调用结果

（2）按引用传递参数

按引用传递参数时，传递的参数可为状态变量，且状态变量的改变会引起@Builder 装饰的函数内 UI 的刷新。ArkUI 提供$$作为按引用传递参数的范式，如例 5-15 所示。

例 5-15　值引用的自定义构建函数调用

```
@Builder function ABuilder($$: { paramA1: string }) {
  Row() {
```

```
    Text(`UseStateVarByReference: '+$$.paramA1)
  }
}
@Entry
@Component
struct Parent {
  @State label: string = 'Hello';
  build() {
    Column() {
      ABuilder({ paramA1: this.label })
      Button('Click me').onClick(() => {
        // 点击 "Click me" 后，UI 从 "Hello" 刷新为 "ArkUI"
        this.label = 'ArkUI';
      })
    }
  }
}
```

　　例 5-15 在 Parent 组件中调用 ABuilder( )的时候，将 this.label 引用传递给 ABuilder( )。当在 Parent 组件中修改状态变量 label 的值后，Text 组件的内容也发生变化。例 5-15 运行结果如图 5-16 所示。

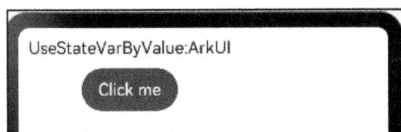

图 5-16　引用传递的自定义构建函数调用结果

5.2.6　组件样式复用及扩展

　　当发现自定义组件的样式良好并想复用到其他组件时，可以使用@Styles；而发现自定义组件的样式存在不足时，可以使用@Extend。

1. 组件样式的复用

　　如果每个组件的样式都需要单独设置，开发过程中便会出现大量代码进行重复样式的设置，虽然可以复制、粘贴，但为了代码的简洁性和后续维护的方便，ArkUI 提供了可以提炼公共样式进行复用的装饰器@Styles。

　　@Styles 可以将多条样式设置提炼成一个方法，直接在组件声明的位置调用。通过@Styles 可以快速定义并复用自定义样式。其基本使用规则如下。

　　① 当前@Styles 仅支持通用属性和通用事件。

　　② @Styles 装饰的方法不支持参数，可以定义在组件内或全局，在全局定义时需在方法名前面添加 function 关键字，组件内定义时则不需要添加 function 关键字。

```
// 全局
@Styles function functionName() { ... }
// 在组件内
@Component
struct FancyUse {
  @Styles fancy() {
    .height(100)
  }
}
```

　　③ 定义在组件内的@Styles 可以通过 this 访问组件的常量和状态变量，并可以在@Styles 里通

过事件来改变状态变量的值。

```
@Component
struct FancyUse {
  @State heightVlaue: number = 100
  @Styles fancy() {
    .height(this.heightVlaue)
    .backgroundColor(Color.Yellow)
    .onClick(() => {
      this.heightVlaue = 200
    })
  }
}
```

④ 组件内@Styles 的优先级高于全局@Styles。框架优先找当前组件内的@Styles，如果找不到则全局查找。

组件样式复用如例 5-16 所示。

例 5-16　组件样式复用

```
// 定义在全局的@Styles 封装的样式
@Styles function globalFancy () {
  .width(150)
  .height(100)
  .backgroundColor(Color.Pink)
}

@Entry
@Component
struct FancyUse {
  @State heightVlaue: number = 100
  // 定义在组件内的@Styles 封装的样式
  @Styles fancy() {
    .width(200)
    .height(this.heightVlaue)
    .backgroundColor(Color.Yellow)
    .onClick(() => {
      this.heightVlaue = 200
    })
  }

  build() {
    Column({ space: 10 }) {
      // 使用全局的@Styles 封装的样式
      Text('FancyA')
        .globalFancy ()
        .fontSize(30)
      // 使用组件内的@Styles 封装的样式
      Text('FancyB')
        .fancy()
        .fontSize(30)
    }
  }
}
```

运行结果如图 5-17（a）所示，可以看出两个 Text 组件通过@Styles 封装的样式改变了自身的样式，很显然，这种封装好的样式可以很容易地复用到其他组件。此外，样式封装除了属性的封装，还有事件的封装。点击显示"FancyB"的按钮，可以看到 onClick 事件被触发，通过改变组件的状态变量实现组件的重新渲染，如图 5-17（b）所示。

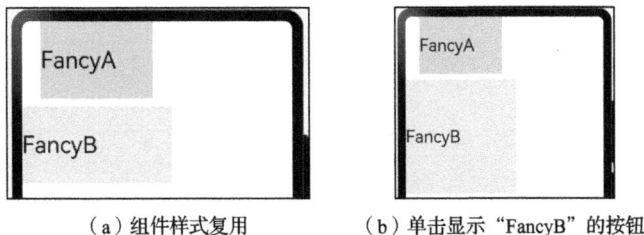

（a）组件样式复用　　　　　　（b）单击显示"FancyB"的按钮

图 5-17　组件样式复用运行结果

2. 组件样式的扩展

如果开发者在使用系统组件的样式时觉得功能不完善，可以使用@Extend 对组件的样式进行扩展。这种样式的扩展局限于当前工程内部。

使用组件样式扩展@Extend 需遵循以下规则。

① 采用如下方式来定义样式扩展，需要采用关键字 function。

```
@Extend(UIComponentName) function functionName { ... }
```

② @Extend 仅支持在全局定义，不支持在组件内部定义。@Extend 支持封装指定组件的私有属性和私有事件，也可以封装相同组件的@Extend 方法，如下面代码中的扩展样式 superFancyText 里就使用了扩展样式 fancy。

```
// @Extend(Text)可以支持 Text 的私有属性 fontColor
@Extend(Text) function fancy () {
  .fontColor(Color.Red)
}
// superFancyText 可以调用预定义的 fancy
@Extend(Text) function superFancyText(size:number) {
    .fontSize(size)
    .fancy()
}
```

③ @Extend 装饰的方法支持参数，开发者可以在调用时传递参数，调用遵循 TS 方法，如下代码中就向扩展样式 fancy 传递了参数 16 和 24。

```
@Extend(Text) function fancy (fontSize: number) {
  .fontColor(Color.Red)
  .fontSize(fontSize)
}

@Entry
@Component
struct FancyUse {
  build() {
    Row({ space: 10 }) {
      Text('Fancy')
        .fancy(16)
      Text('Fancy')
        .fancy(24)
    }
  }
}
```

组件样式扩展如例 5-17 所示。

例 5-17　组件样式扩展

```
@Extend(Text) function fancyText(weightValue: number, color: Color) {
  .fontStyle(FontStyle.Italic)
  .fontWeight(weightValue)
  .backgroundColor(color)
}
@Entry
@Component
struct FancyUse {
  @State label: string = 'Hello World'

  build() {
    Row({ space: 10 }) {
      Text(`${this.label}`)
        .fancyText(100, Color.Blue)
      Text(`${this.label}`)
        .fancyText(200, Color.Pink)
      Text(`${this.label}`)
        .fancyText(200, Color.Orange)
    }.margin('20%')
  }
}
```

例 5-17 中定义了扩展样式 fancyText，该样式带两个参数，扩展的样式包括字体和背景颜色。该例运行结果如图 5-18 所示，可以看到 Text 组件的样式通过传递的两个参数得到了扩展，体现在字体和背景颜色上。

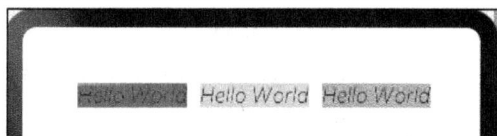

图 5-18　组件样式扩展的运行结果

5.3　状态管理

通常来说，用户构建的页面大多是静态的，是用户在设计时就确定好的。如果希望构建动态的、有交互的页面，就需要引入"状态"的概念。

图 5-17 显示的例子就是用户与应用程序的交互触发了文本状态变更，状态变更引起了 UI 变更。在声明式 UI 编程框架中，UI 是程序状态的运行结果，用户构建了一个 UI 模型，其中应用在运行时的状态由参数决定。当参数改变时，UI 作为返回结果，也将进行相应的改变。这些运行时的状态变化所带来的 UI 的重新渲染的过程，在 ArkUI 中属于状态管理机制。

5.3.1　状态管理简介

自定义组件拥有变量，变量必须被装饰器装饰才可以成为状态变量，状态变量的改变会引起 UI 的重新渲染。如果不使用状态变量，UI 只能在初始化时渲染，后续将不会再刷新。图 5-19 展示了状态 State 和 View（UI）之间的关系。

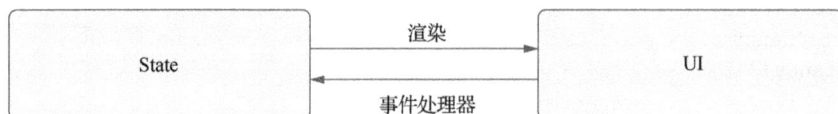

图 5-19　State 和 View（UI）之间的关系

在图 5-19 中，UI 指用户界面，也就是 View（视图），主要功能是 UI 渲染，一般指自定义组件的 build( )函数和@Builder 装饰的方法内的 UI 描述。State 是指状态，一般指的是装饰器装饰的数据。用户通过触发组件的事件方法改变状态数据，状态数据的改变引起 UI 的重新渲染。

1. 状态管理核心概念

状态管理有以下 7 个核心概念。

① 状态变量：被状态装饰器装饰的变量，其改变会引起 UI 的重新渲染。

② 常规变量：没有状态的变量，通常应用于辅助计算。它的改变不会引起 UI 的刷新。

③ 数据源/同步源：状态变量的原始来源，可以同步给不同的状态数据。通常意义是父组件传给子组件的数据。

④ 命名参数机制：父组件通过指定参数传递给子组件的状态变量，为父子传递同步参数的主要手段。例如 CompA({ aProp: this.aProp })，aProp 会从父组件传递过来。

⑤ 从父组件初始化：父组件使用命名参数机制将指定参数传递给子组件。本地初始化的默认值在有父组件传值的情况下会被覆盖。如例 5-18 所示，子组件 MyComponent 中的 count 参数和 increaseBy 参数均被父组件的传值覆盖。

例 5-18　父组件初始化子组件

```
@Component
struct MyComponent {
  @State count: number = 0;
  private increaseBy: number = 1;

  build() {
  }
}


@Component
struct Parent {
  build() {
    Column() {
      // 从父组件初始化，覆盖本地定义的默认值
      MyComponent({ count: 1, increaseBy: 2 })
    }
  }
}
```

⑥ 初始化子节点：组件中状态变量可以传递给子组件，初始化子组件对应的状态变量。可以在例 5-18 中的 Parent 组件中定义一个 number 类型的状态变量，传递给 MyComponent。

⑦ 本地初始化：声明变量的时候赋值，将之作为初始化的默认值，如例 5-18 中的 count 变量。

2. 装饰器概述

ArkUI 提供了多种装饰器，通过使用这些装饰器，不仅可以观察组件内状态变量的改变，也可以观察不同组件层级（比如父子组件层级、跨组件层级）间状态变量的传递，还可以观察全局范围内状态变量的变化。根据状态变量的影响范围，可以将装饰器大致分为如下两种。

① 管理组件拥有状态的装饰器：组件级别的状态管理，可以观察状态变量在组件内变化和在不同组件层级之间（需要在同一个组件树上，即同一个页面内）的变化。

② 管理应用拥有状态的装饰器：应用级别的状态管理，可以观察不同页面甚至不同 UIAbility 的状态变化，是应用内全局的状态管理。

从数据的传递形式和同步类型层面看，装饰器也可分为如下两种：①只读的单向传递；②可变

更的双向传递。

如图 5-20 所示，开发者可以灵活地利用这些能力来实现数据和 UI 的联动。

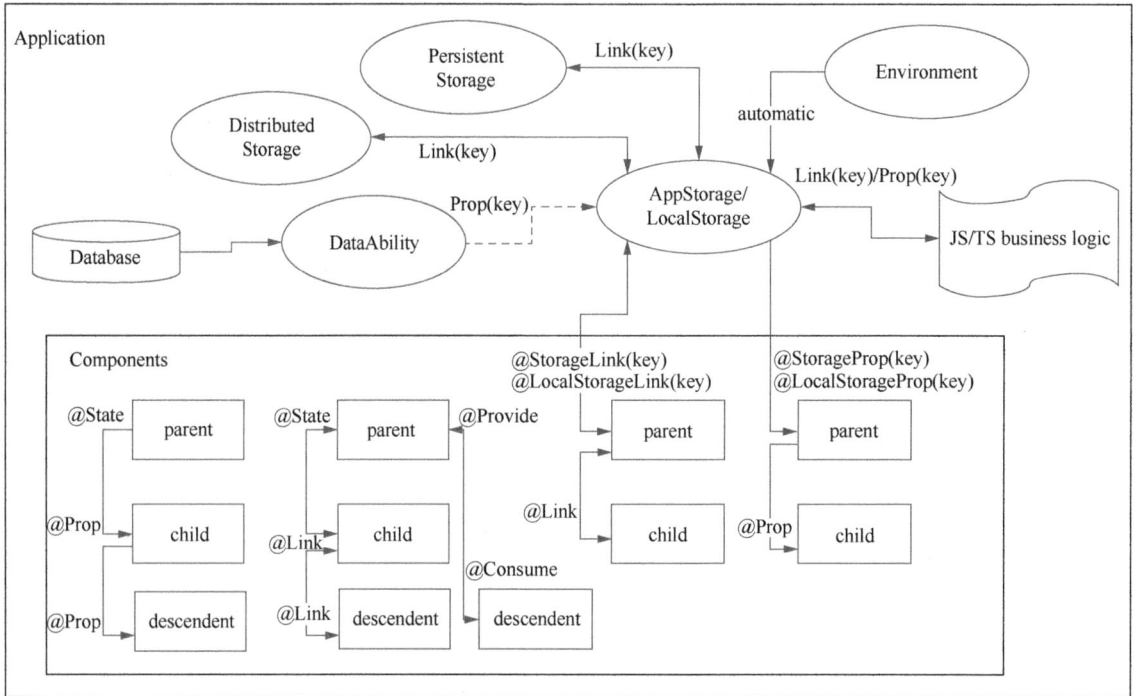

图 5-20　ArkUI 装饰器交互

在图 5-20 中，Components 部分的装饰器为组件级别的状态管理，Application 部分为应用级别的状态管理。开发者可以通过@StorageLink/@LocalStorageLink 和@StorageProp/@LocalStorageProp 分别实现应用和组件状态的双向和单向同步。图中箭头方向为数据同步方向，单箭头为单向同步，双箭头为双向同步。

管理组件拥有的状态（即 Components 级别的状态）管理包括如下 4 类。

① @State：@State 装饰的变量拥有其所属组件的状态，可以作为其子组件单向和双向同步的数据源。当其数值改变时，会引起相关组件的渲染刷新。

② @Prop：@Prop 装饰的变量可以和父组件建立单向同步关系，@Prop 装饰的变量是可变的，但其变化不会同步回父组件。

③ @Link：@Link 装饰的变量和父组件构建双向同步关系的状态变量，父组件会接受来自@Link 装饰的变量变化的同步，父组件的更新也会同步给@Link 装饰的变量。

④ @Provide/@Consume：@Provide/@Consume 装饰的变量用于跨组件层级（多层组件）同步状态变量，可以不通过参数命名机制传递，通过 alias（别名）或者属性名绑定。

管理应用拥有的状态（即 Application 级别的状态）管理包括如下 3 类。

① AppStorage 是应用程序中的一个特殊的单例 LocalStorage 对象，是应用级的数据库，和进程绑定，通过@StorageProp 和@StorageLink 可以和组件联动。

② AppStorage 是应用状态的"中枢"，需要和组件（UI）交互的数据存入 AppStorage（比如持久化数据 PersistentStorage 和环境变量 Environment），UI 再通过 AppStorage 提供的装饰器或者 API 访问这些数据。

③ 框架还提供了 LocalStorage，AppStorage 是 LocalStorage 特殊的单例。LocalStorage 是应用程

序声明的应用状态的内存"数据库"，通常用于页面级的状态共享，通过@LocalStorageProp 和 @LocalStorageLink 可以和 UI 联动。

5.3.2　管理组件的状态

组件拥有的状态装饰器包括@State、@Prop、@Link、@Provide、@Consume、@Observed 和@ObjectLink。

1. 组件内部状态装饰器@State

@State 装饰的变量（或称为状态变量）一旦拥有了状态属性，就和自定义组件的渲染绑定起来。当状态改变时，UI 会发生对应的渲染改变。

在状态变量相关装饰器中，@State 是最基础的使变量拥有状态属性的装饰器，它也是大部分状态变量的数据源。

@State 装饰的变量与声明式范式中其他被装饰的变量一样，是私有的，只能从组件内部访问，在声明时必须指定其类型和进行本地初始化。初始化也可选择使用命名参数机制从父组件完成。

（1）@State 的特点及使用规则

@State 装饰的变量拥有以下特点。

① @State 装饰的变量与子组件中@Prop、@Link 或@ObjectLink 装饰的变量之间建立单向或双向数据同步，不与父组件中的任何数据类型的变量进行同步。

② @State 装饰的变量可以从本地初始化，也可以从父组件初始化，支持从父组件中的常规变量，如@State、@Link、@Prop、@Provide、@Consume 等装饰的变量来初始化子组件中由@State 装饰的变量。

③ @State 装饰的变量生命周期与其所属自定义组件的生命周期相同。

④ @State 装饰的变量可为 object、class、string、number、boolean、enum 类型，以及这些类型的数组。类型必须被指定。不支持 any 类型，不支持简单类型和复杂类型的联合类型，不允许使用 undefined 和 null。

（2）观察状态变量的变化及 UI 刷新行为

对@State 装饰的状态变量来说，最关键的使用场景是根据其值的变化对 UI 进行刷新。只有符合一定规则的数值变化才会被 ArkUI 框架观察到，框架再通过一系列流程来刷新 UI。当被@State 装饰的状态变量发生如下变化时，才会引起 UI 刷新。

① 当装饰的类型为 boolean、string、number 和 enum 等基础类型时，可以观察数值的变化。

② 当装饰的类型为 class 或者 object 时，可以观察自身赋值的变化和其属性赋值的变化，即 object.keys 返回的所有属性。

③ 当装饰的对象是 array 时，可以观察数组本身的赋值和添加、删除、更新数组的变化。

当状态变量发生改变时，ArkUI 框架首先查询依赖该状态变量的组件，接着执行依赖该状态变量的组件的更新方法，对组件进行更新渲染。和该状态变量不相关的组件或 UI 描述不会更新渲染，从而实现页面按需渲染更新。

2. 父子单向同步状态装饰器@Prop

子组件中由@Prop 装饰的变量可以和父组件建立单向的同步关系。子组件中由@Prop 装饰的变量是可变的，但是变化不会同步回其父组件。当父组件中的数据源更改时，与之相关的@Prop 装饰的变量都会自动更新。如果子组件已经在本地修改了@Prop 装饰的相关变量值，那么父组件中对应的@State 装饰的变量被修改后，子组件本地修改的@Prop 装饰的相关变量值将被覆盖，如图 5-21 所示。

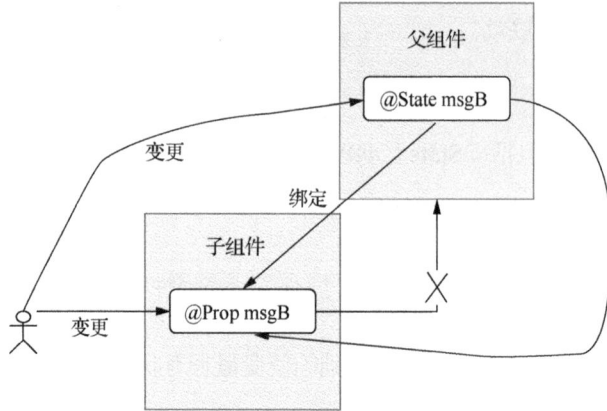

图 5-21 @Prop 的特性

（1）@Prop 的使用规则

@Prop 的使用规则主要是限制其装饰变量的数据类型。

① 支持基础数据类型，如 string、number、boolean、enum 类型。

② 类型必须被指定，且允许本地初始化。不支持 any 类型，不允许使用 undefined 和 null。同样，父组件传递给@Prop 装饰的值不能为 undefined 或者 null。

③ @Prop 装饰的变量类型必须和父组件的数据源类型相同，包括以下 3 种情况（数据源以@State 为例）。

- @Prop 装饰的变量和父组件状态变量类型相同，即@Prop:S 和@State:S 相同。
- 当父组件的状态变量为数组时，@Prop 装饰的变量和父组件状态变量的数组项类型相同，即@Prop:S 和@State:Array<S>相同。
- 当父组件状态变量为 object 或者 class 时，@Prop 装饰的变量和父组件状态变量的属性类型相同，即@Prop:S 和@State:{propA:S}相同。

（2）观察状态变量的变化

@Prop 装饰的数据可以观察到以下变化。

① 当装饰的类型是允许的类型（string、number、boolean、enum 类型）时，可以观察到赋值变化。

② 对于@State 和@Prop 的同步场景，有如下情况。

- 使用父组件中@State 变量的值初始化子组件中的@Prop 变量，当@State 变量变化时，其值也会同步更新至@Prop 变量。
- @Prop 装饰的变量的修改不会影响其数据源@State 装饰变量的值。
- 除了@State，数据源也可以用@Link 或@Prop 装饰，@Prop 的同步机制是相同的。
- 数据源和@Prop 变量的类型需要相同。

（3）UI 刷新行为

父组件和拥有@Prop 变量的子组件的初始渲染和更新如下。

① 初始渲染：执行父组件的 build( )函数将创建子组件的新实例，将数据源传递给子组件；初始化子组件@Prop 装饰的变量。

② 更新：子组件@Prop 更新时，更新仅限于当前子组件，不会同步回父组件；当父组件的数据源更新时，子组件的@Prop 装饰的变量将被来自父组件的数据源重置，所有@Prop 装饰的变量的本地的修改将被父组件的更新覆盖。

（4）@Prop 父子单向同步实例

如果图书馆有一本图书和两位用户，用户可以将图书标记为已读，此标记行为不会影响其他用户。从代码角度来讲，对@Prop 图书对象的本地更改不会同步给图书馆组件中的@State 图书对象。同时，如果图书馆更换了新书，那么每个用户会重新收到书的信息。

新建一个图书馆借阅工程 booklib，其核心 index.ets 文件代码如例 5-19 所示。

例 5-19　booklib 工程 index.ets 源代码

```
class Book {
  public title: string;
  public pages: number;
  public readIt: boolean = false;

  constructor(title: string, pages: number) {
    this.title = title;
    this.pages = pages;
  }
}


@Component
struct ReaderComp {
  @Prop title: string;
  @Prop pages: number;

  build() {
    Row() {
     Text(this.title)
     Text(this.pages.toString())
       .onClick(() => this.pages = this.pages-1)
    }
  }
}


@Entry
@Component
struct Library {
  @State book: Book = new Book('100 secrets of C++', 765);

  build() {
Column() {

    ReaderComp({ title: this.book.title, pages: this.book.readIt })
    ReaderComp({ title: this.book.title, pages: this.book.readIt })
   }
  }
}
```

该工程运行结果如图 5-22 所示。

从图 5-22 可以看到，工程初始运行时，子组件 ReaderComp 中被@Prop 装饰的变量 title 和 pages 的值被父组件 Library 中由@State 装饰的 Book 类型的变量 book 中的 title 和 pages 属性进行了初始化，因此图 5-22（a）中显示了两位用户在读的书，书名均为 100 secrets of C++，页数均为 765。

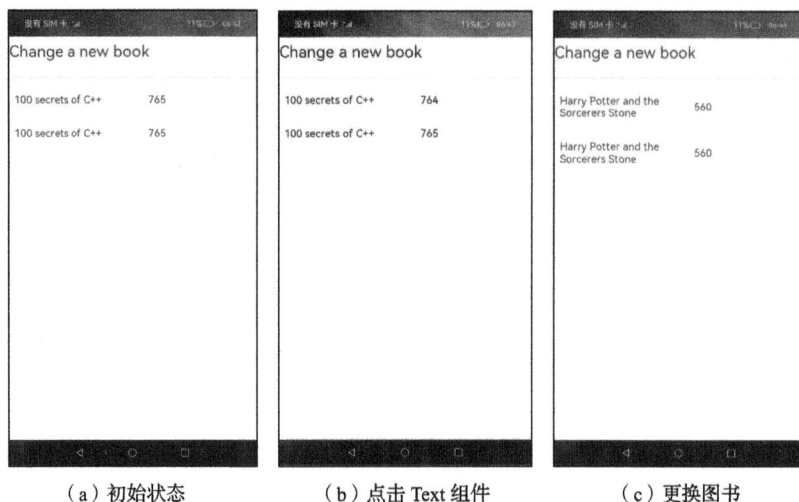

| （a）初始状态 | （b）点击 Text 组件 | （c）更换图书 |

图 5-22　@Prop 示例运行效果

用户 1 点击代表书本页数的 Text 组件，代表用户在读书，页数减 1。此时是在子组件 ReaderComp 中修改了@Prop 装饰的变量 pages，由于父子数据传输是单向的，因此只有用户 1 的页数变化，而用户 2 的页数不变，如图 5-22（b）所示。

点击父组件中的 Text 组件，引发更换图书操作。例 5-19 中新建了一本书，书名为 "Harry Porter and the Sorcerer's Stone"，页数为 560，父组件中由@State 装饰的 class 类型的 book 变量的 title 和 pages 发生了变化，直接覆盖子组件中的变量 title 和 pages，如图 5-22（c）所示。

3. 父子双向同步状态装饰器@Link

@Prop 可以实现父子组件的单向数据同步，如果需要双向数据同步，可以使用@Link。@Link 装饰的变量与其父组件中的数据源共享相同的值。

（1）@Link 的使用规则

@Link 的使用规则主要是限制其装饰的变量的同步类型和数据类型。

① 双向同步。父组件中的@State、@StorageLink 和@Link 和子组件中的@Link 可以建立双向数据同步，反之亦然，如图 5-23 所示。

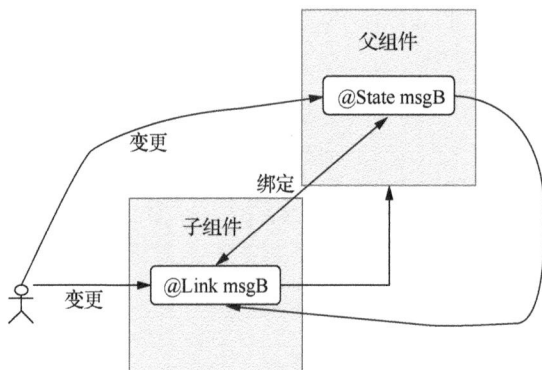

图 5-23　@Link 的特性

② 类型必须被指定，且和双向绑定状态变量的类型相同，允许本地初始化；支持 object、class、string、number、boolean、enum 类型，以及这些类型的数组；不支持 any 类型，不支持简单类型和复杂类型的联合类型，不允许使用 undefined 和 null。

③ 被@Link 装饰的状态变量禁止本地初始化，必须从父组件初始化，与父组件中的@State、@StorageLink 和@Link 建立双向绑定。允许由父组件中@State、@Link、@Prop、@Provide、@Consume 等装饰变量初始化子组件@Link。@Link 子组件从父组件@State 初始化的语法为 Comp({aLink:this.aState})，也支持 Comp({aLink:$aState})。

（2）观察状态变量的变化及 UI 渲染

@Link 状态变量的变化和@State 相同，因为@State 是主动变化方，它的变化会影响子组件和自身；@Link 是双向绑定，它的变化也会影响到被绑定方；而@Prop 受父组件影响，所以和前两者不同。

@Link 装饰的变量和其所述的自定义组件共享生命周期。为了了解@Link 变量初始化和更新机制，有必要先了解父组件和拥有@Link 变量的子组件的关系，初始渲染和双向更新的流程（以父组件为@State 为例）如下。

① 初始渲染：执行父组件的 build( )函数后将创建子组件的新实例。初始化过程如下。

• 必须指定父组件中的@State 变量，用于初始化子组件的@Link 变量。子组件的@Link 变量值与其父组件的数据源变量保持同步（双向数据同步）。

• 父组件的@State 状态变量包装类通过构造函数传给子组件，子组件的@Link 包装类拿到父组件的@State 状态变量后，将当前@Link 包装类 this 指针注册给父组件的@State 变量。

② @Link 的数据源的更新：即父组件中状态变量更新，引起相关子组件的@Link 的更新。处理步骤如下。

• 通过初始渲染的步骤可知，子组件@Link 包装类把当前 this 指针注册给父组件。父组件@State 变量变更后，会遍历更新所有依赖它的系统组件和状态变量（比如@Link 包装类）。

• 通知@Link 包装类更新后，子组件中所有依赖@Link 状态变量的系统组件都会被通知更新，以此实现父组件对子组件的状态数据同步。

③ @Link 的更新：当子组件中@Link 更新后，处理步骤如下（以父组件为@State 为例）。

• @Link 更新后，调用父组件的@State 包装类的 set 方法，将更新后的数值同步回父组件。

• 子组件@Link 和父组件@State 分别遍历依赖的系统组件，进行对应 UI 的更新，以此实现子组件@Link 同步回组件@State。

（3）@Link 父子双向同步实例

在例 5-20 中，点击父组件 ShufflingContainer 中的"Parent View: Set grayButton"和"Parent View: Set RedButton"，可以从父组件将变化同步给子组件，子组件 RedButton 和 GrayButton 中@Link 装饰变量的变化也会同步给其父组件。

例 5-20　@Link 示例

```
class RedButtonState {
  width: number = 0;
  constructor(width: number) {
    this.width = width;
  }
}
@Component
struct RedButton {
  @Link redButtonState:RedButtonState;
  build() {
    Button('Red Button')
      .width(this.redButtonState.width)
      .height(150.0)
      .backgroundColor(Color.Red)
      .onClick(() => {
```

```
        if (this.redButtonState.width < 400) {
          // 更新class的属性,变化可以被观察到同步回父组件
          this.redButtonState.width += 25;
        } else {
          // 更新class,变化可以被观察到同步回父组件
          this.redButtonState = new RedButtonState(100);
        }
      })
    }
  }
  @Component
  struct GrayButton {
    @Link grayButtonState: number;
    build() {
      Button('Gray Button')
        .width(this.grayButtonState)
        .height(150.0)
        .backgroundColor(Color.Gray)
        .onClick(() => {
          // 子组件的简单类型可以同步回父组件
          this.grayButtonState += 20.0;
        })
    }
  }
  @Entry
  @Component
  struct ShufflingContainer {
    @State redButtonState: RedButtonState = new RedButtonState(150);
    @State grayButtonProp: number = 100;
    build() {
      Column({space:5}) {
        // 简单类型从父组件@State 向子组件@Link 同步
        Button('Parent View: Set grayButton')
          .onClick(() => {
            this.grayButtonProp = (this.grayButtonProp < 400) ? this.grayButtonProp + 20 : 100;
          })
        // class 类型从父组件@State 向子组件@Link 同步
        Button('Parent View: Set RedButton')
          .onClick(() => {
            this.redButtonState.width = (this.redButtonState.width <400) ? this.redButtonState.width + 20 : 100;
          })
        // class 类型初始化@Link
        RedButton({ redButtonState: $redButtonState })
        // 简单类型初始化@Link
        GrayButton({ grayButtonState: $grayButtonProp })
      }
    }
  }
```

例 5-20 初始运行结果如图 5-24（a）所示。可以看到父组件 ShufflingContainer 中的两个由@State 装饰的状态变量 redButtonState 和 grayButtonProp 的值，已经同步到两个子组件 RedButton 和

GrayButton 中两个由@Link 装饰的变量 redButtonState 和 grayButtonState，这两个变量分别设置红色按钮（Red Button）和灰色按钮（Gray Button）的宽度为 150px 和 100px。父组件 ShufflingContainer 中的 redButtonState 变量为 class 类型，那么对应的子组件中的 redButtonState 变量也必须为 class 类型。子组件中的@Link 装饰的变量必须由父组件来初始化。

　　每点击一次子组件 RedButton，由@Link 装饰的 redButtonState 变量都会+25，该状态变量的变化会引起 UI 重新渲染，RedButton 的宽度增加 25px。同时，每次子组件中的 redButtonState 变量的变化都会同步到父组件 ShufflingContainer 中的 redButtonState 变量。因此用户点击父组件中显示"Set RedButton"的按钮时，父组件会先查看 redButtonState 对象的 width 属性，在子组件已经增加宽度后的基础上再增加 20px 按钮宽度，而不是在初始宽度的基础上增加。因此可以看到，父子组件实现了通过@Link 进行双向数据同步，运行结果如图 5-24（b）所示。

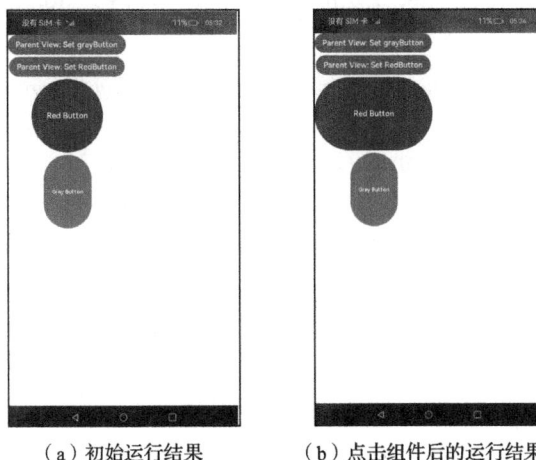

（a）初始运行结果　　　　（b）点击组件后的运行结果

图 5-24　@Link 示例运行效果

5.3.3　管理应用的状态

　　5.3.2 小节中介绍的组件装饰器仅能在页面内（即一个组件树上）共享状态变量。如果开发者要实现应用级或者多个页面的状态数据共享，就需要涉及应用级别状态管理的概念。ArkTS 根据不同特性，提供了多种应用状态管理能力，如下所示。

　　① LocalStorage：页面级 UI 状态存储，通常用于 UIAbility 内、页面间的状态共享。

　　② AppStorage：应用级 UI 状态存储。AppStorage 是特殊的单例 LocalStorage 对象，由 UI 框架在应用程序启动时创建，为应用程序 UI 状态属性提供中央存储。

　　③ PersistentStorage：持久化 UI 状态存储，通常和 AppStorage 配合使用，选择 AppStorage 存储的数据写入磁盘，以确保这些属性在应用程序重新启动时的值与应用程序关闭时的值相同。

　　④ Environment：应用程序运行的设备的环境参数。环境参数会同步到 AppStorage 中，可以和 AppStorage 搭配使用。

　　1. LocalStorage：页面级 UI 状态存储

　　LocalStorage 是页面级的 UI 状态存储，通过@Entry 接收的参数可以在页面内共享同一个 LocalStorage 实例。LocalStorage 也可以在 UIAbility 内、页面间共享状态。

　　此处仅介绍 LocalStorage 的特点和相关的装饰器：@LocalStorageProp 和@LocalStorageLink。

　　（1）LocalStorage 的特点

　　LocalStorage 是 ArkTS 为构建页面级状态变量提供存储的内存"数据库"。其主要特点如下。

　　① 应用程序可以创建多个 LocalStorage 实例，LocalStorage 实例可以在页面内共享，也可以通

过 GetShared 接口获取在 UIAbility 里创建的 GetShared，实现跨页面、UIAbility 内共享。

② 可以为组件树的根节点（即被@Entry 装饰的@Component）分配一个 LocalStorage 实例，此组件的所有子组件实例将自动获得对该 LocalStorage 实例的访问权限。

③ 被@Component 装饰的组件最多可以访问一个 LocalStorage 实例和 AppStorage，不可单独向未被@Entry 装饰的组件分配 LocalStorage 实例，未被@Entry 装饰的组件只能接收父组件通过@Entry 传递来的 LocalStorage 实例。一个 LocalStorage 实例在组件树上可以被分配给多个组件。

④ LocalStorage 中的所有属性都是可变的。

应用程序决定 LocalStorage 对象的生命周期。当应用释放最后一个指向 LocalStorage 的引用（比如销毁最后一个自定义组件）时，LocalStorage 将被 JS 虚拟机回收。

LocalStorage 根据与@Component 装饰的组件的同步类型不同，提供如下两个装饰器。

● @LocalStorageProp：@LocalStorageProp 装饰的变量与 LocalStorage 中给定属性建立单向同步关系。

● @LocalStorageLink：@LocalStorageLink 装饰的变量和在@Component 中创建与 LocalStorage 中给定属性建立双向同步关系。

LocalStorage 创建后，命名属性的类型不可更改。后续调用 Set 时必须使用相同类型的值。如果要建立 LocalStorage 和自定义组件的联系，需要使用@LocalStorageProp 和@LocalStorageLink。使用@LocalStorageProp(key)/@LocalStorageLink(key)装饰组件内的变量，key 标识了 LocalStorage 的属性。

（2）LocalStorageProp 的特点

总体来说，@LocalStorageProp 与@Prop 在使用方式上是基本相同的。区别在于@Prop 是父子组件间的单向数据同步，而@LocalStorageProp 是组件与页面级对象 LocalStorage 的单向数据同步，可以实现多个被@LocalStorageProp 装饰的不同页面问的组件共享同一个只读数据，而@LocalStorageLink 则可以用来交换可读可写数据。

当自定义组件初始化的时候，@LocalStorageProp(key)/@LocalStorageLink(key)装饰的变量会通过给定的 key 绑定 LocalStorage 对应的属性，完成初始化。本地初始化是必要的，因为无法保证 LocalStorage 一定存在给定的 key。

（3）@LocalStorageProp 的使用规则

@LocalStorageProp 装饰变量支持的数据类型和@Prop 是一样的，主要使用规则如下。

① 被@LocalStorageProp 装饰的变量必须指定初始值。如果 LocalStorage 实例中不存在属性，则作为初始化默认值，并存入 LocalStorage 中。

② @LocalStorageProp 不支持从父节点初始化，只能从 LocalStorage 中 key 对应的属性初始化，如果没有 key 对应的属性，将使用本地默认值初始化。@LocalStorageProp 初始化规则如图 5-25 所示。

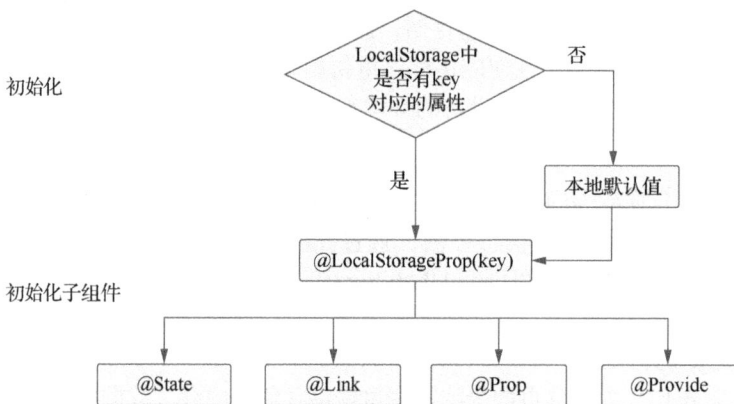

图 5-25 @LocalStorageProp 初始化规则

（4）LocalStorage 使用示例

例 5-21 展示了通过@LocalStorageLink 双向同步兄弟组件之间的状态。

先看 Parent 自定义组件中发生的变化，如下所示。

① 点击 "playCount ${this.playCount} dec by 1"，this.playCount 减 1，修改同步回 LocalStorage 中，Child 组件中的 playCountLink 绑定的组件会同步刷新。

② 点击 "countStorage ${this.playCount} incr by 1"，调用 LocalStorage 的 set 接口，更新 LocalStorage 中 countStorage 对应的属性，Child 组件中的 playCountLink 绑定的组件会同步刷新。

③ Text 组件 "playCount in LocalStorage for debug ${storage.get<number>('countStorage')}" 没有同步刷新，原因是 storage.get<number>('countStorage')返回的是常规变量，常规变量的更新并不会引起 Text 组件的重新渲染。

Child 自定义组件中的变化：playCountLink 的刷新会同步回 LocalStorage，并且引起兄弟组件和父组件的刷新。

例 5-21　LocalStorage 示例

```
let storage = new LocalStorage({ countStorage: 1 });

@Component
struct Child {
  // 子组件实例的名字
  label: string = 'no name';
  // 和 LocalStorage 中 countStorage 双向绑定的数据
  @LocalStorageLink('countStorage') playCountLink: number = 0;

  build() {
    Row() {
      Text(this.label)
        .width(60).height(60).fontSize(20)
      Text(`playCountLink ${this.playCountLink}: inc by 1`)
        .onClick(() => {
          this.playCountLink += 1;
        })
        .width(300).height(60).fontSize(20)
    }.width(300).height(60)
  }
}

@Entry(storage)
@Component
struct Parent {
  @LocalStorageLink('countStorage') playCount: number = 0;

  build() {
    Column() {
      Row() {
        Text('Parent')
          .width(100).height(60).fontSize(20)
        Text(`playCount ${this.playCount} dec by 1`)
          .onClick(() => {
            this.playCount -= 1;
          })
          .width(250).height(60).fontSize(20)
```

```
}.width(350).height(60)

Row() {
  Text('LocalStorage')
    .width(130).height(60).fontSize(20)
  Text(`countStorage ${this.playCount} incr by 1`)
    .onClick(() => {
      storage.set<number>('countStorage', 1 + storage.get<number>('countStorage'));
    })
    .width(250).height(60).fontSize(20)
}.width(350).height(60)

Child({ label: 'ChildA ' })
Child({ label: 'ChildB ' })

Text(`playCount in LocalStorage for debug ${storage.get<number>('countStorage')}`)
  .width(300).height(60).fontSize(20)
    }
  }
}
```

例 5-21 初始运行结果如图 5-26（a）所示。
从代码中可以看到 LocalStorage 对象的 key 为
countStorage，初始值为 1。子组件 Child 和父组
件 Parent 都与之通过@LocalStorageLink 建立了
双向的数据同步，父组件和子组件都获取
LocalStorage 中的值。

点击 ChildA 组件中的第二个 Text 两次，修
改被@LocalStorageLink 装饰的 playCountLink，
运行结果如图 5-26（b）所示。由于是双向同
步，父组件和 ChildB 中的对应变量均发生了
变化。唯一没有变化的是父组件中最后一个
Text 组件，因为该 Text 组件中没有状态变量，
读取 LocalStorage 中的旧值。

2. AppStorage：应用级 UI 状态存储

AppStorage 是应用全局的 UI 状态存储，
是和应用的进程绑定的，由 UI 框架在应用

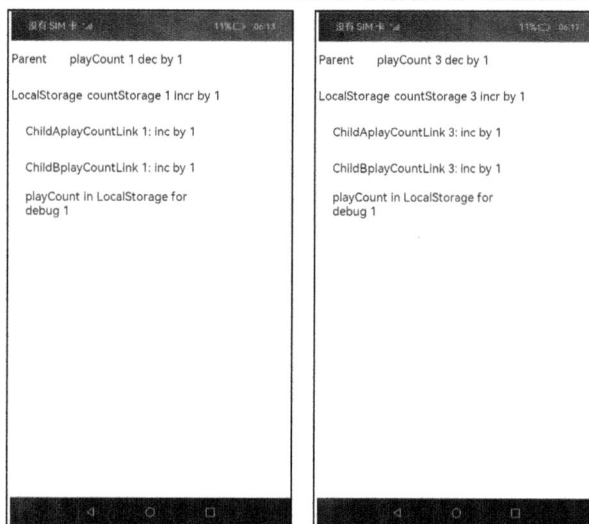

（a）初始运行结果　　（b）点击组件后的运行结果

图 5-26　LocalStorage 示例运行结果

程序启动时创建，为应用程序 UI 状态属性提供中央存储。

LocalStorage 是页面级的，通常应用于页面内的数据共享，而 AppStorage 是应用级的全局状态
共享。AppStorage 还相当于整个应用的"中枢"，持久化数据 PersistentStorage 和环境变量 Environment
通过和 AppStorage 中转，才可以和 UI 交互。

此处仅介绍 AppStorage 的特点和相关的装饰器@StorageProp 和@StorageLink 等。

（1）AppStorage 的特点

AppStorage 是在应用启动的时候被创建的单例。它的目的是提供应用状态数据的中心存储，这
些状态数据在应用级别都是可访问的。AppStorage 将在应用运行过程保留其属性，属性通过唯一的
键访问。

AppStorage 可以和 UI 组件同步，且可以在应用业务逻辑中被访问。

AppStorage 中的属性可以被双向同步，数据可以存在本地或远程设备上，并具有不同的功能，比如数据持久化。这些数据是通过业务逻辑实现的，与 UI 解耦，如果希望在 UI 中使用这些数据，需要用到@StorageProp 和@StorageLink。

（2）装饰器的使用

如果要建立 AppStorage 和自定义组件的联系，需要使用@StorageProp 和@StorageLink。使用@StorageProp(key)或@StorageLink(key)装饰组件内的变量，key 标识了 AppStorage 的属性。

当自定义组件初始化的时候，@StorageProp(key)/@StorageLink(key)装饰的变量会通过给定的 key 绑定 AppStorage 对应属性，完成初始化。本地初始化是必要的，因为无法保证 AppStorage 一定存在给定的 key，这取决于应用逻辑，即是否在组件初始化之前在 AppStorage 实例中存入对应的属性。

@StorageProp/@StorageLink 的使用方法和@LocalStorageProp/@LocalStorageLink 是一样的，包括装饰器使用规则、变量传递规则和 UI 渲染等。

（3）AppStorage 使用示例

@StorageLink 变量装饰器需与 AppStorage 配合使用，正如@LocalStorageLink 需与 LocalStorage 配合使用一样。此装饰器使用 AppStorage 中的属性创建双向数据同步，如例 5-22 所示。

例 5-22　AppStorage 示例

```
AppStorage.SetOrCreate('PropA', 47);
let storage = new LocalStorage({ 'PropA': 48 });

@Entry(storage)
@Component
struct CompA {
  @StorageLink('PropA') storLink: number = 1;
  @LocalStorageLink('PropA') localStorLink: number = 1;

  build() {
    Column({ space: 20 }) {
      Text(`From AppStorage ${this.storLink}`)
        .onClick(() => this.storLink += 1)

      Text(`From LocalStorage ${this.localStorLink}`)
        .onClick(() => this.localStorLink += 1)
    }
  }
}
```

例 5-22 初始运行结果如图 5-27（a）所示。从代码中可以看到 AppStorage 和 LocalStorage 的使用异同。AppStorage 通过 SetOrCreate( )方法来创建键值对(Key-Value)，LocalStorage 通过 new 方式创建，和组件同步的方法是相同的。点击 CompA 组件中的两个 Text 按钮后，运行结果如图 5-27（b）所示，状态变量刷新了 UI。

3．PersistentStorage：持久化 UI 状态存储

LocalStorage 和 AppStorage 都是运行时的 UI 状态存储，但是应用退出再次启动后依然保存选定的结果是应用开发中十分常见的需求，这就需要用到 PersistentStorage。

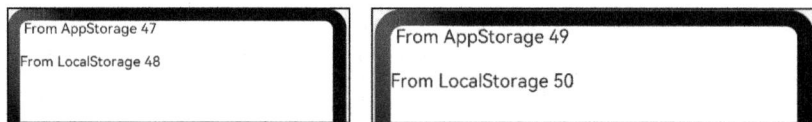

（a）初始运行结果　　　　　　（b）点击组件后的运行结果

图 5-27　AppStorage 示例运行结果

PersistentStorage 是应用程序中的可选单例对象。此对象的作用是持久化存储选定的 AppStorage 属性，以确保这些属性在应用程序重新启动时的值与应用程序关闭时的值相同。

（1）PersistentStorage 的特点

PersistentStorage 用于将选定的 AppStorage 属性保存在设备磁盘上。应用程序通过 API 决定哪些 AppStorage 属性应借助 PersistentStorage 持久化。UI 和业务逻辑不直接访问 PersistentStorage 中的属性，所有属性访问都是对 AppStorage 的访问，AppStorage 中的更改会自动同步到 PersistentStorage。

PersistentStorage 和 AppStorage 中的属性建立双向同步。应用开发通常通过 AppStorage 访问 PersistentStorage，另外还有一些接口可以用于管理持久化属性，但是业务逻辑始终是通过 AppStorage 获取和设置属性的。

PersistentStorage 只能在 UI 页面内使用，否则将无法持久化数据。

（2）PersistentStorage 使用示例

PersistentStorage 和 AppStorage 通常是一起使用的。例 5-23 展示了如何使用 PersistentStorage。

例 5-23　PersistentStorage 示例

```
PersistentStorage.PersistProp('aProp', 47);

@Entry
@Component
struct Index {
  @State message: string = 'Hello World'
  @StorageLink('aProp') aProp: number = 48

  build() {
    Row() {
      Column() {
        Text(this.message)
        // 应用退出时会保存当前结果。重新启动后，会显示上一次的保存结果
        Text(`${this.aProp}`)
          .onClick(() => {
            this.aProp += 1;
          })
      }
    }
  }
}
```

新应用安装后首次启动，运行结果如图 5-28 所示。

① 调用 PersistProp( )函数初始化 PersistentStorage，首先查询在 PersistentStorage 本地文件中是否存在"aProp"，查询结果为不存在，因为应用是第一次运行。

② 查询属性"aProp"在 AppStorage 中是否存在，依旧不存在。

③ 在 AppStorge 中创建名为"aProp"的 number 类型属性，属性初始值是定义的默认值 47。

④ PersistentStorage 将属性"aProp"和值 47 写入手机，AppStorage 中"aProp"对应的值和其后续的更改将被持久化。

⑤ 在 Index 组件中创建状态变量@StorageLink('aProp') aProp，和 AppStorage 中的 "aProp" 双向绑定，在创建的过程中会在 AppStorage 中查找，成功找到 "aProp"，所以使用其在 AppStorage 找到的值 47，如图 5-28（a）所示。点击第二个显示数字的 Text 组件两次，@StorageLink 装饰的 aProp 状态变量变成 49，同时刷新 UI，如图 5-28（b）所示。

@StorageLink 装饰的 aProp 变量的值会同步到 AppStorage 中的 "aProp"，AppStorage 中的 "aProp" 又会同步到 PersistentStorage 的属性 "aProp"，从而持久化到手机。然后再重新启动工程，可以看到图 5-28（c）所示的结果。从该结果可以看到，PersistentStorage 的属性 "aProp" 确实被成功保存在手机中了。

（a）初始运行结果　　　　　（b）点击组件后的运行结果　　　　　（c）持久化后的运行结果

图 5-28　PersistentStorage 示例运行结果

5.4　渲染控制

ArkUI 通过自定义组件的 build( ) 函数和@builder 中的声明式 UI 描述语句构建相应的 UI。在声明式描述语句中，开发者除了使用系统组件，还可以使用渲染控制语句来辅助 UI 的构建。这些渲染控制语句包括控制组件是否显示的条件渲染语句、基于数组数据快速生成组件的循环渲染语句，以及针对大数据量场景的数据懒加载语句。

5.4.1　if/else 条件渲染

ArkTS 提供了渲染控制的能力。条件渲染可根据应用的不同状态，使用 if、else 和 else if 渲染对应状态下的 UI 内容。

1. 使用规则

if/else 条件渲染使用规则如下。

① 支持 if、else 和 else if 语句。

② if、else if 后跟随的条件语句可以使用状态变量。

③ 允许在容器组件内使用，通过条件渲染语句构建不同的子组件。

④ 条件渲染语句在涉及组件的父子关系时是 "透明" 的，当父组件和子组件之间存在一个或多个 if 语句时，必须遵循父组件关于子组件使用的规则。

⑤ 每个分支内部的构造函数必须遵循构造函数的规则，并创建一个或多个组件。无法创建组件的空构造函数会导致语法错误。

⑥ 某些容器组件限制子组件的类型或数量，将条件渲染语句用于这些组件时，这些限制将同样应用于条件渲染语句内的组件。例如，Grid 容器组件的子组件仅支持 GridItem 组件，在 Grid 内使用条件渲染语句时，条件渲染语句内仅允许使用 GridItem 组件。

2. 更新机制

当 if、else if 后跟随的状态判断中使用的状态变量值变化时，条件渲染语句会进行更新，更新步骤如下。

① 评估 if 和 else if 的状态判断条件，如果分支没有变化，无须执行以下步骤；如果分支有变化，则执行步骤②和步骤③。

② 删除此前构建的所有子组件。

③ 执行新分支的构造函数，将获取的组件添加到 if 父容器中。如果缺少适用的 else 分支，则不构建任何内容。

条件可以包括 TS 表达式。对于构造函数中的表达式，此类表达式不得更改应用程序状态。

3. 使用示例

if 语句的每个分支都包含一个构造函数。此类构造函数必须创建一个或多个子组件。在初始渲染时，if 语句会执行构造函数，并将生成的子组件添加到其父组件中。

每当 if 或 else if 条件语句中使用的状态变量发生变化时，条件语句都会更新并重新评估新的条件值。如果条件值评估发生了变化，这意味着需要构建另一个条件分支。此时 ArkUI 框架将执行如下操作。

① 删除所有以前渲染的（早期分支的）组件。

② 执行新分支的构造函数，将生成的子组件添加到其父组件中。

if 渲染器示例如例 5-24 所示。

例 5-24　if 渲染器示例

```
@Entry
@Component
struct ViewA {
  @State count: number = 0;

  build() {
    Column() {
      Text(`count=${this.count}`)

      if (this.count > 0) {
        Text(`count is positive`)
          .fontColor(Color.Green)
      }

      Button('increase count')
        .onClick(() => {
          this.count++;
        })

      Button('decrease count')
        .onClick(() => {
          this.count--;
        })
    }
  }
}
```

在以上示例中，如果 count 从 0 增加到 1，那么 if 语句更新，条件 count > 0 将重新评估，评估结果将从 false 更改为 true。因此，将执行条件为 true 分支的构造函数，创建一个 Text 组件，并将它添加到父组件 Column 中。如果后续 count 更改为 0，则 Text 组件将从 Column 组件中删除。由于没有 else 分支，因此不会执行新的构造函数。

例 5-24 初始运行结果如图 5-29（a）所示。因为 count 初值为 0，因此 if 条件不满足，没有 Text 组件显示。当用户点击 increase count 按钮后，状态变量 count 变成了 1，条件 count > 0 重新评估，创建了一个 Text 组件，将之添加到父组件 Column 中并显示，如图 5-29（b）所示。

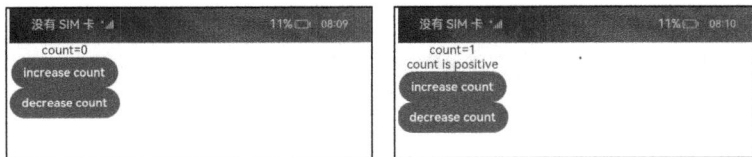

（a）初始运行结果　　　　（b）点击 increase count 按钮后的运行结果

图 5-29　if 渲染器示例运行结果

5.4.2　ForEach 循环渲染

ForEach 基于数组类型数据执行循环渲染。

1. ForEach 基本用法

ForEach 循环渲染的接口如下。

```
ForEach(
  arr: any[],
  itemGenerator: (item: any, index?: number) => void,
  keyGenerator?: (item: any, index?: number) => string
)
```

接口中的关键参数如表 5-1 所示。

表 5-1　ForEach 循环渲染接口中的关键参数

参数名	参数类型	是否必填	参数描述
arr	Array	是	必须是数组，允许设置为空数组，空数组场景下将不会创建子组件。同时允许设置返回值为数组类型的函数，设置的函数不得改变包括数组本身在内的任何状态变量
itemGenerator	(item: any, index?: number) => void	是	生成子组件的 lambda 函数，为数组中的每一个数据项创建一个或多个子组件，单个子组件或子组件列表必须包括在花括号中
keyGenerator	(item: any, index?: number) => string	否	lambda 函数，用于给数组中的每一个数据项生成唯一且固定的键值。键值生成器的功能是可选的，但是，为了使开发框架能够更好地识别数组更改、提高性能，建议提供。将数组反向时，如果没有提供键值生成器，则 ForEach 中的所有节点都将重建

对于表 5-1 中的 itemGenerator 参数，它的功能就是生成循环渲染中的每个显示项，类型为以 item 和 index 为参数的函数，item 为显示项，index 为显示项的索引。使用方法如下。

① 子组件的类型必须是 ForEach 的父容器组件所允许的（例如，只有当 ForEach 父容器组件为 List 组件时，才允许存在 ListItem 子组件）。

② 允许子类构造函数返回 if 或另一个 ForEach。ForEach 可以在 if 内的任意位置。

③ 如在函数体中使用可选参数 index，则必须仅在函数签名中指定。

对于表 5-1 中的 itemGenerator 参数，它的功能就是生成循环渲染中的每个显示项的键值。使用方法如下。

① 同一数组中的不同项绝对不能计算出相同的 id。

② 如果未使用 index 参数，则项在数组中的位置变动不得改变 item 的键值；如果使用了 index 参数，则当 item 在数组中的位置有变动时，键值必须更改。

③ 当某个项目被新 item 替换（值不同）时，被替换的 item 键值和新 item 的键值必须不同。

④ 在构造函数中使用 index 参数时，键值生成函数也必须使用该参数。

⑤ 键值生成函数不允许改变任何组件状态。

2. ForEach 使用规则

使用 ForEach 要遵循以下基本规则。

① ForEach 必须在容器组件内使用。

② 生成的子组件应当是允许包含在 ForEach 父容器组件中的子组件。

③ 允许子组件生成器函数中包含 if/else 条件渲染，同时允许 ForEach 包含在 if/else 条件渲染语句中。

④ itemGenerator( )函数的调用顺序不一定和数组中的数据项相同，在开发过程中不要假设 itemGenerator( )和 keyGenerator( )函数执行，或预设其执行顺序。

3. ForEach 使用示例

根据 arr 数据分别创建 3 个 Text 和 Divide 组件，代码如例 5-25 所示。

例 5-25　ForEach 渲染器示例

```
@Entry
@Component
struct MyComponent {
  @State arr: number[] = [10, 20, 30];

  build() {
    Column({ space: 5 }) {
      Button('Reverse Array')
        .onClick(() => {
          this.arr.reverse();
        })
      ForEach(this.arr, (item: number) => {
        Text(`item value: ${item}`).fontSize(18)
        Divider().strokeWidth(2)
      }, (item: number) => item.toString())
    }
  }
}
```

例 5-25 初始运行结果如图 5-30（a）所示。可以看出 ForEach 的确实现了 UI 的循环渲染，根据 arr 整型数组中的 3 个整型变量生成了 3 个 Text 组件和 3 个 Divider 组件。点击 Button 组件，将 arr 数组中的 3 个整型变量的顺序逆转，运行结果如图 5-30（b）所示。从图中可以看出 ForEach 渲染器的输出也随着数据源的变化而发生变化。

（a）初始运行结果　　　　　　（b）点击组件后的运行结果

图 5-30　ForEach 渲染器示例运行结果

5.5　ArkTS 语言基础类库

ArkTS 语言基础类库是 OpenHarmony 系统为应用开发者提供的常用基础能力，其组成如图 5-31 所示。

从图 5-31 可以看出，基础类库主要功能如下。

① 提供异步并发和多线程并发的能力。

● 支持 Promise 和 async/await 等标准的 JS 异步并发能力。

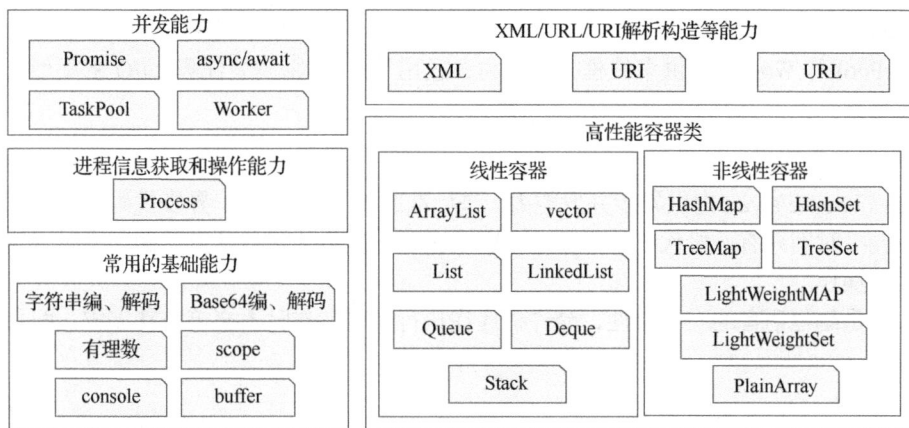

图 5-31　ArkTS 语言基础类库组成

- TaskPool 可为应用程序提供一个多线程的运行环境，降低整体资源的消耗、提高系统的整体性能，开发者无须关心线程实例的生命周期。
- Worker 支持多线程并发，支持 Worker 线程和宿主线程进行通信，开发者需要主动创建和关闭 Worker 线程。

② 提供常见的高性能容器类库增、删、改、查的能力。

③ 提供 XML、URL、URI 构造和解析的能力。

- XML 即可扩展标记语言，被设计用来传输和存储数据。语言基础类库提供了 XML 生成、解析与转换的能力。
- URL、URI 构造和解析能力：URI 即统一资源标识符，可以唯一标识一个资源；URL 即统一资源定位符，可以提供找到该资源的路径。

④ 提供常见的字符串和二进制数据处理的基础能力，以及控制台输出的相关能力。

- 字符串编、解码功能。
- 基于 Base64 的字节编码和解码功能。
- 提供常见的有理数操作支持，包括有理数的比较，获取分子、分母等功能。
- 提供 scope 接口，用于定义一个字段的有效范围。
- 提供二进制数据处理的能力，常见于传输控制协议（Transmission Control Protocol，TCP）流或文件系统操作等场景中用于处理二进制数据流。
- console 用于提供控制台输出的能力。

⑤ 提供获取进程信息和操作进程的能力。

5.5.1　并发

并发是指在同一时间段内，能够处理多个任务的能力。为了提升应用的响应速度与帧率，以及防止耗时任务对主线程造成干扰，OpenHarmony 系统提供了异步并发和多线程并发两种处理策略。

① 异步并发是指异步代码在执行到一定程度后会被暂停，以便在未来某个时间点继续执行，这种情况下，同一时间只有一段代码在执行。

② 多线程并发允许在同一时间段内同时执行多段代码。在主线程继续响应用户操作和更新 UI 的同时，后台也能执行耗时操作，从而避免应用出现卡顿。

并发能力在多种场景中都有应用，其中包括单次 I/O（输入输出）任务、CPU 密集型任务、I/O 密集型任务和同步任务等。开发者可以根据不同的场景，选择相应的并发策略进行优化和开发。

ArkTS 支持异步并发和多线程并发。

① Promise 和 async/await 提供异步并发能力，适用于单次 I/O 任务的开发场景。

② TaskPool 和 Worker 提供多线程并发能力，适用于 CPU 密集型任务、I/O 密集型任务和同步任务等并发场景。

1. 使用异步能力进行开发

Promise 和 async/await 提供异步并发能力，是标准的 JS 异步语法。异步代码会被挂起并在之后继续执行，同一时间只有一段代码执行，适用于单次 I/O 任务的场景开发，例如一次网络请求、一次文件读写等操作。

异步语法是编程语言的一种特性，允许程序在执行某些操作时不必等待其完成，而是可以继续执行其他操作。

（1）Promise

Promise 是一种用于处理异步操作的对象，可以将异步操作转换为类似于同步操作的风格，以方便代码编写和维护。Promise 提供了一种状态机制来管理异步操作的不同阶段，并提供了一些方法来注册回调函数以处理异步操作成功或失败的结果。

Promise 有 3 种状态：pending（进行中）、fulfilled（已完成）和 rejected（已拒绝）。Promise 对象创建后处于 pending 状态，并在异步操作完成后转换为 fulfilled 或 rejected 状态。

最基本的用法是通过构造函数实例化一个 Promise 对象，同时传入一个带有两个参数的函数，通常称为 executor 函数。executor 函数接收两个参数——resolve 和 reject，分别表示异步操作成功和失败时的回调函数。例 5-26 中的代码创建了一个 Promise 对象，并模拟了一个异步操作。

例 5-26　Promise 对象创建

```
const promise = new Promise((resolve, reject) => {
  setTimeout(() => {
    const randomNumber = Math.random();
    if (randomNumber > 0.5) {
      resolve(randomNumber);
    } else {
      reject(new Error('Random number is too small'));
    }
  }, 1000);
});
```

上述代码中，setTimeout( )函数模拟了一个异步操作，并在 1s 后随机生成一个数字。如果随机数大于 0.5，则执行 resolve( )回调函数并将随机数作为参数传递；否则执行 reject( )回调函数并传递一个错误对象作为参数。

Promise 对象创建后，可以分别使用 then( )方法和 catch( )方法指定 fulfilled 状态和 rejected 状态的回调函数。then( )方法可接收两个参数，一个是处理 fulfilled 状态的函数，另一个是处理 rejected 状态的函数。只传入一个参数则表示状态改变就执行，不区分状态结果。使用 catch( )方法注册一个回调函数，用于处理"失败"的结果，即捕获 Promise 的 rejected 状态或操作失败抛出的异常。代码如例 5-27 所示。

例 5-27　Promise 对象使用

```
promise.then(result => {
  console.info(`Random number is ${result}`);
}).catch(error => {
  console.error(error.message);
});
```

在例 5-27 所示代码中，then( )方法的回调函数接收 Promise 对象的成功结果作为参数，并将其输出到控制台上。如果 Promise 对象进入 rejected 状态，则 catch( )方法的回调函数接收错误对象作为参数，并将其输出到控制台上。

（2）async/await

async/await 是一种用于处理异步操作的 Promise 语法糖，可使异步代码变得更加简单和易读。通过使用 async 关键字声明一个函数为异步函数，并使用 await 关键字等待 Promise 的解析（完成或拒绝），以同步的方式编写异步操作的代码。

async 函数是一个返回 Promise 对象的函数，用于表示一个异步操作。在 async 函数内部，可以使用 await 关键字等待一个 Promise 对象的解析，并返回其解析值。如果一个 async 函数抛出异常，那么该函数返回的 Promise 对象将被拒绝，并且异常信息会被传递给 Promise 对象的 onRejected( )方法。

例 5-28 展示了一个使用 async/await 语法糖的示例，其中模拟了一个异步操作，该操作会在 3s 后返回一个字符串。

例 5-28　asyn/wait 语法糖

```
async function myAsyncFunction() {
  const result = await new Promise((resolve) => {
    setTimeout(() => {
      resolve('Hello, world!');
    }, 3000);
  });
  console.info(String(result)); // 输出 "Hello, world!"
}

myAsyncFunction();
```

在例 5-28 所示的代码中，使用 await 关键字来等待 Promise 对象的解析，并将其解析值保存在变量 result 中。

需要注意的是，由于要等待异步操作完成，因此需要将整个操作包含在 async 函数中。除了在 async 函数中使用 await，还可以使用 try/catch 块来捕获异步操作中的异常，如例 5-29 所示。

例 5-29　try/catch 捕获异常

```
async function myAsyncFunction() {
  try {
    const result = await new Promise((resolve) => {
      resolve('Hello, world!');
    });
  } catch (e) {
    console.error(`Get exception: ${e}`);
  }
}

myAsyncFunction();
```

2. 文件异步访问的实现

Promise 和 async/await 提供异步并发能力，适用于单次 I/O 任务的场景开发，此处以使用异步进行单次文件写入为例来讲解文件异步访问的实现。

① 实现单次 I/O 任务逻辑。

```
import fs from '@ohos.file.fs';

async function write(data: string, filePath: string) {
  let file = await fs.open(filePath, fs.OpenMode.READ_WRITE);
  fs.write(file.fd, data).then((writeLen) => {
    fs.close(file);
  }).catch((err) => {
```

```
    console.error(`Failed to write data. Code is ${err.code}, message is ${err.message}`);
  })
}
```

② 采用异步能力调用单次 I/O 任务。

```
let filePath = ...; // 应用文件路径
write('Hello World!', filePath).then(() => {
  console.info('Succeeded in writing data.');
})
```

5.5.2　容器类库

容器类库用于存储各种数据类型的元素，并具备一系列处理数据元素的方法。

容器类采用类似静态语言的方式来实现，并通过对存储位置以及属性的限制，让每种类型的数据都能在完成自身功能的基础上去除冗余逻辑，以保证数据的高效访问，提升应用的性能。

当前提供了线性和非线性两类容器，共 14 种。每种容器都有其自身的特性及使用场景。

1. 线性容器

线性容器用于实现能按顺序访问的数据结构，其底层主要通过数组实现，包括 ArrayList、Vector、List、LinkedList、Deque、Queue、Stack 共 7 种，接下来主要介绍 ArrayList、Deque、Stack 这 3 种数组。线性容器充分考虑了数据访问的速度，运行时（Runtime）通过字节码指令就可以完成增、删、改、查等操作。

（1）ArrayList

ArrayList 即动态数组，可用来构造全局的数组对象。当需要频繁读取集合中的元素时，推荐使用 ArrayList。ArrayList 依据泛型定义，要求存储位置是一片连续的内存空间，初始容量为 10 个元素，并支持动态扩容，每次扩容大小为原始容量的 1.5 倍。

ArrayList 进行增、删、改、查操作的基本用法如表 5-2 所示。

表 5-2　ArrayList 基本用法

操作	描述
增加元素	通过 add(element: T)每次在数组尾部增加一个元素
增加元素	通过 insert(element: T, index: number)在指定位置插入元素
访问元素	通过 arr[index]获取指定 index 对应的 value 值，通过指令获取保证访问速度
访问元素	通过 forEach(callbackFn: (value: T, index?: number, arrlist?: ArrayList<T>) => void, thisArg?: Object): void 访问整个 ArrayList 容器的元素
访问元素	通过[Symbol.iterator]():IterableIterator<T>迭代器进行数据访问
修改元素	通过 arr[index] = xxx 修改指定 index 对应的 value 值
删除元素	通过 remove(element: T)删除第一个匹配到的元素
删除元素	通过 removeByRange(fromIndex: number, toIndex:number)删除指定范围内的元素

（2）Deque

Deque 可用来构造双端队列对象，存储元素遵循先进先出或先进后出的规则，双端队列可以分别从队头或者队尾进行访问。Deque 依据泛型定义，要求存储位置是一片连续的内存空间，初始容量为 8 个元素，并支持动态扩容，每次扩容大小为原始容量的 2 倍。Deque 底层采用循环队列实现，入队及出队操作效率都比较高。

Deque 和 Queue 相比，Queue 的特点是先进先出，只能在头部删除元素、在尾部增加元素。需要频繁在集合两端进行增、删元素的操作时，推荐使用 Deque。Deque 进行增、删、改、查操作的基本用法如表 5-3 所示。

表 5-3 Deque 基本用法

操作	描述
增加元素	通过 insertFront(element: T)每次在队头增加一个元素
增加元素	通过 insertEnd(element: T)每次在队尾增加一个元素
访问元素	通过 getFirst( )获取队首元素的 value 值，但是不进行出队操作
访问元素	通过 getLast( )获取队尾元素的 value 值，但是不进行出队操作
访问元素	通过 popFirst( )获取队首元素的 value 值，并进行出队操作
访问元素	通过 popLast( )获取队尾元素的 value 值，并进行出队操作
访问元素	通过 forEach(callbackFn:(value: T, index?: number, deque?: Deque<T>) => void, thisArg?: Object)访问整个 Deque 的元素
访问元素	通过[Symbol.iterator]( ):IterableIterator<T>迭代器进行数据访问
修改元素	通过 forEach(callbackFn:(value: T, index?: number, deque?: Deque<T>)=> void, thisArg?: Object)对队列进行修改操作
删除元素	通过 popFirst( )对队首元素进行出队操作并删除
删除元素	通过 popLast( )对队尾元素进行出队操作并删除

（3）Stack

Stack 可用来构造堆栈对象，存储元素遵循先进后出的规则。Stack 依据泛型定义，要求存储位置是一片连续的内存空间，初始容量为 8 个元素，并支持动态扩容，每次扩容大小为原始容量的 1.5 倍。Stack 底层基于数组实现，入栈、出栈均从数组的同一端操作。

Stack 和 Queue 相比，Queue 基于循环队列实现，只能在一端删除、在另一端插入，而 Stack 都在同一端操作。一般符合先进后出的场景可以使用 Stack。Stack 进行增、删、改、查操作的基本用法如表 5-4 所示。

表 5-4 Stack 基本用法

操作	描述
增加元素	通过 push(item: T)每次在栈顶增加一个元素
访问元素	通过 peek( )获取栈顶元素的 value 值，但是不进行出栈操作
访问元素	通过 pop( )获取栈顶的 value 值，并进行出栈操作
访问元素	通过 forEach(callbackFn: (value: T, index?: number, stack?: Stack<T>) => void, thisArg?: Object)访问整个 Stack 的元素
访问元素	通过[Symbol.iterator]( ):IterableIterator<T>迭代器进行数据访问
访问元素	通过 locate(element: T)获取元素对应的位置
修改元素	通过 forEach(callbackFn:(value: T, index?: number, stack?: Stack<T>) => void, thisArg?: Object)对栈内元素进行修改操作
删除元素	通过 pop( )对栈顶元素进行出栈操作并删除

2. 线性容器的使用

常用的线性容器 ArrayList、Deque、Stack 的使用方法如例 5-30 所示，包括导入模块、增加元素、访问元素及修改元素等操作。

例 5-30 容器类库使用示例

```
// ArrayList
import ArrayList from '@ohos.util.ArrayList'; // 导入 ArrayList 模块

let arrayList = new ArrayList();
arrayList.add('a');
arrayList.add(1); // 增加元素
console.info(`result: ${arrayList[0]}`); // 访问元素
arrayList[0] = 'one'; // 修改元素
console.info(`result: ${arrayList[0]}`);


// Deque
```

```
import Deque from '@ohos.util.Deque'; // 导入 Deque 模块

let deque = new Deque;
deque.insertFront('a');
deque.insertFront(1); // 增加元素
console.info(`result: ${deque[0]}`); // 访问元素
deque[0] = 'one'; // 修改元素
console.info(`result: ${deque[0]}`);

// Stack
import Stack from '@ohos.util.Stack'; // 导入 Stack 模块

let stack = new Stack();
stack.push('a');
stack.push(1); // 增加元素
console.info(`result: ${stack[0]}`); // 访问元素
stack.pop(); // 弹出元素
console.info(`result: ${stack.length}`);
```

5.5.3 XML 生成与解析

XML 是一种用于描述数据的标记语言，旨在提供一种通用的方式来传输和存储数据，特别是 Web 应用程序中经常使用的数据。XML 并不预定义标记，因此更加灵活，适用于广泛的应用领域。

XML 文档由元素（element）、属性（attribute）和内容（content）组成。

① 元素指的是标记对，包含文本、属性或其他元素。

② 属性提供了有关元素的其他信息。

③ 内容是元素包含的数据或子元素。

XML 还可以通过使用 XML Schema 或 DTD（文档类型定义）来定义文档结构。这些机制允许开发人员创建自定义规则以验证 XML 文档是否符合其预期的格式。

XML 还支持命名空间、实体引用、注释、处理指令等特性，使其能够灵活地适应各种数据需求。语言基础类库提供了 XML 相关的基础能力，包括 XML 的生成和 XML 的解析。

XML 可以作为数据交换格式，被各种系统和应用程序所支持。例如 Web 服务，可以将结构化数据以 XML 格式进行传递。

XML 还可以作为消息传递格式，在分布式系统中用于不同节点之间的通信与交互。

XML 模块提供 XmlSerializer 类来生成 XML 文件，输入为固定长度的 Arraybuffer 或 DataView 对象，该对象用于存放输出的 XML 数据。

可通过调用不同的方法来写入不同的内容，如 startElement(name: string)写入元素开始标记，setText(text: string)写入标签值。

① 引入模块。

```
import xml from '@ohos.xml';
import util from '@ohos.util';
```

② 创建缓冲区，构造 XmlSerializer 对象（可以基于 Arraybuffer 构造 XmlSerializer 对象，也可以基于 DataView 构造 XmlSerializer 对象）。

```
// 基于 Arraybuffer 构造 XmlSerializer 对象
let arrayBuffer = new ArrayBuffer(2048); // 创建一个 2048 字节的缓冲区
```

```
let thatSer = new xml.XmlSerializer(arrayBuffer); // 基于 Arraybuffer 构造 XmlSerializer 对象

// 基于 DataView 构造 XmlSerializer 对象
let arrayBuffer = new ArrayBuffer(2048); // 创建一个 2048 字节的缓冲区
let dataView = new DataView(arrayBuffer); // 使用 DataView 对象操作 ArrayBuffer 对象
let thatSer = new xml.XmlSerializer(dataView); // 基于 DataView 构造 XmlSerializer 对象
```

③ 调用 XML 元素生成函数。

```
thatSer.setDeclaration(); // 写入 xml 的声明
thatSer.startElement('bookstore'); // 写入元素开始标记
thatSer.startElement('book'); // 嵌套元素开始标记
thatSer.setAttributes('category', 'COOKING'); // 写入属性及属性值
thatSer.startElement('title');
thatSer.setAttributes('lang', 'en');
thatSer.setText('Everyday'); // 写入标签值
thatSer.endElement(); // 写入结束标记
thatSer.startElement('author');
thatSer.setText('Giada');
thatSer.endElement();
thatSer.startElement('year');
thatSer.setText('2005');
thatSer.endElement();
thatSer.endElement();
thatSer.endElement();
```

④ 使用 Uint8Array 操作 Arraybuffer，调用 TextDecoder 将 view 解码后输出。

```
let view = new Uint8Array(arrayBuffer); // 使用 Uint8Array 读取 arrayBuffer 的数据
let textDecoder = util.TextDecoder.create(); // 调用 util 模块的 TextDecoder 类
let res = textDecoder.decodeWithStream(view); // 对 view 解码
console.info(res);
```

5.6 ArkTS 开发实战

图 5-32 所示为一个待办列表的示例，效果为点击某一事项可替换标签图片、虚化文字。

图 5-32 待办列表运行界面

5.6.1　界面的设计与实现

分析界面结构可以看到，界面上方有一个文本组件，内容是"待办"；下面是若干项待办项，每一项待办项又由带有圆圈图标的图片和相应文字组成。UI 可以由自定义组件完成，如例 5-31 所示。

例 5-31　待办列表界面基本设计

```
@Component
struct TodoItem{
  build(){
    Row(){
        Image()
        Text()
    }
  }
}
@Entry
@Component
struct ToDoList {
  build() {
    Column(){
      Text("待办")
      TodoItem()
      ...
    }
  }
}
```

ToDoList 组件对应的整个待办列表如图 5-33 所示。

ToDoList 组件使用 Column 容器实现列式排列，运行效果如图 5-34 所示。

```
Column(){
    Text("待办")
    TodoItem()
    ...
}
```

图 5-33　ToDoList 组件对应的待办列表

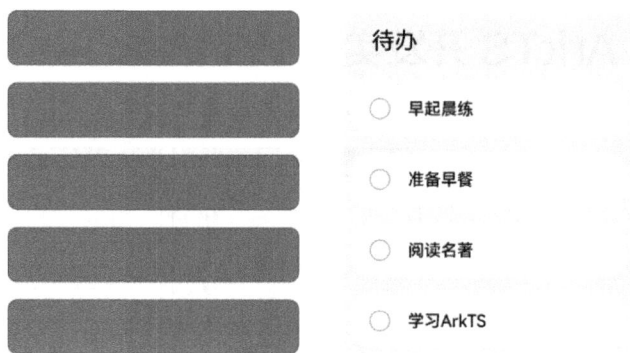

图 5-34　ToDoList 界面设计

ToDoItem 这个自定义组件则对应每一个待办项，如图 5-35 所示。

ToDoItem 使用 Row 容器实现行式排列，如图 5-36 所示。

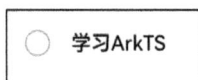

图 5-35　ToDoList 中的 ToDoItem

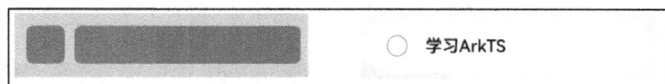

图 5-36　ToDoItem 界面设计

166

```
Row(){
        Image()
        Text()
    }
}
```

在自定义组件内需要使用 build( )函数来进行 UI 描述。build( )函数内可以容纳内置组件和其他自定义组件，如 Column 和 Text 都是内置组件，由 ArkUI 框架提供；ToDoItem 为自定义组件，需要开发者使用 ArkTS 自行声明。

这里每一个待办项的结构是一样的，只是文字内容不同，可以定义一个 content 的私有属性来保存传入的内容，然后通过 Text 组件展示 content 的内容。在使用时使用花括号方式向 content 传入相应的内容，完成创建对应的 ToDoItem 组件。

```
@Entry
@Component
struct ToDoList {
  build() {
    Column(){
      ...
      TodoItem("学习 ArkTS")
    }
  }
}
```

5.6.2　配置属性与布局

自定义组件可使用基础组件和容器组件等内置组件进行组合。但有时内置组件的样式并不能满足我们的需求，比如"待办"文字的大小、颜色、粗细等。ArkTS 提供了属性方法用于描述界面的样式。

例如，对"待办"文本添加样式属性方法，如下所示。

```
Text("待办")
      .fontSize(28)
      .fontWeight(FontWeight.Bold)
      .fontColor("blue")
```

可以改变文本的样式，使其更像一个标题。同理，可以设置图片组件相应的属性。

```
Image($r('app.media.ic_default'))
    .objectFit(ImageFit.Contain)
    .width("28vp")
    .height("20vp")
```

此外，还可以设置容器组件（如待办项的 row 组件）相应属性。

```
Row(){
    ...
    }
    .borderRadius(24)
    .width(500)
    .height(64)
```

5.6.3　改变组件状态

实际开发中，由于交互，界面的内容可能需要产生变化。以每一个 ToDoItem 为例，其在完成时的状态与未完成时的展示效果是不一样的，如图 5-37 所示。

声明式 UI 的特点就是 UI 是随数据更改而自动刷新的，这里定义了一个类型为 boolean 的变量 isComplete，其被@State 装饰后，框架内建立了数据和视图之间的绑定，其值的改变会影响 UI 的显示，如图 5-38 所示。

```
@State isComplete : boolean = false;
```

图 5-37　改变组件状态

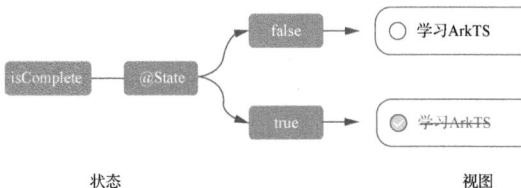

图 5-38　@State 影响 UI

用"圆圈"和"对钩"这两个图片来分别表示相应项待办和已办。这部分涉及内容的切换，需要使用 if/else 条件渲染来设置组件的显示与消失：当判断条件为真时，组件为已办状态；反之，为待办。

```
if(this.isComplete) {
    Image($r('app.media.ic_ok'))
      .objectFit(ImageFit.Contain)
      .width("28vp")
      .height("20vp")
      .margin("20vp")
}
else {
    Image($r('app.media.ic_default'))
      .objectFit(ImageFit.Contain)
      .width("28vp")
      .height("20vp")
      .margin("20vp")
}
```

由于两个 Image 组件的实现具有大量重复代码，ArkTS 提供了@Builder 来装饰函数，可快速生成布局内容，从而避免出现重复的 UI 描述内容。这里使用@Bulider 声明了一个 labelIcon( )函数，参数为 url，对应要传递给 Image 组件的图片路径。

```
@Builder labelIcon(url) {
  Image(url)
    .objectFit(ImageFit.Contain)
    .width("28vp")
    .height("20vp")
    .margin("20vp")
  }
```

只需使用 this 关键字访问@Builder 装饰的函数，即可快速创建布局。

```
if (this.isComplete) {
    this.labelIcon($r('app.media.ic_ok'))
} else {
    this.labelIcon($r('app.media.ic_default'))
}
```

为了让待办项更符合用户体验，给内容的字体也增加相应的样式变化。这里使用了三目运算符来根据状态变化修改其透明度和文字样式，如 opacity 用于控制透明度，decoration 用于设置文字上是否有画线。通过 isComplete 的值来控制其变化。

```
Text(this.content)
    ...
    .opacity(this.isComplete ? CommonConstants.OPACITY_COMPLETED : CommonConstants.
OPACITY_DEFAULT)
    .decoration({ type: this.isComplete ? TextDecorationType.LineThrough :
TextDecorationType.None })
```

最后，为了实现与用户交互的效果，在组件上添加了 onClick 点击事件。当用户点击某个待办项时，数据 isComplete 的更改就能够触发 UI 的更新。

```
Row(){
...
}
...
.onClick(()=>{
 this.isComplete = !this.isComplete;
})
```

5.6.4 循环渲染列表数据

刚刚只是完成了一个 ToDoItem 组件的开发，当我们有多条待办数据需要显示在界面上时，就需要使用到循环渲染 ForEach，如图 5-39 所示。例如，这里有 5 条待办数据需要展示在界面上。

```
totalTasks: Array<string> = [
    "早起晨练",
    "准备早餐",
    "阅读名著",
    "学习 ArkTS",
    "看剧放松"
];
```

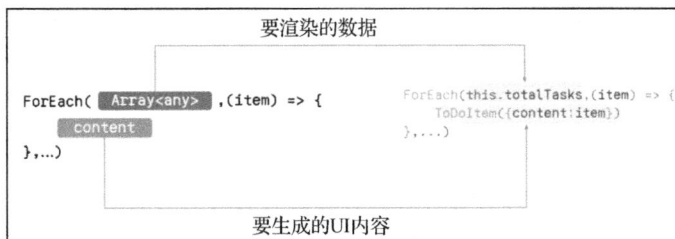

图 5-39 ForEach 基本用法

这里只需要了解要渲染的数据和要生成的 UI 内容两个部分：要渲染的数据为以上 5 条待办事项；要生成的 UI 内容既可以是 ToDoItem 这个自定义组件，也可以是其他内置组件。

在 ToDoItem 这个自定义组件中，每一个 ToDoItem 要显示的文本参数 content 都需要从外部传入（使用花括号的形式），用 content 接收数组内的内容项 item。完整代码如例 5-32 所示。

例 5-32 待办列表界面详细设计

```
@Component
struct TodoItem{
 private content:string;
 @State isComplete:boolean=false;
 @Builder labelIcon(url) {
   Image(url)
     .objectFit(ImageFit.Contain)
     .width("28vp")
     .height("20vp")
     .margin("20vp")
 }
 build(){
   Row(){
      if (this.isComplete) {
        this.labelIcon($r('app.media.ic_ok'))
        } else {
        this.labelIcon($r('app.media.ic_default'))
```

```
            }
          Text(this.content)
            .fontSize("30vp")
            .fontWeight("20vp")
            .opacity(this.isComplete ?0.4 : 1)
            .decoration({ type: this.isComplete ? TextDecorationType.LineThrough :
TextDecorationType.None })    }
        .borderRadius(24)
        .width(500)
        .height(64)
        .onClick(()=>{
          this.isComplete = !this.isComplete;
        })
      }
    }
    @Entry
    @Component
    struct ToDoList {
      // @State message: string = 'Hello World'
      totalTasks: Array<string> = [
        "早起晨练",
        "准备早餐",
        "阅读名著",
        "学习 ArkTS",
        "看剧放松"
      ];
      build() {
        Column(){
          Text("待办")
            .fontSize(28)
            .fontWeight(FontWeight.Bold)
          ForEach(this.totalTasks,(item)=>{
            TodoItem({content:item})
          },item=>JSON.stringify(item))

        }
      }
    }
```

例 5-32 的代码运行结果如图 5-40 所示。

图 5-40 待办列表界面详细设计的运行结果

本章小结

本章主要介绍 OpenHarmony 应用开发中使用的编程语言 ArkTS 语言的相关内容。ArkTS 语言不仅提供了对类、接口、泛型和空安全等高级特性的支持，也通过功能扩展，实现了以声明式描述方式定义应用程序的界面及界面组件间的交互。本章最后对 ArkTS 语言中常用的基础类库进行了分析。

通过对本章内容的学习，读者能够掌握 ArkTS 语言的基础语法，掌握自定义组件的方法，熟悉页面和组件的生命周期定义，重点掌握如何使用状态变量来实现组件和应用的状态管理，以及使用条件渲染和循环渲染方法来实现组件的多样化显示。

课后习题

1. （单选题）类的特点包括（　　　）和（　　　）。
   A. 继承　　　　　　　B. 重载　　　　　　　C. 构造　　　　　　　D. 析构
2. （单选题）为了保障空安全，可以采用的方法是（　　　）和（　　　）。
   A. 可选链　　　　　　　　　　　　B. 非空断言符
   C. 空值合并运算符　　　　　　　　D. 直接使用
3. （多选题）ArkTS 声明式开发范式的基本组成包括（　　　）。
   A. 装饰器　　　　B. 自定义组件　　　　C. 系统组件　　　　D. 事件方法
4. （单选题）实现组件复用可以使用（　　　），实现组件扩展的可以使用（　　　）。
   A. @Styles　　　B. @Extend　　　C. @State　　　D. @Prop
5. （单选题）实现组件级的单向数据同步可以使用（　　　），实现组件级的双向数据同步可以使用（　　　）。
   A. @Prop　　　B. @Link　　　C. @StorageLink　　D. @StorageProp
6. （单选题）（　　　）函数可以通过读取数组类型数据来执行循环渲染。
   A. if/else　　　B. ForEach　　　C. @Prop　　　D. @State

第6章
ArkUI设计与开发

06

学习目标

① 熟悉 ArkUI 框架的基本组成、特性和生命周期。
② 掌握 ArkUI 组件通用特性中的组件属性、样式及事件。
③ 掌握页面布局的构建和核心容器组件的使用方法。
④ 掌握 ArkUI 中动画的使用方法。

随着移动端开发技术的不断发展，传统的复杂代码开发（如使用 Java、C 语言）方式已经无法满足现今的快速开发和迭代的需求，而 ArkTS 作为一种轻量级、解释型、即时编译型编程语言，在移动应用开发中受到了开发者的青睐。OpenHarmony 在系统级支持 ArkTS 开发语言，ArkTS 代码可以在 OpenHarmony 中快速运行。本章将对 ArkUI 的框架基础、组件通用特性、构建复杂的交互界面、容器组件及 ArkUI 其他必要功能进行分析，最后通过一个完整的 OpenHarmony 项目——购物车应用开发来介绍 ArkUI 应用开发的流程，体现其"一次开发，多端部署"特性。

6.1 ArkUI 框架基础

基于 ArkTS 声明式开发范式的方舟开发框架——ArkUI 框架是一套代码极简、高性能、支持跨设备的 UI 开发框架，支持声明式编程和跨设备多态 UI。ArkUI 框架支持 OpenHarmony 应用前端的快速开发，其主要优点如下。

（1）开发效率高，开发体验好

ArkUI 框架通过接近自然语义的方式描述 UI，因此，开发者不必关心框架如何实现 UI 绘制和渲染，代码简洁。通过数据来驱动 UI 变化，可以让开发者更专注业务逻辑的处理。当 UI 发生变化时，开发者无须编写在不同的 UI 之间进行切换的代码，仅需要输入引起 UI 变化的数据，将 UI 如何变化交给框架。

（2）跨设备开发，降低开发成本

采用 ArkUI 框架编写的 OpenHarmony 应用在运行时可自动映射到不同设备类型，整个过程对开发者透明，可降低开发者开发多设备适配应用的成本。

（3）使用方便，运行速度快

ArkUI 框架实现了声明式 UI 前端和 UI 后端分层，UI 后端采用 C++语言构建，提供对应前端的基础组件、布局、动效、交互事件、组件状态管理和渲染管线。提供语言编译器和运行时的优化，包括统一字节码、高效外部函数接口（Foreign Function Interface，FFI）、引擎极小化、类型优化等，这些优化可大大提升基于 ArkUI 框架开发工程的执行速度。

ArkUI 框架包括应用层、声明式 UI 前端、语言运行时和声明式 UI 后端引擎、渲染引擎和平台适配层，如图 6-1 所示。

图 6-1　ArkUI 框架的结构

（1）应用层

应用层指开发者使用 ArkUI 框架开发的 Stage 模型应用，这里的 Stage 模型应用特指 ArkTS Stage 应用。

（2）声明式 UI 前端

声明式 UI 前端主要提供了 UI 开发范式的基础语言规范，并提供内置的 UI 组件、布局和动画，提供了多种状态管理机制，为应用开发者提供一系列接口支持。

（3）语言运行时和声明式 UI 后端引擎

语言运行时提供了针对 UI 范式语法的解析能力、跨语言调用支持的能力和 TS 语言高性能运行环境。声明式 UI 后端引擎提供了兼容不同开发范式的 UI 渲染管线，涉及多种基础组件、布局计算、动效、交互事件，具备了状态管理和绘制能力。

（4）渲染引擎

渲染引擎提供了高效的绘制能力，将渲染管线收集的渲染指令绘制到屏幕。

（5）平台适配层

平台适配层提供了对系统平台的抽象接口，具备接入不同系统的能力，如系统渲染管线、生命周期调度等。

6.2　组件通用特性

组件（Component）是构建页面的核心，每个组件通过对数据和方法的简单封装来实现独立的可视且可交互的功能单元。组件之间相互独立，随取随用，也可以在需求相同的地方对其重复使用。开发者还能通过组件间的合理搭配来设计满足业务需求的新组件，达到降低开发量的效果。

本节介绍组件的通用特性，包括其通用样式和通用事件等。

6.2.1　组件通用样式

组件普遍支持组件通用样式。在前端设计中，最关键的问题是如何将组件在屏幕中显示出来，这就需要定义组件的大小和其在容器中的位置。

有两种方式来定义组件大小和位置：一种是设置组件大小和左上外边距，另一种是设置组件的

4 个外边距。两者有相同的效果，建议使用第一种，因为这种方式适用于用户对组件的样式已经有了清晰的设定，符合用户设计习惯。在第二种方式下，组件的大小受限于周围元素的位置，设置条件过于僵化。此外，不清晰的样式设定会引起设定条件的冲突，ArkUI 框架已经预先定义好了合理的解决方案来处理冲突问题。下面对这两种定义组件大小和位置的方法进行详细描述。

1. 通过设置组件大小和左上外边距固定组件

组件在屏幕中的位置可以通过设置组件大小和左上外边距进行固定，如例 6-1 所示。

例 6-1　设置组件大小和左上外边距的样式

```
@Entry
@Component
struct TextExample1 {
  build() {
    Flex({ direction: FlexDirection.Column, alignItems: ItemAlign.Start, justifyContent:
FlexAlign.SpaceBetween }) {
      // 设置文本水平方向对齐方式
      Text('Capture the Beauty in This Moment.')
      .textAlign(TextAlign.Center)
      .fontSize('50px')
      .border({ width: 1 })
      .margin({top:'100px',left:'30px'})
      .width('600px')
      .height('120px')
      }
  }
}
```

针对该样式，Text 组件显示效果如图 6-2 所示。

对 Text 组件来说，它显示的外形是矩形，定义 border 的 width（边界线宽度）为 1px，边界线颜色和线型为默认设置，就能把该矩形绘制出来。Text 组件显示出来后，就要定义其大小和在屏幕中的位置。大小可以用 width（宽度）和 height（高度）属性来设置。width 属性设置组件自身的宽度，默认值为组件自身内容需要的宽度，对 Text 组件来说就是其中包含的文本的宽度；height 属性设置组件自身的高度，默认值为组件包含的内容需要的高度。此处定义 width 为 600px，height 为 120px。

为了定位 Text 组件，这里采用了 margin 属性，该属性可以用来设置组件的外边距。margin left 指 Text 组件与包含它的容器左边的距离，而 margin top 指 Text 组件与容器上方的距离。当一个矩形的长、宽固定，而且它与容器左边和上边的边距也确定时，则该组件的位置和大小都是确定的。通过大小及左上外边距固定组件的方法如图 6-3 所示。

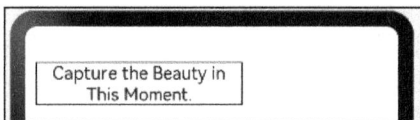

图 6-2　设置组件大小和左上外边距的 Text 组件显示效果

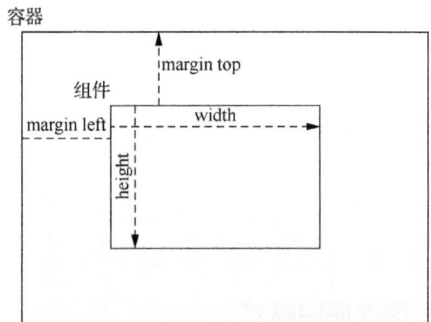

图 6-3　通过组件大小和左上外边距固定组件的方法

2. 通过设置 4 个外边距固定组件

如果不设置组件大小和左上外边距，也可以设置 4 个外边距（top、left、right、bottom）来固定组件，示例代码如例 6-2 所示。

例 6-2　设置组件 4 个外边距的样式

```
@Component
struct TextExample1 {
  build() {
    Flex({ direction: FlexDirection.Column, alignItems: ItemAlign.Start, justifyContent:
FlexAlign.SpaceBetween }) {
      // 文本水平方向对齐方式设置
      Text('Capture the Beauty in This Moment.')
        .fontSize('50px')
        .border({ width: 1 })
        .margin({top:'100px',left:'50px', right:'50px',bottom:'100px'})
        .padding({left:'100px',right:'200px'})
        .textAlign(TextAlign.Start)
    }
  }
}
```

针对该样式，Text 组件显示效果如图 6-4 所示。

对于 Text 组件，固定了 4 个方向上的 margin，因此即使没有定义其宽度和高度，该 Text 组件的位置和大小也是固定的。此外，除了通过定义组件外边距来固定组件，还可以通过设置内边框 padding 来固定组件中内容的显示位置。在图 6-3 中，"Capture the Beauty in This Moment." 被挤到文本框中间，并显示为 3 行，其根本原因是设置了内边距 padding。其中，padding left 指定文本内容与文本框的左边距，此例中设置为 100px；而右边距为 200px，因此文本内容的宽度被固定了，其宽度只能每行显示两个单词。此外，文本内容通过 text 组件的 textAlign 属性进行了左对齐。

图 6-5 所示是通用组件设置完内、外边距后，容器、组件及组件内容的位置关系。

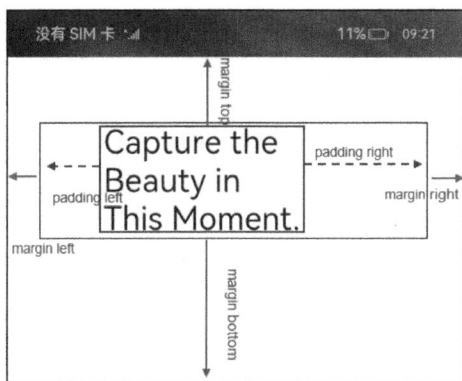

图 6-4　设置 4 个外边距的 Text 组件显示效果

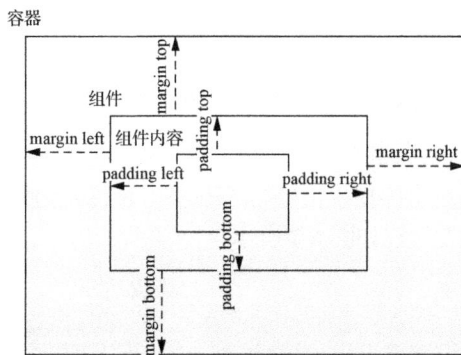

图 6-5　容器、组件及组件内容的位置关系

6.2.2　组件通用事件——点击、触摸和拖曳

移动应用与桌面程序有一个较大的区别是移动应用可以响应手势操作。同样，组件对手势操作也必须有准确、快速的响应。当屏幕上的手势被传感器检测到，OpenHarmony 会直接在当前活动应用中以事件形式通知对应的容器。容器中具体以哪个组件对事件进行响应存在一定的规则，通常由手势所在区域内的组件完成。

手势表示由单个或多个事件识别的语义动作（如点击、触摸和拖曳），通常手势可以分为瞬时手势和持续手势。瞬时手势只包含一个事件，且在该事件发生后立即结束；而持续手势则由多个事件组成，存在完整的生命周期：手势开始→手势持续（活动）→手势结束（中断）。

事件绑定在组件上，当组件达到事件触发条件时，会执行 ArkUI 中对应的事件回调函数，实现 UI

和用户输入的交互。事件与组件的交互如图 6-6 所示，其中组件处于 ArkUI 中。

对 OpenHarmony 来说，ArkUI 框架提供对系统组件的默认支持的手势事件有触摸、点击和拖曳等。

1. 触摸事件

当手指或手写笔在组件上触碰时，会触发不同动作所对应的触摸事件，其回调函数如下。

```
onTouch(event: (event?: TouchEvent) => void)
```

触摸事件是一个持续性手势，可以做如下分解。

① event.type 为 TouchType.Down（按下）：手指按下屏幕时触发该事件。

② event.type 为 TouchType.Move（滑动）：手指按住屏幕并滑动时触发该事件。

③ event.type 为 TouchType.Up（抬起）：手指抬起时触发该事件。

④ 长按（Longpress）：用户在相同位置长时间保持与屏幕接触，为持续性手势。

前 3 项中的 event 参数为 TouchEvent 类型。TouchEvent 类型有两个数组类型的属性，分别是 touches 和 changedTouches，两者均为触摸事件产生的一些数据的集合。其中，touches 属性包含屏幕触摸点的信息；而 changedTouches 属性包括产生变化的屏幕触摸点的信息。changedTouches 属性记录有变化（如手指触摸位置发生变化、某点的触摸事件从有变无等情况）的触摸点。举例来说，当用户手指刚接触屏幕时，touches 数组中有数据，但 changedTouches 数组中无数据，因为此时只有一些刚被构建的触摸点，其状态没有发生变化；当手指发生移动后，触摸点的状态发生了变化，此时 touches 和 changedTouches 数组中都有数据。

2. 点击事件

点击事件是指用户通过手指或手写笔做出一次完整的按下和抬起动作，为瞬时手势。当发生点击事件时，会触发以下回调函数。

```
onClick(event: (event?: ClickEvent) => void)
```

event 参数提供点击事件相对于窗口或组件的坐标位置，以及发生点击的事件源。点击事件是系统组件中最常见的交互事件，在前文中已经有过很多的例子。

3. 拖曳事件

拖曳事件指手指/手写笔长按（时长≥500ms）组件，并拖曳到接收区域释放的事件。组件拖曳事件触发流程如图 6-7 所示。

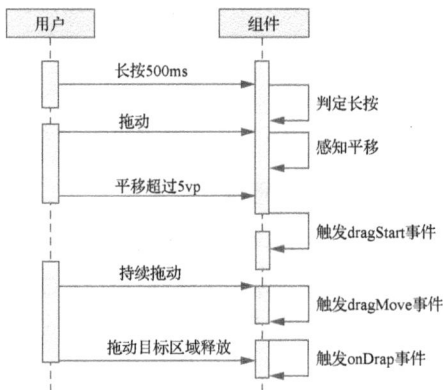

图 6-7 组件拖曳事件触发流程

通过长按、拖动平移判定，平移的距离达到 5vp（vp 为屏幕密度像素单位）即可触发拖曳事件。ArkUI 支持应用内、跨应用的拖曳事件。

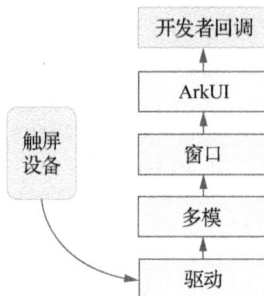

图 6-6 事件与组件的交互

6.3 构建复杂的交互界面

OpenHarmony 中常用的组件分为四大类，依次为基础组件、容器组件、媒体组件和画布组件。其中，基础组件主要是一些简单的组件，包括 Text、Image、Button 等；容器组件则是装载基础组件的特殊组件，包括 List 和 Tabs 等，通过容器组件可以实现对基础组件的有序管理；媒体组件主要用于对视频进行播放；画布组件负责在屏幕上进行自定义图形绘制。有序组合设计这些组件，特别是合理运用容器组件，可以构建出功能完善的用户界面。

6.3.1 布局构建

在设计用户界面前，需确定用户界面运行的环境，包括移动设备可以显示的区域。只有了解可显示区域的大小，才能让组件精准地分布到屏幕上，形成友好的界面风格。在 ArkUI 框架中，手机和智慧屏的基准宽度为 720lpx（lpx 为逻辑像素单位），显示时会根据实际屏幕宽度进行缩放。

显示的换算关系如下：组件的 width 设为 100lpx 时，在宽度为 720px 的屏幕上，实际显示为 100px；在宽度为 1440px 的屏幕上，实际显示为 200px。智能可穿戴设备的基准宽度为 454lpx，换算逻辑同理。

组件按照布局的要求依次排列，构成应用的页面。在声明式 UI 中，所有的页面都由自定义组件构成，开发者可以根据自己的需求选择合适的布局进行页面开发。移动应用开发中的布局，是指用特定的组件或者属性来管理用户页面所放置 UI 组件的大小和位置。

一个页面的基本元素包含标题区域、文本区域、图片区域等，每个基本元素内还可以包含多个子元素，开发者根据需求还可以添加按钮、开关、进度条等组件。在构建页面布局时，需要对每个基本元素思考以下几个问题。

① 该元素的尺寸和排列位置。

② 是否需要设置对齐、内间距或者边界线。

③ 是否包含子元素及其排列位置。

④ 是否需要容器组件及其类型。

问题①和问题②在组件通用属性中已经介绍过了，属于组件个体属性和样式设置；问题③和问题④考虑的是组件和子组件的关系，以及组件与父组件之间的关系。这里的父组件往往是容器组件。

将页面中的元素分解之后再对每个基本元素按顺序实现，可以减少多层嵌套造成的视觉混乱和逻辑混乱，提高代码的可读性，方便后续对页面做调整。一个典型的页面如图 6-8 所示，下面以该页面为例进行分解。

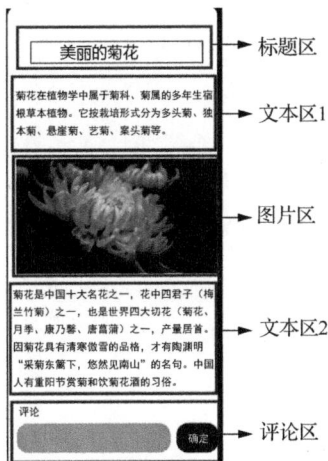

图 6-8 一个典型的页面

图 6-8 所示整个页面为一个大的 Column 容器组件，其中包含 5 个区，分别为标题区、文本区 1、图片区、文本区 2 和评论区，这 5 个区组成一列，共同构建了外层 Column 容器的内容。Column 组件是最常用的容器组件之一，常用作页面结构的根节点或用于对内容进行分组。

6.3.2 基础组件和容器组件的关系

容器组件有自己的样式，使用大小、边距、排列等属性来定义自己的外观。当容器组件包含其他容器组件和别的子组件时，其样式属性也会作用于其包含的组件。容器组件及其子组件的关系如图 6-9 所示。

其中，容器组件包含基础组件，有时候也称容器组件为其包含的基础组件的父组件，而基础组件称为容器组件的子组件。但容器组件和基础组件并不是类的继承关系，只是在显示上存在包含关系；此外，同级基础组件的关系是平行的，可以称为兄弟关系。可以把组件这样的包含和平行关系称为组件的层次结构。

容器样式中定义的栏目（如长宽和边距等）均属于容器组件自身的属性。这些属性除了作用到容器，也作用到它包含的基础组件或其他容器组件，或者说这些属性会约束其子组件。例如，Row 容器组件定义了自己的宽度为 300px，则其中的所有横向排列子组件的宽度及其外边距的和不应超过 300px，一旦超过则无法正常显示。

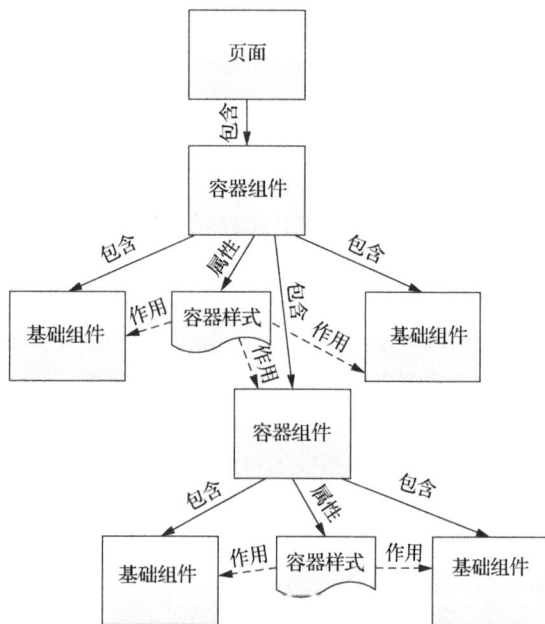

图 6-9 容器组件及其子组件的关系

6.3.3 添加标题区和文本区

实现标题区和文本区最常用的是基础组件 Text。Text 组件用于展示文本，可以设置不同的属性和样式，文本内容需要写在 Text 组件的内容区。在页面中插入标题区和文本区的示例代码如例 6-3 所示。

例 6-3 定义标题区和文本区

```
@Extend(Text) function titlefancy() {
  .fontColor('#1a1a1a')
  .fontSize('50px')
  .lineHeight('60px')
}

@Extend(Text) function bodyfancy() {
  .fontColor('#000000')
  .fontSize('35px')
  .lineHeight('60px')
}
@Entry
@Component
struct BeautyFlower {
  headTitle='美丽的菊花'
```

　　paragraphFirst='菊花在植物学中是菊科、菊属的多年生宿根草本植物。它按栽培形式分为多头菊、独本菊、悬崖菊、艺菊、案头菊等。'

　　paragraphSecond='菊花是中国十大名花之一，花中四君子（梅兰竹菊）之一，也是世界四大切花（菊花、月季、康乃馨、唐菖蒲）之一，产量居首。因菊花具有清寒傲雪的品格，才有陶渊明"采菊东篱下，悠然见南山"的名句。中国人有重阳节赏菊和饮菊花酒的习俗。'

```
build()
{
 Column(){
   Text(this.headTitle)
     .titlefancy()
   Text(this.paragraphFirst)
     .bodyfancy()
   Text(this.paragraphSecond)
     .bodyfancy()
 }
 .margin({top:'20px',left:'30px'})
 .height('100%')
 .justifyContent(FlexAlign.Center)
}
}
```

　　例 6-3 所示为 index.ets 的源代码，其中声明了一个 Column 容器组件；3 个 Text 组件，分别为标题、段落 1 和段落 2。这 3 个 Text 组件的样式通过 @Extend 进行了定义。对于 Column 容器组件，可以定义其中内容的排列方向，容器内组件按垂直方向从上到下排列；如果使用 Row 容器，则容器内组件按水平方向从左到右排列。Column 容器还可以通过设置 justifyContent 属性为 FlexAlign.Center 来让容器内所有组件在垂直方向居中对齐。例 6-3 中还设置了 Column 组件与手机屏幕顶部和左边框的间距，其包含的子组件都遵循左边距的设定，进行左对齐。

　　通常把通过线性容器 Row 和 Column 构建的布局称为线性布局，这种布局也是移动开发中最常用的布局之一。线性布局是其他布局的基础，其子元素在线性方向（水平方向和垂直方向）上依次排列。线性布局的排列方向由所选容器组件决定。对线性布局来说，有以下 5 个关键概念。

　　① 布局容器（Layout Container）：具有布局能力的容器组件，可以承载其他元素作为其子元素，布局容器会对其子元素进行尺寸计算和布局排列。

　　② 布局子元素（Layout Element）：布局容器内部的元素。

　　③ 主轴（Main Axis）：线性布局容器在布局方向上的轴线，子元素默认沿主轴排列。Row 容器主轴为横向，Column 容器主轴为纵向。

　　④ 交叉轴（Cross Axis）：垂直于主轴方向的轴线。Row 容器交叉轴为纵向，Column 容器交叉轴为横向。

　　⑤ 间距（Space）：布局子元素的纵向间距。

　　下面对线性布局的主轴对齐和交叉轴对齐进行分析，这两种对齐方式在线性布局中使用较多，这里均以 Column 容器为例。

1. 布局子元素在交叉轴上的对齐方式

　　在布局容器内，可以通过 alignItems 属性设置子元素在交叉轴（排列方向的垂直方向）上的对齐方式，且在各类尺寸屏幕中表现一致。其中，交叉轴为垂直方向时取值为 VerticalAlign，为水平方向时取值为 HorizontalAlign。

　　alignSelf 属性用于控制单个子元素在容器交叉轴上的对齐方式，其优先级高于 alignItems 属性。如果设置了 alignSelf 属性，则在相应子元素上会覆盖 alignItems 属性。

　　图 6-10 展示的是 Column 容器内子元素在交叉轴上的对齐方式。HorizontalAlign.Start：子元素

在水平方向左对齐。**HorizontalAlign.Center**：子元素在水平方向居中对齐。**HorizontalAlign.End**：子元素在水平方向右对齐。

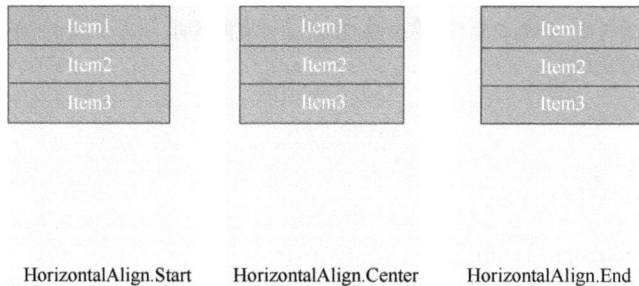

HorizontalAlign.Start　　　　HorizontalAlign.Center　　　　HorizontalAlign.End

图 6-10　Column 容器内子元素在交叉轴上的对齐方式

2. 布局子元素在主轴上的对齐方式

在布局容器内，可以通过 justifyContent 属性设置子元素在容器主轴上的对齐方式。可以从主轴起始位置开始排布，也可以从主轴结束位置开始排布，或者均匀分割主轴的空间。

图 6-11 展示的是 Column 容器内子元素在主轴上的对齐方式。相对于交叉轴上的对齐方式，主轴上的对齐方式具有更大的灵活性。

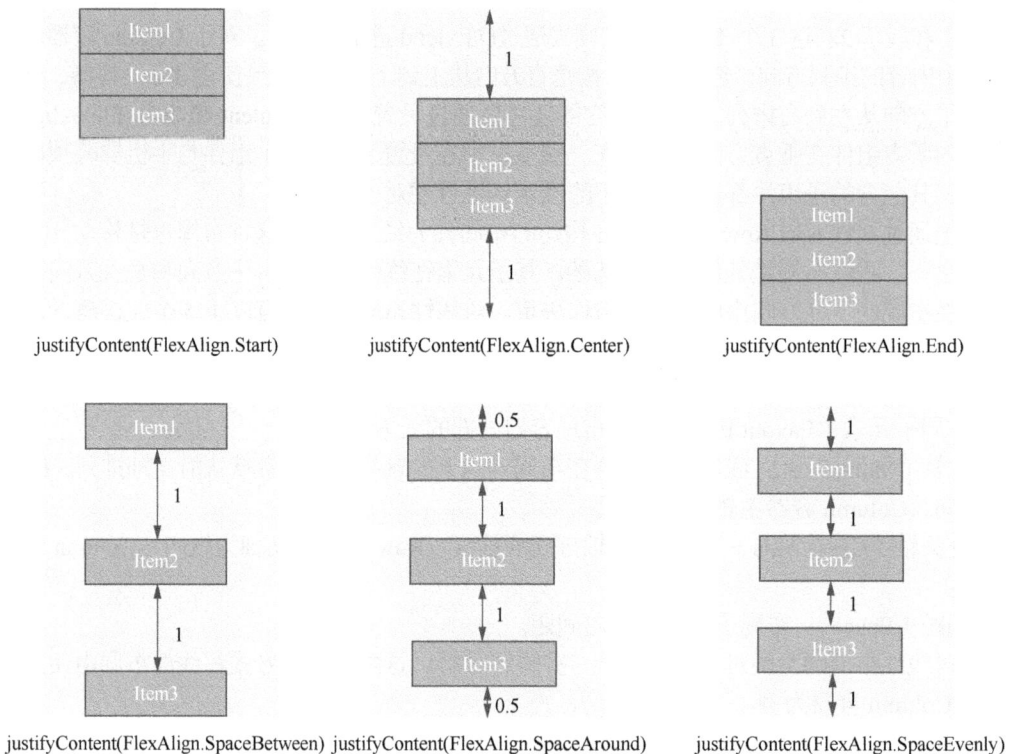

justifyContent(FlexAlign.Start)　　justifyContent(FlexAlign.Center)　　justifyContent(FlexAlign.End)

justifyContent(FlexAlign.SpaceBetween)　justifyContent(FlexAlign.SpaceAround)　　justifyContent(FlexAlign.SpaceEvenly)

图 6-11　Column 容器内子元素在主轴上的对齐方式

从图 6-11 可以看出 justifyContent 属性取如下不同值时各子元素的排列差异。

① justifyContent(FlexAlign.Start)：元素在主轴方向首端对齐，第一个元素与行首对齐，同时后续的元素与前一个对齐。

② justifyContent(FlexAlign.Center)：元素在主轴方向中心对齐，第一个元素与行首的距离与最后一个元素与行尾的距离相同。

③ justifyContent(FlexAlign.End)：元素在主轴方向尾部对齐，最后一个元素与行尾对齐，其他元素与最后一个元素对齐。

④ justifyContent(FlexAlign.SpaceBetween)：在主轴方向上均匀分布元素，相邻元素之间距离相同。第一个元素与行首对齐，最后一个元素与行尾对齐。

⑤ justifyContent(FlexAlign.SpaceAround)：在主轴方向上均匀分布元素，相邻元素之间距离相同。第一个元素到行首的距离和最后一个元素到行尾的距离是相邻元素之间距离的一半。

⑥ justifyContent(FlexAlign.SpaceEvenly)：在主轴方向上均匀分布元素，相邻元素之间的距离、第一个元素与行首的距离、最后一个元素与行尾的距离一样。

6.3.4　添加图片区

添加图片区通常采用 Image 组件来实现，使用的方法和 Text 组件类似。使用 Image 组件时一定要指定 src 属性，即图片的来源。图片资源通常放在 ets 目录下的任意位置，目录需开发者自行创建，通过相对路径进行访问。

向页面中添加图片区定义、样式及数据的代码如例 6-4 所示。

例 6-4　图片区定义、样式及数据

```
Image('pic/ju.bmp)
.height('385px')
.margin({top:'30px',bottom:'30px'})
```

Image 组件的样式文件中设置了上、下外边距，这是要与其上、下的两个文本框拉开距离；也设置了图片框的高度；其宽度没有定义，继承容器组件的宽度。在例 6-4 中可以看到，容器组件的宽度就是屏幕宽度减 20px 后得到的值，因此 Image 组件的大小和位置都得到了确定。

Image 组件的图片来源是 ets/pic 目录下的 ju.bmp。当该图片的实际尺寸超过或不足 Image 组件定义的图片框大小时，就会对图片进行裁剪或拉伸，这取决于开发者对 Image 组件属性 objectFit 的设定。objectFit 属性的取值为枚举类型 ImageFit，有以下 6 种取值，如表 6-1 所示。

表 6–1　objectFit 属性的 6 种取值

取值	描述
Cover	保持宽高比进行缩小或者放大，使得图片两边都超出或对齐显示边界线，并居中显示
Contain	保持宽高比进行缩小或者放大，使得图片完全显示在显示边界线内，并居中显示
Fill	不保持宽高比进行放大或缩小，使得图片 4 条边对齐显示边界线
Auto	自适应显示
None	保持原有尺寸进行居中显示
ScaleDown	保持宽高比居中显示，图片缩小或者保持不变

在例 6-4 中，Image 组件没有设定 objectFit 属性，采用默认值 None。图 6-12 所示是设置 objectFit 属性为 4 种不同取值时 Image 组件显示图片的效果。从图中可以看出，Cover 模式和 Fill 模式都使图片占据了整个 Image 组件，但显示方式有区别，Cover 是等比例放大，而 Fill 是直接填充；Contain 模式和 ScaleDown 模式均没有使图片占据整个 Image 组件，图片居中显示。

（a）Cover　　　　（b）Contain　　　　（c）Fill　　　　（d）ScaleDown

图 6-12　Image 组件 ObjectFit 属性设置

6.3.5 添加评论区

评论区的功能如下：用户输入评论后点击"确定"按钮，评论区即显示评论内容，"确定"按钮变成"删除"按钮；用户点击"删除"按钮可删除当前评论内容，评论区可以重新输入，"删除"按钮变成"确定"按钮。由此可以看到评论区的按钮上显示的字符串是一个状态变量，同时评论内容也需要设置为状态变量。评论区不是一个简单的基础组件，从页面上看，其至少包含 3 个基础组件：Text（文本）组件、Input（交互）组件和 Button（按钮）组件。由于 Input 组件和 Button 组件是按行排列的，因此它们不能和前面的 Image 等组件从属于同一个容器。下面介绍评论区的页面结构设计与实现。

1. 评论区页面结构设计

采用的设计方法是将评论区进行分解，如图 6-13 所示。从评论区的设计可以看出，页面结构的构建除了看其空间上的包含关系，也要辅助观察组件之间的逻辑关系，如图中的 3 个基础组件都属于评论区。

评论区是一个大的 Column 容器，该容器包含一个 Text 组件和一个 Row 容器，Text 组件和 Row 容器按列排列；而 Row 容器包含两个按行排列的子组件——TextInput 和 Button。在 Row 容器中的"确定"按钮按下后，TextInput 组件中用户输入的内容会以 Text 方式显示在评论区。

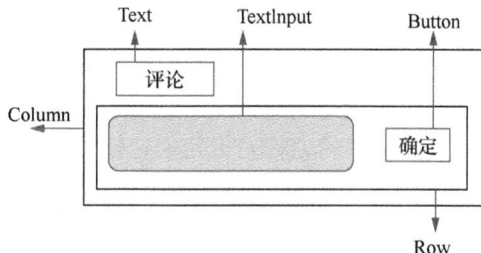

图 6-13　评论区页面结构设计

开发者可以使用 TextInput 组件实现输入评论，使用 Text 组件实现显示评论，因此评论前后使用的组件是不一样的，可以使用 if/else 条件渲染来实现。在包含文本"确定"和"删除"的 Button 组件的 onClick 事件中实现添加评论和删除评论。具体的评论区页面结构实现代码如例 6-5 所示。

例 6-5　评论区页面结构

```
@State confirmorcancel:string='确定'
@State ifcomment:boolean=false
@State commenttext:string=''
 Column() {
 Text('Comment')
 Row() {
  if (this.ifcomment==false)
   TextInput()
    .width('70%')
    .onChange((value: string) => {
     this.commenttext=value
  })
  else
   Text(this.commenttext)
    .width('70%')
 Button(this.confirmorcancel)
  .onClick(()=>{
   if (this.ifcomment==false)
   {
    this.ifcomment=true
    this.confirmorcancel='删除'
   }
   else
   {
```

```
        this.ifcomment=false
        this.confirmorcancel='确认'
    }})
  }
.alignItems(HorizontalAlign.Start)
}
```

例 6-5 中通过 if/else 条件渲染功能，根据 commenttext 这个状态变量来决定到底是显示 TextInput（交互）组件还是 Text 组件。通过这种显示效果的切换，从外观上达到评论已发表的效果。当图 6-13 中的 Row 容器左边显示的是 TextInput 组件时，用户点击组件后可以从屏幕上唤醒虚拟键盘。评论区的运行结果如图 6-14 所示。

图 6-14　评论区的运行结果

这里有两个新的基础组件：Button 和 TextInput。Button 组件的用法和 Text 基本类似，但它可以响应 onClick 事件，通常用来作为某些事件的触发条件。此外，按钮也分为不同类型，通过其属性 type 来指定，通常有胶囊按钮、圆形按钮和普通按钮。默认情况下展示给用户的按钮为胶囊按钮，可以通过设置 borderRadius 属性来给按钮添加圆角。

TextInput 组件和 Text 组件的最大区别是 TextInput 组件能提供更好的交互性，可以支持用户输入文本，为单行文本输入框；此外还可以根据交互的不同作用，设置交互的类型为 Email、Normal、Number、PhoneNumber 和 Password 等。类型的设定通过设置其属性 type 来实现。type 默认值为 Normal，支持输入数字、字母、下画线、空格、特殊字符等。TextInput 组件的典型响应事件为 onChange，当交互式输入内容发生变化时触发该事件，返回用户当前输入值。

2. 评论区页面交互设计

评论区 TextInput 组件初始为空，状态变量 ifcomment 初始为 false，TextInput 组件显示响应用户输入。在用户输入文字的同时，会触发 TextInput 组件的 onChange 事件，onChange 事件会更新状态变量 commenttext 为交互时用户输入的值。

当用户点击"确认"按钮后，触发按钮的 onClick 事件，更新 ifcomment 状态变量。ifcomment 状态变化会使评论区的 TextInput 组件变成只能显示文字的 Text 组件，其显示内容正好来自用户输入的 commenttext 状态变量，同时"确认"按钮变为"删除"按钮。

6.4　容器组件

6.3 节中介绍了容器组件 Column/Row 的用法，通过其对页面布局的组织方式介绍了容器组件的优点。其实在 OpenHarmony 中还存在一些常用的容器组件，包括 List、Tabs、Grid、Swiper 和 Stack 等。

6.4.1　List 组件

要将页面的基本元素组装在一起，需要使用容器组件。在页面布局中常用到 3 种容器组件，分别是 Column、List 和 Tabs。在页面结构相对简单时，可以直接用 Column 作为容器，因为 Column 作为单纯的布局容器可以支持多种子组件，使用起来较为方便。

当页面结构较为复杂时，如果使用 Column 循环渲染，容易出现卡顿，因此推荐使用 List（列表）组件代替 Column 组件实现长列表布局，从而实现更加流畅的列表滚动效果。它适用于呈现同类数据类型或数据类型集，例如图片和文本。在列表中显示数据集合是许多应用程序中的常见要求（如通讯录、音乐列表、购物清单等）。

需要注意的是，List 组件仅支持 ListItem 和 ListGroup 作为子组件。List 为列表中的行或列提供单个视图，或使用循环渲染迭代一组行或列，或混合任意数量的单个视图和 ForEach 结构，以构建一个列表。List 组件支持使用条件渲染、循环渲染、懒加载等渲染控制方式生成子组件。

List 组件包含一系列相同宽度的列表项，适合连续、多行呈现同类数据，如图片和文本。假设现在要以列表形式显示 3 张花朵图片和其名称，使用 List 组件的页面结构如例 6-6 所示。

例 6-6　使用 List 组件的页面结构

```
class flower {
  name:string
  src:string
  constructor(name: string,src:string) {
    this.name = name
    this.src=src
  }
}


@Entry
@Component
struct flowerlist {
  @State flowerlist:flower[]=[
    {name:'菊花',src:'pic/ju.jpeg'},
    {name:'玫瑰',src:'pic/rose.jpeg'},
    {name:'向日葵',src:'pic/sun.jpg'}
  ];

  build() {
    List() {
      ForEach(this.flowerlist,(item:flower)=>{
        ListItem() {
          Row(){
            Image(item.src)
              .width(40)
              .height(40)
              .margin(10)
            Text(item.name).fontSize(20)
          }
        }
      },item=>item.name)

    }
```

```
    .backgroundColor('#FFF1F3F5')
    .alignListItem(ListItemAlign.Start)
    }
}
```

该结构代码很简单，只定义了一个容器组件 List 和 List 中包含的组件 ListItem（列表项）。从例 6-6 中的代码可以看到，ListItem 本身也是一个容器组件，其中包含一个容器组件 Row，Row 中定义了一个 Image 组件和一个 Text 组件。List 组件中的每一行都是一个 ListItem，而每个 ListItem 中显示的内容类型通常是一致的。通过循环渲染 ForEach 来生成多条 ListItem，生成的数量由 flowerlist 数组中元素的数量决定；而 ListItem 中的 Text 组件和 Image 组件的数据则来自 flowerlist 中的数组元素 item。

从例 6-6 可知，对于 List 组件的样式，定义了 alignListItem 属性为 ListItemAlign.Start，则 List 组件内所有的列表项都在水平方向左对齐；也定义了一个背景颜色，可以将列表项从无数据的背景中区分出来；最后在 ListItem 中将 Image 组件的宽和高都定义为 40px，外边距定义为 10px。这样就实现了对 ListItem 高度的定义，并排显示的 Image 和 Text 之间也有了间距。

在例 6-6 中还定义了 flowerList 数组的内容，该数组包含 3 个元素，而每个元素均为一个 flower 对象，每个 flower 对象又包含两个属性，一个属性 src 指明图片的地址，另一个属性 name 定义图片的名称。3 张图片均放在与项目页面文件同级的 ets 目录下的 pic 子目录中。由于列表的数据来自 flowerlist 数组，因此列表会显示 3 行，如图 6-15 所示。

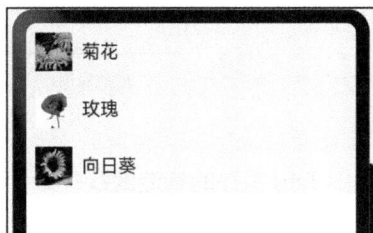

图 6-15　列表显示

List 组件和 ListItem 组件可以和其他的容器组件一起使用，既可以包含其他容器组件，也可以被其他容器组件所包含。接下来给该列表加一个标题，页面结构代码如例 6-7 所示。

例 6-7　给列表添加标题的页面结构

```
Column({space:10}) {
  Text('花朵列表')
  .fontSize(30)
  List() {
    ...
    }
}
```

例 6-7 在例 6-6 代码的基础上加了 Column 容器组件，然后在 List 组件前加上 Text 组件，带标题的花朵列表显示效果如图 6-16 所示。

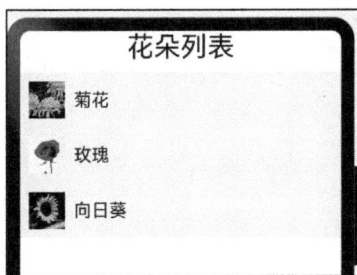

图 6-16　带标题的花朵列表显示效果

6.4.2　Tabs 组件

当页面经常需要动态加载时，推荐使用 Tabs（页签）组件。当页面信息较多时，为了让用户能够聚焦于当前显示的内容，需要对页面内容进行分类，以提高页面空间利用率。Tabs 组件可以在一个页面内快速实现视图内容的切换，一方面可提升查找信息的效率，另一方面可精简用户单次获取的信息。

Tabs 组件的页面包含两个组成部分，分别是 TabContent 和 TabBar。TabContent 是内容页，TabBar 是页签的导航栏，其布局如图 6-17 所示。根据不同的导航类型，布局会有区别，可以分为顶部导航、底部导航、侧边导航，其导航栏分别位于顶部、底部和侧边。

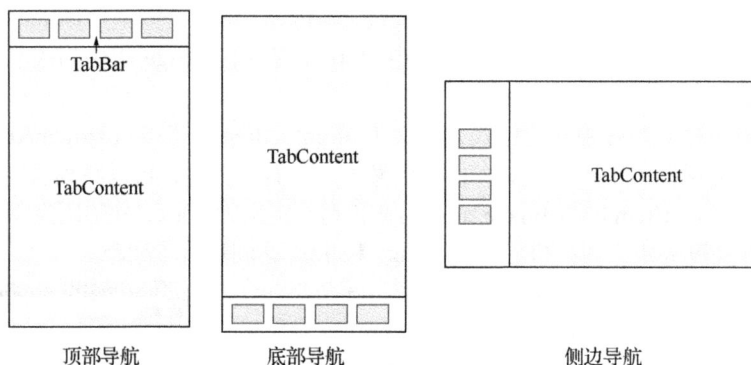

图 6-17　Tabs 组件布局

Tabs 组件的构造函数有如下 3 个重要参数。

① index，number 类型，表示当前激活的是哪个页签。

② barPosition，枚举类型，用来设置导航栏的位置。该属性要和另一个属性 vertical 配合使用，vertical 属性用于设置导航栏中页签的排列方向。当 barPosition 取值为 BarPosition.Start 时，如果 vertical 属性为 true，导航栏位于容器左侧；vertical 属性为 false，导航栏位于容器顶部。当 barPosition 取值为 BarPosition.End 时，如果 vertical 属性为 true，导航栏位于容器右侧；vertical 属性为 false，导航栏位于容器底部。

③ controller，TabsController 类型，可以使用 changeIndex( )方法来控制 Tabs 组件进行页签切换。

此外 Tabs 组件还支持 onChange 事件，该事件在页签切换后触发。下面接着用 Tabs 组件来改进例 6-7 中用 List 组件显示的花朵列表，页面结构代码如例 6-8 所示。

例 6-8　使用 Tabs 组件的页面结构

```
class flower {
  name:string
  src:string
  flowerdesc:string
  constructor(name: string,src:string,desc:string) {
    this.name = name
    this.src=src
    this.flowerdesc=desc
  }
}

@Entry
@Component
struct TabsExample {
  @State fontColor: string = '#182431'
  @State selectedFontColor: string = '#007DFF'
  @State currentIndex: number = 0
```

```
    @State flowerlist:flower[]=[
        {name:'菊花',src:'pic/ju.bmp',flowerdesc:'菊花在植物学中属于菊科、菊属的多年生宿根草本植
物。它按栽培形式分为多头菊、独本菊、悬崖菊、艺菊、案头菊等。'},
        {name:'玫瑰',src:'pic/rose.jpeg',flowerdesc:'玫瑰是蔷薇目、蔷薇科、蔷薇属的落叶灌木。枝干
多针刺，奇数羽状复叶，小叶5～9片，椭圆形，叶缘锯齿。花瓣倒卵形，重瓣至半重瓣。'},
        {name:'向日葵',src:'pic/sun.jpeg',flowerdesc:'向日葵是菊目、菊科、向日葵属的植物。它因花会
随太阳转动而得名。一年生草本植物，高1～3.5米。'}
    ]
    private controller: TabsController = new TabsController()

    @Builder TabBuilder(index: number, name: string) {
      Column() {
        Text(name)
          .fontColor(this.currentIndex === index ? this.selectedFontColor : this.fontColor)
          .fontSize(16)
          .fontWeight(this.currentIndex === index ? 500 : 400)
          .lineHeight(22)
          .margin({ top: 17, bottom: 7 })
        Divider()
          .strokeWidth(2)
          .color('#007DFF')
          .opacity(this.currentIndex === index ? 1 : 0)
      }.width('100%')
    }

    build() {
      Flex({ direction: FlexDirection.Column, alignItems: ItemAlign.Center, justifyContent:
FlexAlign.Center }) {
        Text('花朵列表')
        Tabs({ barPosition: BarPosition.Start, controller: this.controller }) {
          TabContent() {
            Column(){
              Image(this.flowerlist[0].src)
              .height(300)
              Text(this.flowerlist[0].flowerdesc)
              .fontSize(20)
            }.width('100%').height('100%')
          }.tabBar(this.TabBuilder(0, '菊花'))
          TabContent() {
            Column(){
              Image(this.flowerlist[1].src)
              .height(300)
              Text(this.flowerlist[1].flowerdesc)
              .fontSize(20)
            }.width('100%').height('100%')
          }.tabBar(this.TabBuilder(1, '玫瑰'))

          TabContent() {
            Column(){
              Image(this.flowerlist[2].src)
              .height(300)
              Text(this.flowerlist[2].flowerdesc)
              .fontSize(20)
```

```
      }.width('100%').height('100%')
    }.tabBar(this.TabBuilder(2, '向日葵'))

  }
  .vertical(false)
  .barMode(BarMode.Fixed)
  .barWidth(360)
  .barHeight(56)
  .animationDuration(400)
  .onChange((index: number) => {
    this.currentIndex = index
  })
  .width(360)
  .height(500)
  .margin({ top: 52 })
  .backgroundColor('#F1F3F5')
}.width('100%')
  }
}
```

　　TabContent 也是容器组件，也就是说其可以包含子组件，如常用的 Column 组件等。从例 6-8 可以看出，tabBar 的生成是通过 @Builder 装饰自定义组件的构造函数 TabBuilder( ) 完成的，tabBar 中包含一个 Text 组件和一个 Divider 组件。

　　TabContent 是用来展示内容的区域，大小默认为剩余空间，其中的子组件排列方式为纵向排列。TabContent 的结构稍微复杂一些，由于有 3 个页签，也有 3 个 TabContent。由于每个页签内容需要显示一张花的图片和对应的介绍，每个页签内容的子组件为一个容器组件 Column，其中每个 Column 组件包含一个 Image 组件和一个 Text 组件。

　　例 6-8 中的弹性容器声明了整个页面的样式：容器中的两个组件 Text 和 Tabs 按列排列，居中显示。弹性容器实现子组件居中显示且按列排列的方法是弹性布局，如图 6-18 所示。弹性布局中，子组件的对齐方式是基于主轴（main axis）和交叉轴（cross axis）的。

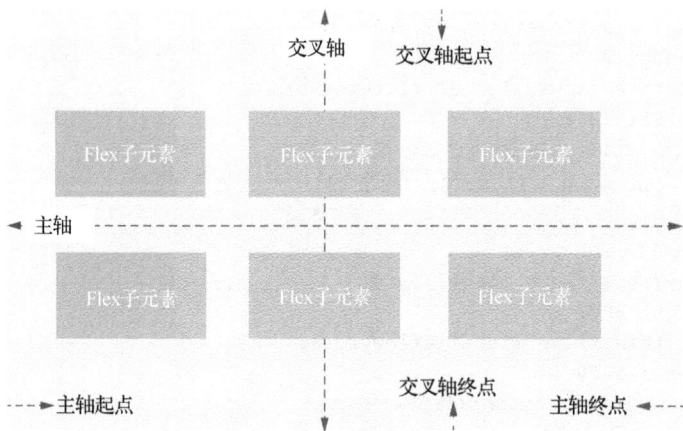

图 6-18　弹性容器和弹性布局

　　相比线性布局，弹性布局能提供更加有效的方式对容器中的子元素进行排列、对齐和分配剩余空间。容器默认存在主轴与交叉轴，子元素默认沿主轴排列，子元素在主轴方向的尺寸称为主轴尺寸，在交叉轴方向的尺寸称为交叉轴尺寸。弹性布局在开发场景中用得较多，比如页面头部导航栏的均匀分布、页面框架的搭建、多行数据的排列等场景。

默认情况下，水平轴为主轴，方向为从左至右；垂直轴为交叉轴，方向为从上至下。可以通过改变 direction 属性来改变主轴的方向，取值有 Row（水平）和 Column（垂直）等方向，如图 6-19 所示。

主轴的开始位置（与边框的交叉点）称为主轴起点（main start），结束位置称为主轴终点（main end）；交叉轴的开始位置称为交叉轴起点（cross start），结束位置称为交叉轴终点（cross end）。弹性容器通过声明 justifyContent 属性来定义子组件在主轴上的对齐方式，声明 alignItems 属性来定义子组件在交叉轴上的对齐方式。这两个属性的取值可以是 FlexAlign.Start、FlexAlign.Center 和 FlexAlign.End 等，分别代表子组件在主轴上沿起点对齐（左对齐）、沿中心点对齐和沿终点对齐（右对齐），子组件在交叉轴上沿起点对齐（上对齐）、沿中心点对齐和沿终点对齐（下对齐），如图 6-20 所示。

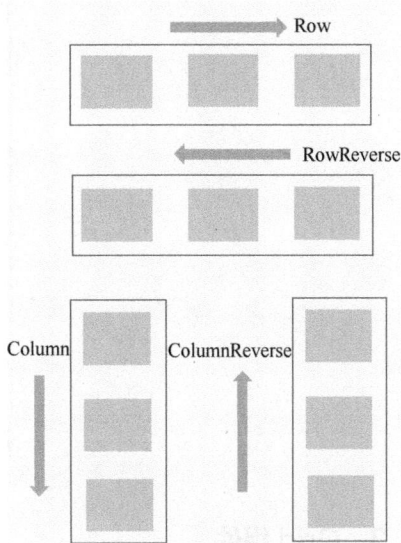

图 6-19 弹性容器子组件排列方向

此外，弹性布局还可提供更为丰富的组件对齐方式，包括 FlexAlign.SpaceBetween，即在主轴方向均匀分配弹性元素，相邻子组件之间距离相同，第一个子组件和最后一个子组件与父元素边沿对齐；FlexAlign.SpaceAround，即在主轴方向均匀分配弹性元素，相邻子组件之间距离相同，第一个子组件到主轴起点的距离和最后一个子组件到主轴终点的距离是相邻子组件之间距离的一半；FlexAlign.SpaceEvenly，即在主轴方向元素等间距分布，相邻子组件之间的距离、第一个子组件与主轴起点的距离、最后一个子组件到主轴终点的距离均相等。

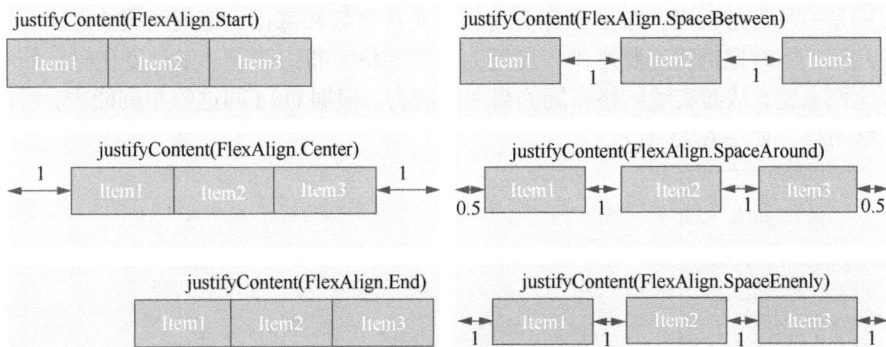

图 6-20 弹性容器子组件对齐方式

例 6-8 中的 Flex 组件声明了 direction 属性的值为 column，表示主轴方向为从上至下的列方向，因此子组件从上至下按列排列；也声明了 justifyContent 和 alignItems 的属性为 center，表示子组件均沿主轴和交叉轴方向居中对齐，即子组件在屏幕区域居中显示。Tabs 的 veritcal 属性为 false，barPosition 的属性为 BarPosition.Start，表示导航栏位于容器顶部且页签从左至右排列。

例 6-8 中定义了页签名、图片文件位置和花朵的介绍，运行结果如图 6-21 所示。当点击不同的页签时，将触发 Tabs 组件的 onChange 事件，根据页签的 index 来改变状态变量 currentIndex，从而改变导航栏上 Text 组件文字颜色。

图 6-21   运行结果

6.4.3   Grid 组件

网格布局包括按"行"和"列"分布的单元格,可通过指定"项目"所在的单元格设置各种各样的布局。网格布局具有较强的页面均分能力、子组件占比控制能力,是一种重要自适应布局,其使用场景有九宫格图片展示、日历、计算器等。

ArkUI 提供 Grid 容器组件和子组件 GridItem 用于构建网格布局。Grid 用于设置网格布局相关参数,GridItem 用于定义子组件相关特征。Grid 组件支持通过条件渲染、循环渲染、懒加载等方式生成子组件。

Grid 组件为网格容器,容器中每个条目对应一个 GridItem 组件,Grid 的子组件必须是 GridItem 组件,如图 6-22 所示。

网格布局是一种二维布局。Grid 组件支持自定义行列数和每行、每列的尺寸占比,设置子组件跨几行或者几列,同时提供垂直和水平布局能力。当网格容器组件尺寸发生变化时,所有子组件以及间距会等比例调整,从而实现网格布局的自适应能力。根据 Grid 的这些布局能力,可以构建出不同样式的网格布局,如图 6-23 所示。

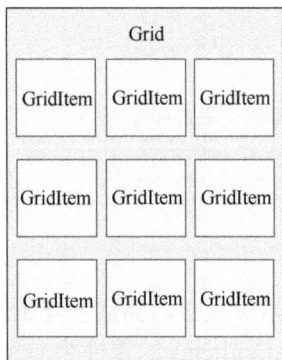

图 6-22   Grid 与 GridItem 组件的关系

图 6-23   Grid 网格布局样式

如果 Grid 组件设置了宽、高属性,则其尺寸为设置值。如果没有设置宽、高属性,Grid 组件默认适应其父组件的尺寸。

根据行、列数量与尺寸占比属性的设置,Grid 组件可以分为 3 种布局。

① 行、列数量与占比同时设置:Grid 只展示固定行、列数的元素,其余元素不展示,且 Grid 不可滚动。

② 只设置行、列数量与尺寸占比中的一个：元素按照设置的方向进行排布，超出的元素可通过滚动的方式展示。这种布局使用得较多。

③ 行、列数量与尺寸占比都不设置：元素在布局方向上排布，其行、列数由布局方向，单个网格的宽、高等多个属性共同决定。超出行、列容纳范围的元素不展示，且 Grid 不可滚动。

通过设置行、列数量与尺寸占比可以确定网格布局的整体排列方式。Grid 组件提供了 rowsTemplate 和 columnsTemplate 属性用于设置网格布局中行、列数量与尺寸占比。

rowsTemplate 和 columnsTemplate 属性值是多个由空格分隔的 "数字+fr" 字符串。其中。"数字+fr" 的个数即网格的行或列数；fr 前面的数值用于计算相应行或列在网格高度或宽度上的占比，最终决定相应行或列的高度或宽度，如图 6-24 所示。

例 6-9 所示代码采用 Grid 容器对例 6-7 进行改造。从该例可以看出，Grid 组件的使用方法和 List 组件的使用方法非常相似，都含有对应的 Item 子组件，都可以通过 ForEach 循环渲染来动态生成子组件。不同之处在于 Grid 组件可以对整个页面的行、列布局进行更细致的控制，其主要体现在多列数据的显示上。

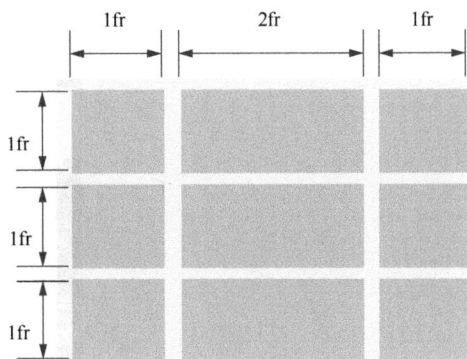

图 6-24　行、列数量与尺寸占比示例

例 6-9　使用 Grid 组件的页面结构

```
@Entry
@Component
struct flowergrid {
  @State flowerlist:flower1[]=[
    {name:'菊花',src:'pic/ju.jpeg'},
    {name:'玫瑰',src:'pic/rose.jpeg'},
    {name:'向日葵',src:'pic/sun.jpg'}
  ]
  build(){
    Column() {
      Text('花朵列表')
        .fontSize(30)
      Grid() {
      ForEach(this.flowerlist, (item:flower1) => {
        GridItem() {
          Column() {
            Image(item.src)
              .height('70%')
            Text(item.name)
              .fontSize(20)
          }
        }
      })
    }
    .rowsTemplate('1fr 1fr')
    .columnsTemplate('1fr 1fr'
  }
 }
}
```

例 6-9 中的代码运行后，页面显示效果如图 6-25 所示。

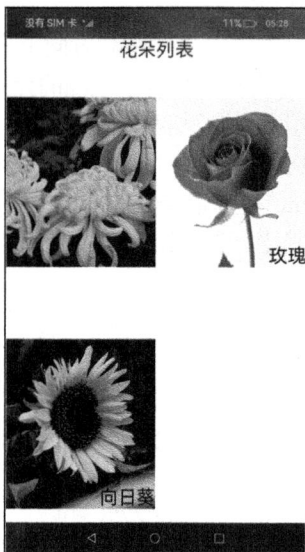

图 6-25　页面显示效果

6.4.4　Swiper 组件

当需要查看多张图片时，通常会用到滑动容器（Swiper）组件。Swiper 本身是一个容器组件，当设置了多个子组件后，可以轮播显示这些子组件。通常，在一些应用首页显示推荐的内容时，需要用到轮播显示的能力。

Swiper 作为一个容器组件，在自身尺寸属性未被设置时，会自动根据子组件的大小设置自身的尺寸。Swiper 组件默认的属性包括用来显示当前在容器中活动的子组件的索引值的 index 属性和用来确定滑动方向的 vertical 属性，vertical 属性默认取值为 false，意味着组件横向滑动。此外还包括是否循环滚动的 loop 属性、是否启用导航点指示器的 indicator 参数，以及设置导航点指示器样式的 indicatorStyle 属性等。

和 Tabs 组件一样，Swiper 组件的构造函数中也有一个 controller 参数，类型为 SwiperController，用来给 Swiper 组件绑定一个控制器以控制组件翻页。

对例 6-8 中使用 Tabs 组件来实现花朵分类展示的代码进行修改后，可实现基于 Swiper 组件的花朵图片滑动显示功能，其页面结构如例 6-10 所示。

例 6-10　基于 Swiper 组件的页面结构

```
@Entry
@Component
struct SwiperDemo {
  private swiperController: SwiperController = new SwiperController();
  @State flowerlist:flower[]=[
    {name:'菊花',src:'pic/ju.jpeg',flowerdesc:'菊花在植物学中属于菊科、菊属的多年生宿根草本植
物。它按栽培形式分为多头菊、独本菊、悬崖菊、艺菊、案头菊等。'},
    {name:'玫瑰',src:'pic/rose.jpeg',flowerdesc:'玫瑰是蔷薇目、蔷薇科、蔷薇属的落叶灌木。枝干
多针刺,奇数羽状复叶,小叶 5～9 片,椭圆形,叶缘锯齿。花瓣倒卵形,重瓣至半重瓣。'},
    {name:'向日葵',src:'pic/sun.jpg',flowerdesc:'向日葵是菊目、菊科、向日葵属的植物。它因花会
随太阳转动而得名。一年生草本植物,高 1～3.5 米。'}
  ]
  build() {
```

```
Column({ space: 5 }) {
  Text('花朵分类')
    .fontSize(30)
  Divider()
  Swiper(this.swiperController) {
    ForEach(this.flowerlist, (item: flower, index: number) => {
      Column() {
        Text(item.name)
          .fontSize(20)
        Image(item.src)
          .height(240)
          .margin(10)
        Text(item.flowerdesc)
          .fontSize(20)
      }
    })
  }
  .indicator(true)
  .loop(true)
  .indicatorStyle({
    size: 30,
    left: 350,
    color: Color.Red
  })
  Row({ space: 12 }) {
    Button('showNext')
      .onClick(() => {
        this.swiperController.showNext(); // 通过 controller 切换到后一页
      })
    Button('showPrevious')
      .onClick(() => {
        this.swiperController.showPrevious(); // 通过 controller 切换到前一页
      })
  }.margin(5)
}
.width('100%')
.height('100%')
.alignItems(HorizontalAlign.Center)
.justifyContent(FlexAlign.Center)
.margin({ top: 5 })
}
}
```

为了展示标题和 Swiper 组件的部分函数功能，该代码在 Swiper 组件前加入了一个 Text 组件，在 Swiper 组件后加入了两个 Button 组件。该 Swiper 组件支持循环滚动（loop）并显示导航指示器（indicator），使用 ForEach 循环渲染方式生成了 3 个 Column 容器组件，每个容器组件包含 3 个子组件，分别是显示花朵名称的 Text 组件、显示花朵图片的 Image 组件和显示花朵描述的 Text 组件。通过设置这些子组件来加载不同的花朵信息，实现 3 种花朵信息的滚动展示。

对 Swiper 组件直接定义了高度，对其内部的组件设置了按列排列，也设置了导航提示器的样式，对 Text 和 Image 等子组件的样式也做了一些设定。

代码运行后，点击界面中的两个按钮可以分别实现 Swiper 组件向前和向后滑动：滑动到下一个页面，使用 showNext( )函数；回滚到上一个页面，使用 showPrevious( )函数。这两个函数是 swiperController 对象提供的。

例 6-10 中定义的滑动组件 Swiper 展示多幅图片的效果如图 6-26 所示。在屏幕上用手指滑动图片或点击 "showNext" 和 "showPrevios" 按钮，都可以实现图片及其内容滑动显示。

图 6-26　滑动组件 Swiper 展示多幅图片的效果

6.4.5　Stack 组件

层叠布局（StackLayout）用于在屏幕上预留一块区域来显示组件中的元素，提供元素可以层叠的布局。层叠布局通过 Stack 容器组件实现子元素（子组件）位置的固定与层叠，容器中的子元素（子组件）依次入栈，后一个子元素覆盖前一个子元素，可以叠加子元素，也可以设置子元素的位置。

层叠布局具有较强的页面层叠、位置定位能力，其使用场景有广告、卡片层叠效果等。如图 6-27 所示，Stack 作为容器，容器内的子元素（子组件）的顺序由下到上为 Item1→Item2→Item3。这些子元素（子组件）均在容器内居中显示。

Stack 组件为容器组件，容器内可包含各种子组件。其中的子组件根据各自的大小默认居中堆叠。子组件被约束在 Stack 组件里，根据样式定义自动进行排列。Stack 组件通过 alignContent 参数实现其子组件位置的相对移动，共支持 9 种对齐方式，图 6-28 所示为其中 3 种。

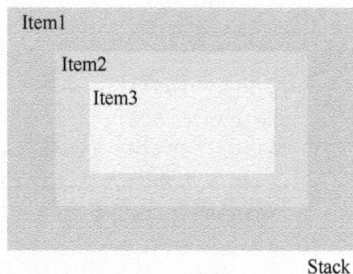

图 6-27　层叠布局

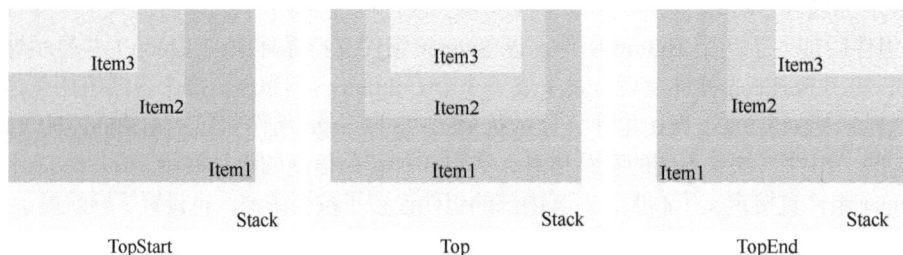

图 6-28　Stack 容器内子组件的 3 种对齐方式

将使用 Grid 容器显示花朵列表信息的代码稍做修改，花朵图片和花朵名称的显示使用 Stack 来做容器，修改后的代码如例 6-11 所示。

例 6-11　基于 Stack 组件的页面结构

```
@Entry
@Component
struct flowergrid {
  @State flowerlist:flower1[]=[
    {name:'菊花',src:'pic/ju.jpeg'},
    {name:'玫瑰',src:'pic/rose.jpeg'},
    {name:'向日葵',src:'pic/sun.jpg'}
  ]
  build(){
    Column() {
      Text('花朵列表')
        .fontSize(30)
      Grid() {
        ForEach(this.flowerlist, (item:flower1) => {
          GridItem() {
            Stack({ alignContent: Alignment.BottomEnd }) {
              Image(item.src)
                .height('70%')
              Text(item.name)
                .fontColor(Color.Blue)
                .fontSize(30)
            }
          }
        })
      }
      .rowsTemplate('1fr 1fr')
      .columnsTemplate('1fr 1fr')

    }
  }
}
```

例 6-11 中采用了 3 种容器结构：Column、Grid 和 Stack。其中，Column 用来将标题和显示内容垂直排列，Grid 负责具体内容的位置布局，Stack 容器负责具体内容里子元素的布局，如图 6-29 所示。

例 6-11 的代码运行后，实现了花朵名称叠加在花朵图片上显示的效果，如图 6-30 所示。

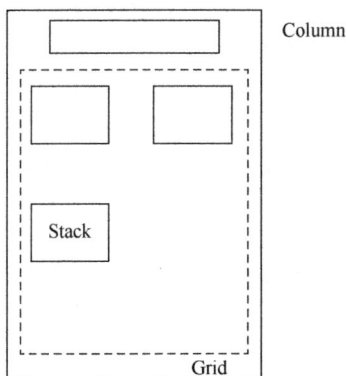

图 6-29　多种容器格式化页面布局　　　　图 6-30　Stack 组件使用效果

6.5 ArkUI 其他必要功能

ArkUI 框架还有其他必要的功能，包括页面路由、组件导航、消息弹窗、日志输出、自定义图形绘制和动画等，下面分别进行介绍。

6.5.1 页面路由

一个基于 ArkUI 框架的工程中往往会有较多页面，而这些页面经常需要相互跳转。例如，用户可以在音乐列表页面点击歌曲名，跳转到相应歌曲的详情界面。开发者需要通过页面路由将这些页面串联起来，实现按需跳转。

页面路由指在应用程序中实现不同页面之间的跳转和数据传递。OpenHarmony 提供了 Router 模块，通过不同的 URL 地址，可以方便地进行页面路由，让用户轻松地访问不同的页面。本小节将围绕页面跳转和页面返回等功能介绍 Router 模块提供的功能。

1. 页面普通跳转

页面跳转是工程的一个重要组成部分。在使用应用程序时，通常需要在不同的页面之间跳转，有时还需要将数据从一个页面传递到另一个页面。可由 Router 模块根据目标页面的 URI 来找到目标页面，从而实现跳转。

Router 模块提供了两种跳转模式，分别是 router.pushUrl( )和 router.replaceUrl( )。这两种模式决定了目标页面是否会替换当前页。

① router.pushUrl( )：目标页面不会替换当前页，而是将当前页压入页面栈。这样可以保留当前页的状态，并且可以通过返回键或者调用 router.back( )方法返回当前页。

② router.replaceUrl( )：目标页面会替换当前页，并销毁当前页。这样可以释放当前页的资源，并且无法返回当前页。

同时，Router 模块提供了两种实例模式，分别是 multiton 和 singleton。这两种模式决定了目标 URL 是否对应多个实例。

① multiton：多实例模式，也是默认情况下的跳转模式。目标页面会被添加到页面栈顶，无论栈中是否存在相同 URL 的页面。

② singleton：单实例模式。如果目标页面的 URL 已经存在于页面栈中，则会将离栈顶最近的同 URL 页面移动到栈顶，该页面成为新建页；如果在页面栈中不存在与目标页面的 URL 相同的 URL 页面，则按照默认的多实例模式进行跳转。

在使用页面路由 Router 的相关功能之前，需要在代码中导入 Router 模块。

```
import router from '@ohos.router';
```

以最基础的两个页面之间的跳转为例，首先新建一个基于 Empty Page Ability 模板的 ArkTS 项目，取名为 TSPageRouter，该项目默认有一个名为 Index 的主页。然后在该项目的 Project 窗口中，进入 entry\src\main\ets\pages 子目录，用鼠标右键点击 pages 文件夹，选择 "New" → "Page" 命令，创建一个名为 Detail 的详情页。这样 pages 目录下就包含 Index 和 Detail 两个页面，希望实现从 Index 页面点击一个按钮跳转到 Detail 页面的效果，同时需要在页面栈中保留 Index 页面，以便返回时恢复状态。这种场景下，可以使用 pushUrl( )方法，并且使用 Standard 实例模式（或者省略）。

这两个页面结构简单且相同，都只有一个 Text 组件和一个 Button 组件，Text 组件用来标注当前页面，Button 组件用来实现两个页面的相互跳转。Index 页面的结构如例 6-12 所示。

例 6-12 Index 页面的结构

```
import router from '@ohos.router';
@Entry
@Component
```

```
struct Index {
  @State message: string = 'Hello World'

  build() {
    Row() {
      Column() {
        Text(this.message)
          .fontSize(50)
          .fontWeight(FontWeight.Bold)
        Button('next')
          .onClick(()=>{
            router.pushUrl({
              url: 'pages/Detail' // 目标 URL
            }, router.RouterMode.Standard, (err) => {
              if (err) {
                console.error(`Invoke pushUrl failed, code is ${err.code}, message is
${err.message}`);
                return;
              }
              console.info('Invoke pushUrl succeeded.');
            });
          })
      }
      .width('100%')
    }
    .height('100%')
  }
}
```

2. 页面普通返回

Detail 页面的结构和例 6-12 所示几乎一样，在此省略相关代码。当用户点击 Button 组件时，调用 router.pushUrl( )方法将 URI 指定的页面添加到路由栈中，即跳转到 URI 指定的页面。在从 Index 页面跳转到 Detail 页面后，需要从 Detail 页面返回。由于 Index 页面依然处于页面栈中，因此只需从栈顶将 Detail 页面弹出即可返回 Index 页面。弹出操作使用 Router 对象的 back( )方法完成。Detail 页面的交互如例 6-13 所示。

例 6-13　Detail 页面的交互

```
import router from '@ohos.router';
@Entry
@Component
struct Index {
  @State message: string = 'next page'

  build() {
    Row() {
      Column() {
        Text(this.message)
          .fontSize(50)
          .fontWeight(FontWeight.Bold)
        Button('next')
          .onClick(()=>{
            router.back
```

```
      })
    }
    .width('100%')
  }
  .height('100%')
}
}
```

在远程模拟器中运行 TSPageRouter 项目，页面普通跳转效果如图 6-31 所示。在 Index 页面中点击按钮，跳转到 Detail 页面；在 Detail 页面中点击按钮，则返回 Index 页面。

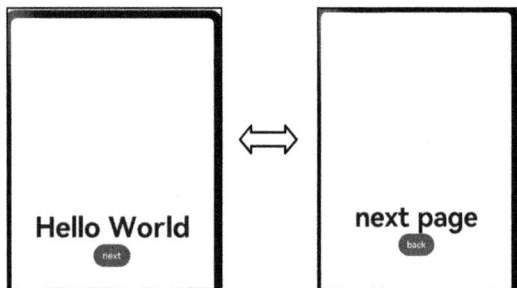

图 6-31　页面普通跳转效果

3. 页面销毁式跳转

如果希望从 Index 页面跳转到 Detail 页面后销毁原有页面，可以使用 replaceUrl( )方法，并且使用 Standard 实例模式（或者省略），这样从 Detail 页面返回后会直接退出应用。具体代码如下。

```
router.replaceUrl({
    url: 'pages/Detail    // 目标 URL
  }, router.RouterMode.Standard, (err) => {
  if (err) {
    console.error(`Invoke replaceUrl failed, code is ${err.code}, message is
${err.message}`);
    return;
  }
  console.info('Invoke replaceUrl succeeded.');
})
```

4. 页面间数据传输

如果需要在跳转时传递一些数据给目标页面，则可以在调用 Router 模块的方法时添加一个 params 属性，并指定一个对象作为参数。例如，从 Index 页面传递一个字符串给 Detail 页面，并在 Detail 页面的 Text 组件中显示，代码如下。

```
router.pushUrl({
  url: 'pages/Detail', // 目标 URL
  params: {
      info: 'OpenHarmony'
              }// 添加 params 属性，传递自定义参数
}, (err) => {})
```

可以通过在 Detail 页面中调用 Router 模块的 getParams( )方法来获取传递过来的参数。

```
onPageShow() {
  const params = router.getParams(); // 获取传递过来的参数
  this.message = params['info']; // 获取 info 属性的值
}
```

页面数据传输效果如图 6-32 所示。

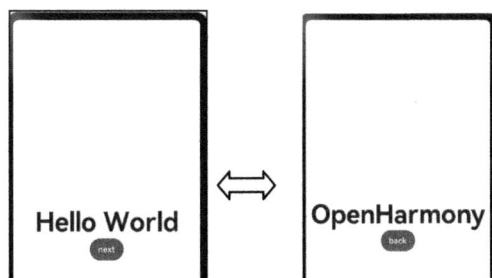

图 6-32　页面数据传输效果

5.　Navigator

Navigator 是路由容器组件，提供路由跳转能力，且因为是一个容器组件，可以直接容纳子组件。其基本用法为 Navigator(value?: {target: string, type?: NavigationType})。其中，target 参数为目标页面的地址；type 用于标识路由类型，分为如下 3 种。

① Push：跳转到应用内的指定页面。

② Replace：用应用内的某个页面替换当前页面，并销毁被替换的页面。

③ Back：返回指定的页面。栈中不存在指定的页面时不响应，未传入指定的页面时返回上一页。

例 6-14 中定义了主页面 Index 的内容，点击第一个 Text 按钮后，会导航到 Detail 页面，并传递参数 text。

例 6-14　Navigator 组件中的 Index 页面

```
@Entry
@Component
struct NavigatorExample {
  @State active: boolean = false
  @State Text: object = {name: 'news'}

  build() {
    Flex({ direction: FlexDirection.Column, alignItems: ItemAlign.Start, justifyContent:
FlexAlign.SpaceBetween }) {
      Navigator({ target: 'pages/Detail', type: NavigationType.Push }) {
        Text('Go to ' + this.Text['name'] + ' page')
          .width('100%').textAlign(TextAlign.Center)
      }.params({ text: this.Text }) // 传参数到 Detail 页面

      Navigator() {
        Text('Back to previous page').width('100%').textAlign(TextAlign.Center)
      }.active(this.active)
      .onClick(() => {
        this.active = true
      })
    }.height(150).width(350).padding(35)
  }
}
```

Detail 页面代码如例 6-15 所示。在 Detail 页面中，通过 Router 接口接收来自 Index 页面的参数 text，并显示在第二个 Text 组件中。

例 6-15　Navigator 组件中的 Detail 页面

```
import router from '@ohos.router'

@Entry
@Component
struct DetailExample {
  // 接收 Navigator.ets 的传参
  @State text: any = router.getParams()['text']

  build() {
    Flex({ direction: FlexDirection.Column, alignItems: ItemAlign.Start, justifyContent:
FlexAlign.SpaceBetween }) {
      Navigator() {
        Text('Go to back page').width('100%').height(20)
      }

      Text('This is ' + this.text['name'] + ' page')
        .width('100%').textAlign(TextAlign.Center)
    }
    .width('100%').height(200).padding({ left: 35, right: 35, top: 35 })
  }
}
```

运行效果如图 6-33 所示。

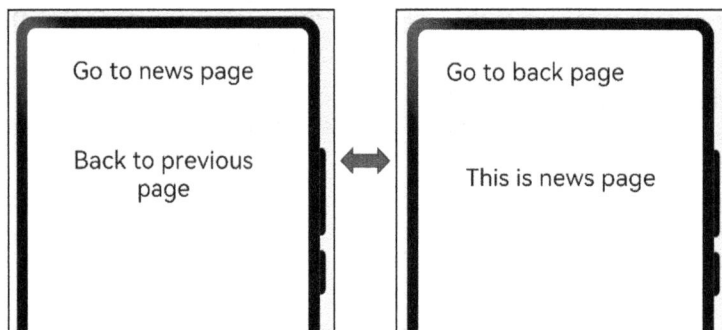

图 6-33　Navigator 组件页面路由效果

6.5.2　组件导航

Navigation 组件一般作为页面的根容器，包括单页、双栏和自适应这 3 种显示模式。同时，Navigation 提供了属性来设置页面的标题栏、工具栏、导航栏等。

Navigation 组件的页面包含主页和内容页。主页由标题栏、内容区（可在内容区中使用 NavRouter 子组件实现导航栏功能）和工具栏组成，内容页主要显示 NavDestination 子组件中的内容。

NavRouter 是和 Navigation 搭配使用的特殊子组件，默认提供点击响应处理，不需要开发者自定义点击事件逻辑。NavRouter 有且仅有两个根节点，第二个根节点是 NavDestination。NavDestination 是和 NavRouter 搭配使用的特殊子组件，用于显示 Navigation 组件的内容，当开发者点击 NavRouter 组件时，会跳转到对应的 NavDestination 内容页。

Navigation 组件通过 mode 属性设置页面的显示模式，模式包括单页和双栏。

1. 单页模式

将 mode 属性设置为 NavigationMode.Stack，Navigation 组件即为单页面堆栈布局，如图 6-34 所示。

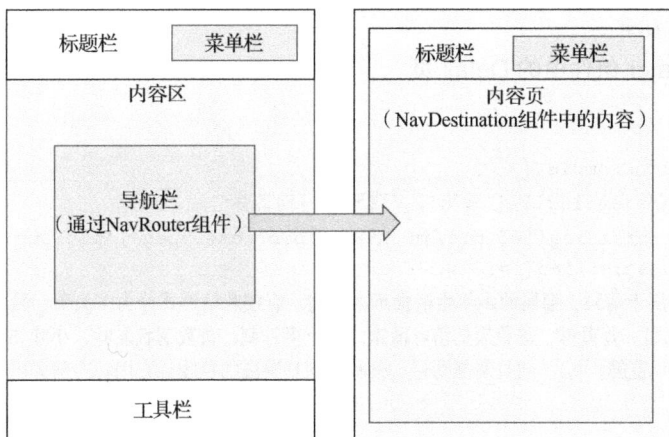

图 6-34　单页面堆栈布局

设置单页模式后，花朵列表单页面堆栈布局显示效果如图 6-35（a）所示。点击列表中的"菊花"后，显示效果如图 6-35（b）所示。点击返回按钮后，可以返回图 6-35（a）所示页面，其中返回按钮是自动生成的。单页模式多用于小屏设备（如手机等）。

（a）花朵列表单页面堆栈布局显示效果　　（b）点击列表中的"菊花"后的显示效果

图 6-35　花朵列表单页面堆栈布局

2.　双栏模式

将 mode 属性设置为 NavigationMode.Split，Navigation 组件即为单页面分离布局，如图 6-36 所示。

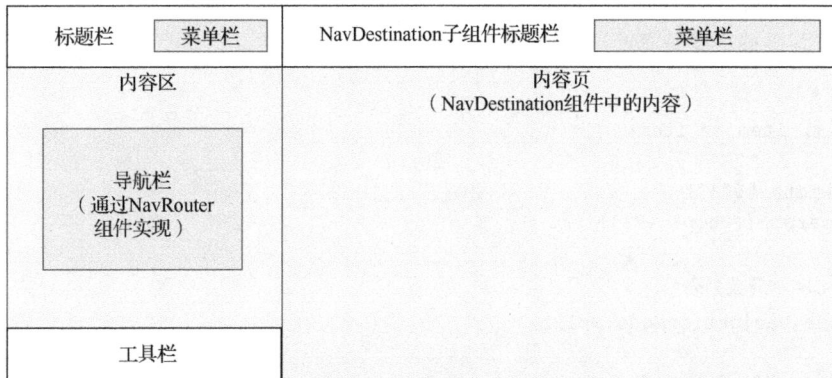

图 6-36　单页面分离布局

示例代码如例 6-16 所示。

例 6-16　Navigator 组件中的 Detail 页

```
@Entry
@Component
struct NavigationExample {
@State flowername:string[]=['菊花', '玫瑰', '向日葵']
 @State flowersrc:string[]=['pic/ju.jpeg','pic/rose.jpeg','pic/sun.jpg']
 @State flowerdesc:string[]=[
  '菊花在植物学中属于菊科、菊属的多年生宿根草本植物。它按栽培形式分为多头菊、独本菊、悬崖菊、艺菊、案
头菊等。', '玫瑰是蔷薇目、蔷薇科、蔷薇属的落叶灌木。枝干多针刺，奇数羽状复叶，小叶 5~9 片，椭圆形，叶缘锯
齿。花瓣倒卵形，重瓣至半重瓣。', '向日葵是菊目、菊科、向日葵属的植物。它因花会随太阳转动而得名。一年生草本
植物，高 1~3.5 米。']

  build() {
    Column() {
      Navigation() {
        TextInput({ placeholder: 'search...' })
          .width("90%")
          .height(40)
          .backgroundColor('#FFFFFF')

        List({ space: 12 }) {
          ForEach(this. flowername, (item) => {
            ListItem() {
              NavRouter() {
                Text(item)
                  .width("100%")
                  .height(72)
                  .backgroundColor('#FFFFFF')
                  .borderRadius(24)
                  .fontSize(16)
                  .fontWeight(500)
                  .textAlign(TextAlign.Center)
                NavDestination() {
                  Column(){
                  Image(this.flowersrc[index])
                  .height(400)
                  Text(this.flowerdesc[index])
                  .fontSize(16)
              }
                .title(item)
              }
            }
          }, item => item)
        }
        .width("90%")
        .margin({ top: 12 })
      }
      .title("花朵列表")
      .mode(NavigationMode.Split)
.menus([
    {value: "", icon: "./pic/search.png", action: ()=> {}},
    {value: "", icon: "./pic/add.png", action: ()=> {}},
```

```
    {value: "", icon: "./pic/add.png", action: ()=> {}},
    {value: "", icon: "./pic/add.png", action: ()=> {}},
    {value: "", icon: "./pic/add.png", action: ()=> {}}
  ])
 .toolBar({items: [
    {value: "func", icon: "./pic/favor.png", action: ()=> {}},
    {value: "func", icon: "./pic/favor.png", action: ()=> {}},
    {value: "func", icon: "./pic/favor.png", action: ()=> {}}
  ]})
  }
    .height('100%')
    .width('100%')
    .backgroundColor('#F1F3F5')
  }
}
```

在例 6-16 中，mode 设置为 NavigationMode.Split，页面显示效果为双栏。双栏显示大多用在屏幕尺寸较大的设备，如平板计算机和智慧屏，图 6-37 所示为平板计算机显示效果。此外，例 6-16 还通过 menus 属性设置了菜单栏，通过 toolBar 属性设置了工具栏等。

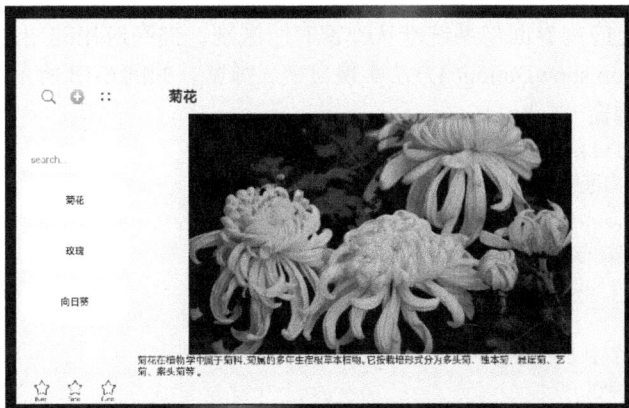

图 6-37　花朵列表单页面分离布局

6.5.3　消息弹窗

在开发应用时，为了避免用户误操作导致数据丢失，有时候需要在用户从一个页面返回另一个页面之前弹出一个询问框，让用户确认是否要执行相应操作。

本小节将围绕系统默认弹窗、自定义弹窗等功能，介绍如何实现在页面返回前增加一个询问框的功能。

1. 系统默认弹窗

为了实现这个功能，可以使用页面路由 Router 模块提供的两个方法：router.showAlertBeforeBackPage( ) 和 router.back( )。

如果想要在目标页面开启页面返回询问框，需要在调用 router.back( ) 方法之前，通过调用 router.showAlertBeforeBackPage( ) 方法设置返回询问框的信息。例如，在支付页面中定义一个返回按钮的点击事件处理函数，如例 6-17 所示。

例 6-17　系统默认弹窗

```
function onBackClick(): void {
  try {
    router.showAlertBeforeBackPage({
```

```
      message: '您还没有完成支付，确定要返回吗？ '  // 设置询问框的内容
    });
  } catch (err) {
    console.error(`Invoke showAlertBeforeBackPage failed, code is ${err.code}, message
is ${err.message}`);
  }

  // 调用 router.back() 方法，返回上一个页面
  router.back();
}
```

其中，router.showAlertBeforeBackPage( )方法接收一个对象作为参数，该对象包含 message 属性，该属性的值为 string 类型，表示询问框的内容。

如果调用成功，则会在目标页面开启页面返回询问框；如果调用失败，则会抛出异常，并通过 err.code 和 err.message 获取错误码和错误信息。

当用户点击"返回"按钮时，会弹出询问框，询问用户是否确认返回。选择"取消"将停留在当前页；选择"确认"将触发 router.back( )方法，并根据参数决定如何执行跳转。

2. 自定义弹窗

自定义弹窗可以让应用界面与系统默认弹窗有所区别，提高应用的用户体验度。在事件回调中，可使用 promptAction.showDialog( )方法实现自定义弹窗，如例 6-18 所示。

例 6-18　自定义弹窗

```
function onBackClick() {
  // 弹出自定义的询问框
  promptAction.showDialog({
    message: '您还没有完成支付，确定要返回吗？ ',
    buttons: [
      {
        text: '取消',
        color: '#FF0000'
      },
      {
        text: '确认',
        color: '#0099FF'
      }
    ]
  }).then((result) => {
    if (result.index === 0) {
      // 用户点击了"取消"按钮
      console.info('User canceled the operation.');
    } else if (result.index === 1) {
      // 用户点击了"确认"按钮
      console.info('User confirmed the operation.');
      // 调用 router.back() 方法，返回上一个页面
      router.back();
    }
  }).catch((err) => {
    console.error(`Invoke showDialog failed, code is ${err.code}, message is
${err.message}`);
  })
}
```

当用户点击"返回"按钮时，会弹出自定义的询问框，询问用户是否确认返回。选择"取消"将停留在当前页；选择"确认"将触发 router.back( )方法，并根据参数决定如何执行跳转。

3. 深度自定义弹窗

深度自定义弹窗可用于广告、中奖、警告、软件更新等与用户进行交互的响应操作。开发者可以通过 CustomDialogController 类设置深度自定义弹窗，通过@CustomDialog 可以定义更复杂的弹窗样式和更复杂的交互行为。

具体流程如下。

① 使用@CustomDialog 装饰自定义弹窗。

② 在此装饰器内自定义内容（也就是弹窗内容）。

```
@CustomDialog
struct CustomDialogExample {
  controller: CustomDialogController
  build() {
    Column() {
      Text('我是内容')
      .fontSize(20)
      .margin({ top: 10, bottom: 10 })
    }
  }
}
```

③ 创建构造器，以与装饰器呼应。

```
dialogController: CustomDialogController = new CustomDialogController({
    builder: CustomDialogExample({}),
})
```

④ 点击与 onClick 事件绑定的组件，即可弹出弹窗。

```
Flex({justifyContent:FlexAlign.Center}){
  Button('click me')
    .onClick(() => {
      this.dialogController.open()
    })
}.width('100%')
```

6.5.4　日志输出

在代码开发过程中，经常需要临时输出变量的值来检查代码的正确性，此时可使用日志输出函数输出指定变量的值。可以调用的函数包括 debug(message)、log(message)、info(message)、warn(message)、error(message)等，分别代表在控制台输出调试信息、日志信息、常规信息、警告信息和错误信息。message 参数代表要输出的信息。

一个简单的 ArkTS 项目中 child.ts 文件的源代码如例 6-19 所示，其中有两个回调函数 aboutToAppear( ) 和 aboutToDisappear( )，分别在应用组件将要显示和隐藏时触发。

例 6-19　child.ts 文件源代码

```
@Entry
@Component
struct Child {
  @State title: string = 'Hello World';
  // 组件生命周期
  aboutToDisappear() {
    console.info('[Lifecycle] Child aboutToDisappear')
```

```
  }
  // 组件生命周期
  aboutToAppear() {
    console.info('[Lifecycle] Child aboutToAppear')
  }

  build() {
    Text(this.title).fontSize(50).onClick(() => {
      this.title = 'Hello ArkUI';
    })
  }
}
```

当使用 DevEco Studio 中自带的预览器查看该 ArkTS 项目的预览界面时，在 DevEco Studio 底部的 PrieviewLog 窗口中可以看到图 6-38 所示的信息。该输出结果代表已经创建了应用程序。

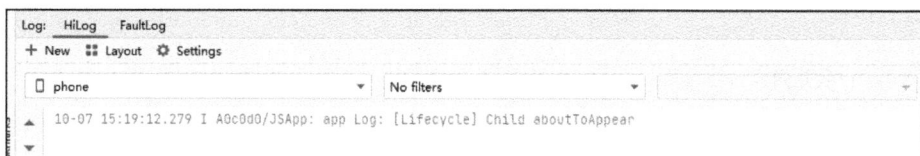

图 6-38　PreviewerLog 窗口显示信息

也可以使用本地设备来运行该 ArkUI 项目。当程序运行后，切换到 HiLog 窗口，选择当前正在活动的设备、运行的程序和日志级别（此处选择 Debug，还有 Info、Warn 和 Error 等可以选择），在搜索处输入 Lifecycle，将出现图 6-39 所示的信息。

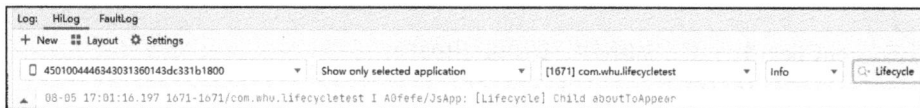

图 6-39　Hilog 窗口显示信息

6.5.5　自定义图形绘制

绘制组件用于在页面绘制图形。Shape 组件是绘制组件的父组件，父组件中会描述所有绘制组件均支持的通用属性。

1．创建绘制组件

绘制组件可以由以下两种形式创建。

① 绘制组件使用 Shape 作为父组件，实现类似可缩放矢量图形（Scalable Vector Graphics，SVG）的效果。接口调用形式为 Shape(value?: PixelMap)。

该接口用于创建带有父组件的绘制组件，其中 value 用于设置绘制目标，可将图形绘制在指定的 PixelMap 对象中。若未设置 PixelMap 对象，则在当前绘制目标中进行绘制。

② 单独使用绘制组件，在页面上绘制指定的图形。有 7 种绘制类型，分别为 Circle（圆形）、Ellipse（椭圆形）、Line（直线）、Polyine（折线）、Polygon（多边形）、Path（路径）、Rect（矩形）。以 Circle 的接口调用为例，调用形式如下。

```
Circle(options?: {width?: string | number, height?: string | number}
```

2．形状视口 viewport

形状视口 viewport 用于指定用户空间中的一个矩形，该矩形映射到为关联的 SVG 元素建立的视区边界线。viewport 属性包含 x、y、width 和 height 这 4 个可选参数，x 和 y 表示视口的左上角坐标，width 和 height 表示其尺寸。

创建一个宽、高都为 300vp 的 shape 组件，背景色为黄色（#F5DC62，图 6-40 中黄色背景被矩形基本完全遮盖），一个宽高都为 300vp 的 viewport；用一个蓝色（#009704）的矩形来填充 viewport，在 viewport 中绘制一个半径为 75vp 的红色（#E87361）圆，如例 6-20 所示。

例 6-20　viewport 使用示例

```
Shape() {
  Rect().width("100%").height("100%").fill("#0097D4")
  Circle({ width: 150, height: 150 }).fill("#E87361")
}
  .viewport({ x: 0, y: 0, width: 300, height: 300 })
  .width(300)
  .height(300)
  .backgroundColor("#F5DC62")
```

例 6-20 运行结果如图 6-40 所示。

图 6-40　viewport 作为自定义图形背景

3. 自定义填充颜色

通过 fill( ) 可以设置组件填充颜色，如例 6-21 所示。

例 6-21　自定义三角形绘制

```
Path()
  .width(100)
  .height(100)
  .commands('M150 0 L300 300 L0 300 Z')
  .fill("#E87361")
```

例 6-21 运行结果如图 6-41 所示。

图 6-41　自定义填充颜色

6.5.6　动画

动画的原理是在较短时间内多次改变 UI 外观，由于人眼会产生视觉停留，因此看到的就是"连续"的动画。UI 的一次改变称为一个动画帧，对应一次屏幕刷新，而决定动画流畅度的一个重要指标就是帧率，即每秒的动画帧数，帧率越高则动画越流畅。

在 ArkUI 中，产生动画的方式是指定动画参数。动画参数包含动画时长、变化规律（即曲线）等。属性值发生变化时按照动画参数从原来的状态过渡到新的状态，即形成动画。

ArkUI 提供的动画按照页面的分类方式，可分为页面内的动画和页面间的动画，如图 6-42 所示。页面内的动画指在一个页面内出现的动画，页面间的动画指在页面跳转时才会出现的动画。

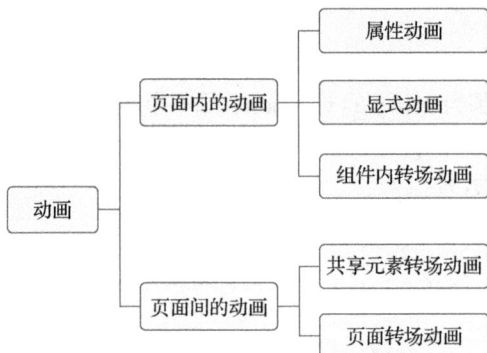

图 6-42　动画的分类

动画在移动应用开发中已经越来越受到重视，因为它可以有效地平滑页面转场过程中生硬的效果，提高界面的友好度。

1. 布局更新动画

显式动画（animateTo）和属性动画（animation）是 ArkUI 提供的基础动画功能。在布局属性（如尺寸属性、位置属性）发生变化时，可以通过显式动画或属性动画设置动画参数使布局过渡到新的状态。

① 显式动画：闭包内的变化均会触发动画，包括由数据变化引起的组件的增、删，组件属性的变化等，可以实现较为复杂的动画。

② 属性动画：动画设置简单，属性变化时自动触发动画。

显式动画的接口调用形式如下。

```
animateTo(value: AnimateParam, event: () => void): void
```

第一个参数为动画参数，第二个参数为动画的闭包函数。

例 6-22 是使用显式动画产生布局更新动画的示例。其中，当 Column 组件的 alignItems 属性改变后，其子组件的布局位置结果发生变化。只要该属性是在 animateTo( )闭包函数中修改的，那么由其引起的所有变化都会按照 animateTo( )的动画参数执行动画过渡。

例 6-22　显式动画

```
@Entry
@Component
struct LayoutChange {
  // 用于控制 Column 的 alignItems 属性
  @State itemAlign: HorizontalAlign = HorizontalAlign.Start;
  allAlign: HorizontalAlign[] = [HorizontalAlign.Start, HorizontalAlign.Center,
HorizontalAlign.End];
  alignIndex: number = 0;

  build() {
    Column() {
      Column({ space: 10 }) {
        Button("1").width(100).height(50)
        Button("2").width(100).height(50)
        Button("3").width(100).height(50)
      }
      .margin(20)
      .alignItems(this.itemAlign)
      .borderWidth(2)
      .width("90%")
```

```
      .height(200)

    Button("click").onClick(() => {
      // 动画时长为 1000ms, 曲线为 EaseInOut
      animateTo({ duration: 1000, curve: Curve.EaseInOut }, () => {
        this.alignIndex = (this.alignIndex + 1) % this.allAlign.length;
// 在闭包函数中修改 this.itemAlign 参数, 使 Column 容器内布局发生变化, 使用动画过渡
        this.itemAlign = this.allAlign[this.alignIndex];
      });
    })
  }
  .width("100%")
  .height("100%")
  }
}
```

例 6-22 初始运行结果如图 6-43（a）所示，3 个按钮的对齐方式由容器组件 Column 的 alignItems 属性控制。点击 "click" 按钮后，通过在一定时间内修改 Column 组件的对齐特性，达到让 3 个按钮动起来的效果：3 个按钮从水平方向左对齐过渡到居中对齐，直至效果如图 6-43（b）所示，这称为显式动画。再次点击 "click" 按钮，3 个按钮将过渡到右对齐。

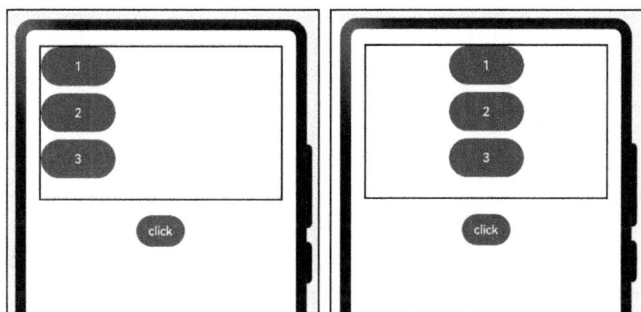

（a）初始运行结果　　　　　（b）显示动画

图 6-43　显示分类

显式动画把要执行动画的属性的修改放在闭包函数中，而属性动画则无须使用闭包函数，把 animation 属性加在要实现动画的组件的属性后即可。

属性动画的接口调用形式如下。

```
animation(value: AnimateParam)
```

接口的入参为动画参数。想要组件随某个属性值的变化而产生动画，此属性需要加在 animation 属性之前。不希望通过 animation 产生属性动画的属性，可以放在 animation 之后。例 6-22 可很容易改为用属性动画实现，如例 6-23 所示。

例 6-23　属性动画

```
@Entry
@Component
struct LayoutChange2 {
  @State myWidth: number = 100;
  @State myHeight: number = 50;
  @State flag: boolean = false;
  @State myColor: Color = Color.Blue;

  build() {
    Column({ space: 10 }) {
```

```
        Button("text")
          .type(ButtonType.Normal)
          .width(this.myWidth)
          .height(this.myHeight)
          // animation 只对 type、width、height 属性生效，时长为 1000ms，曲线为 Ease
          .animation({ duration: 1000, curve: Curve.Ease })
          // animation 对 backgroundColor、margin 属性不生效
          .backgroundColor(this.myColor)
          .margin(20)

        Button("area: click me")
          .fontSize(12)
          .onClick(() => {
            // 改变属性值，配置了属性动画的属性会进行动画过渡
            if (this.flag) {
              this.myWidth = 100;
              this.myHeight = 50;
              this.myColor = Color.Blue;
            } else {
              this.myWidth = 200;
              this.myHeight = 100;
              this.myColor = Color.Pink;
            }
            this.flag = !this.flag;
          })
      }
    }
  }
```

例 6-23 初始运行效果如图 6-44（a）所示，点击"area:click me"按钮后 Text 组件的类型、宽度和高度会以动画形式过渡到图 6-44（b）所示效果。

（a）初始运行效果　　　　（b）点击 area:click me 按钮后的运行效果

图 6-44　属性动画

2. 组件内转场动画

组件的插入、删除过程即组件本身的转场过程，组件的插入、删除动画称为组件内转场动画。通过组件内转场动画，可定义组件出现、消失的效果。

组件内转场动画的接口为 transition(value: TransitionOptions)。transition( )函数的入参为组件内转场的效果，可以定义平移、透明度、旋转、缩放这几种转场样式（单个或者组合）的转场效果，必须和 animateTo 一起使用。

type 用于指定当前 transition 动效的生效场景，类型为 TransitionType。

① 组件的插入、删除使用同一个动画效果。

```
Button()
  .transition({ type: TransitionType.All, scale: { x: 0, y: 0 } })
```

当 type 属性为 TransitionType.All 时，表示指定转场动效生效在组件的所有变化（插入和删除）场景。此时，删除动画和插入动画是相反的过程，删除动画是插入动画的逆播。例如，以上代码定义了一个 Button 组件，在插入时，组件从 scale 的 x、y 均为 0 的状态变化到 scale 的 x、y 均为 1（即完整显示）的默认状态，以逐渐放大的形式出现；在删除时，组件从 scale 的 x、y 均为 1 的默认状态变化到指定的 scale 的 x、y 均为 0 的状态，逐渐缩小至尺寸为 0。

② 组件的插入、删除使用不同的动画效果。

```
Button()
.transition({ type: TransitionType.Insert, translate: { x: 200, y: -200 }, opacity: 0 })
.transition({ type: TransitionType.Delete, rotate: { x: 0, y: 0, z: 1, angle: 360 } })
```

③ 只定义组件的插入或删除其中一种动画效果。

```
Button()
  .transition({ type: TransitionType.Delete, translate: { x: 200, y: -200 } })
```

当只需要组件的插入或删除转场动画效果时，仅需设置 type 属性为 TransitionType.Insert 或 TransitionType.Delete。例如，以上代码定义了一个 Button 组件，删除时，组件以动画形式从原始位置移动到相对于原始位置横向右移 200vp、纵向下移 200vp 的位置；插入该组件并不会产生转场动画。

6.6　购物车应用开发

掌握 ArkTS 语法和 ArkUI 基本组件后，接下来开发一个购物车应用 MultiShopping。该购物车应用几乎涉及所有的基础组件和容器组件的使用，是一个很好的示范。该应用包含两级页面，分别是主页（包含"首页"、"新品"、"购物车"和"我的"页签）和详情页，主页以列表形式显示所有商品信息，当用户想查看某商品详细信息时，可以点击相应列表项进入详情页。本节将展示该应用的主要代码。

两个页面都展示了丰富的组件，包括自定义弹窗容器（Dialog）、列表（List）、滑动容器（Swiper）、页签组件（Tabs）、按钮组件（Button）、分隔器组件（Divider）、图片组件（Image）、交互组件（Input）、菜单组件（Menu）、滑动选择器组件（Picker）、评分条组件（Rating）和搜索框组件（Search）等。

6.6.1　一次开发，多端部署

主页由 Tabs 容器组件和 4 个 TabContent 子组件组成，4 个 TabContent 子组件分别为首页（Home）、新品（NewProduct）、购物车（ShopCart）、我的（Personal）。根据用户使用场景，通过响应式布局的媒体查询监听应用窗口宽度变化，获取当前应用所处的断点值以设置 Tabs 的页签栏位置。对于一般断点类型，显示底部页签栏，如图 6-45 所示页面中的①处；当断点类型为 lg（large）时，则会显示侧边页签栏，如图 6-46 所示页面中的①处。

除此之外，在图 6-45 和图 6-46 中显示商品轮播图和商品列表对应区域的②处和③处，对于不同断点类型也存在区别。为了做到组件布局对不同大小屏幕设备都能够自适应，需要用到栅格布局，以实现应用的"一次开发，多端部署"。栅格布局是一种通用的辅助定位工具，其主要优势包括以下几个方面。

① 提供可循的规律：栅格布局可以为布局提供规律性结构，解决多尺寸、多设备的动态布局问题。通过将页面划分为等宽的列数和行数，可以方便地对页面元素进行定位和排版。

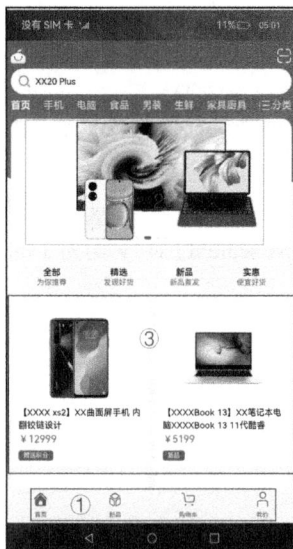

图 6-45　底部页签栏

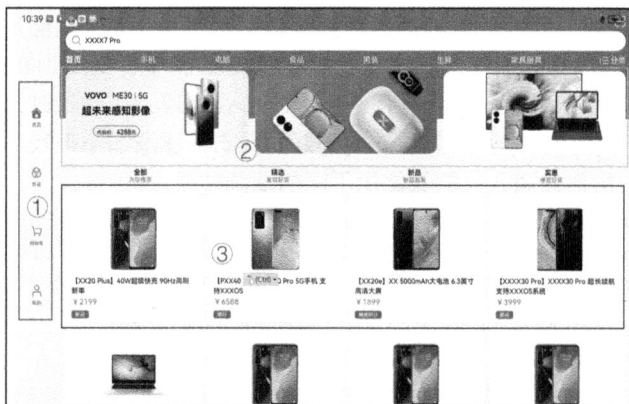

图 6-46　侧边页签栏

② 统一的定位标注：栅格布局可以为系统提供统一的定位标注，保证不同设备上各个模块布局的一致性。这可降低设计和开发的复杂度，提高工作效率。

③ 灵活的间距调整方法：栅格布局可以提供灵活的间距调整方法，满足特殊场景布局调整的需求。通过调整列与列和行与行的间距，可以控制整个页面的排版效果。

④ 自动换行和自适应：栅格布局可以实现一对多布局的自动换行和自适应。当页面元素的数量超出了一行或一列的容量时，会自动换到下一行或下一列，并且在不同的设备上自适应排版，使得页面布局更加灵活，适应性更强。

GridRow 为栅格容器组件，需与栅格子组件 GridCol 联合使用。

1. 栅格容器 GridRow

栅格系统以设备的水平宽度（屏幕密度像素值，单位为 vp）作为断点依据，定义设备的宽度类型，形成了一套断点规则。开发者可根据需求在不同的断点区间实现不同的页面布局效果。

（1）系统默认断点

栅格系统默认依据设备屏幕宽度将断点分为 xs、sm、md、lg 这 4 类，如表 6-2 所示。

表 6-2　栅格系统默认断点

断点类型	取值范围/vp	设备描述
xs	[0,320)	最小宽度类型设备（微型屏）
sm	[320,20)	小宽度类型设备（小屏）
md	[520,840)	中等宽度类型设备（中屏）
lg	[840,+∞)	大宽度类型设备（大屏）

在 GridRow 栅格组件中，允许开发者使用 breakpoints 自定义断点的取值范围，最多支持 6 种断点：除了默认的 4 种断点外，还可以启用 xl、xxl 断点。针对断点位置，开发者可根据实际使用场景，通过一个单调递增数组进行设置。由于 breakpoints 最多支持 6 种断点，单调递增数组长度最大为 5。

例如，以下代码表示启用 xs、sm、md 共 3 种断点，小于 100vp 为 xs，等于大于 100vp、小于 200vp 为 sm，大于等于 200vp 为 md。

```
breakpoints: {value: ['100vp', '200vp']}
```

例 6-24 中使用栅格的默认列数 12 列，通过断点设置将应用宽度分成 6 个区间，在各区间中，每个栅格子元素占用的列数均不同。

例 6-24　默认 12 列时的栅格布局

```
@State bgColors: Color[] = [Color.Red, Color.Orange, Color.Yellow, Color.Green,
Color.Pink, Color.Grey, Color.Blue, Color.Brown];
...
GridRow({
  breakpoints: {
    value: ['200vp', '300vp', '400vp', '500vp', '600vp'],
    reference: BreakpointsReference.WindowSize
  }
}) {
  ForEach(this.bgColors, (color, index) => {
    GridCol({
      span: {
        xs: 2,
        sm: 3,
        md: 4,
        lg: 6,
        xl: 8,
        xxl: 12
      }
    }) {
      Row() {
        Text(`${index}`)
      }.width("100%").height('50vp')
    }.backgroundColor(color)
  })
}
```

例 6-24 所示代码运行效果如图 6-47 所示。图 6-47（a）所示为设备断点类型为 md 时的页面布局，默认列数为 12 列，一个 GridCol 占据 4 列，因此每行显示 3 个 Text 组件；当设备断点类型为 sm 时，一个 GridCol 占据 3 列，因此每行显示 4 个 Text 组件，如图 6-47（b）所示。

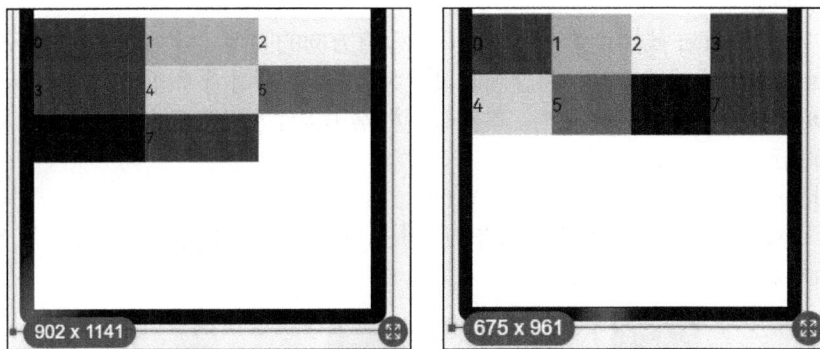

（a）初始运行效果　　　　　（b）设备断点类型为 sm 的显示效果

图 6-47　默认栅格设置下两种不同断点类型的页面布局

（2）布局的总列数

GridRow 中通过 columns 设置栅格布局的总列数，分为以下 3 种情况。

① columns 默认值为 12，即在未设置 columns 时栅格布局被分成 12 列。

② 当 columns 为自定义值时，栅格布局在任何尺寸设备下都被分为 columns 列。

③ 当 columns 类型为 GridRowColumnOption 时，支持对 6 种不同断点类型（xs、sm、md、lg、xl、xxl）设备的总列数进行设置，各种断点类型的数值可不同。

以情况③为例，代码如例 6-25 所示。

例 6-25　自定义列数的栅格布局

```
@State bgColors: Color[] = [Color.Red, Color.Orange, Color.Yellow, Color.Green,
Color.Pink, Color.Grey, Color.Blue, Color.Brown]
  GridRow({ columns: { sm: 4, md: 8 }, breakpoints: { value: ['200vp', '300vp', '400vp',
'500vp', '600vp'] } }) {
    ForEach(this.bgColors, (item, index) => {
      GridCol() {
        Row() {
          Text(`${index + 1}`)
        }.width('100%').height('50')
      }.backgroundColor(item)
    })
  }
```

例 6-25 运行结果如图 6-48 所示。图 6-48（a）所示为断点类型为 sm（小屏设备）的页面布局，一行包含 4 列；图 6-48（b）所示为断点类型为 md（中屏设备）的页面布局，一行包含 8 列。

（a）小屏设备页面布局　　　　（b）中屏设备页面布局

图 6-48　自定义列数的栅格布局

（3）子组件间距

GridRow 中通过 gutter 属性设置子组件水平和垂直方向的间距，分为以下两种情况。

① 当 gutter 属性为 number 时，将之同时设置为栅格子组件水平和垂直方向间距。

② 当 gutter 属性为 GutterOption 时，单独设置栅格子组件水平和垂直间距，x 为水平方向间距，y 为垂直方向间距。

```
GridRow({ gutter: { x: 20, y: 50 } }){}
```

上述代码定义了 GridRow 容器中子组件的间距在水平方向为 20vp，垂直方向为 50vp，显示效果如图 6-49 所示。

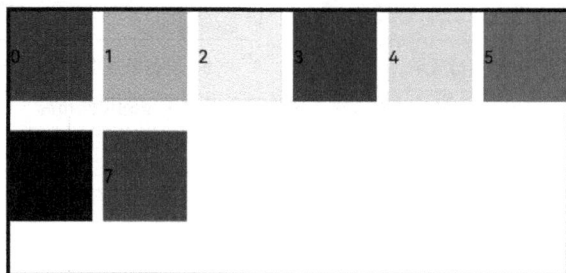

图 6-49　通过 gutter 设置子组件间距

2. 子组件 GridCol

GridCol 组件为 GridRow 组件的子组件。通过给 GridCol 传参或者设置属性，可设置 span（占用列数）、offset（偏移列数）、order（元素序号）的值。

（1）span

span 为子组件占栅格布局的列数，决定了子组件的宽度，默认为 1。当 span 的取值类型为 number 时，子组件在所有尺寸设备下占用的列数相同；当类型为 GridColColumnOption 时，支持对 6 种不同尺寸（xs、sm、md、lg、xl、xxl）设备中子组件所占列数进行设置，各个尺寸下数值可不同，如例 6-26 所示。

例 6-26　自定义子组件宽度的栅格布局

```
@State bgColors: Color[] = [Color.Red, Color.Orange, Color.Yellow, Color.Green,
Color.Pink, Color.Grey, Color.Blue, Color.Brown];
...
GridRow({ columns: 8 }) {
  ForEach(this.bgColors, (color, index) => {
    GridCol({ span: { xs: 1, sm: 2, md: 3, lg: 4 } }) {
      Row() {
        Text(`${index}`)
      }.width('100%').height('50vp')
    }
    .backgroundColor(color)
  })
}
```

例 6-26 的运行结果如图 6-50 所示。图 6-50（a）所示为断点类型为 md 时的页面布局，由于一行包含 8 列，当一个 GridCol 占据 3 列时，每行显示 2 个 GridCol，还有剩余；图 6-50（b）所示为断点类型为 xs（微型屏）时的页面布局，一个 GridCol 占据 1 列，每行显示 8 个 GridCol。

（a）中屏设备页面布局　　　　　　（b）微型屏设备页面布局

图 6-50　自定义子组件宽度的栅格布局

（2）offset

offset 为栅格子组件相对前一个子组件的偏移列数，默认为 0。当 offset 类型为 number 时，子组件偏移相同列数；当类型为 GridColColumnOption 时，支持对 6 种不同尺寸（xs、sm、md、lg、xl、xxl）设备中子组件所占列数进行设置，各个尺寸下数值可不同，如例 6-27 所示。

例 6-27　带偏移量的栅格布局

```
@State bgColors: Color[] = [Color.Red, Color.Orange, Color.Yellow, Color.Green,
Color.Pink, Color.Grey, Color.Blue, Color.Brown];
...
```

```
GridRow() {
  ForEach(this.bgColors, (color, index) => {
    GridCol({ offset: { xs: 1, sm: 2, md: 3, lg: 4 } }) {
      Row() {
        Text('' + index)
      }.width('100%').height('50vp')
    }
    .backgroundColor(color)
  })
}
```

例 6-27 运行结果如图 6-51 所示。图 6-51（a）所示为子组件的偏移量为 1 列的栅格布局；图 6-51
（b）所示为子组件的偏移量为 2 列的栅格布局。

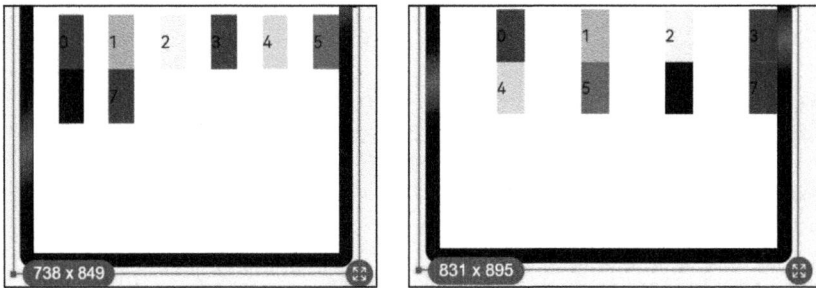

（a）子组件的偏移量为 1 列　　　　　　（b）子组件的偏移量为 2 列

图 6-51　2 种不同偏移量的栅格布局

3. 栅格布局的主页代码分析

在图 6-45 和图 6-46 展示的不同屏幕大小的主页布局中可以看到，主页实现了同一套代码在不同设备上的快速适配，体现了 OpenHarmony 应用的一大特点：一次开发，多端部署。例 6-28 展示了 MultiShopping 工程的主页代码。

例 6-28　MultiShopping 工程的主页代码

```
@Entry
@Component
struct MainPage {
  @StorageProp('currentBreakpoint') currentBreakpoint: string = 'sm';
...
  build() {
    Column() {
      Tabs({
        barPosition: this.currentBreakpoint === BreakpointConstants.BREAKPOINT_LG ?
BarPosition.Start : BarPosition.End,
        index: this.currentPageIndex
      }) {
        TabContent() {
          Home({
            onClickItem: (data) => this.routerDetailPage(data)
          })
        }
        .tabBar(this.BottomNavigation(buttonInfo[PageConstants.HOME_INDEX]))

        TabContent() {
          NewProduct()
        }
```

```
      .tabBar(this.BottomNavigation(buttonInfo[PageConstants.NEW_PRODUCT_INDEX]))

      TabContent() {
        ShopCart({
          products: $shoppingCartList,
          onNeedUpdate: () => this.queryShopCart()
        })
      }
      .tabBar(this.BottomNavigation(buttonInfo[PageConstants.SHOP_CART_INDEX]))

      TabContent() {
        Personal({ orderCount: $orderCount })
      }
      .tabBar(this.BottomNavigation(buttonInfo[PageConstants.PERSONAL_INDEX]))
    }
    .barWidth(this.currentBreakpoint === BreakpointConstants.BREAKPOINT_LG ?
      $r('app.float.bar_width') : StyleConstants.FULL_WIDTH)
    .barHeight(this.currentBreakpoint === BreakpointConstants.BREAKPOINT_LG ?
      StyleConstants.SIXTY_HEIGHT : $r('app.float.vp_fifty_six'))
    .vertical(this.currentBreakpoint === BreakpointConstants.BREAKPOINT_LG)
    .scrollable(false)
    .onChange((index: number) => {
      this.currentPageIndex = index;
      if (index === PageConstants. SHOP_CART_INDEX
) {
        this.queryShopCart();
      } else if (index === PageConstants.PERSONAL_INDEX) {
        this.queryOrderList();
      }
    })
  }
  .backgroundColor($r('app.color.page_background'))
  }
}
```

例 6-28 展示的主页中包含一个 Tabs 组件，该 Tabs 组件包含 4 个 TabContent 子组件，点击页签栏触发 onChange( )回调，在回调中改变当前页签的索引，从而跳转到对应页签。当切换到"购物车"页签时，需要查询购物车列表；当切换到"我的"页签时，需要查询订单列表。

工具栏的位置和大小上采用了断点方式设置，以保障应用在不同大小屏幕上保持最佳视觉效果。

① 工具栏位置：例 6-28 代码顶部展示了如何根据屏幕大小来动态改变 Tabs 组件的属性 barposition，从而动态设置工具栏位置：如果表述屏幕大小的状态变量 currentBreakpoint 取值为 sm，则工具栏位于底部，如图 6-45 所示；当 currentBreakpoint 变量取值为 lg 时，Tabs 的 vertical 属性此时为 true，则工具栏位于左部，如图 6-46 所示。

② 工具栏大小：例 6-28 代码底部的工具栏宽度 barWidth 和高度 barHeight 属性也依赖状态变量 currentBreakpoint，也就是栅格布局中的断点。当该变量取值为 sm 时，宽度为 StyleConstants.FULL_WIDTH，值为 100%，占满整个屏幕宽度；页签栏是水平方向排列的，高度为 app.float.vp_fifty_six，值为 56vp。当断点状态变量取值为 lg 时，宽度为 96vp，高度为屏幕高度的 60%，这个时候页签栏是垂直方向排列的。

6.6.2　首页标签页

首页标签页通过自适应布局的均分、拉伸等能力实现搜索框、分类标题等的布局，通过响应式布局的媒体查询、断点能力设置轮播图数、商品列表数。首页布局如图 6-52 所示。

图 6-52　首页布局

图 6-52 所示布局将首页分成了 5 个区域，分别是搜索区、分类标题区、轮播区、活动标题区和商品区。对应的实现代码如例 6-29 所示。

例 6-29　MultiShopping 工程的首页代码

```
@Component
export struct Home {
  @StorageProp('currentBreakpoint') currentBreakpoint: string = 'sm';
...
build() {
        Stack({ alignContent: Alignment.Top }) {
          Image($r('app.media.ic_app_background'))
            .width(StyleConstants.FULL_WIDTH)
            .height($r('app.float.image_background_height'))
            .objectFit(ImageFit.Auto)
        Flex({ direction: FlexDirection.Column }) {
          this.SearchTitle()
          Scroll() {
            Column() {
              this.ClassifyTitle()
              this.CustomSwiper()
              this.ActivityTitle()

              CommodityList({
                commodityList: $commodityList,
                column: this.currentBreakpoint === BreakpointConstants.BREAKPOINT_LG ?
StyleConstants.DISPLAY_FOUR :
                  (this.currentBreakpoint === BreakpointConstants.BREAKPOINT_MD ?
                  StyleConstants.DISPLAY_THREE : StyleConstants.DISPLAY_TWO),
                onClickItem: (data: Commodity): void => this.onClickItem(data)
              })
            }
          }
        }
          .scrollBar(BarState.Off)
```

```
      }
      .padding({ left: $r('app.float.vp_twelve'), right: $r('app.float.vp_twelve') })
    }
  }
}
```

1. 常规页面组成布局分析

从例 6-29 中看到，整个首页采用 Stack 布局，由一个 Image 组件和一个 Flex 容器组件组成。Image 组件主要是提供红色背景；而在 Flex 弹性布局容器中采用列式排列，其组件依次是 SearchTile、ClassifyTitle、CustomSwiper、ActivityTitle 和 CommodityList。这里采用@Builder 构造函数的方式分别构建各个不同区域，优点是代码结构清晰，不然大段代码堆积会降低代码可读性。

此外，由于商品数量较多，一页显示不下，因此在 CommodityList 外层套了一个 Scroll 容器来提供页面滚动功能。

（1）搜索区

对于搜索区构造函数，需要注意的是其搜索栏的定义，其代码如例 6-30 所示。

例 6-30　搜索区页面布局

```
@Builder
  SearchTitle() {
    Column() {
      Flex({ justifyContent: FlexAlign.SpaceBetween }) {
        Image($r('app.media.ic_eshop'))
          .height(StyleConstants.FULL_HEIGHT)
          .aspectRatio(1)
        Image($r('app.media.ic_scan'))
          .height(StyleConstants.FULL_HEIGHT)
          .aspectRatio(1)
      }
      .height($r('app.float.vp_twenty_four'))
      .width(StyleConstants.FULL_WIDTH)
      .margin({ bottom: $r('app.float.vp_eight') })

      Row() {
        Image($r('app.media.ic_search'))
          .width($r('app.float.vp_twenty'))
          .height($r('app.float.vp_twenty'))
          .margin({
            left: $r('app.float.vp_twelve'),
            right: $r('app.float.vp_eight')
          })
        Swiper() {
          ForEach(searchSwiper, (item: Resource) => {
            Column() {
              Text(item)
                .fontSize($r('app.float.small_font_size'))
                .fontColor(Color.Black)
            }
            .alignItems(HorizontalAlign.Start)
          }, (item: Resource) => JSON.stringify(item))
        }
        .autoPlay(true)
        .loop(true)
        .vertical(true)
```

```
          .indicator(false)
        }
      .height($r('app.float.search_swiper_height'))
      .width(StyleConstants.FULL_WIDTH)
      .borderRadius($r('app.float.vp_twenty'))
      .backgroundColor(Color.White)
    }
    .width(StyleConstants.FULL_WIDTH)
    .padding({ top: $r('app.float.vp_twelve'), bottom: $r('app.float.vp_twelve') })
  }
```

搜索区采用的是线性布局 Column，其中包含的第一个元素为一个弹性布局 Flex 组件，该容器中的两个 Image 组件采用 FlexAlign.SpaceBetween 对齐方式，也就是这两个 Image 组件分别与屏幕的边框对齐，而中间采用空格填充。

搜索区中的第二个元素为一个 Row 组件，说明该容器中的组件按行排列，包含一个 Image 组件和一个 Swiper 组件。Image 组件的大小和外间距均在应用配置文件 float.json 中定义，配置文件位于 base 目录下。移动应用中对组件的属性设置不会直接定义在对应的页面设计源代码中，而会通过配置文件来定义，这样的好处是具有较大灵活性，后期维护只需要修改配置文件，而不需要对源代码进行操作。

另外，此处的搜索栏是一个伪搜索栏，并不提供搜索功能。它其实是一个轮播区域 Swiper，轮播来自 searchSwiper 变量，其中的元素为 Resource 类型。每个元素均从应用配置文件 String.json 中获取，采用$r方式引用。Swiper 组件自动滚动播放 searchSwiper 数组中的内容，显示如"XXXXXX xs2"。

（2）活动标题区

对于活动标题区，需要关注该区域中的几个活动信息间距的设置，其代码如例 6-31 所示。

例 6-31　活动标题区页面布局

```
@Builder
  ActivityTitle() {
    Flex({ justifyContent: FlexAlign.SpaceAround }) {
      ForEach(activityTitle, (item: ActivityTitleModel, index?: number) => {
        Flex({
          direction: FlexDirection.Column,
          justifyContent: FlexAlign.Center,
          alignItems: ItemAlign.Center
        }) {
          Text(item.title)
            .fontSize($r('app.float.small_font_size'))
            .fontWeight(StyleConstants.FONT_WEIGHT_FIVE)
            .fontColor(Color.Black)
          Text(item.desc)
            .fontSize($r('app.float.smaller_font_size'))
            .fontWeight(StyleConstants.FONT_WEIGHT_FOUR)
            .fontColor(this.activityTitleIndex === index ? $r('app.color.focus_color') :
Color.Black)
            .opacity(this.activityTitleIndex === index ? StyleConstants.FULL_OPACITY :
StyleConstants.SIXTY_OPACITY)
        }
        .onClick(() => {
          if (index !== undefined) {
            this.activityTitleIndex = index;
          }
        })
        .height(StyleConstants.FULL_HEIGHT)
      }, (item: ActivityTitleModel) => JSON.stringify(item))
```

```
    }
    .height($r('app.float.activity_title_height'))
    .width(StyleConstants.FULL_WIDTH)
    .padding($r('app.float.vp_twelve'))
    .margin({ bottom: $r('app.float.vp_six'), top: $r('app.float.vp_six') })
    .backgroundColor($r('app.color.page_background'))
    .borderRadius($r('app.float.vp_sixteen'))
    }
```

活动标题区采用弹性布局，布局顶层利用弹性布局的均分能力，在 Flex 布局中设置主轴（水平方向）上的对齐方式为 FlexAlign.SpaceAround，使循环渲染的组件之间距离相同，第一个元素到行首的距离和最后一个元素到行尾的距离是相邻元素之间距离的一半。这样的间距设定合乎使用者的习惯。而且不管是在小屏 sm 还是大屏 lg 下，都可以实现相似的显示效果，有助于实现"一次开发，多端部署"。

在外层弹性布局容器下的每个活动信息其实也是一个 Flex 容器，每个容器里包含两个 Text 组件，共同显示活动标题。活动数量取决于 activityTitle 数组，其中的元素类型为 ActivityTitleModel。

2. 适配不同大小屏幕页面布局分析

首页标签页中的轮播区和商品区按照栅格断点设置了不同屏幕大小下的组件显示模式，以轮播区为例，其代码如例 6-32 所示。

例 6-32　轮播区页面布局

```
@Builder
  CustomSwiper() {
    Swiper() {
      ForEach(swiperImage, (item: Resource) => {
        Image(item)
          .width(StyleConstants.FULL_WIDTH)
          .aspectRatio(StyleConstants.IMAGE_ASPECT_RATIO)
          .borderRadius($r('app.float.vp_sixteen'))
          .backgroundColor(Color.White)
      }, (item: Resource) => JSON.stringify(item))
    }
    .indicatorStyle({ selectedColor: $r('app.color.indicator_select') })
    .autoPlay(true)
    .itemSpace(this.currentBreakpoint === BreakpointConstants.BREAKPOINT_SM ? 0 :
StyleConstants.ITEM_SPACE)
    .width(StyleConstants.FULL_WIDTH)
    .indicator(this.currentBreakpoint === BreakpointConstants.BREAKPOINT_SM)
    .displayCount(this.currentBreakpoint === BreakpointConstants.BREAKPOINT_LG ?
StyleConstants.DISPLAY_THREE :
      (this.currentBreakpoint === BreakpointConstants.BREAKPOINT_MD ? StyleConstants.
DISPLAY_TWO :
      StyleConstants.DISPLAY_ONE))
    .margin({ top: $r('app.float.vp_twelve'), bottom: $r('app.float.vp_twelve') })
    }
```

例 6-32 中，轮播区 Swiper 的 itemSpace 属性与栅格断点设置有关，当屏幕是小屏幕时，Swiper 中图片的间距为 0（对小屏幕设备来说，Swiper 每次只显示一张图片）；否则，当 Swiper 上有多张图片时，图片的间距为 StyleConstants.ITEM_SPACE 变量的值为 14vp。

此外 Swiper 的 indicator 属性也与断点有关，当屏幕为小屏幕时，Swiper 显示轮播提醒；否则不显示。最后是 Swiper 组件的 displayCount 属性，即 Swiper 一次显示的图片数量，从例 6-32 可以看出，对于 lg 即大屏，显示 3 张；对于 md 即中屏，显示 2 张；对于 sm 即小屏，显示 1 张。

在例 6-28 所示的主页代码中还实现了商品区的页面自适应。当屏幕大小为 lg 时，List 列表每行显示 4 列；当屏幕大小为 md 时，List 列表每行显示 3 列；当屏幕大小为 sm 时，List 列表每行显示 2 列。此处通过定义 column 参数，然后将之传递到 CommodityList 组件，从而定义列表组件 List 的 lanes 属性。商品区的代码如例 6-33 所示。

例 6-33　商品区页面布局

```
@Component
export struct CommodityList {
  @Link commodityList: Commodity[];
  @Prop column: number;
  private onClickItem? = (Commodity: Commodity) => {};
...
build() {
    if (this.commodityList.length > 0) {
      List({ space: StyleConstants.TWELVE_SPACE }) {
        LazyForEach(new CommonDataSource<Commodity>(this.commodityList), (item:
Commodity) => {
          ListItem() {
            this.CommodityItem(item)
          }
          .margin({ left: $r('app.float.vp_six'), right: $r('app.float.vp_six') })
          .onClick(() => {
            if (this.onClickItem !== undefined) {
              this.onClickItem(item);
            }
          })
        }, (item: Commodity) => JSON.stringify(item))
      }
      .margin({ left: $r('app.float.commodity_list_margin'), right: $r('app.float.
commodity_list_margin') })
      .listDirection(Axis.Vertical)
      .lanes(this.column)
    } else {
      EmptyComponent({ outerHeight: StyleConstants.FIFTY_HEIGHT })
    }
  }
}
```

在例 6-33 中定义的 CommodityList 组件包含@Link commodityList 和@Prop column 装饰器变量，其数据来自例 6-29 中调用 CommodityList 组件时传递过来的参数，分别代表商品区的商品数据数组和列表中每行显示的列数。此外，私有变量 onClickItem( )为函数类型，该函数在点击商品条目时会被调用，其值也来自例 6-29。但例 6-29 也没对该函数赋值，真正的赋值来自主页代码例 6-28 中调用 Home 组件时的参数，如下所示。

```
Home(onClickItem: (data) => this.routerDetailPage(data))
  routerDetailPage(data: Commodity) {
    router.pushUrl({
      url: PageConstants.COMMODITY_DETAIL_PAGE_URL,
      params: { id: data.id }
    }).catch((err: Error) => {
      Logger.error(JSON.stringify(err));
    });
  }
```

也就是说在用户点击商品信息时，会使用 Router 模块路由到商品详情页 pages/CommodityDetailPage。在生成每件商品信息时，使用了 LazyForEach 这种特殊的循环渲染，LazyForEach 称为懒加载，其作用是从提供的数据源中按需迭代数据，并在每次迭代过程中创建相应的组件。当在滚动容器中使用了 LazyForEach，框架会根据滚动容器可视区域按需创建组件；当组件滑出可视区域外时，框架会进行组件销毁回收以降低内存占用，提升滚动容器如 List 组件的效率。

　　LazyForEach 的第一个参数为 IdataSource 类型，需要开发者实现。在本工程中其代码如例 6-34 所示，可以看出该代码基本功能是获取数据和数据变化，保障使用该数据的容器能够及时刷新界面。

例 6-34　商品数据源接口

```
export class CommonDataSource<T> implements IDataSource {
    private dataArray: T[] = [];
    private listeners: DataChangeListener[] = [];

    constructor(element: T[]) {
        this.dataArray = element;
    }

    public getData(index: number) {
        return this.dataArray[index]
    }

    public totalCount(): number {
        return this.dataArray.length;
    }

    public addData(index: number, data: T[]): void {
        this.dataArray = this.dataArray.concat(data);
        this.notifyDataAdd(index);
    }

    public pushData(data: T): void {
        this.dataArray.push(data);
        this.notifyDataAdd(this.dataArray.length - 1);
    }

    unregisterDataChangeListener(listener: DataChangeListener): void {
        const pos = this.listeners.indexOf(listener);
        if (pos >= 0) {
            this.listeners.splice(pos, 1);
        }
    }

    registerDataChangeListener(listener: DataChangeListener): void {
        if (this.listeners.indexOf(listener) < 0) {
            this.listeners.push(listener);
        }
    }

    notifyDataReload(): void {
        this.listeners.forEach((listener: DataChangeListener) => {
            listener.onDataReloaded();
        })
    }

    notifyDataAdd(index: number): void {
        this.listeners.forEach((listener: DataChangeListener) => {
```

```
            listener.onDataAdd(index);
        })
    }

    notifyDataChange(index: number): void {
        this.listeners.forEach((listener: DataChangeListener) => {
            listener.onDataChange(index);
        })
    }

    notifyDataDelete(index: number): void {
        this.listeners.forEach((listener: DataChangeListener) => {
            listener.onDataDelete(index);
        })
    }

    notifyDataMove(from: number, to: number): void {
        this.listeners.forEach((listener: DataChangeListener) => {
            listener.onDataMove(from, to);
        })
    }
}
```

6.6.3 详情页设计

详情页用来展示主页上用户选择的某项商品的详细信息，目前详情页只能展示某个固定商品的详情。详情页也分为三大板块，包括轮播图、商品信息、底部按钮栏，通过响应式布局能力的栅格布局实现不同类型设备显示不同的效果，并通过自适应布局的拉伸能力设置 flexGrow 属性使按钮位于底部。详情页布局如图 6-53 所示。

图 6-53　详情页布局

1. 详情页粗略布局分析

详情页采用栅格布局方式来定义页面结构，具体是定义 sm、md 和 lg 这 3 个断点来规划轮播图、商品信息和底部按钮栏。详情页页面结构如例 6-35 所示。

例 6-35　详情页页面结构

```
@Component
export struct CommodityDetail {
  @Prop commodityId: string;
  @State info?: Commodity = undefined;
  @State @Watch('onSelectKeysChange') selectKeys?: ProductSpecification[] = [];
  ...
  build() {
    Stack({ alignContent: Alignment.TopStart }) {
      Flex({ direction: FlexDirection.Column }) {
        Scroll() {
          GridRow({
            columns: {
              sm: GridConstants.COLUMN_FOUR,
              md: GridConstants.COLUMN_EIGHT,
              lg: GridConstants.COLUMN_TWELVE
            },
            gutter: GridConstants.GUTTER_TWELVE
          }) {
            GridCol({
              span: {
                sm: GridConstants.SPAN_FOUR,
                md: GridConstants.SPAN_EIGHT,
                lg: GridConstants.SPAN_TWELVE }
            }) {
              if (this.info !== undefined) {
                this.CustomSwiper(this.info?.images)
              }
            }

            GridCol({
              span: {
                sm: GridConstants.SPAN_FOUR,
                md: GridConstants.SPAN_EIGHT,
                lg: GridConstants.SPAN_EIGHT
              },
              offset: { lg: GridConstants.OFFSET_TWO }
            }) {
              Column() {
                if (this.info) {
                  this.TitleBar(this.info)
                  this.Specification()
                  this.SpecialService()
                  this.UserEvaluate()
                  this.DetailList(this.info.images)
                }
              }
            }
          }
        }
        .flexGrow(StyleConstants.FLEX_GROW)

        GridRow({
```

```
          columns: {
            sm: GridConstants.COLUMN_FOUR,
            md: GridConstants.COLUMN_EIGHT,
            lg: GridConstants.COLUMN_TWELVE
          },
          gutter: GridConstants.GUTTER_TWELVE
        }) {
          GridCol({
            span: {
              sm: GridConstants.SPAN_FOUR,
              md: GridConstants.SPAN_EIGHT,
              lg: GridConstants.SPAN_EIGHT
            },
            offset: { lg: GridConstants.OFFSET_TWO } }) {
            this.BottomMenu()
          }
        }
      }
    }

    Flex({ direction: FlexDirection.Row, justifyContent: FlexAlign.SpaceBetween })
    {
      Button() {
        Image($r('app.media.ic_back'))
          .height(StyleConstants.FULL_HEIGHT)
          .aspectRatio(1)
      }
      .titleButton()
      .onClick(() => router.back())

      Button() {
        Image($r('app.media.ic_share'))
          .height(StyleConstants.FULL_HEIGHT)
          .aspectRatio(1)
      }
      .titleButton()
    }
    .margin({
      left: $r('app.float.vp_sixteen'),
      top: $r('app.float.vp_sixteen'),
      right: $r('app.float.vp_sixteen')
    })
  }
 }
}
```

由例 6-35 中的代码可知，详情页采用了栅格布局，Scroll 中有一个 GridRow 组件，其中包含两个 GridCol 子组件，分别代表轮播区和商品信息区；和 Scroll 并列的还有一个 GridRow 组件，其中包含一个 GridCol 子组件，代表底部按钮栏。通过栅格布局定义的断点，具体页面布局如下。

① 在 sm 断点下，轮播图占 4 个栅格，商品信息占 4 个栅格，底部按钮栏占 4 个栅格。

② 在 md 断点下，轮播图占 8 个栅格，商品信息占 8 个栅格，底部按钮栏占 8 个栅格。

③ 在 lg 断点下，轮播图占 12 个栅格，商品信息占 8 个栅格（偏移 2 个栅格），底部按钮栏占 8 个栅格（偏移 2 个栅格）。

在两个 GridRow 中，每行在 sm 断点下包含 4 列，在 md 断点下包含 8 列，在 lg 断点下包含 12 列。所以对小屏设备和中屏设备来说，轮播图、商品信息和底部按钮栏显示风格一致，都占据整个屏幕宽度；但对大屏设备来说，轮播图占据了整个屏幕宽度，但商品信息和底部按钮都只是居中显示，左、右两边各有两个栅格空白区域，具体如图 6-54 所示。

图 6-54　详情页在大屏设备中的页面布局

在例 6-35 中，还用 gutter 定义了 GridRow 中各列的间距，如轮播图和商品信息的间距为 GridConstants.GUTTER_TWELVE。

2. 详情页详细布局分析

详情页详细布局设计如图 6-55 所示。

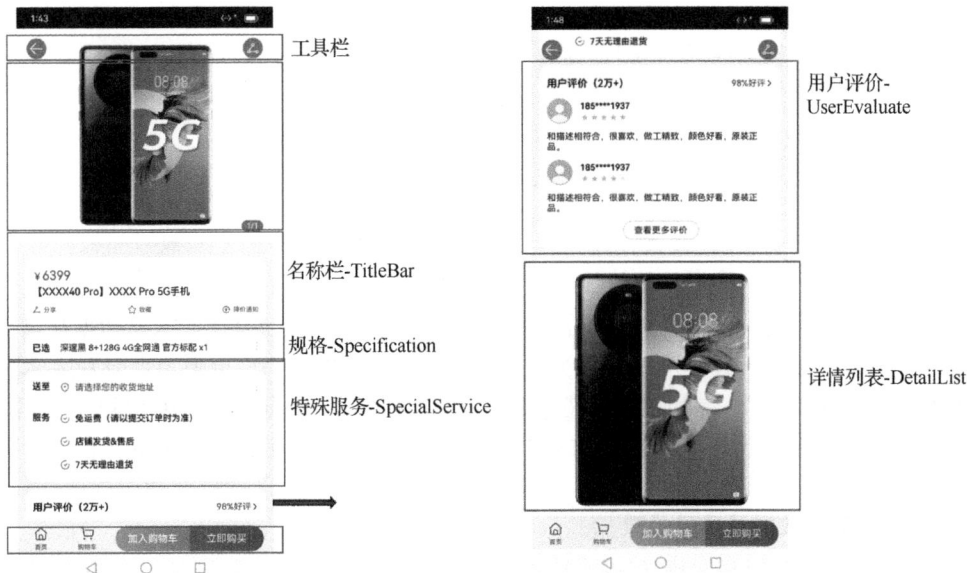

图 6-55　详情页详细布局设计

（1）用户评论区

关于详情页详细布局，此处仅分析用户评价区域。用户评价区代码如例 6-36 所示。

例 6-36　详情页用户评价区结构

```
@Builder UserEvaluate() {
    Column({ space: StyleConstants.TWELVE_SPACE }) {
        Row() {
```

```
        Text(userEvaluate.title)
          .fontSize($r('app.float.middle_font_size'))
          .fontWeight(StyleConstants.FONT_WEIGHT_FIVE)
          .fontColor(Color.Black)
        Blank()
        Text(userEvaluate.favorable)
          .fontSize($r('app.float.small_font_size'))
          .fontColor($r('app.color.focus_color'))
        Text($r('app.string.evaluate_favorable'))
          .fontSize($r('app.float.small_font_size'))
          .fontColor($r('app.color.sixty_alpha_black'))
        Image($r('app.media.ic_right_arrow'))
          .objectFit(ImageFit.Contain)
          .height($r('app.float.vp_twenty_four'))
          .width($r('app.float.vp_twelve'))
      }
      .width(StyleConstants.FULL_WIDTH)

      LazyForEach(this.data, (item: Evaluate) => {
        this.Evaluate(item);
      }, (item, index) => JSON.stringify(item) + index)
      Text($r('app.string.evaluate_show_more'))
        .fontSize($r('app.float.small_font_size'))
        .width($r('app.float.evaluate_text_width'))
        .height($r('app.float.evaluate_text_height'))
        .textAlign(TextAlign.Center)
        .border({
          width: $r('app.float.vp_one'),
          color: $r('app.color.twenty_alpha_black'),
          radius: $r('app.float.evaluate_text_radius')
        })
        .onClick(() => {
          this.data.addData(this.data.totalCount(), moreEvaluate);
        })
    }
    .backgroundStyle()
  }
```

例 6-36 中的用户评论也是通过 LazyForEach 懒加载形成的（本小节中的商品数据和用户评论，甚至用户信息都是设定在程序中的，这是为了降低实现难度，在生产环境中的实现方法是将这些持久化数据保存在数据库中）。懒加载数据来源于 data 数据源接口，点击用户评论区的"查看更多评论"Text 组件后，会触发状态变量 data 的 addData( )函数，该函数为 IDataSource 数据源接口函数，代码如例 6-37 所示。

例 6-37　懒加载数据源接口函数

```
public addData(index: number, data: T[]): void {
    this.dataArray = this.dataArray.concat(data);
    this.not
notifyDataAdd(index);
}
notifyDataAdd(index: number): void {
    this.listeners.forEach(listener => {
        listener.onDataAdd(index);
    })
}
```

也就是每次用户点击"查看更多评论"组件后，代码会将评论复制一份后加载到原有评论变量中，继而通知数据源监听器，监听器收到通知后会刷新列表组件，从而加载新的评论。此外，在每个用户评价内容中还包含一个评分组件，代码如例 6-38 所示。

例 6-38　评分组件 Rating 的用法

```
Rating({ rating: evaluate.rating })
  .hitTestBehavior(HitTestMode.None)
  .size({
    width: $r('app.float.evaluate_rating_width'),
    height: $r('app.float.vp_twelve')
  })
  .stars(CommodityConstants.RATING_STARS)
```

可以定义默认用户评分、评分组件大小和评分组件总分等信息。

（2）商品弹窗

当用户点击商品"规格"区后，会弹出一个商品规格选择弹窗，如图 6-56 所示。

图 6-56　商品规格选择弹窗

要实现该弹窗，首先需要定义一个自定义弹窗控制器，如例 6-39 所示。

例 6-39　自定义弹窗控制器

```
dialogController: CustomDialogController = new CustomDialogController({
  builder: SpecificationDialog({
    onFinish: (...params) => this.onSpecificationFinish(...params),
    data: $info,
    count: $count,
    selectTags: $selectKeys,
  }),
  autoCancel: true,
  alignment: DialogAlignment.Bottom,
  customStyle: true
})
```

这个自定义弹窗控制器中声明了构造函数 SpecificationDialog( )，也定义了弹窗完成后的回调函数 onFinish( )，对齐方式为从页面底部弹出。弹窗构造函数代码如例 6-40 所示。

例 6-40　弹窗构造函数

```
@CustomDialog
export struct SpecificationDialog {
  @Link data: Commodity;
  @Link count: number;
```

```
    @Link selectTags: SelectKeys;
    controller: CustomDialogController;
    private onFinish?: (type: FinishType, count: number, selectKeys: SelectKeys) => void;

    build() {
      GridRow({ columns: { sm: GridConstants.COLUMN_FOUR, md: GridConstants.COLUMN_EIGHT,
        lg: GridConstants.COLUMN_TWELVE }, gutter: GridConstants.GUTTER_TWELVE }) {
        GridCol({ span: { sm: GridConstants.SPAN_FOUR, md: GridConstants.SPAN_EIGHT, lg:
GridConstants.SPAN_EIGHT },
          offset: { lg: GridConstants.OFFSET_TWO } }) {
          Column() {
            Image($r('app.media.ic_normal'))
              .width($r('app.float.dialog_normal_image_width'))
              .height($r('app.float.vp_twenty_four'))
              .objectFit(ImageFit.Contain)
              .onClick(() => {
                this.controller.close();
                this.onFinish(FinishType.CANCEL, this.count, this.selectTags);
              })
            Row() {
              Image(this.data.images && $rawfile(this.data.images[0]))
                .width($r('app.float.dialog_commodity_image_size'))
                .height($r('app.float.dialog_commodity_image_size'))
                .objectFit(ImageFit.Cover)
                .margin({
                  left: $r('app.float.vp_sixteen'),
                  right: $r('app.float.vp_sixteen')
                })
              Column() {
                Text() {
                  Span($r('app.string.rmb'))
                    .fontSize($r('app.float.middle_font_size'))
                    .fontColor($r('app.color.focus_color'))
                  Span(`${this.data.price}`)
                    .fontSize($r('app.float.bigger_font_size'))
                    .fontColor($r('app.color.focus_color'))
                }
                .margin({ bottom: $r('app.float.vp_twelve') })

                Text(`${CommodityConstants.SPECIAL_CHOOSE} : ${Object.values(this.selectTags)
                  .join(' ')} ${this.count ? `X${this.count}` : ''}`)
                  .fontSize($r('app.float.smaller_font_size'))
                  .fontColor(Color.Black)
                  .maxLines(CommodityConstants.MAX_LINE)
                  .textOverflow({ overflow: TextOverflow.Ellipsis })
              }
              .layoutWeight(StyleConstants.LAYOUT_WEIGHT)
              .alignItems(HorizontalAlign.Start)
            }
            .margin({
              top: $r('app.float.vp_twenty_four'),
              bottom: $r('app.float.vp_twenty_four'),
              left: $r('app.float.vp_twelve'),
              right: $r('app.float.vp_twelve')
```

```
        })

      Scroll() {
        Column() {
          ForEach(this.data.specifications || [], (item: Specification) => {
            this.Specification(item)
          }, item => item.id)
          Flex({ justifyContent: FlexAlign.SpaceBetween, alignItems: ItemAlign.Center }) {
            Text($r('app.string.quantity'))
              .fontSize($r('app.float.small_font_size'))
              .fontColor($r('app.color.sixty_alpha_black'))
            CounterProduct({
              count: this.count,
              onNumberChange: (num) => this.count = num
            })
          }
          .margin({ right: $r('app.float.vp_twenty_four') })
        }
        .margin({ left: $r('app.float.vp_sixteen') })

        this.ButtonGroup()
      }
      .border({
        radius: {
          topRight: $r('app.float.dialog_radius'),
          topLeft: $r('app.float.dialog_radius')
        }
      })
      .backgroundColor($r('app.color.page_background'))
      .width(StyleConstants.FULL_WIDTH)
    }
  }
}
```

例 6-40 中再次使用栅格断点来格式化弹窗在不同大小屏幕中的显示效果。

① 在 sm 断点下，弹窗 1 行包含 4 个栅格，弹窗信息占 4 个栅格。

② 在 md 断点下，弹窗 1 行包含 8 个栅格，弹窗信息占 8 个栅格。

③ 在 lg 断点下，弹窗 1 行包含 12 个栅格，弹窗信息占 8 个栅格（偏移 2 个栅格）。

因此，在大屏设备中商品规格选择弹窗效果如图 6-57 所示，弹窗左、右各有两个栅格空白区域，并居中显示。

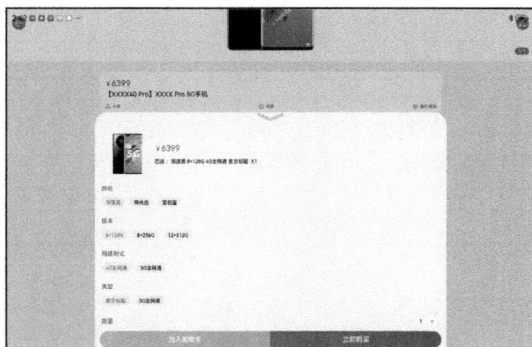

图 6-57　大屏设备中的商品规格选择弹窗

对于商品详细规格如颜色等子元素，采用的是弹性布局 Flex 中的 FlexAlign.SpaceBetween，保障了这些弹性布局容器中的子元素间距在不同大小屏幕的设备中都是相等的。

本章小结

本章主要介绍了基于 ArkUI 框架的前端界面设计与开发。首先介绍了 ArkUI 框架基础；接着对 ArkUI 框架中的核心概念——组件进行了详细描述，包括组件的通用特性、交互、容器组件等；最后对 ArkUI 中一些其他必要功能进行了讲解，并用一个购物车应用开发项目分析了 OpenHarmony 应用"一次开发，多段部署"的重要特性。

通过对本章的学习，读者应能够理解 ArkUI 工作的基本原理，能熟练掌握基础组件和容器组件的用法，并能够利用它们来设计、开发功能复杂的用户界面。

课后习题

1.（多选题）ArkUI 框架包括的层次有（　　　）。
　A．应用层（Application）　　　　　　B．前端框架层（Framework）
　C．渲染引擎层（Engine）　　　　　　D．平台适配层（Porting Layer）

2.（多选题）在构建页面布局时，针对每个组件应思考（　　　）。
　A．组件的尺寸和排列位置　　　　　　B．是否需要设置对齐方式、内间距或者边界线
　C．是否包含子元素及其排列位置　　　D．是否需要容器组件及其类型

3.（单选题）Tabs 组件和 Grid 组件属于容器组件，Text 组件和 Image 组件属于基础组件。（　　　）
　A．正确　　　　　　　　　　　　　　B．错误

4.（多选题）自定义组件的优点有（　　　）。
　A．提高页面布局代码的可读性　　　　B．提高常用功能的复用性
　C．提高代码的稳定性　　　　　　　　D．提升代码的执行速度

5.（多选题）OpenHarmony 动画分为（　　　）。
　A．属性动画　　　B．显式动画　　　C．转场动画　　　D．离散动画

第 7 章
OpenHarmony
数据持久化

07

学习目标

① 了解数据持久化定义及其在移动设备上的实现方式。

② 掌握 DataShareExtensionAbility 的创建和使用方法。

③ 掌握文件存储和关系数据库的使用方法。

④ 掌握用户偏好文件、分布式数据服务、分布式文件系统的访问方法。

　　任何一个移动应用，不管其外观界面漂亮与否，其核心都是为数据服务的。显示数据、与数据进行交互是应用程序的核心功能。例如微信聊天应用处理的是社交数据，淘宝购物应用处理的是商品数据。那么，应用中的数据从哪里来呢？通常情况下，数据是由用户自己产生的，如聊天时产生聊天数据、网上购物过程中产生交易数据等。

　　第 6 章的例子已经用到很多不同类型的数据。例如，在 6.3 节中，用户可以在输入框中输入对花朵的评论并发表。在这里，用户发表的评论就是文本数据。这些数据是瞬时的，只存在于内存中，严格来说它们其实是 Input 组件的 text 属性值，当程序关闭时，Input 组件被从内存中释放，评论数据就丢失了。本章介绍应用程序如何访问数据，以及如何实现数据持久化。

7.1　数据持久化定义

　　所谓数据持久化，就是将内存中记录的瞬时数据保存到存储设备中，以保证即便设备关机数据也不会丢失。下次设备启动后，存储设备中的数据便可以恢复。持久化技术提供了一种让数据从瞬时状态转换到持久状态的机制。

　　持久化技术被广泛应用于各种移动操作系统中。OpenHarmony 提供了 4 种方式用于实现数据持久化功能，即文件存储、传统数据库存储、对象关系数据库存储和分布式数据库存储。虽然底层数据存储的方式各不相同，但 OpenHarmony 提供了一种统一的方法来访问这些数据，那就是 DataShareExtensionAbility。

7.2　DataShareExtensionAbility 的使用

　　第 4 章介绍过基于 Stage 模型的 OpenHarmony 应用程序中的应用组件包括 UIAbility 组件和 ExtensionAbility 组件。ExtensionAbility 是基于不同应用场景的扩展能力的集合，其中一种十分重要的扩展能力就是对数据库的访问能力，称为 DataShareExtensioniAbility。

　　DataShareExtensionAbility 提供了数据分享能力，系统应用可以实现一个 DataShareExtensionAbility，

也可以访问系统中已有的 DataShareExtensionAbility。数据共享（DataShare）有助于应用管理自身数据和访问其他应用存储的数据。DataShare 支持同设备、不同应用的数据共享。

在许多应用场景中都需要用到数据共享，比如将通讯录、短信、媒体库中的数据共享给其他应用等。当然，不是所有数据都允许其他应用访问，比如账号、密码等；有些数据也只允许其他应用查询而不允许其删改，比如短信等。所以对于各种数据共享场景，DataShare 这样一个安全、便捷、可以跨应用的数据共享机制是十分必要的。

DataShare 对外提供统一的数据访问接口，包括对数据的增、删、改、查，以及打开文件等操作。对使用者而言，不用关心数据底层存储的细节，只需要使用这些接口就可以实现对数据的访问。这些接口的具体实现由开发者提供。

7.2.1 统一资源标识符

数据的提供方和使用方都通过 URI（Uniform Resource Identifier，统一资源标识符）来标识具体的数据，如数据库中的某个表或磁盘上的某个文件。OpenHarmony 的 URI 仍基于 URI 通用标准，其标准格式如图 7-1 所示。

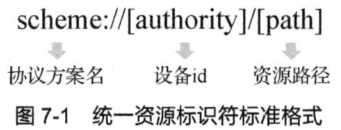

scheme://[authority]/[path]
协议方案名　　设备id　　资源路径

图 7-1　统一资源标识符标准格式

统一资源标识符标准格式中各元素的具体介绍如下。

① scheme：协议方案名，固定为 datashare，代表 DataAbility 所使用的协议类型。

② authority：设备 id，如果为跨设备场景则为目标设备的 id，如果为本地设备场景则不需要填写。

③ path：资源的路径信息，代表特定资源的位置。

下面是两个示例，分别代表跨设备场景和本地设备场景的数据源。

① 跨设备场景：datashare://device_id/com.domainname.datasharetest.DataShare。

② 本地设备场景：datashare:///com.domainname.datasharetest.DataShare。

想在 iOS 和 Android 系统上实现数据的跨设备访问，难度较高。但从这两个示例的对比可以发现，OpenHarmony 对分布式应用很友好，只需要在本地设备格式的基础上加一个设备 id 即可。

7.2.2 创建 DataShareAbility

DataShare 是用来提供数据服务的，因此也需要有使用服务的调用者。也就是一个提供数据服务的应用应该包含数据提供方和数据使用方。以下为使用 DataShare 涉及的几个重要概念。

① 数据提供方：提供数据及实现相关业务的应用程序，也称为生产者或服务端。由 DataShareExtensionAbility 实现，可以选择性实现数据的增、删、改、查，以及文件打开等功能，并对外共享这些数据。

② 数据访问方：访问数据提供方所提供的数据或业务的应用程序，也称为消费者或客户端。利用由 createDataShareHelper( )方法所创建的工具类，便可以访问数据提供方提供的这些数据。

③ 数据集：用户要插入的数据集合，可以是一条或多条数据。数据集以键值对的形式存在，键为字符串类型，值支持数字、字符串、布尔值、无符号整型数组等多种数据类型。

④ 结果集：用户查询之后的结果集合，其提供了灵活的数据访问方式，以便用户获取各项数据。

⑤ 谓词：用户访问数据库中的数据所使用的筛选条件，经常被应用在更新数据、删除数据和查询数据等场景。

DataShareAbility 数据共享运作机制如图 7-2 所示。

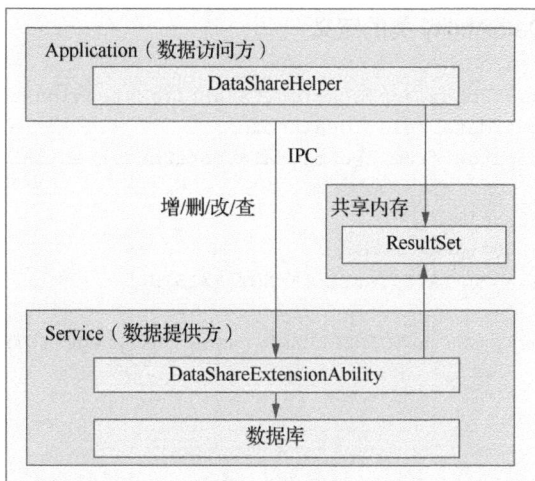

图 7-2　DataShareAbility 数据共享运作机制

　　数据访问方与数据提供方通过进程间通信（Interprocess Communication，IPC）进行通信，数据提供方可以通过数据库实现，也可以通过其他数据存储方式实现。ResultSet 模块通过共享内存实现，用于存储查询数据得到的结果集，并提供遍历结果集的方法。

　　数据提供方无须进行烦琐的封装，可直接使用 DataShare 向其他应用共享数据；对数据访问方来说，DataShare 的访问方式不会因数据提供的方式而不同，只需要学习和使用一套接口，可大大减少学习时间，降低开发难度。

　　首先创建一个数据持久化示例项目 dataAccessmodel，该项目基于 ArkUI 框架且在手机上运行。然后创建一个 DataAbility 的子类 UserDataAbility，该 Ability 用于接收其他 Ability 发送的数据请求，从而实现数据访问。

　　创建 UserDataAbility，需要在 Project 窗口中显示的当前项目的主目录（entry\src\main\ets\com.whu.dataaccess）上点击鼠标右键，选择"New"→"TypeScript File"命令，如图 7-3 所示。在弹出的窗口中输入"UserDataAbility"，创建文件 UserDataAbility.ts。

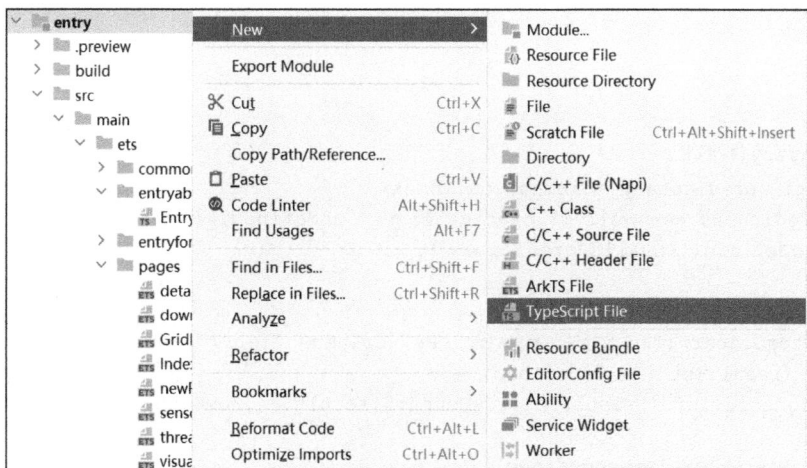

图 7-3　创建 UserDataAbility

　　创建完成后，在 UserDataAbility.ts 文件中导入@ohos.application.DataShareExtensionAbility 模块，开发者可根据应用需求选择性重写其业务实现。例如，若数据提供方只提供插入、删除和查询服务，则可只重写这些接口，并导入对应的基础依赖模块，如例 7-1 所示。

例 7-1 服务端 UserDataAbility 类的定义

```
import Extension from '@ohos.application.DataShareExtensionAbility';
import rdb from '@ohos.data.relationalStore';
import dataSharePredicates from '@ohos.data.dataSharePredicates';

const DB_NAME = 'DB00.db';
const TBL_NAME = 'TBL00';
const DDL_TBL_CREATE = "CREATE TABLE IF NOT EXISTS "
+ TBL_NAME
+ ' (id INTEGER PRIMARY KEY AUTOINCREMENT, name TEXT, age INTEGER, isStudent BOOLEAN,
Binary BINARY)';

let rdbStore;
let result;

export default class DataShareExtAbility extends Extension {
  private rdbStore_;

  // 重写 onCreate()接口
  onCreate(Want, callback) {
    result = this.context.cacheDir + '/datashare.txt';
    // 业务实现使用 RDB
    rdb.getRdbStore(this.context, {
      name: DB_NAME,
      securityLevel: rdb.SecurityLevel.S1
    }, function (err, data) {
      rdbStore = data;
      rdbStore.executeSql(DDL_TBL_CREATE, [], (err) => {
        console.info(`DataShareExtAbility onCreate, executeSql done err:${err}`);
      });
      if (callback) {
        callback();
      }
    });
  }

  // 重写 query()接口
  query(uri, predicates, columns, callback) {
    if (predicates === null || predicates === undefined) {
      console.info('invalid predicates');
    }
    try {
      rdbStore.query(TBL_NAME, predicates, columns, (err, resultSet) => {
        if (resultSet !== undefined) {
          console.info(`resultSet.rowCount:${resultSet.rowCount}`);
        }
        if (callback !== undefined) {
          callback(err, resultSet);
        }
      });
    } catch (err) {
      console.error(`Failed to query. Code:${err.code},message:${err.message}`);
```

```
    }
  }
  // 可根据应用需求，选择性重写各个接口
};
```

例 7-1 中的 query( )接口对应数据库的查操作，开发者可以根据实际需求实现对应的接口函数，实现对数据库或文件的操作。可以看到 query()接口有一个参数 uri，这个参数用来指明数据库或文件的地址。

7.2.3 注册 DataShareAbility

和 ServiceExtensionAbility 类似，开发者必须在配置文件中注册 DataShareAbility。需要定义的配置信息如表 7-1 所示。

表 7-1　DataShareAbility 配置信息说明

属性名称	说明	是否必填
name	Ability 名称，对应 Ability 派生的 ExtensionAbility 类名	是
type	Ability 类型，DataShare 对应的 Ability 类型为 "dataShare"，表示其基于 datashare 模板开发	是
uri	通信使用的 URI，是客户端连接服务端的唯一标识	是
exported	对其他应用是否可见，设置为 true 时才能与其他应用进行通信、传输数据	是
readPermission	访问数据时需要的权限，不配置默认不进行读权限校验	否
writePermission	修改数据时需要的权限，不配置默认不进行写权限校验	否

打开 dataAccessmodel 项目的 module.json5 文件，可以看到刚才创建的 UserDataAbility 的配置信息如例 7-2 所示。

例 7-2　UserDataAbility 的配置信息

```
"extensionAbilities": [
  {
    "srcEnty": "./ets/DataShareExtAbility/DataShareExtAbility.ts",
    "name": "DataShareExtAbility",
    "icon": "$media:icon",
    "description": "$string:description_datashareextability",
    "type": "dataShare",
    "uri": "datashare://com.samples.datasharetest.DataShare",
    "exported": true
  }
]
```

从以上配置信息中可以看到，该 ExtensionAbility 的类型为 dataShare，说明它是 DataShareAbility；uri 指明该 DataShareAbility 的地址。

7.2.4 访问 DataShareAbility

开发者可以通过 DataShareHelper 类来访问当前应用数据或其他应用提供的共享数据。DataShareHelper 作为客户端，与数据提供方进行通信。数据提供方接收请求后，执行相应的处理，并返回结果。DataShareHelper 提供了一系列与 DataShareAbility 对应的函数，这两个类是配合使用的。

① 导入基础依赖包。

```
import UIAbility from '@ohos.app.ability.UIAbility';
import dataShare from '@ohos.data.dataShare';
import dataSharePredicates from '@ohos.data.dataSharePredicates';
```

② 定义与数据提供方通信的 URI 字符串。

```
// 作为参数传递的 URI, 与 module.json5 中定义的 URI 的区别是多了一个"/", 是因为作为参数传递的 URI 中,
第二个与第三个 "/" 之间存在一个 DeviceID 的参数
let dseUri = ('datashare:///com.samples.datasharetest.DataShare');
```

③ 创建工具接口类对象。

```
let dsHelper;
let abilityContext;

export default class EntryAbility extends UIAbility {
  onWindowStageCreate(WindowStage) {
    abilityContext = this.context;
    dataShare.createDataShareHelper(abilityContext, dseUri, (err, data) => {
      dsHelper = data;
    });
  }
}
```

④ 获取接口类对象后，便可通过其提供的接口访问数据提供方提供的服务，如进行数据的增、删、改、查等，如例 7-3 所示。

例 7-3　客户 DataShareHelper 对象的操作

```
// 构建一条数据
let valuesBucket = { 'name': 'ZhangSan', 'age': 21, 'isStudent': false, 'Binary': new
Uint8Array([1, 2, 3]) };
let updateBucket = { 'name': 'LiSi', 'age': 18, 'isStudent': true, 'Binary': new
Uint8Array([1, 2, 3]) };
let predicates = new dataSharePredicates.DataSharePredicates();
let valArray = ['*'];
// 插入一条数据
dsHelper.insert(dseUri, valuesBucket, (err, data) => {
  console.info(`dsHelper insert result:${data}`);
});
// 更新数据
dsHelper.update(dseUri, predicates, updateBucket, (err, data) => {
  console.info(`dsHelper update result:${data}`);
});
// 查询数据
dsHelper.query(dseUri, predicates, valArray, (err, data) => {
  console.info(`dsHelper query result:${data}`);
});
// 删除指定的数据
dsHelper.delete(dseUri, predicates, (err, data) => {
  console.info(`dsHelper delete result:${data}`);
});
```

当例 7-3 代码中的 DataShareHelper 类型的 dsHelper 对象调用 query( )方法来对 dseUri 指定的数据库进行查询操作时，实际上调用的是例 7-1 中的 DataShareAbility 对象 UserDataAbility 的 query( )方法。

7.3　文件存储

通常情况下，很多配置信息和资源文件等需要存储在文件系统中，对这些内容进行访问叫作文

件访问或文件存储。对手机来说，其文件系统指的是手机 ROM（只读存储器）空间。

在操作系统中，存在各种各样的数据，按数据结构可分为以下两类。

① 结构化数据：能够用统一的数据模型加以描述的数据。常见的是各类数据库数据。在应用开发中，对结构化数据的开发活动隶属于数据管理模块。

② 非结构化数据：数据结构不规则或不完整，没有预定义的数据结构/模型，不方便用数据库二维逻辑表来表现的数据。常见的是各类文件，如文档、图片、音频、视频等。在应用开发中，对非结构化数据的开发活动隶属于文件管理模块。

在文件管理模块中，按文件所有者的不同，有如下文件分类模型，如图 7-4 所示。

① 应用文件：文件所有者为应用，包括应用安装文件、应用资源文件、应用缓存文件等。

② 用户文件：文件所有者为登录到该终端设备的用户，包括用户私有的图片、视频、音频、文档等。

③ 系统文件：与应用和用户无关的其他文件，包括公共库、设备文件、系统资源文件等。这类文件不需要开发者进行管理，本节不展开介绍。

按文件系统管理的文件存储位置（数据源位置）的不同，有如下文件系统分类模型。

① 本地文件系统：提供本地设备或外置存储设备（如 U 盘、移动硬盘）的文件访问能力。本地文件系统是最基本的文件系统，本节不展开介绍。

② 分布式文件系统：提供跨设备的文件访问能力。所谓跨设备，指文件不存储在本地设备或外置存储设备，而是存储在通过计算机网络与其相连的分布式设备。

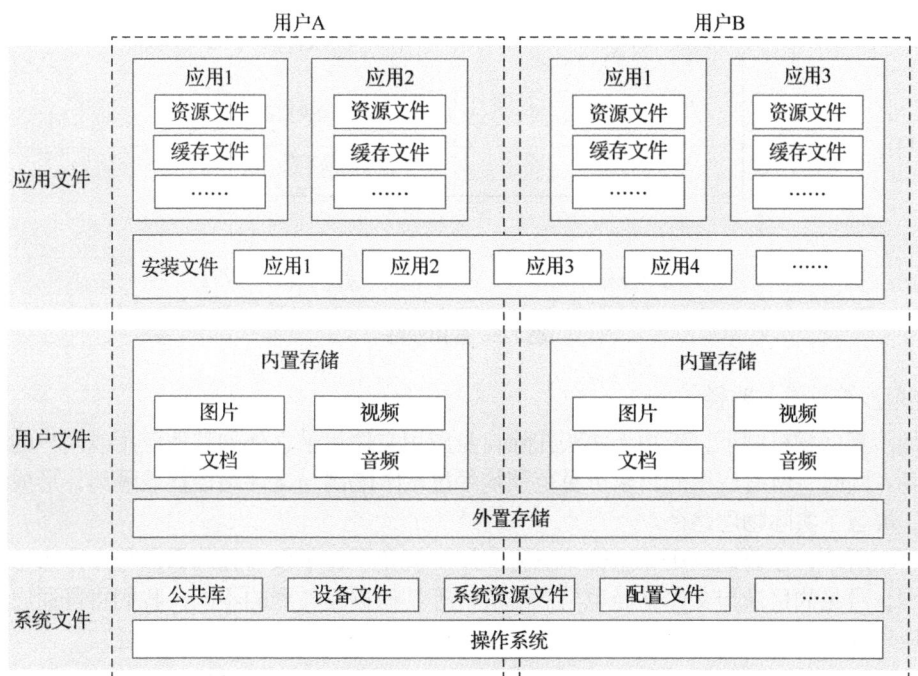

图 7-4 文件分类模型

7.3.1 应用文件

应用文件的所有者为应用，包括应用安装文件、应用资源文件、应用缓存文件等。

设备上应用所使用及存储的数据，以文件、键值对、数据库等形式保存在一个应用专属的目录内。该专属目录称为"应用文件目录"，该目录下所有数据以不同格式的文件存放，这些文件即应用文件。"应用文件目录"与一部分系统文件（应用运行必须使用的系统文件）所在的目录组成了一个集合，该集合称为"应用沙箱目录"，代表应用可见的所有目录范围。"应用文件目录"在"应用沙箱目录"内。

系统文件及其目录对于应用是只读的。应用仅能保存文件到"应用文件目录"下，可根据目录的使用规范和注意事项来选择将数据保存到不同的子目录中。

1. 应用沙箱目录

应用沙箱是一种以安全防护为目的的隔离机制，可避免数据受到恶意路径穿越访问。在这种沙箱的保护机制下，应用可见的目录范围即"应用沙箱目录"。

对于每个应用，系统会在内部存储空间映射出一个专属的"应用沙箱目录"，它是"应用文件目录"与一部分系统文件（应用运行必需的少量系统文件）所在的目录组成的集合。

应用沙箱限制了应用可见的数据的范围。在"应用沙箱目录"中，应用仅能看到自己的应用文件以及少量必需的系统文件。本应用的文件也不为其他应用可见，从而保证了应用文件的安全。

应用可以在"应用文件目录"下保存和处理自己的应用文件，系统文件及其目录对于应用是只读的。应用若需访问用户文件，则需要通过特定 API 同时经过用户的相应授权才能实现。

图 7-5 展示了在应用沙箱中应用可访问的文件的范围和相应方式。

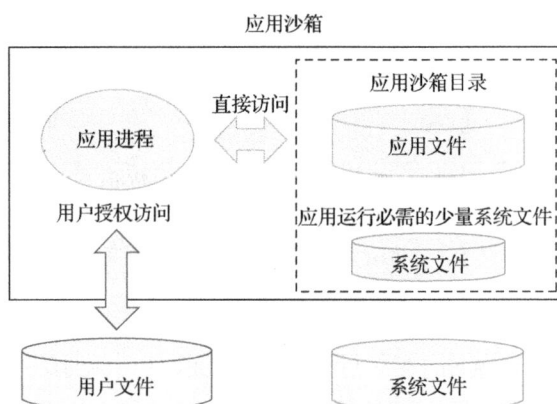

图 7-5　应用沙箱

2. 应用沙箱目录与路径

在应用沙箱保护机制下，应用无法获知除自身应用文件目录之外的其他应用或用户的数据目录位置等信息。同时，所有应用的目录可见范围均经过权限隔离与文件路径挂载隔离，形成了独立的路径视图，屏蔽了实际物理路径。

如图 7-6 所示，在普通应用（也称第三方应用）视角下，不仅可见的目录与文件数量被限制到了最小范围，可见的目录与文件路径也与系统进程等其他进程看到的不同。我们将普通应用视角下看到的"应用沙箱目录"下某个文件或某个具体目录的路径称为"应用沙箱路径"。

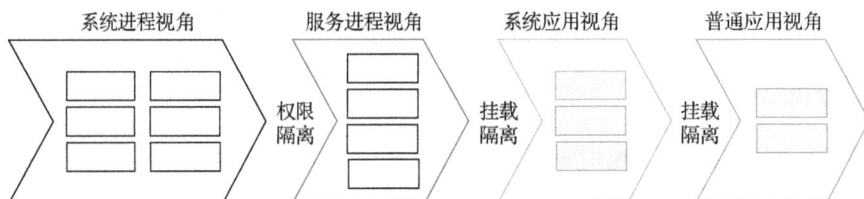

图 7-6　应用沙箱路径

一般情况下，开发者的 hdc（OpenHarmony 为开发人员提供的用于调试的命令行工具）视角等效于系统进程视角，因此应用沙箱路径与开发者使用 hdc 调试时看到的实际物理路径不同。

实际物理路径与应用沙箱路径并不是 1∶1 的映射关系，应用沙箱路径总是短于系统进程视角可见的物理路径。有些系统进程视角下的实际物理路径在对应的应用沙箱路径中是无法找到的，而对于应用沙箱路径总是能够找到其对应的实际物理路径。

3. 应用目录与路径

应用沙箱目录内的目录分为两类：应用文件目录和系统文件目录。系统文件目录对应用的可见范围由 OpenHarmony 系统预置，开发者无须关注。

在此主要介绍应用文件目录，如图 7-7 所示。应用文件目录下某个文件的路径称为应用文件路径。应用文件目录下的各个文件路径具备不同的属性和特征。

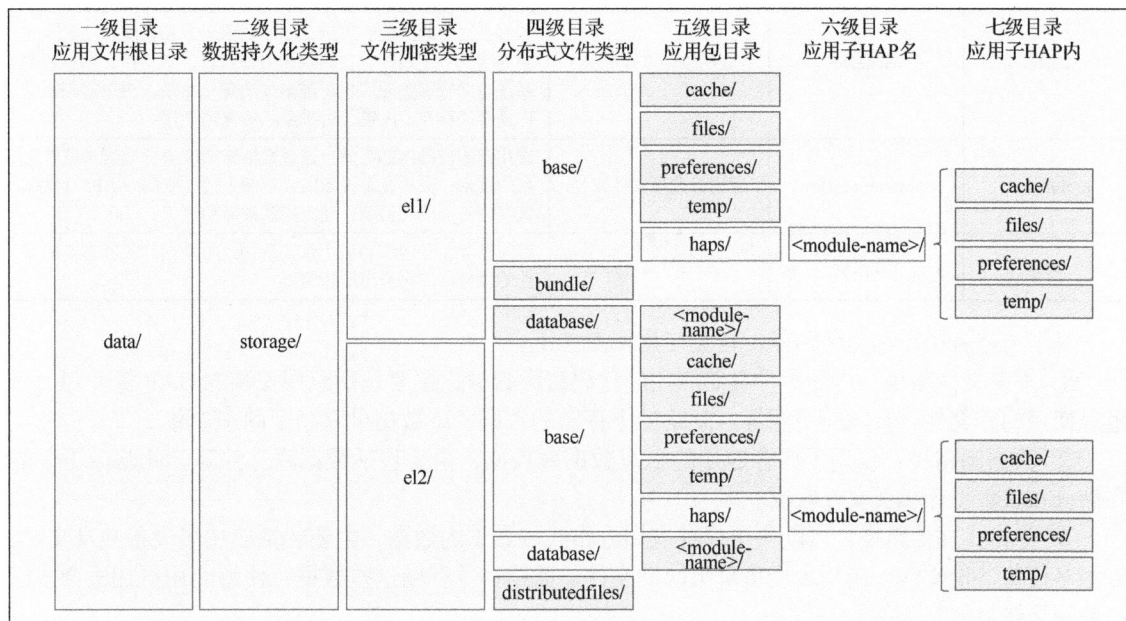

图 7-7 应用文件目录结构

① 一级目录 data/：应用文件目录。

② 二级目录 storage/：本应用持久化文件目录。

③ 三级目录 el1/、el2/：不同文件加密类型。

● el1：设备级加密区，设备开机后即可访问的数据区。

● el2：用户级加密区，设备开机后，需要至少一次解锁对应用户的锁屏界面（密码、指纹、人脸等方式或无密码状态）后，才能够访问的加密数据区。应用如无特殊需要，应将数据存放在 el2 加密目录下，以尽可能保证数据安全。但是对于某些场景，一些应用（例如时钟、闹铃、壁纸等）的文件需要在用户解锁前就可被访问，此时应用需要将这些文件存放到设备级加密区（el1）。

④ 四级、五级目录：通过 ApplicationContext 可以获取 files、cache、preferences、temp、distributedfiles 等目录的应用文件路径，应用全局信息可以存放在这些目录下。

⑤ 六级、七级目录：通过 UIAbilityContext、AbilityStageContext、ExtensionContext 可以获取 HAP 级别应用文件路径。HAP 信息可以存放在这些目录下，存放在这些目录的文件会跟随 HAP 的卸载而被删除，不会影响 app 级别目录下的文件。在开发态，一个应用包含一个或者多个 HAP。

应用文件路径具体说明如表 7-2 所示。

表 7-2　应用文件路径具体说明

目录名	Context 属性名称	类型	说明
bundle	bundleCodeDir	安装文件路径	应用安装后 app 的 HAP 资源包所在的目录；随应用卸载而清理；不能拼接路径访问资源文件
base	N/A	本设备文件路径	应用在本设备上存放持久化数据的目录，子目录包含 files、cache、temp 和 haps；随应用卸载而清理
database	databaseDir	数据库路径	应用在 el1 加密条件下存放通过分布式数据库服务操作的文件目录；随应用卸载而清理
distributedfiles	distributedFilesDir	分布式文件路径	应用在 el2 加密条件下存放分布式文件的目录，应用将文件放入该目录可分布式跨设备直接访问；随应用卸载而清理
files	filesDir	应用通用文件路径	应用在本设备内部存储上通用的存放默认长期保存的文件的路径；随应用卸载而清理
cache	cacheDir	应用缓存文件路径	应用在本设备内部存储上用于缓存下载的文件或可重新生成的缓存文件的路径。应用 cache 目录大小超过配额或者系统空间达到一定条件，自动触发清理该目录下文件，用户通过系统空间管理类应用也可能触发清理该目录。应用需判断文件是否仍存在，决策是否需重新缓存该文件
preferences	preferencesDir	应用首选项文件路径	应用在本设备内部存储上通过数据库 API 存储配置类或首选项的目录；应用在本设备内部存储上通过数据库 API 存储配置类或首选项的目录；随应用卸载而清理
temp	tempDir	应用临时文件路径	应用在本设备内部存储上仅在应用运行期间产生和需要的文件的路径，应用退出后即清理

对于上述各类应用文件路径，常见使用场景如下。

① 安装文件路径：可以用于存储应用的代码资源数据，主要包括应用安装的 HAP 资源包、可重复使用的库文件以及插件资源等。此路径下存储的代码资源数据可以用于动态加载。

② 数据库路径：仅用于保存应用的私有数据库数据，主要包括数据库文件等。此路径下仅能存储分布式数据库相关文件数据。

③ 分布式文件路径：可以用于保存应用分布式场景下的数据，主要包括应用多设备共享文件、应用多设备备份文件、应用多设备群组协助文件。此路径下存储这些数据，使得应用更加适合多设备使用场景。

④ 应用通用文件路径：可以用于保存应用的任何私有数据，主要包括用户持久性文件、图片、媒体文件以及日志文件等。此路径下存储这些数据，使得数据保持私有、安全且持久有效。

⑤ 应用缓存文件路径：可以用于保存应用的缓存数据，主要包括离线数据、图片缓存、数据库备份以及临时文件等。此路径下存储的数据可能会被系统自动清理，因此不要存储重要数据。

⑥ 应用首选项文件路径：可以用于保存应用的首选项数据，主要包括应用首选项文件以及配置文件等。此路径下仅能存储少量数据。

⑦ 应用临时文件路径：可以用于保存应用临时生成的数据，主要包括数据库缓存、图片缓存、临时日志文件，以及下载的应用安装包文件等。此路径下存储使用后即可删除的数据。

4. 应用文件访问

应用需要对应用文件目录下的应用文件进行查看、创建、读写、删除、移动、复制、获取属性等操作，开发者可通过基本文件操作接口（ohos.file.fs）实现应用访问文件的功能，具体如例 7-4 所示。

例 7-4　基本文件操作接口示例

```
// pages/xxx.ets
import fs from '@ohos.file.fs';
import common from '@ohos.app.ability.common';
```

```
function createFile() {
    // 获取应用文件路径
    let context = getContext(this) as common.UIAbilityContext;
    let filesDir = context.filesDir;

    // 新建并打开文件
    let file = fs.openSync(filesDir + '/test.txt', fs.OpenMode.READ_WRITE |
fs.OpenMode.CREATE);
    // 写入一段内容至文件
    let writeLen = fs.writeSync(file.fd, "Try to write str.");
    console.info("The length of str is: " + writeLen);
    // 从文件读取一段内容
    let buf = new ArrayBuffer(1024);
    let readLen = fs.readSync(file.fd, buf, { offset: 0 });
    console.info("the content of file: " + String.fromCharCode.apply(null, new
Uint8Array(buf.slice(0, readLen))));
    // 关闭文件
    fs.closeSync(file);
}
```

在对应用文件开始访问前，开发者需要获取应用文件路径。以例 7-4 中 UIAbilityContext 获取 HAP 级别的文件路径为例进行说明，filesDir 变量获取的是 HAP 级别应用文件路径，也就是图 7-7 所示的六级目录。在该目录下创建了 test.txt 文件，接着通过 fs 文件接口的 openSync( )、writeSync( )和 readSync( )函数分别实现了文件的新建并打开、写入、读取操作。

5. 向应用沙箱推送文件

开发者在应用开发调试时，可能需要向应用沙箱推送一些文件以期望在应用内访问或测试，此时有如下两种方式。

① 可以通过 DevEco Studio 向应用安装路径放入目标文件。

② 在具备设备环境时，可以使用另一种更为灵活的方式——通过 hdc 向设备中应用沙箱路径推送文件。

但是 hdc 视角下的实际物理路径与应用视角下的应用沙箱路径不同，开发者需要先了解其路径映射关系如表 7-3 所示。

表 7-3　应用视角和 hdc 视角

应用视角下的应用沙箱路径	hdc 视角下的实际物理路径	说明
/data/storage/el1/bundle	/data/app/el1/bundle/public/<PACKAGENAME>	应用安装包目录
/data/storage/el1/base	/data/app/el1/<USERID>/base/<PACKAGENAME>	应用 el1 级别加密数据目录
/data/storage/el2/base	/data/app/el2/<USERID>/base/<PACKAGENAME>	应用 el2 级别加密数据目录
/data/storage/el1/database	/data/app/el1/<USERID>/database/<PACKAGENAME>	应用 el1 级别加密数据库目录
/data/storage/el2/database	/data/app/el2/<USERID>/database/<PACKAGENAME>	应用 el2 级别加密数据库目录
/data/storage/el2/distributedfiles	/mnt/hmdfs/<USERID>/account/merge_view/data/<PACKAGENAME>	应用 el2 加密级别有账号分布式数据融合目录

以应用包 com.ohos.example 为例，如果是在 example 的应用沙箱路径 "/data/storage/el1/bundle" 下读写文件，从表 7-3 可知，对应的实际物理路径为 "/data/app/el1/bundle/public/ <PACKAGENAME>"，即 "/data/app/el1/bundle/public/com.ohos.example"。

推送命令示例如下。

```
hdc file send ${待推送文件的本地路径} /data/app/el1/bundle/public/com.ohos.example/
```

在调试过程中，如果权限不对或文件不存在，开发者需要从 hdc 视角切换为应用视角，以便直观分析权限及文件目录问题。视角切换命令如下所示。

```
hdc shell                        // 进入 shell
ps -ef|grep [hapName]            // 通过 ps 命令找到对应应用的 PID
nsenter -t [hapPid] -m /bin/sh   // 通过上一步找到的应用 PID 进入对应应用的沙箱环境中
```

执行完成后，即可切换到应用视角，该视角下的目录路径为应用沙箱路径，可用于排查沙箱路径相关问题。

7.3.2 用户文件

用户文件的所有者为登录到该终端设备的用户，包括用户私有的图片、视频、音频、文档等。用户文件存储位置主要分为内置存储和外置存储。应用对用户文件的创建、访问、删除等行为，需要提前获取用户授权，或由用户操作完成。

OpenHarmony 提供用户文件访问框架，开发者可利用该框架访问和管理用户文件。

1. 用户文件存储位置

（1）内置存储

内置存储是指用户文件存储在终端设备内部的存储设备（空间）上。内置存储无法被移除。内置存储的用户文件主要如下。

① 用户特有的文件：这部分文件归属于登录该设备的用户，不同用户登录后仅可看到自己的文件。按照特征/属性，以及用户的使用习惯，这些文件可分为如下。

• 图片/视频类媒体文件：这些文件所具有的特征包括拍摄时间、地点、旋转角度、文件宽高等，以媒体文件的形式存储在系统中，通常是以文件、相册的形式对外呈现，不会展示其在系统中存储的具体位置。

• 音频类媒体文件：这些文件所具有的特征包括所属专辑、音频创作者、持续时间等，以媒体文件的形式存储在系统中，通常会以文件、专辑、作者等形式对外部呈现，不会展示其在系统中存储的具体位置。

• 其他文件（统称为文档类文件）：这些文件以普通文件的形式存储在系统中，既包括普通的文本文件、压缩文件等，又包括以普通文件形式存储的图片/视频、音频，通常是以目录树的形式对外展示。

② 多用户共享的文件：用户可以通过将文件放在共享文件区，实现多个用户之间文件的共享访问。共享文件区的文件以普通文件的形式存储在系统中，以目录树的形式对外展示。

（2）外置存储

外置存储，是指用户文件存储在外置可插拔设备（如 SD 卡、U 盘等）上。外置存储设备上的文件和内置存储设备共享区文件一样，可以被所有登录到系统中的用户看到。

外置存储设备具备可插拔属性，因此系统提供了设备插拔事件的监听及挂载功能，用于管理外置存储设备。

外置存储设备上的文件全部以普通文件的形式呈现，和内置存储设备上的文档类文件一样，采用目录树的形式对外展示。

2. 用户文件访问框架

用户文件访问框架（File Access Framework）是一套提供给开发者访问和管理用户文件的基础框架。该框架依托于 OpenHarmony 的 ExtensionAbility 组件机制，提供了一套统一访问用户文件的方法和接口，如图 7-8 所示。

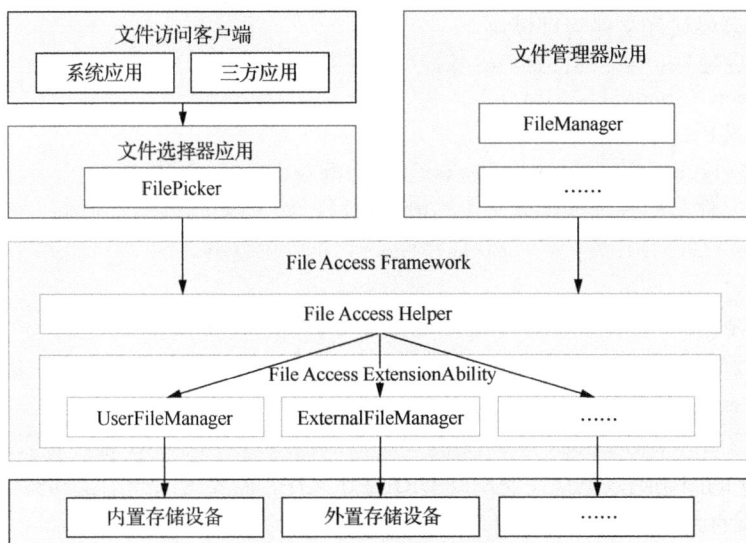

图 7-8　用户文件访问框架

① 各类系统应用或第三方应用（即图 7-8 中的文件访问客户端）若需访问用户文件，如选择一张照片或保存多个文档等，可以通过拉起"文件选择器应用"来实现。

② OpenHarmony 系统预置了文件选择器应用 FilePicker 和文件管理器应用 FileManager。

● FilePicker：系统预置应用，为文件访问客户端提供选择和保存文件的能力，且不需要配置任何权限。

● FileManager：系统预置应用，终端用户可通过系统文件管理器实现查看文件、修改文件、删除文件（目录）、重命名文件（目录）、移动文件（目录）、创建文件（目录）等操作。

对于系统应用开发者，还可以按需开发自己的文件选择器或文件管理器应用。其中，文件选择器是文件管理器的子集。

③ File Access Framework（用户文件访问框架）的主要功能模块如下。

● File Access Helper：给文件管理器和文件选择器提供访问用户文件的 API。

● File Access ExtensionAbility：提供文件访问框架能力，由内卡文件管理服务 UserFileManager 和外卡文件管理服务 ExternalFileManager 组成，实现对应的文件访问功能。

● UserFileManager：内卡文件管理服务，基于 File Access ExtensionAbility 框架实现，用于管理内置存储设备上的文件。

● ExternalFileManager：外卡文件管理服务，基于 File Access ExtensionAbility 框架实现，用于管理外置存储设备上的文件。

3. 选择与保存用户文件

终端用户有时需要分享或保存一些图片、视频等用户文件，开发者需要在应用中支持此类使用场景。此时，开发者可以使用 OpenHarmony 系统预置的文件选择器（FilePicker），为用户实现文件选择及保存能力。

根据用户文件的常见类型，文件选择器（FilePicker）分别提供以下接口。

① PhotoViewPicker：适用于图片或视频类文件的选择与保存。

② DocumentViewPicker：适用于文档类文件的选择与保存。

③ AudioViewPicker：适用于音频类文件的选择与保存。

以图片选择器的开发为例，开发步骤如下。

① 导入选择器模块和文件管理模块。

```
import picker from '@ohos.file.picker';
import fs from '@ohos.file.fs';
```

② 创建图库选择选项实例。

```
const photoSelectOptions = new picker.PhotoSelectOptions();
```

③ 选择媒体文件类型并选择媒体文件的最大数目，如下以选择图片为例。

```
photoSelectOptions.MIMEType = picker.PhotoViewMIMETypes.IMAGE_TYPE; // 过滤选择媒体文件
类型为 IMAGE

photoSelectOptions.maxSelectNumber = 5; // 选择媒体文件的最大数目
```

④ 创建图库选择器实例，调用 select( )接口拉起文件选择器界面选择文件。成功选择文件后，返回 photoSelectResult 结果集。

select( )接口返回的 URI 权限是只读权限，可以根据结果集中的 URI 进行读取文件数据的操作。注意不能在 picker 的回调函数里直接使用此 URI 打开文件，需要定义一个全局变量保存 URI，使用类似的按钮去触发打开文件。

```
let URI = null;
const photoViewPicker = new picker.PhotoViewPicker();
photoViewPicker.select(photoSelectOptions).then((photoSelectResult) => {
  URI = photoSelectResult.photoUris[0];
  console.info('photoViewPicker.select to file succeed and URI is:' + URI);
}).catch((err) => {
  console.error(`Invoke photoViewPicker.select failed, code is ${err.code}, message is
${err.message}`);
})
```

⑤ 从文件选择器返回后，再通过类似的按钮调用其他函数，使用 fs.openSync( )接口，通过 URI 打开这个文件得到 fd。这里需要注意接口权限参数是 fs.OpenMode.READ_ONLY。

```
let file = fs.openSync(URI, fs.OpenMode.READ_ONLY);
console.info('file fd: ' + file.fd);
```

⑥ 通过 fd 使用 fs.readSync( )接口读取这个文件内的数据，读取完成后关闭 fd。

```
let buffer = new ArrayBuffer(4096);
let readLen = fs.readSync(file.fd, buffer);
console.info('readSync data to file succeed and buffer size is:' + readLen);
fs.closeSync(file);
```

7.4 关系数据库操作

关系数据库（Relational Database，RDB）是一种基于关系模型来管理数据的数据库。OpenHarmony 关系数据库基于 SQLite 组件提供了一套完整的对本地数据库进行管理的机制，对外提供了一系列的增、删、改、查等接口，也可以直接运行用户输入的结构查询语言（Structure Query Language，SQL）语句来满足复杂的场景需要。OpenHarmony 提供的关系数据库操作组件功能完善，查询效率高。

7.4.1 关键术语

关系数据库诞生得很早，但其直到如今在数据库市场仍然处于支配地位，如桌面系统主流的 Oracle、SQL Server 等。在嵌入式领域，特别是移动终端上，使用较多的是轻量级数据库 SQLite，这是一个具有 ACID 特性，即原子性（Atomicity）、一致性（Consistency）、隔离性（Isolation）、持久性（Durability）的开源关系数据库管理系统。关系数据库的特点是通常以行和列的形式存储和访问数据。

对关系数据库进行操作，常通过 SQL 实现。SQL 是一种规范定义了数据库各种操作方式的特定语言，其核心是谓词。谓词是数据库中用来代表数据实体的性质、特征或者数据实体之间关系的词项，主要用来定义数据库的操作条件。使用谓词对数据库进行的操作通常包括增、删、改、查和排序等，用得最多的是查询操作。数据库查询操作产生的是结果集，通过结果集可以实现对数据的灵活访问，可以更方便地得到用户想要的数据。

7.4.2　工作原理

OpenHarmony 关系数据库对外提供通用的操作接口，底层使用 SQLite 作为持久化存储引擎，支持 SQLite 具有的所有数据库特性，包括但不限于事务、索引、视图、触发器、外键、参数化查询和预编译 SQL 语句。OpenHarmony 中的 SQLite 访问机制如图 7-9 所示。

从图 7-9 可以看出，应用访问 SQLite 关系数据库的整个流程涉及 OpenHarmony 中的 3 个对象。

① 应用层：该层主要是访问数据库的应用。

② 关系数据库框架层：该层是关系数据库框架，对应用层提供数据库访问接口，将应用层的数据库访问 eTS 语言转化为底层 C 语言的接口，去和第三方组件层中 C 语言提供的数据库访问函数对接。

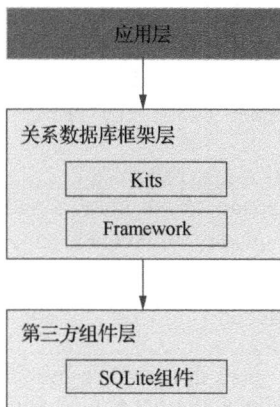

图 7-9　OpenHarmony 中的 SQLite 访问机制

③ 第三方组件层：该层主要是一个开源的 C 语言第三方 SQLite 组件层，该层可以直接访问数据库。

7.4.3　数据库操作流程

关系数据库是在 SQLite 基础上实现的本地数据操作机制，提供给用户无须编写原生 SQL 语句就能进行数据增、删、改、查的方法，同时支持原生 SQL 语句操作。关系数据库的主要操作包括创建数据库，打开数据库，建立数据表，数据表增、删、改、查，对查询数据进行遍历或特定处理等。总而言之，关系数据库的主要操作是针对数据库的库、表和结果集的。

关系数据库提供了数据库创建方式以及对应的删除接口。库操作的常规步骤如下。

① 导入关系数据库模块。

```
import relationalStore from '@ohos.data.relationalStore'; // 导入模块
```

② 获取数据库上下文环境。创建数据库首先要确定数据库所在的上下文环境，也就是数据库存储路径。在 OpenHarmony 中通过代码获取的上下文环境分为应用程序上下文环境和 UIAbility 上下文环境：如果是应用程序上下文环境，使用 getApplicationContext( )函数；如果是 Ability 上下文环境，则使用 getContext( )函数。

③ 对数据库进行配置。建立数据库前，必须使用 StoreConfig.builder( )函数对数据库进行配置，包括设置数据库名、存储模式、日志模式、同步模式、是否为只读，以及对数据库加密等。

④ 创建数据库操作对象。获取上下文环境并进行配置后，可以调用关系数据库模块的 getRdbStore( )函数创建数据库操作对象，从而对数据库进行操作。

⑤ 初始化数据库。创建数据库操作对象后，如果数据库中没有开发者希望操作的数据表，开发者可以使用 SQL 语句来初始化表结构，并添加一些应用会使用的初始化数据。

⑥ 对数据库进行操作。当数据库数据已经存在时，可以调用数据库对象的增（insert( )）、删（delete( )）、改（update( )）、查（query( )）函数来进行相应的数据库操作。这些数据库操作也可以由 SQL 语句来定义，然后使用数据库对象的 exesql( )函数来执行。

7.4.4　创建数据库

下面创建一个 dataAccessmodel 项目，在其中加入关系数据库访问功能。假设需要创建一个手机通讯录的数据库，名为 Contacts.db。在数据库中创建一个联系人表 Contact，表中有联系人 id（主键）、姓名、电话号码、公司名称、头像 5 个字段。

创建数据库并创建联系人表的代码如例 7-5 所示。应用创建的数据库与其上下文（Context）有关，即使使用同样的数据库名称，但不同的应用上下文会产生多个数据库，例如每个 UIAbility 都有各自的上下文。

例 7-5　创建数据库

```
import relationalStore from '@ohos.data.relationalStore'; // 导入模块
import UIAbility from '@ohos.app.ability.UIAbility';

createdb():void {
  const STORE_CONFIG = {
    name: 'Contacts.db', // 数据库文件名
    securityLevel: relationalStore.SecurityLevel.S1 // 数据库安全级别
  };

  const SQL_CREATE_TABLE = 'CREATE TABLE IF NOT EXISTS Contact (id INTEGER PRIMARY KEY
AUTOINCREMENT, name TEXT NOT NULL, telephone TEXT NOT NULL, company TEXT, portrait BLOB)';
// 建表 SQL 语句

  relationalStore.getRdbStore(getContext(), STORE_CONFIG, (err, store) => {
    if (err) {
      console.error(`Failed to get RdbStore. Code:${err.code}, message:${err.message}`);
      return;
    }
    console.info(`Succeeded in getting RdbStore.`);
    store.executeSql(SQL_CREATE_TABLE); // 创建数据表
    this.dbstore=store;
    this.message='创建联系人成功'

    // 请确保获取 RdbStore 实例后，再进行数据库的增、删、改、查等操作

  });
}
```

例 7-5 中的代码就是典型的数据库建库代码，其中 getRdbStore( )函数表示按照 STORE_CONFIG 设置的数据库配置来建立联系人数据库 Contacts.db；securityLevel 为 S1 代表数据库的安全级别为低级别，当数据泄露时会产生较小影响。创建成功后使用 RdbStore 对象的 executeSql( )函数执行 SQL 语句，进行数据库初始化，如果联系人表不存在则在数据库中创建联系人表 Contact。

Contact 表中的 5 个字段，分别是：id 字段，这是表格主键，唯一且自增长；name（姓名）字段和 telephone（电话号码）字段均为字符串且非空；company（公司名称）字段也为字符串；portrait（头像）字段为二进制块类型。

7.4.5　数据插入

数据库及表格建立好后，可以对表格数据进行增、删、改、查操作。这些操作是基于例 7-5 中建好的 RdbStore 类型的关系数据库对象 dbstore 的相应函数来实现的。

还是以手机通讯录项目 dataAccessmodel 为例，在 7.4.4 小节中已经建立了 Contacts.db 数据库和 Contact 联系人表。现在 Contact 表中还是空的，本小节向表中插入第一个联系人的数据，数据插入的流程如下。

首先在数据提供端 DataAbility 中执行例 7-6 所示代码，向数据库插入数据。

例 7-6　向数据库插入数据

```
insertContact():void {
  const valueBucket = {
    'name': '张三',
    'telephone': '1234',
    'company': '华为',
  };
  this.dbstore.insert('Contact', valueBucket, (err, rowId) => {
    if (err) {
      console.error(`Failed to insert data. Code:${err.code}, message:${err.message}`);
      return;
    }
    console.info(`Succeeded in inserting data. rowId:${rowId}`);
    this.message='插入联系人成功'
  })
}
```

关系数据库提供了插入数据的接口，通过 valueBucket 输入要存储的数据，通过返回值判断是否插入成功——插入成功时返回最新插入数据所在的行号，失败时则返回-1。

insert( )操作的第一个参数为待添加数据的表名，第二个参数为以 valueBucket 存储的待插入的数据。valueBucket 类提供一系列 put 函数，如 putString(String columnName, String values)、putDouble(String columnName, double value)，它们都用于向 valueBucket 中添加数据。这里联系人头像暂时不插入，相应字段为空。例 7-6 运行后，通过 DataAbility 实现数据库插入的结果如图 7-10 所示。

图 7-10　数据库插入的结果

7.4.6　数据查询

通过调用上述代码可以完成多个联系人的建立，完成联系人数据库的初始化。用户后续可以按照条件查询联系人数据库，返回当前联系人信息表中符合条件的联系人，具体操作步骤如下。

① 构造用于查询的 SQL 语句，设置查询条件。

② 指定查询返回的数据列。

③ 调用查询接口查询数据。

④ 调用结果集接口，遍历返回结果。

现在用户需要查询姓名为"张三"的联系人，具体实现如例 7-7 所示。

例 7-7　实现数据库查询接口

```
let predicates = new relationalStore.RdbPredicates('Contact');
predicates.equalTo('name', '张三');
this.dbstore.query(predicates, ['id','name', 'telephone', 'company'], (err, resultSet)
=> {
  if (err) {
    console.error(`Failed to query data. Code:${err.code}, message:${err.message}`);
    return;
  }
  console.info(`ResultSet column names: ${resultSet.columnNames}`);
  console.info(`ResultSet column count: ${resultSet.columnCount}`);
})
```

该接口首先创建 RdbPredicates 格式的查询谓词 predicates，并根据结果集返回字段 columns 参数要求，调用数据库对象 dbstore 的 query( )函数对联系人表 Contact 执行查询，将查询结果集 resultSet 返回。

查询需要生成查询条件，而查询条件通常是以 SQL 语句形式存在的。关系数据库提供了两种生成 SQL 语句实现数据查询功能的方式，分别如下。

① 直接调用 dbstore 对象的查询函数 query( )。使用该接口，会将包含查询条件的谓词对象自动拼接成完整的 SQL 语句进行查询操作，用户无须传入原始的 SQL 语句。

② 调用 dbstore 对象的查询函数 querySql( )来执行原生的 SQL 语句进行查询操作。

例 7-7 采用第一种调用 dbstore 对象的 query( )函数来进行数据查询，并基于 predicates 谓词对象来生成查询条件的方式，谓词对象设置的查询条件是"name 字段等于张三"。

设置好谓词对象后，还需要设置查询结果返回的字段 columns，例 7-7 中返回 id、name、telephone和 company 这 4 个字段的结果。如果返回的结果有多条，例如通讯录中有多个联系人的姓名叫"张三"，则可以使用 resultSet 对象的 goToNextRow( )方法来对结果集中的记录进行遍历，直到该方法的返回值为空（代表数据集已经遍历完毕）为止，如例 7-8 所示。

例 7-8　对查询结果进行遍历

```
let queryResult='';
let nameIndex=0;
let ageIndex =0;
let userIndex=0;
resultSet.goToFirstRow();
do {
nameIndex = resultSet.getColumnIndex("name");
ageIndex = resultSet.getColumnIndex("telephone");
userIndex = resultSet.getColumnIndex("company");
let name = resultSet.getString(nameIndex);
```

```
    let tel = resultSet.getString(ageIndex);
    let comp = resultSet.getString(userIndex);
    queryResult= queryResult + name + ' ' + tel + '  ' + comp +'\n';
            } while(resultSet.goToNextRow() );
resultSet.close();
```

运行例 7-8 中的代码，对查询结果进行遍历，会在 Text 组件中按行显示出所有姓名为 "张三" 的联系人，如图 7-11 所示。如果不需要输出所有字段，可以使用 getColumnIndex( )函数在结果集的 resultSet 对象中指定感兴趣的字段，上述代码中就使用了该函数。

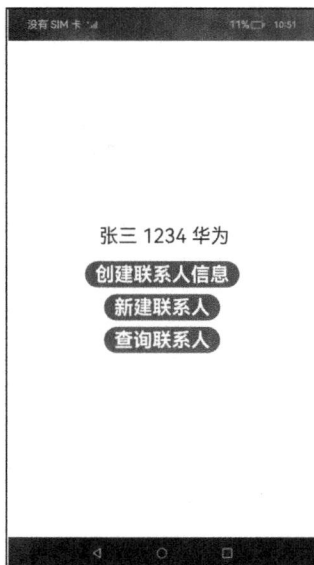

图 7-11　在 Text 组件中按行显示出所有姓名为 "张三" 的联系人

7.5　用户偏好文件操作

用户偏好文件存储适用于对键值对（Key-Value）结构的数据进行存取和持久化操作，Key 是不重复的关键字，Value 是数据值。用户偏好文件本质上是基于文档对象模型（Document Object Model，DOM）访问方式来提供对数据的访问，与关系数据库不同，不保证 ACID 特性，不采用关系模型来组织数据，数据之间无关系，扩展性好。

用户偏好文件主要用于保存应用的一些常用配置，并不适合存储大量数据和频繁改变数据的场景。应用运行时，用户偏好文件所有数据将会被加载到内存中，使得访问速度更快、存取效率更高。如果对数据进行持久化，数据最终会存储到 XML 文件中，降低读写效率。所以开发者在开发过程中应降低数据存储频率，即减少对文件系统的写入次数。

7.5.1　工作原理

OpenHarmony 提供偏好数据存储的操作接口，应用通过该接口可完成对偏好文件的操作。每个文件最多有一个 Preferences 实例，系统会通过静态容器将该实例存储在内存中，直到应用主动从内存中移除该实例或者删除相应文件。

获取文件对应的 Preferences 实例后，应用可以借助 Preferences API，从 Preferences 实例中读取数据或者将数据写入 Preferences 实例，通过 flush( )或者 flushSync( )将 Preferences 实例持久化。用户偏好文件的读写原理如图 7-12 所示。

251

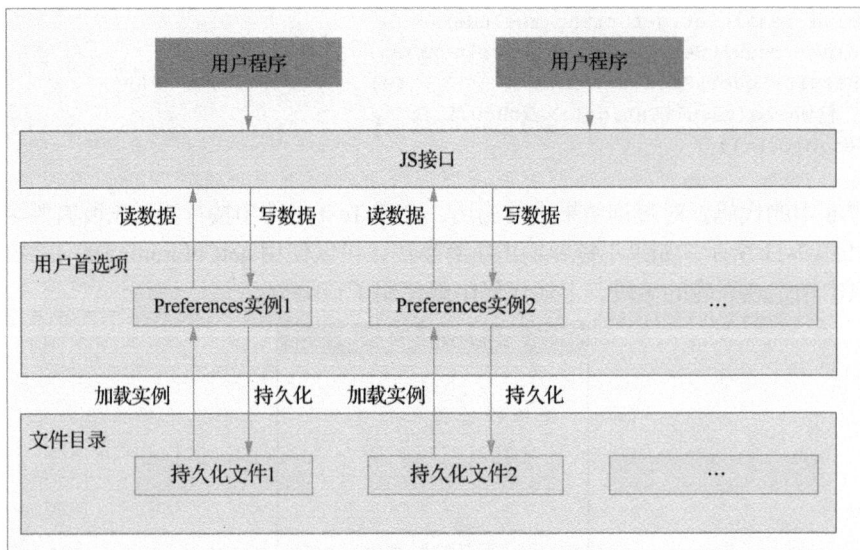

图 7-12　用户偏好文件的读写原理

7.5.2　数据读写

　　ArkUI 框架支持对用户偏好文件进行全面的数据读写。本小节将新建一个工程 preferenceTS，它的功能是将用户选好的背景颜色存入用户偏好文件。每次应用启动时，会加载上次最后写入的偏好文件的背景颜色，如果没有任何背景颜色则加载白色背景。

　　该项目的默认 Index 页面结构如例 7-9 所示。

例 7-9　Index 页面结构

```
import dataPreferences from '@ohos.data.preferences';
let preferenceTheme: dataPreferences.Preferences | null = null
@Entry
@Component
struct Index {
  @State  appliedColor: string = '#ffffff'
  selectedColor: string = '#ffffff'

build() {
    Row() {
      Column() {
        List({ space: 20, initialIndex: 0 }) {
          ForEach(this.colorsList, (item, index) => {
            ListItem() {
              Text(this.colorsList[index].colorName)
                .width('100%')
                .height(80)
                .fontSize(16)
                .borderRadius(10)
                .borderColor('#000000')
                .borderWidth(2)
                .textAlign(TextAlign.Center)
                .fontColor(this.colorsList[index].textColor)
                .onClick(() => {
                  this.selectedColor=this.colorsList[index].backgroundcolor
                })
```

```
            }
        }, item => item)
    }
    Button('Apply Color')
        .margin(10)
        .fontSize(20)
        .onClick(()=>{
            this.putPreference(this.selectedColor)
            this.appliedColor=this.selectedColor
        })
        .width('100%')
    }
    .backgroundColor(this.appliedColor)
    .height('100%')
    }
}
}
```

例 7-9 所示 Index 页面采用了线性布局，该布局中包含一个 List 组件和一个 Button 组件，点击 Button 触发的回调函数将存储背景颜色。List 容器中的每个 ListItem 只包含一个 Text 组件，有多少个 ListItem 是由 colorsList 决定的。Text 的内容是显示当前 item 所代表的 colorName，Text 组件中的文字颜色也是由 colorsList 的 textColor 决定的。点击 item 会触发设置 selectedColor 变量，此时不会改变整个 Column 容器的背景色，直到用户点击"Apply Color"按钮来触发回调。

回调函数会在偏好文件中存储用户选择的背景色，它体现了用户对背景偏好颜色的设定，同时将用户偏好应用于当前 Column 容器的背景色，由于 appliedColor 为状态变量，会直接刷新 UI。

整个 preferenceTS 工程的交互逻辑如下。

1. 进行数据初始化

首先将工程默认的颜色属性 selectedColor、appliedColor 初始化为白色。selectedColor 为用户点击 ListItem 中的 Text 组件时选中的背景色；appliedColor 为应用到整个页面中 Column 组件的背景色，为状态变量。

colorsList 数组包含 5 个元素（每个元素包含颜色名、背景色和文字颜色 3 个子属性），依次为浅灰色、绿色、蓝色、粉色和橙色。Index 页面数据定义如例 7-10 所示。

例 7-10　Index 页面数据定义

```
@State  appliedColor: string = '#ffffff'
selectedColor: string = '#ffffff'
colorsList=[
  {
    colorName: "Lightgrey",
    backgroundcolor: "#ff6666",
    textColor: "#ff0000"
  },
  {
    colorName: "Green",
    backgroundcolor: "#c1ff80",
    textColor: "#336600"
  },
  {
    colorName: "Blue",
    backgroundcolor: "#9999ff",
    textColor: "#1a1aff"
```

```
    },
    {
      colorName: "Pink",
      backgroundcolor: "#ff99ff",
      textColor: "#e600e6"
    },
    {
      colorName: "Orange",
      backgroundcolor: "#ffcc80",
      textColor: "#ff9900"
    }
  ]
```

2. 初始化应用背景色

aboutToAppear( )回调函数是在页面启动时执行的回调函数，是 ArkTS 页面的生命周期回调函数。为了能够在 eTS 文件中对用户偏好文件进行读写，需要在 JS 文件头部引入 storage 模块依赖，示例代码如下。

```
import dataPreferences from '@ohos.data.preferences';
```

然后就可以使用 dataPreferences 对象的 get( )函数来获取要操作的 Preference 实例，用于进行偏好文件的同步数据存储操作。aboutToAppear( )回调函数如例 7-11 所示，偏好文件名为 "mystore"。获取 Preference 实例 preferenceTheme 后，可以使用该对象的 ge(Key, defValue)函数来异步读取偏好文件中 Key 为 backgroundcolor 的值。如果 Key 对应的值为空，则返回 defValue 默认值'#ffffff'。对 Key-Value 格式的 XML 文件来说，Key 不能为空，defValue 可以为数值、字符串或布尔值。

例 7-11 aboutToAppear( )回调函数

```
async aboutToAppear() {
  try {
    await this.getPreferencesFromStorage()
  } catch (err) {
    console.error(`Failed to get preferences. Code:${err.code},message:
${err.message}`);
  }
  this.appliedColor=await this.getPreference();
}

async getPreferencesFromStorage() {
  let context = getContext(this) as Context
  preferenceTheme = await dataPreferences.getPreferences(context, 'mystore')
}

async getPreference(): Promise<string> {
  let theme: string = ''
  if (preferenceTheme !== null) {
    theme = await preferenceTheme.get('backgroundcolor', '#ffffff') as string
  }
  return theme
}
```

偏好文件的访问只有异步方式，有对应的异步函数支持。同步的特点是发出读写命令后，要等待读写命令返回结果才继续执行，适用于文件较小的访问场景；而异步则不等待结果，直接执行下一条代码，适用于文件较大、耗时较长的使用场景。

例 7-11 中的 aboutToAppear( )回调函数的工作逻辑是当页面加载时，直接读取偏好文件 mystore 中 Key 为 backgroundcolor 的值，该值为上一次用户存储的偏好背景色；如果该值非空则将屏幕背景色（Column 容器的背景色）设置为该偏好背景色，如果该值为空则加载默认背景色——白色。

3. 存储背景色

当用户点击"Apply Color"对应的 Button 组件时，会将应用使用的背景色存储到用户偏好文件中，如例 7-12 中的 putPreference( )函数。对偏好文件的写入是通过 put(Key,Value)函数来实现的，作用是将 Value 参数的值异步写入 Key 对应的值中，该例中的 Key 为'backgroundcolor'，写入之前要获取 Preference 对象。调用 put( )函数写入数据时只是将数据临时存储在内存里，因为偏好文件的工作特性就是将所有数据都加载到内存中来实现高效的访问。因此，为了真正将数据写入文件系统，必须调用 flush( )函数。

例 7-12　存储偏好文件数据

```
async putPreference(data: string) {
  if (preferenceTheme !== null) {
    await preferenceTheme.put('backgroundcolor', data)
    await preferenceTheme.flush()
  }
}
```

preferenceTS 工程在开发板上的初始运行效果如图 7-13 所示。

开始运行时，用户偏好文件为空，也没有存储任何背景颜色，因此应用加载时 aboutToAppear( )回调函数加载白色作为背景。当用户点击包含 LightGrey 文本的 Text 组件并点击"Apply Color"按钮后，显示效果如图 7-14 所示，可以看到 Column 组件已经应用了浅灰色背景。

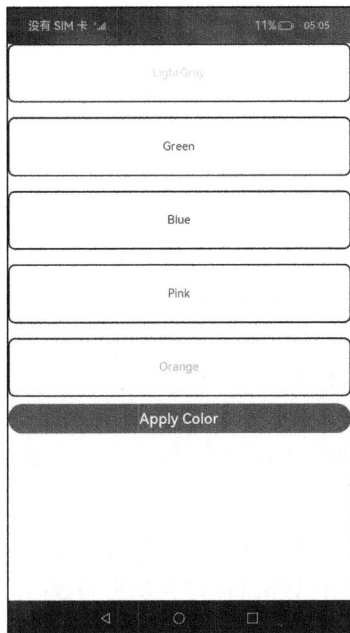

图 7-13　preferenceTS 工程初始运行效果　　　　图 7-14　用户应用背景色的显示效果

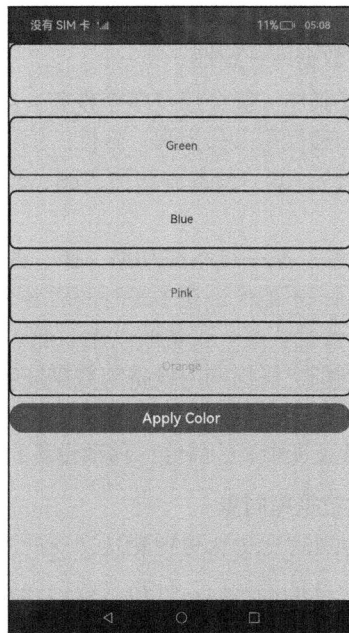

此时，用户可以点击"□"按钮，将当前正在运行的程序转入后台，接着通过向上滑动手指将该程序结束，然后在桌面中找到该程序，再次点击运行，此时可以看到系统将自动加载上一次存储的浅灰色，显示效果如图 7-14 所示。

7.6 分布式数据服务

分布式数据服务（Distributed Data Service，DDS）可为 OpenHarmony 应用程序提供不同设备中数据库数据同步的能力。通过调用分布式数据接口，应用程序可将数据保存到分布式数据库中。在通过可信认证的设备间，分布式数据服务支持应用数据相互同步，可在多种终端设备上为用户提供一致的数据访问体验。本节将介绍的分布式数据服务主要针对分布式键值数据库。

7.6.1 关键术语

在分布式数据库领域，存在 KV 数据模型、分布式数据库事务性、分布式数据库一致性、分布式数据库同步等关键术语，这些关键术语的含义如下。

1. KV 数据模型

KV 数据模型是 Key-Value 数据模型的简称，Key-Value 即键值对。它是一种 NoSQL（非 SQL）类型数据库，其数据以键值对的形式进行组织、索引和存储。7.5 节所介绍的用户偏好文件也是以键值对形式存储数据的。

KV 数据模型适合不涉及过多数据关系和业务关系的数据存储，比 SQL 数据库存储拥有更好的读写性能，因其在分布式场景中降低了数据库版本兼容问题的复杂度以及数据同步过程中冲突解决的复杂度而被广泛使用。分布式数据库也是基于 KV 数据模型的，对外提供 KV 类型的访问接口。

2. 分布式数据库事务性

分布式数据库事务支持本地事务（和传统数据库的事务概念一致）和同步事务。同步事务是指在设备之间同步数据时以本地事务为单位进行，一次本地事务的修改要么都同步成功，要么都同步失败。

3. 分布式数据库一致性

在分布式场景中一般会涉及多个设备，组网内设备之间的数据一致称为分布式数据库一致性。分布式数据库一致性可以分为强一致性、弱一致性和最终一致性。

① 强一致性：某一设备成功增、删、改数据后，组网内设备对该数据的读取操作都将得到更新后的值。

② 弱一致性：某一设备成功增、删、改数据后，组网内设备可能能够读取到本次更新数据，也可能读取不到，不能保证在多长时间后各个设备的数据一定是一致的。

③ 最终一致性：某一设备成功增、删、改数据后，组网内设备可能读取不到本次更新数据，但在某个时间窗口之后组网内设备的数据能够达到一致状态。

强一致性对分布式数据的管理要求非常高，在服务器的分布式场景中可能会遇到。出于移动终端设备的不常在线及无中心的特性，移动设备的分布式数据服务不支持强一致性，只支持最终一致性。

4. 分布式数据库同步

底层通信组件完成设备发现和认证之后，会通知上层应用程序（包括分布式数据服务）设备上线。收到设备上线的消息后，分布式数据服务可以在两个设备之间建立加密的数据传输通道，利用该通道在两个设备之间进行数据同步。

5. 单版本分布式数据库

单版本是指数据在本地以单个 KV 条目为单位进行保存，对每个 Key 最多只保存一个条目。当数据在本地被用户修改时，不管它是否已经被同步出去，均直接在这个条目上进行修改，如图 7-15 所示。同步也以此为基础，按照它在本地被写入或更改的顺序将当前最新一次修改同步至远端设备。

图 7-15　单版本分布式数据库

6.　设备协同分布式数据库

设备协同分布式数据库建立在单版本分布式数据库之上，在应用程序存入的 KV 数据中的 Key 前面拼接了本设备的 DeviceID 标识符，这样能保证每个设备产生的数据严格隔离，底层按照设备的维度管理这些数据。设备协同分布式数据库支持以设备的维度查询分布式数据，但是不支持修改远端设备同步过来的数据，如图 7-16 所示。

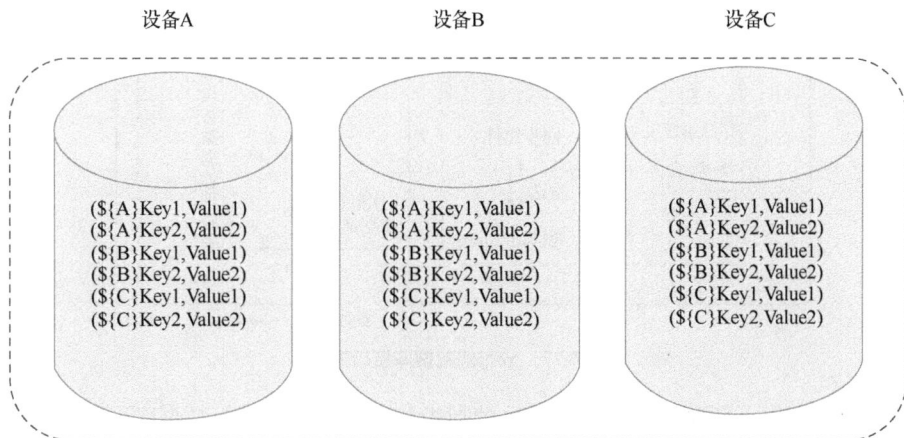

图 7-16　多设备协同分布式数据库

7.　数据库 Schema 化管理与谓词查询

单版本数据库支持在创建和打开数据库时指定 Schema，数据库根据 Schema 定义感知 KV 记录的 Value 格式，以实现对 Value 结构的检查，并基于 Value 中的字段实现索引建立和谓词查询功能。

7.6.2　核心组件

分布式数据服务支撑 OpenHarmony 上应用程序数据库数据分布式管理，支持数据在相同账号的多端设备之间相互同步，为用户在多端设备上提供一致的用户体验。分布式数据服务包含 3 个核心组件，分别是存储组件、同步组件和通信适配层，具体介绍如下。

1.　存储组件

存储组件负责数据的访问、数据的缩减、事务处理、快照、数据库加密，以及数据合并和冲突解决等。

2.　同步组件

同步组件连接了存储组件与通信适配层，其目标是保持在线设备间的数据库数据一致性，包括将本地产生的未同步数据同步给其他设备、接收来自其他设备发送过来的数据并将之合并到本地设备中。

3. 通信适配层

通信适配层负责调用底层公共通信层的接口完成通信管道的创建、连接，接收设备上、下线消息，维护已连接和断开设备列表的元数据，同时将设备上、下线信息发送给上层同步组件。同步组件维护连接的设备列表，同步数据时根据该列表调用通信适配层的接口，将数据封装并发送给连接的设备。

7.6.3 工作原理

应用程序通过调用分布式数据服务接口实现分布式数据库创建、访问、订阅功能，服务接口通过操作服务组件提供的能力将数据存储至存储组件，存储组件调用同步组件实现将数据同步，同步组件使用通信适配层将数据同步至远端设备。远端设备通过同步组件接收数据，并将之更新至本端存储组件，通过服务接口将之提供给应用程序使用。分布式数据库接口框架如图 7-17 所示。

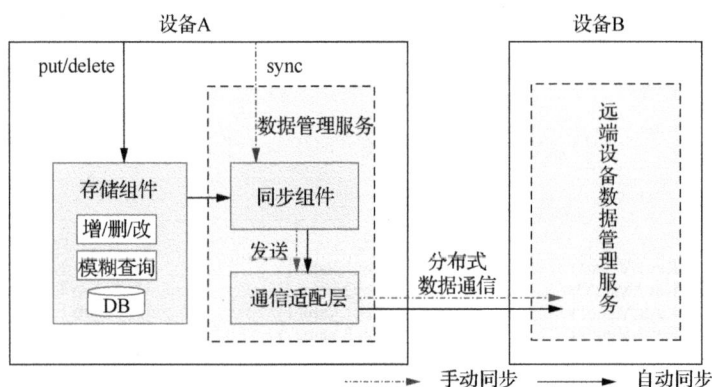

图 7-17　分布式数据库接口框架

数据管理服务提供了两种同步方式——手动同步和自动同步，键值数据库可选择其中一种方式实现同应用跨设备数据同步。通过 put、delete 接口可触发自动同步；手动同步则是手动调用 sync 接口触发同步。同步组件将分布式数据通过通信适配层发送给对端设备。

① 手动同步：由应用程序调用 sync 接口来触发，需要指定同步的设备列表和同步模式。同步模式分为 PULL_ONLY（将远端数据拉取到本端）、PUSH_ONLY（将本端数据推送到远端）和 PUSH_PULL（将本端数据推送到远端，同时将远端数据拉取到本端）。带有 Query 参数的同步接口支持按条件过滤的方法进行同步，将符合条件的数据同步到远端。

② 自动同步：由分布式数据库自动将本端数据推送到远端，同时将远端数据拉取到本端来完成数据同步。同步时机包括设备上线、应用程序更新数据等，应用不需要主动调用 sync 接口。

底层通信组件完成设备发现和认证，会通知上层应用程序设备上线。收到设备上线的消息后数据管理服务可以在两个设备之间建立加密的数据传输通道，利用该通道在两个设备之间进行数据同步。

增、删、改数据库时，会给订阅者发送数据变化的通知。主要分为本地数据变化通知和分布式数据变化通知。

① 本地数据变化通知：本地设备的应用内订阅数据变化通知，数据库增、删、改数据时，本地设备会收到通知。

② 分布式数据变化通知：同一应用订阅组网内其他设备数据变化的通知，其他设备增、删、

改数据时，本地设备会收到通知。

分布式数据库不同于本地数据库，使用过程中要注意以下几点。

① 权限申请：应用程序如需使用分布式数据服务的完整功能，需要申请 ohos.permission.DISTRIBUTED_DATASYNC 权限。

② 使用场景不同：分布式数据库与本地数据库的使用场景不同，因此开发者应识别需要在设备间进行同步的数据，并将这些数据保存到分布式数据库中。

③ 不允许阻塞操作：分布式数据库事件回调函数中不允许进行阻塞操作，例如修改 UI 组件。如需进行此类复杂操作，建议使用线程管理方式处理。

7.6.4　分布式数据访问

分布式数据库兼有数据库特性和 KV 键值文件访问特性。其对数据的读写与键值文件访问方法类似，而对数据的查询和数据库谓词操作一致。当然也有其独特的地方，就是对数据的同步。本小节以单版本键值数据库跨设备数据同步的开发为例，图 7-18 所示为分布式键值数据库访问流程。

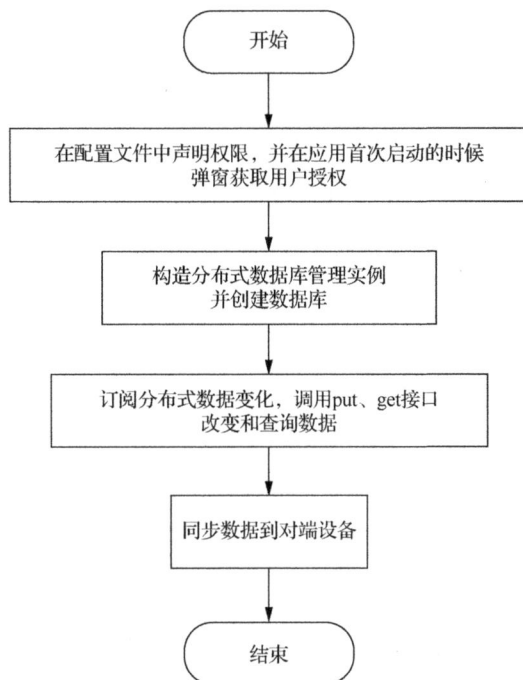

图 7-18　分布式键值数据库访问流程

本小节以一个分布式备忘录为例，展示分布式数据库的访问过程。该示例演示了如何将数据写入手机 A 的分布式数据库，然后通过数据同步，使得手机 B 可以共享手机 A 上的备忘录。整个设计过程如下。

1. 分布式数据库开发

分布式数据库开发一般包含以下步骤。

① 在 module.json5 中添加 permisssion 权限。

示例代码如下。该权限添加在 abilities 同一目录层级。

```
"reqPermissions": [
    {
        "name": "ohos.permission.DISTRIBUTED_DATASYNC"
```

```
                "reason": "$string:cancel"
        }
    ]
```

应用启动时，需要弹出授权弹窗，请求用户进行授权。在分布式通讯录的 Index.ts 文件中定义 requestPermissionsFromUser( )函数请求授予权限，代码如例 7-13 所示。

例 7-13　请求权限授予函数

```
aboutToAppear() {
    let context = getContext(this) as common.UIAbilityContext
    let atManager = abilityAccessCtrl.createAtManager()
    try {
      atManager.requestPermissionsFromUser(context,['ohos.permission.DISTRIBUTED_
DATASYNC']).then((data) => {
        Logger.info(TAG, `data: ${JSON.stringify(data)}`)
      }).catch((err) => {
        Logger.info(TAG, `err: ${JSON.stringify(err)}`)
      })
    } catch (err) {
      Logger.info(TAG, `catch err->${JSON.stringify(err)}`);
    }
    ...
}
```

requestPermissionsFromUser( )函数在分布式备忘录应用启动时被执行，屏幕上会弹出授权弹窗。当用户同意后，会将访问网内其他设备的权限授权给应用。

② 根据配置构建分布式数据库管理类实例。

构建数据库管理类实例包含以下两个步骤，如例 7-14 所示。

• 根据应用上下文定义分布式数据库管理配置对象变量 config。

• 创建分布式数据库管理器实例，如例 7-14 中的 createKVManager( )函数，该函数以上一步创建的分布式数据库管理配置对象为参数。

例 7-14　构建数据库管理实例

```
import UIAbility from '@ohos.app.ability.UIAbility';
let kvManager;
let context = null;
async createKvStore(callback) {
    if ((typeof (this.kvStore) !== 'undefined')) {
      callback()
      return;
    }
    let context: common.Context = getContext(this)
    var config = {
      context,
      bundleName: 'ohos.samples.kvstore',
    }
    Logger.info(TAG, 'createKVManager begin')
    try {
      this.kvManager = await distributedData.createKVManager(config)
    } catch (err) {
      Logger.info(TAG, `createKVManager err:${JSON.stringify(err)}`)
    }
    Logger.info(TAG, 'createKVManager end')
    }
  ...
}
```

例 7-14 中的 config 为分布式数据库管理器配置类，可以配置分布式数据库运行的环境。kvManager 为分布式数据库管理器工厂，由工厂类创建管理器实例。

③ 获取（创建）单版本分布式数据库，如例 7-15 所示。

例 7-15　获取单版本分布式数据库

```
try {
  const options = {
    createIfMissing: true,
    encrypt: false,
    backup: false,
    autoSync: false,
    // 不填 kvStoreType 时，默认创建多设备协同数据库
    kvStoreType: distributedKVStore.KVStoreType.SINGLE_VERSION,
    // 多设备协同数据库："kvStoreType: distributedKVStore.KVStoreType.DEVICE_COLLABORATION,"
    securityLevel: distributedKVStore.SecurityLevel.S1
  };
    Logger.info(TAG, 'kvManager.getKVStore begin')
    await this.kvManager.getKVStore(STORE_ID, options).then((store) => {
      Logger.info(TAG, 'Succeeded in getting KVStore')
      this.kvStore = store
    }).catch((err) => {
      Logger.error(TAG, `Fail to get KVStore.code is ${err.code},message is ${err.message}`)
    });
  Logger.info(TAG, 'kvstorTAG,ekvManager.getKVStore end')
  callback()
}
```

例 7-15 中首先声明了分布式数据库的配置信息 options，该 options 中定义了执行获取分布式数据库的 getKVStore( )函数时的 3 个选项，分别如下。

- createIfMissing：获取数据库，参数 true 代表如果数据库不存在则创建新的数据库。
- encrypt：数据库是否加密，参数 false 代表不加密。
- kvStoreType：获取数据库的类型，distributedKVStore.KVStoreType.SINGLE_VERSION 代表单版本分布式数据库。

下面调用分布式数据库管理器的 getKVStore( )函数，其中的第一个参数为指定分布式数据库的 id 描述。分布式数据库默认开启组网设备间自动同步功能，如果应用对性能比较敏感，建议设置关闭自动同步功能（autoSync:false），需要进行信息同步时再主动调用 Sync 接口进行同步。

④ 订阅分布式数据库变化。

订阅分布式数据库中的数据变化采用 on( )函数，具体实现方法如例 7-16 所示。

例 7-16　订阅分布式数据库变化函数的实现

```
setOnMessageReceivedListener(msg, callback) {
  Logger.info(TAG, `setOnMessageReceivedListener ${msg}`)
  let self = this
  this.createKvStore(() => {
    Logger.info(TAG, 'kvStore.on(dataChange) begin')
    self.kvStore.on('dataChange', 1, (data) => {
      Logger.info(TAG, `dataChange, ${JSON.stringify(data)}`);
      Logger.info(TAG, `dataChange, insert ${data.insertEntries.length} udpate
${data.updateEntries.length}`)
      let entries = data.insertEntries.length > 0 ? data.insertEntries :
data.updateEntries
```

```
      for (let i = 0; i < entries.length; i++) {
        if (entries[i].key === msg) {
          let value = entries[i].value.value
          Logger.info(TAG, `Entries receive ${msg} = ${value}`)
          callback(value)
          return;
        }
      }
    });
    Logger.info(TAG, 'kvStore.on(dataChange) end')
  })
}
```

例 7-16 中的代码订阅了分布式数据库变化，一旦分布式数据库数据发生变化，就会获取变化数据 data。这个更新数据通过回调函数 callback( ) 传递到 UI 相关状态变量，从而对前台界面中的内容进行刷新。该函数除了界面上的操作外，还需要执行例 7-17 中的函数来订阅远端分布式数据库变化。

例 7-17　订阅远端分布式数据库变化函数的实现

```
kvStoreModel.setOnMessageReceivedListener(NOTES_CHANGE, (value) => {
  Logger.info(TAG, `NOTES_CHANGE${value}`)
  if (this.isDistributed) {
    if (value.search(EXIT) !== -1) {
      Logger.info(TAG, `[json]EXIT${EXIT}`)
      context.terminateSelf((error) => {
        Logger.info(TAG, `terminateSelf finished, error=${error}`)
      })
    } else {
      let str = value.substring(0, value.lastIndexOf('}]') + 2)
      this.noteDataSource['dataArray'] = transStrToNoteModel(str)
      this.noteDataSource.notifyDataReload()
      let strNum = value.substring(value.lastIndexOf('numBegin') + 'numBegin'.length,
value.lastIndexOf('numEnd'))
      notesNum = Number(strNum)
    }
  }
})
```

例 7-17 中的函数获取数据变化后，将之添加到状态变量——备忘录数据源 dataArray 中；此外，还要进行数据重载——notifyDataReload( )。

⑤ 当用户新建笔记后，需要将相关数据写入单版本分布式数据库，如例 7-18 所示。

例 7-18　将数据写入单版本分布式数据库

```
GridItem() {}
.onClick(() => {
    Logger.info(TAG, `GridItem.click${item.title}`);
    if (item.title === '' && item.content === '') {
      notesNum += 1
      this.noteDataSource['dataArray'][this.noteDataSource['dataArray'].length-1] = {
        title: `note ${notesNum}`,
        content: 'noteContent'
      }
      this.noteDataSource['dataArray'].push({ title: '', content: '' })
      this.noteDataSource.notifyDataReload()
      if (this.isDistributed) {
        kvStoreModel.put(NOTES_CHANGE,
`${JSON.stringify(this.noteDataSource['dataArray'])}numBegin${notesNum}numEnd`)
```

```
            }
          }
        })
```

例 7-18 中通过调用 put(Key,Value) 函数实现了对分布式数据库的写入，Key 和 Value 参数是要写入的键和对应的值。put( ) 函数和用户偏好文件的写入方法类似，都是键值文件读写模式，这里写入的是字符串信息。当 Grid 组件中的 GridItem 内没有日记内容时，可以通过多次调用该函数实现对笔记信息的初始化，本例中主要是通过调用该函数写入笔记名和笔记内容。

⑥ 同步数据到其他设备。

当在本机上插入笔记信息后，本机上的分布式数据库内容已经变更，需要将该内容同步到组网的其他设备中。分布式数据同步需要先获取信任设备，并启动该设备上的分布式备忘录引用，代码如例 7-19 所示。

例 7-19　分布式数据同步

```
import deviceManager from '@ohos.distributedHardware.deviceManager';

  selectDevice() {
    Logger.info(TAG, 'start ability ......')
    this.isDistributed = true
    if (this.remoteDeviceModel === null || this.remoteDeviceModel.discoverList.length <= 0) {
      Logger.info(TAG, `continue unauthed device:${JSON.stringify(this.deviceList)}`)
      this.startAbility(this.deviceList[this.selectedIndex].networkId)
      this.clearSelectState()
      return
    }
    Logger.info(TAG, 'start ability1, needAuth: ')
    this.remoteDeviceModel.authenticateDevice(this.deviceList[this.selectedIndex], () => {
      Logger.info(TAG, "auth and online finished")
      for (var i = 0; i < this.remoteDeviceModel.deviceList.length; i++) {
        if (this.remoteDeviceModel.deviceList[i].deviceName === this.deviceList[this.
selectedIndex].deviceName) {
          this.startAbility(this.remoteDeviceModel.deviceList[i].networkId)
        }
      }
    })
    Logger.info(TAG, 'start ability2 ......')
    this.clearSelectState()
  }
```

例 7-19 中的 selectDevice( ) 函数代表用户选择网络内合法的设备，startAbility( ) 函数代表启动该设备上的分布式应用。TitleBar 组件中定义的 startAbility( ) 函数存在一个回调函数 startAbilityCallBack( )，该回调函数代码如例 7-20 所示。

例 7-20　启动分布式 UIAbility 后的回调函数

```
startAbilityCallBack = (key) => {
  Logger.info(TAG,`startAbilityCallBack${key}`);
  if (NOTES_CHANGE === key) {
    kvStoreModel.put(NOTES_CHANGE, `${JSON.stringify(this.noteDataSource
['dataArray'])}numBegin${notesNum}numEnd`)
  }
  if (EXIT === key) {
    kvStoreModel.put(NOTES_CHANGE, EXIT)
  }
}
```

该回调会更新 kvStore 的内容，从而引起订阅了该数据库更新 setOnMessageReceivedListener( ) 函数的回调。在例 7-17 中，将键值数据库中的所有数据读取出来后返回状态变量 dataArray，继而进行数据刷新，然后将之同步到界面上。

2. 分布式备忘录运行展示

分布式备忘录的前端主要是一个笔记信息的网格，因此需要用到 Grid 组件，以及定义对应的数据提供者。示例代码中设计了两个类 NoteDataModel 和 KvStoreModel，分别是笔记信息（包括笔记名和姓名）和笔记信息提供者。在前端交互代码 Index 中，对备忘录信息提供了新增和删除功能，都是通过分布式键值数据库的相关功能实现的。"流转"功能权限申请如图 7-19 所示，启动了两台装有 OpenHarmony 系统的带屏设备。

启动两台设备后，首先出现的是对多设备协同权限的申请界面，点击"始终允许"按钮，出现图 7-20 所示的界面。点击"添加"按钮，可以新增笔记；点击"流转"按钮，新的笔记会同步到网络内的其他设备。

图 7-19 "流转"功能权限申请

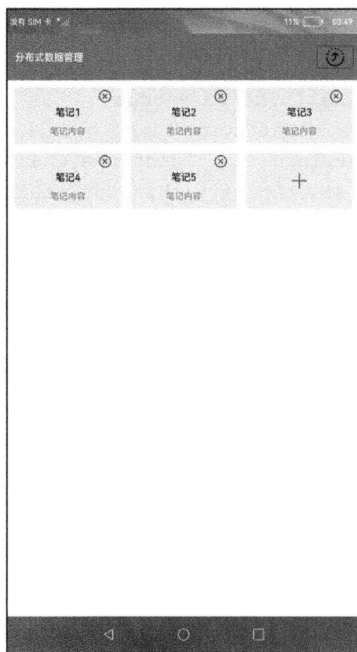

图 7-20 分布式备忘录主界面

7.7 分布式文件系统

分布式文件系统（hmdfs）提供跨设备的文件访问能力。它负责分散存储在多个用户设备上的文件，应用间的分布式文件目录互相隔离，不同应用的文件不能互相访问。分布式文件依赖元数据信息，文件元数据是用于描述文件特征的数据，包含文件名、文件大小、创建时间、访问时间、修改时间等信息。

7.7.1 工作原理

hmdfs 在分布式软总线动态组网的基础上，为网络上各个设备节点提供一个全局一致的访问视图，支持开发者通过基础文件系统接口进行读、写访问，具有高性能、低延时等优点。

分布式文件系统采用无中心节点的设计，每个设备通过目录树进行管理。当应用需要访问分布式文件时，根据 Cache 订阅发布，按需缓存文件所在的存储设备，然后对缓存的分布式文件系统发起文件访问请求。分布式文件系统工作原理如图 7-21 所示。

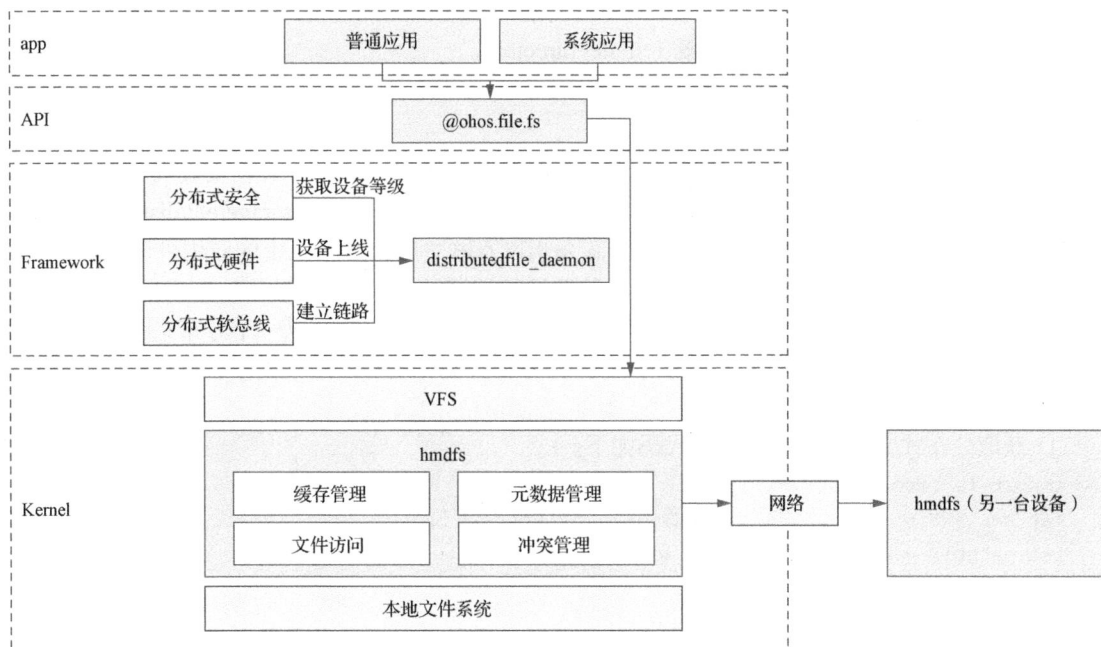

图 7-21 分布式文件系统工作原理

图 7-21 中的 VFS 代表 Virtual File System，即虚拟文件系统，作用是采用标准的 UNIX 操作系统调用位于不同物理介质上的不同文件系统，即为各类文件系统提供统一的操作界面和应用编程接口。图中两台设备互相订阅对方存储设备信息，当跨设备访问文件时，实际上是对缓存的远程设备文件信息发起添加、删除或查询操作。distributedfile_daemon 主要负责设备上线监听、通过软总线建立链路，并根据分布式的设备安全等级执行不同的数据流转策略。

hmdfs 实现内核的网络文件系统，包括缓存管理、文件访问、元数据管理和冲突管理等。

（1）缓存管理

设备分布式组网后，hmdfs 提供文件的互访能力，但不会主动进行文件数据传输和复制。如果应用需要将数据保存到本地，需主动复制。

hmdfs 保证 Close-to-Open 的一致性，即一端写关闭后，另一端可以读取最新数据，不保证文件内容的实时一致性。数据在远端写入，但是由于网络原因未及时回刷，文件系统会在下次网络接入时回刷本地，但是如果远端已修改则无法回刷。

（2）文件访问

文件访问接口与本地一致（ohos.file.fs）。如果文件在本地，则堆叠访问本地文件系统；如果文件在其他设备，则同步网络访问远端设备文件。

（3）元数据管理

分布式组网下，文件一端创建、删除、修改，另一端可以"立即"查看到最新文件，看到速度取决于网络情况。远端设备离线后，该设备数据将不再在本端设备呈现。但由于设备离线的感知具有延迟，可能会造成部分消息 4s 超时，因此开发者需要考虑接口的网络超时或一些文件虽然可以看到但实际设备可能已离线的场景。

（4）冲突管理

此处以文件名冲突管理为例：本地与远端冲突时，远端文件被重命名，看到的同名文件是本地同名文件；远端多个设备冲突时，以接入本设备 id 为顺序，显示设备 id 小的同名文件，其他文件被依次重命名；如果在组网场景中目录树下已经有远端文件，创建同名文件，提示文件已存在；冲突文件显示_conflict_dev 后依次加 id，id 从 1 自动递增；同名目录之间仅融合不存在冲突，文件和远端目录同名冲突时，远端目录加后缀_remote_directory。

7.7.2　分布式文件读写

分布式文件系统为应用提供了跨设备文件访问的服务，开发者在多个设备安装同一应用时，通过基础文件接口，可跨设备读写其他设备该应用分布式文件路径（/data/storage/el2/distributedfiles/）下的文件。例如在多设备数据流转的场景中，设备组网互联之后，设备 A 上的应用可访问设备 B 同应用分布式路径下的文件，当期望应用文件被其他设备访问时，将文件移动到分布式文件路径即可。应用可以使用 Context.distributedFilesDir 接口获取分布式目录。本小节以一个分布式图片访问项目 DistributedPictures 为例，该例子实现了从手机 A 向分布式文件夹写入图片文件、在手机 B 上显示该图片的操作，主要步骤如下。

① 获取分布式文件夹路径，示例代码如下。

```
import fs from '@ohos.file.fs';
let context = ...; // 获取设备 A 的 UIAbilityContext 信息
let pathDir = context.distributedFilesDir;
// 获取分布式目录的文件路径
let filePath = pathDir + '/ju.bmp';
```

该代码中的 this 指代当前上下文环境 context，distributedFilesDir 用于获取分布式文件夹；pathDir 用于返回其字符串路径，加上 "/ju.bmp" 形成分布式文件的路径。

② 获取设备权限，应用程序如需使用分布式文件系统完整功能，需要在 module.json5 文件中申请权限，示例代码如下。

```
"reqPermissions": [
    {
        "name": "ohos.permission.DISTRIBUTED_DATASYNC"
    }
]
```

项目启动时，需要弹出授权弹窗，请求用户进行授权。由于分布式数据库和分布式文件系统都涉及分布式数据访问，因此权限申请代码是一致的。

③ 分布式文件写入，示例代码如例 7-21 所示。

例 7-21　分布式文件写入

```
try {
  // 在分布式目录下创建文件
  let destfile = fs.openSync(filePath, fs.OpenMode.READ_WRITE | fs.OpenMode.CREATE);
  console.info('Succeeded in createing.');
let tempDir = '/data/storage/el1/bundle/entry/ets/common'
let srcFile = fs.openSync(tempDir + '/ju.bmp', fs.OpenMode.READ_WRITE);

let bufSize = 4096;
  let readSize = 0;
  let buf = new ArrayBuffer(bufSize);
  let readLen = fs.readSync(srcFile.fd, buf, { offset: readSize });
  while (readLen > 0) {
    readSize += readLen;
    fs.writeSync(destFile.fd, buf);
```

```
    readLen = fs.readSync(srcFile.fd, buf, { offset: readSize });
  }
  // 关闭文件
  fs.closeSync(srcFile);
  fs.closeSync(destFile);
} catch (err) {
  console.error(`Failed to openSync / writeSync / closeSync. Code: ${err.code}, message:
${err.message}`);
}
```

例 7-21 中的 filePath 是分布式文件夹内文件的名称，本地文件是在 rawfile 目录下的 ju.bmp 文件。通过 fs 文件接口，包括 openSync( )、writeSync( )等，来写入分布式文件。这就是典型的普通文件存储方式，只是多了一个后缀 Sync，表明是分布式文件访问方式。

④ 分布式文件读取，示例代码如例 7-22 所示。

例 7-22 分布式文件读取

```
import fs from '@ohos.file.fs';
import image from '@ohos.multimedia.image';

let context = ...; // 获取设备 B 的 UIAbilityContext 信息
let pathDir = context.distributedFilesDir;
// 获取分布式目录的文件路径
let filePath = pathDir + '/ju.bmp';

try {
// 打开分布式目录下的文件
  let file = fs.openSync(filePath, fs.OpenMode.READ_WRITE);
  const imageSource = image.createImageSource(file);
  let decodingOptions = {
    editable: true,
    desiredPixelFormat: 3,
}
// 创建 pixelMap 并进行简单的旋转和缩放
this.pixelMap = await imageSource.createPixelMap(decodingOptions);
}
catch (e) {
console.log('have an error in image creating')
}
...
//index.ets
Image(this.pixelMap)
```

例 7-22 中的代码将分布式文件夹下的 ju.bmp 文件读取出来，加载到 Image 组件中。函数首先通过 openSync( )实现了分布式文件的载入，然后将该文件描述符作为创建 ImageSource 对象的参数构造一个图片源对象 imageSource，接着设置一些图片解码参数，最后将 PixelMap 加载到页面上的 Image 组件来进行显示。

例 7-22 将分布式图片的内容读取到 Image 组件中，因为是图片，所以没有进行一行行的数据读写。如果是文本文件，则可以分别调用 readSync( )和 writeSync( )进行读、写。申请分布式文件访问权限的运行结果如图 7-22 所示。

该项目开始也是请求权限，点击"始终允许"按钮，在后续页面中点击"Share Local Picture To Distributed Dir"按钮，可以将 rawfile 目录下的 ju.bmp 文件复制到分布式目录下。设备 A 上的文件写入分布式目录的执行结果如图 7-23 所示。

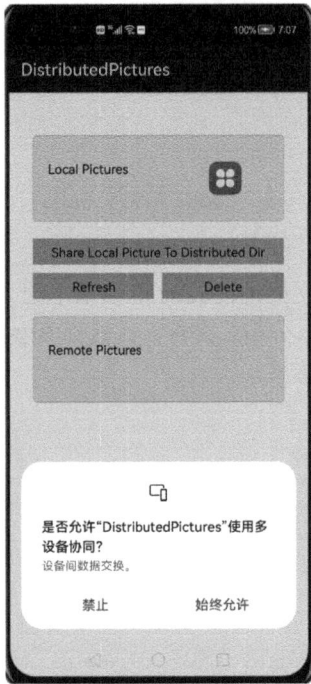

图 7-22　申请分布式文件访问权限的运行结果

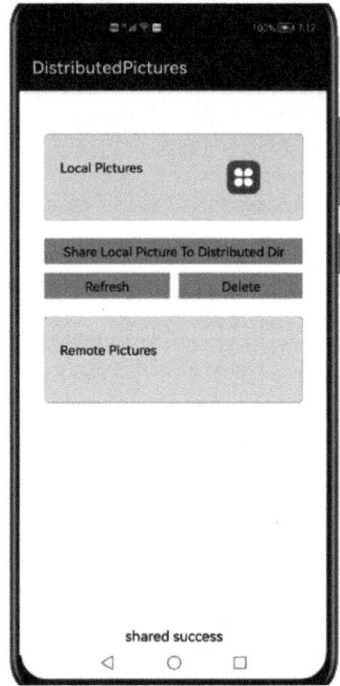

图 7-23　设备 A 上的文件写入分布式目录的执行结果

　　接着点击"Refresh"按钮，将分布式目录下的图片加载到 Remote Pictures 代表的 Image 组件中，如图 7-24 所示。

　　由于分布式目录下已经有 ju.jpg 文件了，那么启动设备 B，点击"Refresh"按钮后，会出现图 7-25 所示的结果。可以看到，设备 B 已经读取分布式文件目录下的 ju.bmp 文件。

图 7-24　设备 A 读取分布式文件

图 7-25　设备 B 已经读取分布式文件目录下的 ju.bmp 文件

本章小结

本章介绍了 OpenHarmony 支持的几种数据持久化方法，涉及文件存储、关系数据库和用户偏好文件各自的特点及其使用方式。同时，为了减少不同数据持久化方法底层实现的差异性给客户端数据访问所带来的障碍，DataShareExtensionAbility 提供了统一的对外数据增、删、改、查接口。本章通过对相关内容的讲解，证明了分布式数据服务和分布式文件系统可以有效地提升 OpenHarmony 支持多设备互访的能力。

通过对本章的学习，读者应能够理解数据持久化的概念，掌握包括关系数据库在内的几种主要的 OpenHarmony 数据持久化方法，熟悉多设备环境下的数据访问方法。

课后习题

1.（单选题）数据持久化是指将数据存放在设备上，下次应用启动时还能够读取到这些数据。（   ）

    A．正确   B．错误

2.（单选题）DataShareExtensionAbility 也是一种 Ability，它没有用户界面，能够对外界提供统一的数据访问服务。（   ）

    A．正确   B．错误

3.（单选题）文件存储中的普通应用视角和系统进程视角对相同的文件看到的路径是不一样的。（   ）

    A．正确   B．错误

4.（多选题）OpenHarmony 支持的主流数据持久化方法包括（   ）。

    A．文件   B．关系数据库

    C．对象关系映射数据库   D．用户偏好文件

5.（单选题）分布式数据库服务中的数据库只能为键值对数据库，它和用户偏好文件采用相同的组织方式。（   ）

    A．正确   B．错误

6.（单选题）分布式文件系统中的节点如果要获取网络内其他节点的数据，可以对网络中节点的数据进行订阅。（   ）

    A．正确   B．错误

第 8 章

OpenHarmony
流转架构剖析

08

学习目标

① 了解 OpenHarmony 流转架构分类及关键流程。 ③ 掌握多端协同功能开发的步骤和方法。
② 掌握跨端迁移功能开发的步骤和方法。

物联网时代的核心设备是能够互联互通的智能设备，然而，目前的智能设备还远远不能实现这一预期目标。虽然现在用户拥有的智能设备越来越多，相应设备能在适合的场景下提供良好的体验（如智能手表可以提供及时的信息查看体验，智能电视可以带来沉浸式的观影体验），但是这些智能设备大部分都受使用场景的限制。例如，在智能电视上通过遥控器来输入文本，对习惯智能手机输入的用户来说是非常糟糕的体验。每种设备都只针对某些特定场景，在该场景外使用相应设备的体验感会降低，而且设备之间缺乏有效和便捷的沟通，这使得单台设备容易形成"设备孤岛"，降低其使用频率和效率。

这一切的根本原因是设备之间缺乏有效的互联方式，从而造成设备能力的浪费。基于 OpenHarmony 独有的微内核架构，智能设备之间"碰一碰"就能实现互联。OpenHarmony 强大的分布式软总线技术和分布式组件管理技术则支持任务在多台设备间流转，共享多台设备算力。当多台设备通过分布式操作系统能够相互感知进而整合成一个"超级终端"时，设备之间才可以取长补短、协同工作，为用户提供更加自然、流畅的分布式体验。

本章主要介绍 OpenHarmony 流转的核心概念、流转架构的核心组件和关键流程，并用具体示例展示跨端迁移和多端协同这两种流转方式的具体开发过程。

8.1 流转的核心概念

流转在 OpenHarmony 中泛指涉及多端的分布式操作。一台设备如果具备流转能力，就可打破设备界限，实现多设备联动，使应用程序可分可合，如邮件跨设备编辑、多设备协同健身、多屏游戏等分布式业务都可依靠设备的流转能力来实现。流转可为开发者提供更广的使用场景和更新的产品视角，强化产品优势，实现体验升级。OpenHarmony 中应用的流转触发方式和技术方案如下。

1. 流转的触发方式

用户触发流转有两种方式：系统推荐流转和用户手动流转。

（1）系统推荐流转

用户使用应用程序时，如果所处环境中存在体验感更优的可选设备，则系统自动为用户推荐该设备，用户可确认是否启动流转。例如，当用户在手机上玩赛车游戏时，OpenHarmony 检测到网络环境中有一个智慧屏。智慧屏显然具备更好的显示效果，因此系统会弹出推荐气泡弹窗，让用户选择是否将屏幕流转到大屏上，用户通过点击进行选择后，赛车游戏的显示就流转到智慧屏上。这样用户就可以在玩游戏时盯着智慧屏来查看比赛情况，通过手机上的虚拟按键来操纵赛车，如图 8-1 所示。

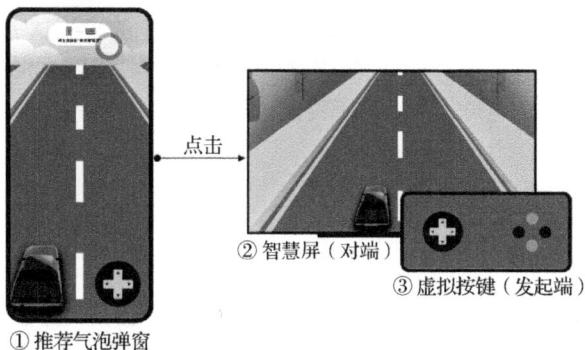

① 推荐气泡弹窗　② 智慧屏（对端）　③ 虚拟按键（发起端）

图 8-1　系统推荐流转

（2）用户手动流转

用户可以手动选择合适的设备进行流转。例如，当用户在手机上玩赛车游戏时，发现网络内有智慧屏，用户会主动点击游戏上方的流转按钮，如图 8-2①所示。点击按钮后，会调出系统提供的流转面板，面板中会展示用户应用程序的信息及可流转的设备，引导用户进行后续的流转操作。用户点击相应设备，即可实现流转，如图 8-2②和③所示。

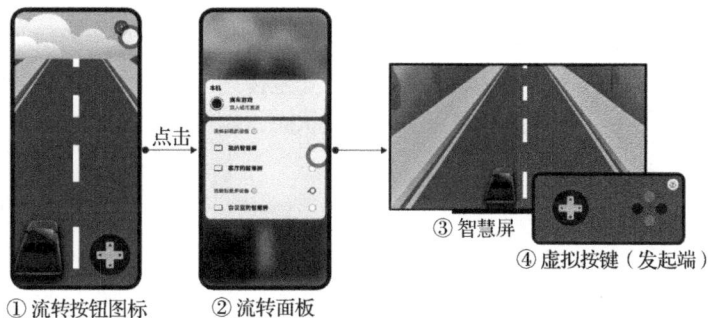

① 流转按钮图标　② 流转面板　③ 智慧屏　④ 虚拟按键（发起端）

图 8-2　用户手动流转

2. 流转的技术方案

不论是系统推荐流转还是用户手动流转，流转的触发方式看起来都非常智能、便捷、新颖。从用户体验角度看，流转的技术方案分为两类，分别是跨端迁移和多端协同。

（1）跨端迁移

跨端迁移指在 A 端运行的 UIAbility 迁移到 B 端上，完成迁移后，B 端 UIAbility 继续完成任务，而 A 端应用退出。在用户使用设备的过程中，当使用情境发生变化时（例如，从室内走到户外，或者周围出现更合适的设备等），之前使用的设备可能已经不适合继续完成当前的任务，此时用户可以选择新的设备来继续完成当前的任务。常见的跨端迁移场景举例如下。

① 在视频聊天时从平板计算机迁移到智慧屏，视频聊天体验更佳，退出平板计算机视频应用。

② 使用平板计算机上的阅读应用浏览文章，迁移到智能显示器上继续查看，退出平板计算机阅读应用。

（2）多端协同

多端协同指多台终端上的不同 UIAbility/ExtensionAbility 同时或者交替运行以实现完整的业务，或者多台终端上的相同 UIAbility/ExtensionAbility 同时运行以实现完整的业务。多台设备作为一个整体为用户提供比单一设备更加高效、沉浸的体验。常见的多端协同场景举例如下。

① 平板计算机端应用 A 做答题板,因为平板计算机具备更好的输入能力;智慧屏端应用 A 做直播显示,为用户提供全新的上网课体验。

② 用户通过智慧屏的应用 A 拍照后,可调用平板计算机上的应用 A 进行人像美颜,因为平板计算机具备更强大的图像处理能力;最终,将美颜后的照片保存在智慧屏的应用 A 上放大查看。

OpenHarmony 能给用户提供如此便捷的流转方式和如此流畅的流转体验,得益于其强大的流转架构,下面将具体介绍。

8.2 流转架构

OpenHarmony 为程序在设备间流转提供了一组 API 库,可让用户编写分布式应用程序,从而更轻松、快捷地完成流转。OpenHarmony 流转架构有如下优势。

① 支持远程服务调用等能力,可轻松设计业务。

② 支持多个应用同时进行流转。

③ 支持不同形态设备,如平板计算机、智能电视、智能手表等。

这些优势是 iOS 和 Andorid 系统不具备的。流转架构是 OpenHarmony 的基础,会在各个不同场景给 OpenHarmony 用户展示多设备协同工作的便捷性。

8.2.1 核心组件

OpenHarmony 流转架构如图 8-3 所示。其中分布式软总线是流转架构的核心,主要用来支持不同设备上应用间消息的传递;分布式安全认证是消息安全传递的保障;流转任务管理服务和分布式组件管理服务则负责应用在不同设备上的启动和运行状态管理等。

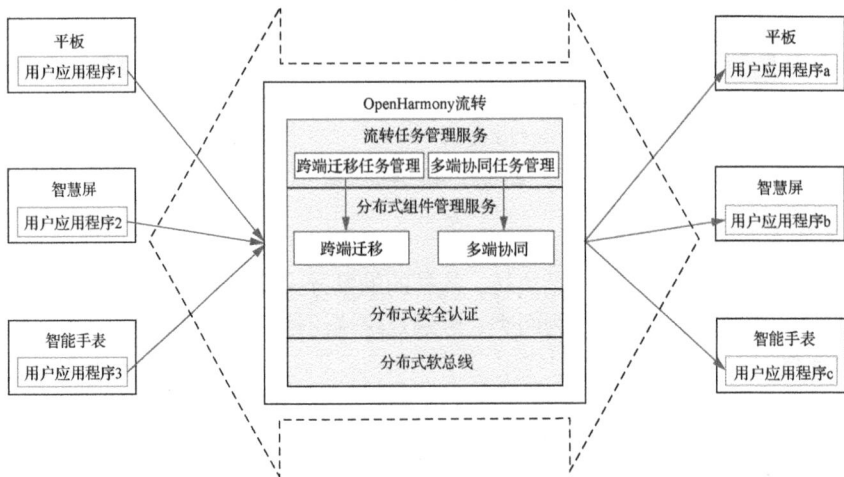

图 8-3　OpenHarmony 流转架构

流转架构各模块的功能如下。

① 流转任务管理服务:在流转发起端,接受用户应用程序注册,提供流转入口、状态显示、退出流转等管理能力。

② 分布式组件管理服务:提供远程服务启动、远程服务连接、远程迁移等能力,并通过不同能力组合支撑用户应用程序完成跨端迁移或多端协同的业务体验。

③ 分布式安全认证：提供端到端的加密通道，为用户应用程序提供安全的跨端传输机制，保证"正确的人，通过正确的设备，正确地使用数据"。

④ 分布式软总线：使用基于平板计算机、智能穿戴设备、智慧屏等分布式设备的统一通信基座，为设备之间的互联互通提供统一的分布式通信能力。

这四大功能模块互相配合，共同实现完整的流转过程。

8.2.2 关键流程

8.1 节已经介绍过 OpenHarmony 中的流转技术方案分为跨端迁移和多端协同，下面对这两种流转方案的关键流程进行分析。

1. 跨端迁移流程

跨端迁移的主要工作是实现将应用当前任务（包括页面控件状态变量等）迁移到目标设备，能在目标设备上接续。主要功能包括支持用户自定义数据存储及恢复，支持页面路由信息和页面控件状态数据的存储及恢复，支持应用兼容性检测。

下面以设备 A 的应用和设备 B 的应用进行跨端迁移为例，其流程如图 8-4 所示，具体步骤介绍如下。

（1）迁移准备

设备 A 上的跨端迁移任务管理服务向分布式组件管理服务注册一个流转回调，由分布式组件管理服务决定何时向用户推荐流转设备，或该流转由用户手动触发。用户完成设备选择后，进行兼容性检测和数据保存，通过回调通知分布式组件管理服务应用开始迁移，将用户选择的设备 B 的设备信息提供给分布式组件管理服务。

（2）发起迁移

分布式组件管理服务向设备 B 发起迁移，设备 B 上的分布式组件管理服务接受迁移，在主机 B 上拉起应用。主机 B 上的应用会将拉起成功与否的结果返回主机 A 上的分布式组件管理服务；同时，主机 B 上也进行数据恢复，恢复步骤（1）中主机 A 保存的数据（如果有）。

（3）迁移结束

设备 B 上的应用完成数据恢复和应用拉起后，向设备 B 上的分布式组件管理服务返回迁移结果；设备 B 再向设备 A 上的分布式组件管理服务返回结果；成功迁移后，设备 A 上的应用退出，将迁移结果报告给跨端迁移任务管理服务。

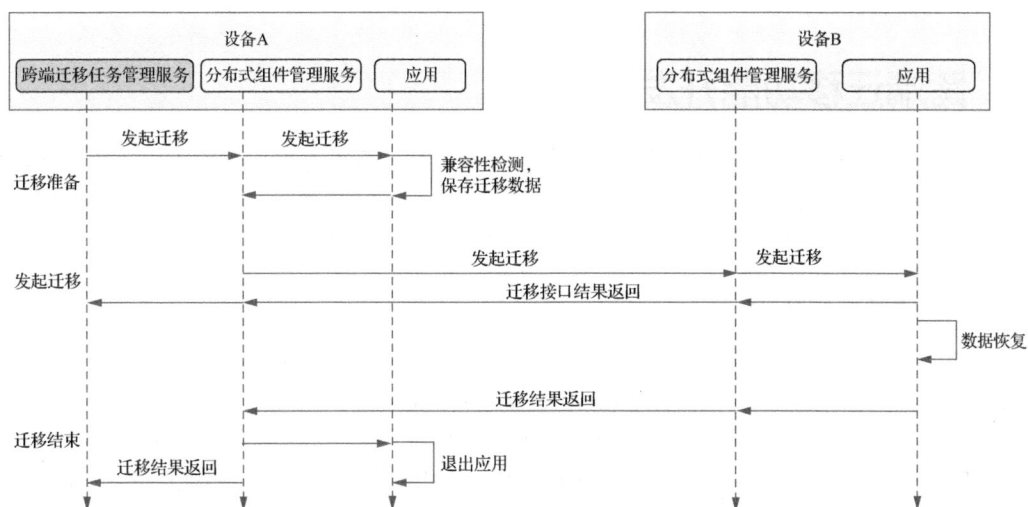

图 8-4 跨端迁移流程

2. 多端协同流程

下面以设备 A 的应用和设备 B 的应用进行多端协同为例，设备 A 为服务器。其流程如图 8-5 所示，具体步骤介绍如下。

（1）协同准备

设备 A 上的应用向分布式组件管理服务注册协同管理服务，同时监听网络内设备的状态，根据活跃设备的情况拉起设备选择模块。设备选择模块让用户进行设备选择后，通过回调函数将设备信息送给用户程序。

（2）发起协同

设备 A 上的应用通过调用分布式调度任务（如 startAbility、connectAbility 等），向设备 B 上的应用发起多端协同，协同中设备 A 将协同状态更新并上报到多端协同任务管理服务。

（3）协同结束

用户通过设备 A 的流转任务管理界面结束流转。用户点击结束任务后，设备 A 上的应用通过调用分布式调度任务（如 stopAbility、disconnectAbility 等），终止和设备 B 的多端协同。协同结束后将协同状态更新并上报到多端协同任务管理服务，然后向多端协同任务管理服务注销注册。

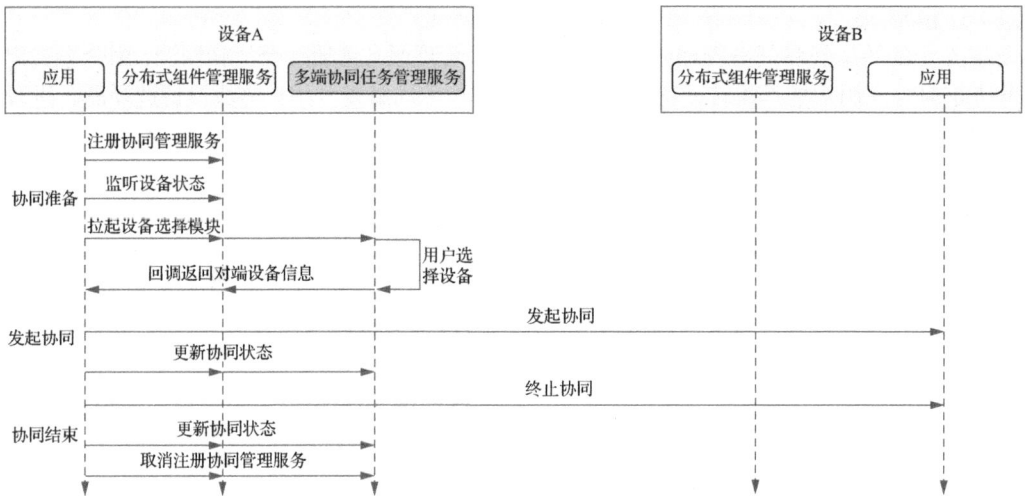

图 8-5　多端协同流程

8.3　跨端迁移功能开发

本节主要介绍跨端迁移功能的开发流程。跨端迁移的核心任务是将应用的当前状态（包括页面控件、状态变量等）无缝迁移到另一设备，从而在新设备上无缝接续应用体验。这意味着用户在一台设备上进行的操作可以快速切换至另一台设备的相同应用中，并无缝衔接。

8.3.1　跨端迁移核心方法

跨端迁移的核心方法如下所示。

（1）onContinue(wantParam : {[key: string]: Object}): OnContinueResult;

迁移发起端在该回调中保存迁移所需要的数据，同时返回是否同意迁移。返回 AGREE 表示同意；返回 REJECT 表示拒绝，如应用在 onContinue( )接口中出现异常可以直接拒绝；返回 MISMATCH 表示版本不匹配，迁移发起端应用可以在 onContinue( )接口中获取迁移接收端应用的版本号，进行协商后，如果版本不匹配导致无法迁移，可以返回相应错误。

（2）onCreate(Want:Want,param:AbilityConstant.LaunchParam):void;

应用迁移接收端为冷启动或多实例应用热启动时，在该回调中完成数据恢复，并触发页面恢复。

（3）onNewWant(Want:Want,launchParams:AbilityConstant.LaunchParam):void;

迁移接收端为单实例应用热启动时，在该回调中完成数据恢复，并触发页面恢复。

8.3.2 跨端迁移实战开发

下面设计一个跨端迁移的项目，名为 MyApplicationTSrealtransferA。

① 申请 ohos.permission.DISTRIBUTED_DATASYNC 权限。

② 在应用首次启动时弹窗向用户申请授权。

③ 在配置文件中配置跨端迁移相关标签字段。在 module.json5 中配置 continuable 标签，true 表示支持迁移，false 表示不支持，默认为 false。配置为 false 的 UIAbility 将被系统识别为无法迁移。

```
{
  "module": {
    ...
    "abilities": [
      {
        ...
        "continuable": true,
      }
    ]
  }
}
```

④ 在发起端 UIAbility 中实现 onContinue( )接口。当应用触发迁移时，onContinue( )接口在发起端被调用，开发者可以在该接口中保存迁移数据，实现应用兼容性检测，并决定是否支持此次迁移。

- 保存迁移数据：开发者可以将要迁移的数据以键值对的形式保存在 wantParam 中。
- 应用兼容性检测：开发者可以通过从 wantParam 中获取的目标应用版本号，与本应用版本号做兼容性校验。
- 迁移决策：开发者可以通过 onContinue( )接口的返回值决定是否支持此次迁移，如例 8-1 所示。

例 8-1 重载 onContinue( )接口

```
import UIAbility from '@ohos.app.ability.UIAbility';
import AbilityConstant from '@ohos.app.ability.AbilityConstant';

onContinue(wantParam : {[key: string]: any}) {
    console.info(`onContinue version = ${wantParam.version}, targetDevice:
${wantParam.targetDevice}`)
    let workInput = AppStorage.Get<string>('ContinueWork');
    // 向 wantParam 中设置用户输入数据
    wantParam["work"] = workInput // set user input data into Want params
    console.info(`onContinue input = ${wantParam["input"]}`);
    return AbilityConstant.OnContinueResult.AGREE
}
```

⑤ 在目标端设备 UIAbility 中实现 onCreate( )接口与 onNewWant( )接口，恢复迁移数据。在 onCreate( )接口中根据 launchReason 判断该次启动是否为迁移 LaunchReason.CONTINUATION，开发者可以从 Want 中获取保存的迁移数据。完成数据恢复后，开发者需要调用 restoreWindowStage( )接口来触发页面恢复（包括页面栈信息），如例 8-2 所示。

例 8-2　目标设备在 onCreate( )接口回调中的操作

```
import UIAbility from '@ohos.app.ability.UIAbility';
import AbilityConstant from '@ohos.app.ability.AbilityConstant';
import distributedObject from '@ohos.data.distributedDataObject';

export default class EntryAbility extends UIAbility {
    storage : LocalStorage;
    onCreate(Want, launchParam) {
        console.info(`EntryAbility onCreate ${AbilityConstant.LaunchReason.CONTINUATION}`)
        if (launchParam.launchReason == AbilityConstant.LaunchReason.CONTINUATION) {
            // 从 wantParam 中获取用户数据
            let workInput = Want.parameters.work
            console.info(`work input ${workInput}`)
            AppStorage.SetOrCreate<string>('ContinueWork', workInput)
            this.storage = new LocalStorage();
            this.context.restoreWindowStage(this.storage);
        }
    }
}
```

如果是单实例应用，需要额外实现 onNewWant( )接口，其实现方式与 onCreate( )接口的实现方式相同。在 onNewWant( )接口中判断迁移场景、恢复数据并触发页面恢复，如例 8-3 所示。

例 8-3　目标设备在 onNewWant( )接口回调中的操作

```
export default class EntryAbility extends UIAbility {
    storage : LocalStorage;
    onNewWant(Want, launchParam) {
        console.info(`EntryAbility onNewWant ${AbilityConstant.LaunchReason.CONTINUATION}`)
        if (launchParam.launchReason == AbilityConstant.LaunchReason.CONTINUATION)
        {
            //从 wantParam 中获取用户数据
            let workInput = Want.parameters.work
            console.info(`work input ${workInput}`)
            AppStorage.SetOrCreate<string>('ContinueWork', workInput)
            this.storage = new LocalStorage();
            this.context.restoreWindowStage(this.storage);
        }
    }
}
```

8.4　多端协同功能开发

开发者在应用中通过调用流转任务管理服务和分布式组件管理服务的接口，可以实现多端协同功能。多端协同可以极大提高智能设备的利用率，如在网上购物时，可以让智慧屏显示博主直播时的讲解内容，而用户通过手机与博主进行交互，以及进行商品信息浏览、商品下单等操作。

8.4.1　多端协同场景分类

多端协同主要包括如下场景。

① 通过跨设备启动 UIAbility 和 ServiceExtensionAbility 组件实现多端协同（无返回数据）。
② 通过跨设备启动 UIAbility 组件实现多端协同（获取返回数据）。
③ 通过跨设备连接 ServiceExtensionAbility 组件实现多端协同。

④ 通过跨设备 Call 调用实现多端协同。

多端协同常用的方法包括两种，分别是跨设备启动和跨设备连接。

1. 跨设备启动 UIAbility 和 ServiceExtensionAbility 组件

假设目前需要在设备 A 上通过发起端应用提供的启动按钮启动设备 B 上指定的 UIAbility 与 ServiceExtensionAbility，具体操作步骤如下。

① 申请 ohos.permission.DISTRIBUTED_DATASYNC 权限。

② 在应用首次启动时弹窗向用户申请授权。

③ 获取目标设备的设备 id，如例 8-4 所示。

例 8-4　获取网络中的目标设备 id

```
import deviceManager from '@ohos.distributedHardware.deviceManager';

let dmClass;
function initDmClass() {
    // 其中 createDeviceManager()接口为系统 API
    deviceManager.createDeviceManager('ohos.samples.demo', (err, dm) => {
        if (err) {
            ...
            return
        }
        dmClass = dm
    })
}
function getRemoteDeviceId() {
    if (typeof dmClass === 'object' && dmClass !== null) {
        let list = dmClass.getTrustedDeviceListSync()
        if (typeof (list) === 'undefined' || typeof (list.length) === 'undefined') {
            console.info('EntryAbility onButtonClick getRemoteDeviceId err: list is null')
            return;
        }
        return list[0].deviceId
    } else {
        console.info('EntryAbility onButtonClick getRemoteDeviceId err: dmClass is null')
    }
}
```

④ 设置目标组件参数，调用 startAbility( )接口，启动目标设备上的 ServiceExtensionAbility，如例 8-5 所示。

例 8-5　启动时子设备上的 ServiceExtensionAbility

```
let Want = {
    deviceId: getRemoteDeviceId(),
    bundleName: 'com.example.myapplication',
    abilityName: 'FuncAbility',
    moduleName: 'module1', // moduleName 非必选
}
// context 为发起端 UIAbility 的 AbilityContext
this.context.startAbility(Want).then(() => {
    ...
}).catch((err) => {
    ...
})
```

2. 跨设备连接 ServiceExtensionAbility 组件

系统应用可以通过 connectServiceExtensionAbility( )接口跨设备连接服务，实现跨设备远程调用。比如在分布式游戏场景下，将平板计算机作为遥控器、智慧屏作为显示器。

① 申请 ohos.permission.DISTRIBUTED_DATASYNC 权限。

② 在应用首次启动时弹窗向用户申请授权。

③ 如果已有后台服务，请直接进入下一步；如果没有，则实现一个后台服务。

④ 连接后台服务，具体步骤如下，代码如例 8-6 所示。

- 实现 IAbilityConnection( )接口。IAbilityConnection( )接口提供了以下回调函数供开发者使用：onConnect( )是用来处理连接服务成功的回调函数，onDisconnect( )是用来处理服务异常终止的回调函数，onFailed( )是用来处理连接服务失败的回调函数。
- 设置目标组件参数，包括目标设备 id、bundleName、abilityName。
- 调用 connectServiceExtensionAbility( )接口发起连接。
- 连接成功，收到目标设备返回的服务句柄。
- 进行跨设备调用，获得目标端服务返回的结果。

例 8-6　跨设备连接远程 ServiceExtensionAbility

```
import rpc from '@ohos.rpc';

const REQUEST_CODE = 99;
let Want = {
    "deviceId": getRemoteDeviceId(),
    "bundleName": "com.example.myapplication",
    "abilityName": "ServiceExtAbility"
};
let options = {
    onConnect(elementName, remote) {
        console.info('onConnect callback');
        if (remote === null) {
            console.info(`onConnect remote is null`);
            return;
        }
        let option = new rpc.MessageOption();
        let data = new rpc.MessageParcel();
        let reply = new rpc.MessageParcel();
        data.writeInt(1);
        data.writeInt(99);  // 开发者可发送 data 到目标端应用进行相应操作

        // @param code 表示客户端发送的服务请求代码
        // @param data 表示客户端发送的{@link MessageParcel}对象
        // @param reply 表示远程服务发送的响应消息对象
        // @param options 指示操作是同步的还是异步的
        // @return 如果操作成功返回{@code true}，否则返回 {@code false}
        remote.sendRequest(REQUEST_CODE, data, reply, option).then((ret) => {
            let msg = reply.readInt();    // 在成功连接的情况下，会收到目标端返回的信息（100）
            console.info(`sendRequest ret:${ret} msg:${msg}`);
        }).catch((error) => {
            console.info('sendRequest failed');
        });
    },
```

```
    onDisconnect(elementName) {
        console.info('onDisconnect callback');
    },
    onFailed(code) {
        console.info('onFailed callback');
    }
}
// 建立连接后返回的 id 需要保存下来，在解绑服务时需要作为参数传入
let connectionId = this.context.connectServiceExtensionAbility(Want, options);
```

8.4.2 分布式音乐播放器界面设计

本小节将设计并实现一个分布式音乐播放器 ArkTSDistributedMusicPlayer，该分布式音乐播放器使用 fileIo 获取指定音频文件，通过 AudioPlayer 完成基本的音乐播放、暂停、上一曲、下一曲功能，并使用 DeviceManager 完成分布式设备列表的显示并实现音乐播放状态的跨设备迁移。分布式音乐播放器主界面如例 8-7 所示。

例 8-7 分布式音乐播放器主界面

```
build() {
    Column() {
        Text(this.title)
            .width('100%')
            .fontSize(30)
            .margin({ top: '10%' })
            .fontColor(Color.White)
            .textAlign(TextAlign.Center)
        Image(this.albumSrc)
            .width(this.isLand ? '60%' : '80%')
            .height(this.isLand ? '50%' : '35%')
            .objectFit(ImageFit.Contain)
            .margin({ top: 20, left: 40, right: 40 })
        Row() {
            Text(this.currentTimeText)
                .fontSize(20)
                .fontColor(Color.White)
            Blank()
            Text(this.totalTimeText)
                .fontSize(20)
                .fontColor(Color.White)
        }
        .width('90%')
        .margin({ top: '10%' })

        Slider({ value: this.currentProgress })
            .width('80%')
            .selectedColor('#ff0c4ae7')
            .onChange((value: number, mode: SliderChangeMode) => {
                this.currentProgress = value
                if (isNaN(this.totalMs)) {
                    this.currentProgress = 0
                    Logger.info(TAG, `setProgress ignored, totalMs= ${this.totalMs}`)
                    return
                }
                let currentMs = this.currentProgress / ONE_HUNDRED * this.totalMs
```

```
            this.currentTimeText = this.getShownTimer(currentMs)
            if (mode === SliderChangeMode.End || mode === 3) {
              Logger.info(TAG, `player.seek= ${currentMs}`)
              PlayerModel.seek(currentMs)
            }
          })

    Row() {
      ForEach(this.imageArrays, (item, index) => {
        Column() {
          Image(item)
            .size({ width: 72, height: 72 })
            .objectFit(ImageFit.Contain)
            .onClick(() => {
              switch (index) {
                case 0:
                  this.showDialog()
                  break
                case 1:
                  this.onPreviousClick()
                  break
                case 2:
                  this.onPlayClick()
                  break
                case 3:
                  this.onNextClick()
                  break
                default:
                  break
              }
            })
        }
        .key('image' + (index + 1))
        .width(100)
        .height(100)
        .alignItems(HorizontalAlign.Center)
        .justifyContent(FlexAlign.Center)
      })

    }
    .width('100%')
    .margin({ top: '10%' })
    .justifyContent(FlexAlign.SpaceEvenly)
  }
  .width('100%')
  .height('100%')
  .backgroundImage($r('app.media.bg_blurry'))
  .backgroundImageSize({ width: '100%', height: '100%' })
}
```

例 8-7 采用线性布局方式定义了分布式音乐播放器主界面，其中使用 Slider 组件实现了音乐播放进度条的功能，并使用状态变量 currentProgress 记录音乐播放进度，在 4 个音乐播放控制图片上分别设置了不同的点击回调函数。运行效果如图 8-6 所示。

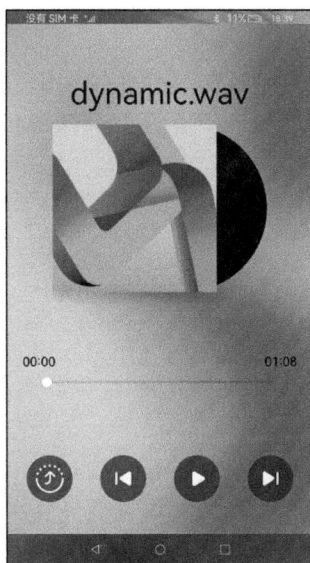

图 8-6　分布式音乐播放器主界面

8.4.3　多端协同权限申请

ArkTSDistributedMusicPlayer 工程的运行涉及网络内两个不同移动设备的交互，而跨设备访问通常涉及设备隐私信息的保护问题。因此开发该工程需要申请与多端协同（Multi-device Collaboration）相关的权限 ohos.permission.DISTRIBUTED_DATASYNC，即分布式数据管理权限，以允许不同设备间的数据交换。

首先在项目对应的 config.json 文件中声明本项目需要的多端协同权限，如例 8-8 所示。

例 8-8　多端协同权限声明

```
"requestPermissions": [
  {
    "name": "ohos.permission.DISTRIBUTED_DATASYNC"
  }
]
```

接着在项目 UIAbility 类中申请这些多端协同权限，如例 8-9 所示。

例 8-9　多端协同权限申请

```
this.context = getContext(this) as any
  let requestCode = 666
this.context.requestPermissionsFromUser(['ohos.permission.DISTRIBUTED_DATASYNC'],
requestCode, function (result) {
    Logger.info(TAG, `grantPermission,requestPermissionsFromUser,result= ${result}`)
  })
```

多端协同权限申请的运行结果如图 8-7 所示。

图 8-7　多端协同权限申请的运行结果

8.4.4　设备连接

点击分布式音乐播放器主界面中的"流转"按钮，应用会通过 DeviceManager 发现网络内合法的设备。编写搜索网络内设备的代码的第一步是创建 DeviceManager 的实例，如例 8-10 所示。

例 8-10　创建 DeviceManager 的实例

```
import hardware_deviceManager from '@ohos.distributedHardware.deviceManager'
private deviceManager: hardware_deviceManager.DeviceManager = undefined
registerDeviceListCallback(callback) {
    if (typeof (this.deviceManager) === 'undefined') {
      Logger.info(TAG, 'deviceManager.createDeviceManager begin')
      try {
hardware_deviceManager.createDeviceManager('ohos.samples.
etsdistributedmusicplayer', (error, value) => {
          if (error) {
            Logger.error(TAG, 'createDeviceManager failed.')
            return
          }
          this.deviceManager = value
          this.registerDeviceList(callback)
          Logger.info(TAG, `createDeviceManager callback returned, error= ${error} value=
${value}`)
        })
      } catch(error) {
        Logger.info(TAG, `createDeviceManager throw error, error=${error} message=
${error.message}`)
      }
      Logger.info(TAG, 'deviceManager.createDeviceManager end')
    } else {
      this.registerDeviceList(callback)
    }
  }
```

例 8-10 的核心代码就是通过 createDeviceManager( )函数创建 DeviceManger 的实例，如果创建成功，就将其存储在子状态变量 deviceMananger 中，然后调用 registerDeviceList( )函数来获取信任设备列表。

获取信任设备列表的函数如例 8-11 所示。

例 8-11　获取信任设备列表的函数

```
registerDeviceList(callback) {
    Logger.info(TAG, 'registerDeviceListCallback')
    this.callback = callback
    if (this.deviceManager === undefined) {
     Logger.error(TAG, 'deviceManager has not initialized')
     this.callback()
     return
    }

    Logger.info(TAG, 'getTrustedDeviceListSync begin')
    let list: hardware_deviceManager.DeviceInfo[] = []
    try {
     list = this.deviceManager.getTrustedDeviceListSync()
    } catch (error) {
     Logger.info(TAG, `getTrustedDeviceListSync throw error, error=${error} message=
   ${error.message}`)
```

```
  }
  Logger.info(TAG, `getTrustedDeviceListSync end, deviceLists= ${JSON.
stringify(list)}`)
  if (typeof (list) !== 'undefined' && typeof (list.length) !== 'undefined') {
    this.deviceLists = list
  }
  this.callback()
  Logger.info(TAG, 'callback finished')
}
```

获取信任设备列表后，工程会弹出一个对话框让用户选择流转到哪个设备上去，如例 8-12 所示。

例 8-12　选择流转设备的对话框

```
export struct DeviceDialog {
  controller: CustomDialogController
  private deviceLists: Array<hardware_deviceManager.DeviceInfo> = []
  private selectedIndex: number
  private selectedIndexChange: (selectedIndex: number) => void

  build() {
    Column() {
      Text($r('app.string.choiceDevice'))
        .fontSize(30)
        .width('100%')
        .fontColor(Color.Black)
        .textAlign(TextAlign.Start)
        .fontWeight(FontWeight.Bold)
      List() {
        ForEach(this.deviceLists, (item, index) => {
          ListItem() {
            Row() {
              Text(item.deviceName)
                .fontSize(21)
                .width('90%')
                .fontColor(Color.Black)
              Image(index === this.selectedIndex ? $r('app.media.checked') : $r('app.media.
uncheck'))
                .width('8%')
                .objectFit(ImageFit.Contain)
            }
            .height(55)
            .onClick(() => {
              Logger.info(TAG, `select device: ${item.deviceId}`)
              if (index === this.selectedIndex) {
                Logger.info(TAG, 'index === this.selectedIndex')
                return
              }
              this.selectedIndex = index
              this.controller.close()
              this.selectedIndexChange(this.selectedIndex)
            })
          }
        }, item => item.deviceName)
      }.width('100%').height("20%")

      Button() {
```

```
        Text($r('app.string.cancel'))
          .width('90%')
          .fontSize(21)
          .fontColor('#0D9FFB')
          .textAlign(TextAlign.Center)
      }
      .type(ButtonType.Capsule)
      .backgroundColor(Color.White)
      .onClick(() => {
        this.controller.close()
      })
    }
    .padding(10)
    .backgroundColor(Color.White)
    .border({ color: Color.White, radius: 20 })
  }
}
```

用户在弹出的对话框中选择好设备后，流转开始，如例 8-13 所示。

例 8-13　启动流转

```
selectedIndexChange = (selectedIndex) => {
  ...
  this.selectedIndex = selectedIndex
  this.selectDevice()
}

selectDevice() {
  Logger.info(TAG, 'start ability ......')
  if (this.remoteDeviceModel === null || this.remoteDeviceModel.discoverLists.length <=
0) {
    Logger.info(TAG, `start ability device:${JSON.stringify(this.deviceLists)}`)
    this.startAbilityContinuation(this.deviceLists[this.selectedIndex].deviceId)
    this.clearSelectState()
    return
  }
  Logger.info(TAG, 'start ability, needAuth')
  this.remoteDeviceModel.authDevice(this.deviceLists[this.selectedIndex], (device) => {
    Logger.info(TAG, 'auth and online finished')
    this.startAbilityContinuation(device.deviceId)
  })
  Logger.info(TAG, 'start ability2 ......')
  this.clearSelectState()
}
```

例 8-13 中代码的核心是 startAbilityContinuation( )函数，其参数 deviceId 代表网络内合理的设备，代码执行后会拉起相应设备上的音乐播放程序。

8.4.5　数据恢复

在例 8-13 中启动的 startAbilityContinuation( )函数可以将另一个设备上的音乐播放程序拉起，但工程实现的是流转功能，也就是需要把播放到一定程度的歌曲流转到另一台设备后接着播放。因此需要首先把源端音乐播放的进度存储起来，然后在目标端恢复进度。源端存储进度的代码如例 8-14 所示。

例 8-14 源端存储进度

```
startAbilityContinuation(deviceId) {
    let params
    Logger.info(TAG, `startAbilityContinuation PlayerModel.index= ${PlayerModel.index}/
${PlayerModel.playlist.audioFiles.length}`)
    if (PlayerModel.index >= 0 && PlayerModel.index <= PlayerModel.playlist.
audioFiles.length) {
        params = {
          uri: PlayerModel.playlist.audioFiles[PlayerModel.index].fileUri,
          seekTo: PlayerModel.getCurrentMs(),
          isPlaying: PlayerModel.isPlaying
        }
    } else {
        params = {
          uri: '',
          seekTo: 0,
          isPlaying: false
        }
    }
    Logger.info(TAG, `context.startAbility deviceId= ${deviceId}`)
    let wantValue = {
      bundleName: 'ohos.samples.etsdistributedmusicplayer',
      abilityName: 'MainAbility',
      deviceId: deviceId,
      parameters: params
    }
    let timerId = setTimeout(() => {
      Logger.info(TAG, 'onMessageReceiveTimeout, terminateSelf')
      this.context.terminateSelf((error) => {
        Logger.info(TAG, `terminateSelf finished, error= ${error}`)
      })
    }, 3000)

    KvStoreModel.setOnMessageReceivedListener(this.context, REMOTE_ABILITY_
STARTED, () => {
      Logger.info(TAG, 'OnMessageReceived, terminateSelf')
      clearTimeout(timerId)
      this.context.terminateSelf((error) => {
        Logger.info(TAG, `terminateSelf finished, error= ${error}`)
      })
    })
    Logger.info(TAG, `context.startAbility start`)
    this.context.startAbility(wantValue).then((data) => {
      Logger.info(TAG, `context.startAbility finished ${JSON.stringify(data)}`)
    })
    this.clearSelectState()
    Logger.info(TAG, `context.startAbility Want= ${JSON.stringify(wantValue)}`)
    Logger.info(TAG, 'context.startAbility end')
  }
```

例 8-14 中的代码获取进度后将其存储到 params 参数中,然后通过 startAbilityContiuation( )函数启动目标端的音乐播放器时将进度参数 params 也传递过去,同时源端音乐播放器调用 terminateSelf( )函数终止自己。

目标端在收到发过来的 params 参数后对进度进行恢复，代码如例 8-15 所示。

例 8-15　目标端恢复播放进度

```
export default class MainAbility extends UIAbility {
  onCreate(Want, launchParam) {
    Logger.info(TAG, '[Demo] MainAbility onCreate')
    let status = Want.parameters
    AppStorage.SetOrCreate('status',status)
  }

aboutToAppear() {
...
  PlayerModel.getPlaylist(() => {
    Logger.info(TAG, 'on playlist generated, refresh ui')
    this.restoreFromWant()
  })
}

restoreFromWant() {
    Logger.info(TAG, 'restoreFromWant')
    let status:any = AppStorage.Get('status')
    if (status !== null && status.uri !== null) {
      KvStoreModel.broadcastMessage(this.context, REMOTE_ABILITY_STARTED)
      Logger.info(TAG, 'restorePlayingStatus')
      PlayerModel.restorePlayingStatus(status, (index) => {
        Logger.info(TAG, `restorePlayingStatus finished, index- ${index}`)
        if (index >= 0) {
          this.refreshSongInfo(index)
        } else {
          PlayerModel.preLoad(0, () => {
            this.refreshSongInfo(0)
          })
        }
        Logger.info(TAG, `Index PlayerModel.restorePlayingStatus this.totalMs =
${this.totalMs}, status.seekTo = ${status.seekTo}`)
        this.currentProgress = Math.floor(status.seekTo / this.totalMs * ONE_HUNDRED)
      })
    } else {
      PlayerModel.preLoad(0, () => {
        this.refreshSongInfo(0)
      })
    }
  }

  restorePlayingStatus(status, callback) {
    Logger.info(TAG, `restorePlayingStatus ${JSON.stringify(status)}`)
    for (let i = 0; i < this.playlist.audioFiles.length; i++) {
      if (this.playlist.audioFiles[i].fileUri === status.uri) {
        Logger.info(TAG, `restore to index ${i}`)
        this.preLoad(i, () => {
          this.play(status.seekTo, status.isPlaying)
          Logger.info(TAG, 'restore play status')
          callback(i)
        })
```

```
      return
    }
  }
  Logger.info(TAG, 'restorePlayingStatus failed')
  callback(-1)
}
```

例 8-15 中的 restoreFromWant( ) 函数用来恢复音乐播放进度，该函数在目标端主界面显示之前进行调用。源端音乐的播放进度已经存储到 status 参数中了，可以通过分布式键值数据库操作类 PlayerModel 的 restorePlayingStatus( ) 函数进行恢复。

本章小结

OpenHarmony 中的流转架构是实现 OpenHarmony 重要特性"超级终端"的必要条件。本章首先介绍了 OpenHarmony 流转的核心概念、流转架构的核心组件和关键流程；接着介绍了流转架构的两种实现方式——跨端迁移和多端协同的关键流程；最后介绍多端协同的实战案例——分布式音乐播放器充分体现了"超级终端"的意义。

通过对本章的学习，读者应能够理解流转架构的工作原理和工作过程，掌握跨端迁移功能和多端协同功能开发的要点，并能够使用这两个功能开发具有多端交互能力的分布式应用。

课后习题

1.（单选题）流转功能打破了设备的界限，使多设备得以联动，使用户应用程序可分、可合、可流转，为 OpenHarmony 应用开发提供了广阔的使用场景和崭新的产品视角，开发者可以更好地发掘产品优势，实现体验升级。（　　）

　A. 正确　　　　　　　　　　　　B. 错误

2.（多选题）为了实现流转功能，需要借助（　　）。

　A. 流转任务管理服务　　　　　　B. 分布式组件管理服务

　C. 分布式安全认证　　　　　　　D. 分布式软总线

3.（单选题）跨端迁移和多端协同的主要区别在于设备间是否存在交互并共同实现某一功能。（　　）

　A. 正确　　　　　　　　　　　　B. 错误

4.（单选题）当发起迁移的设备上的 UIAbility 向流转任务管理服务注册一个流转回调时，该注册过程分为系统推荐流转和用户手动流转两类。（　　）

　A. 正确　　　　　　　　　　　　B. 错误

第 9 章

OpenHarmony
传感器应用和媒体管理

学习目标

① 了解 OpenHarmony 主流传感器分类和工作原理。　④ 掌握媒体访问和播放。
② 掌握加速度传感器的调用过程和方法。　　　⑤ 掌握位置传感器的调用方法。
③ 掌握相机的调用方法。

　　随着嵌入式系统的日益发展和物联网的快速普及，越来越多的智能设备融入了人们的生活。这些设备除了能够便捷联网外，更显著的特点是它们不再只具备单一功能。例如，用户在户外露营时，手机可以显示位置，进行定位，指示方向；用户在跑步时，手机可以显示运动的距离和时间；用户在爬山时，手机可以显示海拔高度……这些功能的实现都离不开手机内置的丰富的传感器。手机内的传感器可以帮助手机发挥更强大的作用，用好传感器可以大大提升应用的价值。

　　本章主要介绍 OpenHarmony 中主流传感器分类、传感器工作原理、加速度传感器调用、相机调用、媒体访问和播放，以及位置传感器调用。

9.1　主流传感器分类

　　OpenHarmony 系统传感器是应用访问底层硬件传感器的一种设备抽象概念。开发者根据传感器提供的接口，可以查询设备上的传感器信息，订阅传感器数据，并根据传感器数据定制相应的算法开发各类应用，比如指南针、运动健康应用、游戏等。

　　根据 OpenHarmony 设备中传感器的不同用途，可以将其分为六大类：运动传感器、环境传感器、方向传感器、光线传感器、健康传感器和其他传感器。每一大类传感器都包含许多不同种类和功能的传感器，某种传感器可能是单一的物理传感器，也可能是由多个物理传感器复合而成的。

　　（1）运动传感器

　　可以使用 ohos.sensor.agent.CategoryMotionAgent 类来指代该类型传感器，包含的物理传感器有加速度传感器、重力传感器、陀螺仪传感器和计步传感器等，目前几乎所有的智能手机都内置了这几种传感器。

　　① 加速度传感器：主要用来检测设备的运动状态，测量在 3 个物理轴（x 轴、y 轴、z 轴）上分别施加于设备上的加速度（包括重力加速度），单位为 m/s^2。

　　② 重力传感器：主要用来测量重力大小，测量在 3 个物理轴（x 轴、y 轴、z 轴）上分别施加于设备上的重力加速度，单位为 m/s^2。

　　③ 陀螺仪传感器：主要用来测量设备旋转的角速度，分别测量在 3 个物理轴（x 轴、y 轴、z 轴）上设备对应的旋转角速度，单位为 rad/s。

④ 计步传感器：主要用来统计用户行走的步数数据。

设备的运动状态和旋转角速度等信息与设备的空间姿态有关，设备的空间姿态如图 9-1 所示，网格状平面代表设备所处平面。图中的状态是设备处于用户手持时的空间垂直状态（理想状态），如果设备放在水平面上，则整个平面绕 x 轴旋转-90°，此时手机正面向上。图中的大拇指朝向表示加速度的正方向，剩余手指的弯曲方向代表陀螺仪监测到的设备旋转的正方向。

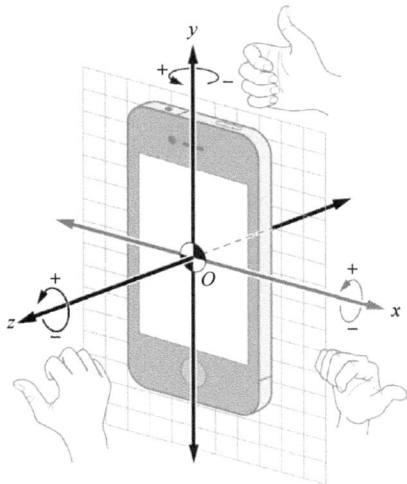

图 9-1　设备的空间姿态

（2）环境传感器

可以使用 ohos.sensor.agent.CategoryEnvironmentAgent 类来指代该类型传感器，包含温度传感器、磁力传感器、湿度传感器和气压传感器等。温度、湿度和气压传感器分别用来检测环境温度、湿度和气压大小，并非所有设备都具备这类传感器；磁力传感器可用来创建指南针应用，测量 3 个物理轴（x 轴、y 轴、z 轴）上的环境地磁场强度，单位为 μT。

（3）方向传感器

可以使用 ohos.sensor.agent.CategoryOrientationAgent 类来指代该类型传感器，包含六自由度传感器、屏幕旋转传感器和设备方向传感器等，这些传感器的功能和运动类传感器的功能类似。

（4）光传感器

可以使用 ohos.sensor.agent.CategoryLightAgent 类来指代该类型传感器，包含环境光传感器和距离光传感器等。环境光传感器测量设备周围光线强度，单位为 lux，可以用于自动调节屏幕亮度以及检测屏幕上方是否有遮挡等；距离光传感器可根据光线反射来测量物体到设备的距离，也可以测量可见物体相对于设备显示屏的接近或远离状态，可用于根据状态来调节屏幕亮度等。

（5）健康传感器

可以使用 ohos.sensor.agent.CategoryBodyAgent 类来指代该类型传感器，包括心率传感器和穿戴传感器等。这些传感器通常安装在可穿戴设备上，可以向用户提供人体心率和血氧饱和度等健康信息。

（6）其他传感器

可以使用 ohos.sensor.agent.CategoryOtherAgent 类来指代该类型传感器，包括霍尔传感器和按压传感器等。其中，霍尔传感器可以测量设备周围是否存在磁力吸引，适用于皮套模式。

9.2　传感器工作原理

OpenHarmony 传感器包含 4 个模块——Sensor API、Sensor Framework、Sensor Service 和 HDF，如图 9-2 所示。

图 9-2　OpenHarmony 传感器框架

这 4 个模块的作用和关系如下。

（1）Sensor API

Sensor API 提供传感器的基础 API，主要包含查询传感器的列表、订阅或取消订阅传感器的数据、执行控制命令等功能，从而简化应用开发。

（2）Sensor Framework

Sensor Framework 包含 Sensor 订阅管理和 Sensor 服务管理两个子模块。Sensor 订阅管理子模块主要实现传感器数据的订阅管理；Sensor 服务管理子模块负责数据通道的创建、销毁、订阅与取消订阅，实现与 Sensor Service 的通信。

（3）Sensor Service

Sensor Service 包含数据处理、Sensor 管理、Sensor 权限管控和 Sensor DFX（Design For X）4 个子模块。数据处理子模块主要实现 HDF 层数据接收、解析、分发，以及前、后台的策略管控；Sensor 管理子模块负责对该设备 Sensor 的管理；Sensor 权限管控子模块负责管控该设备 Sensor 的权限；Sensor DFX 子模块负责该设备 Sensor 生命周期各环节的设计等。

（4）HDF

HDF 对不同 Sensor 的数据采集方式（如先进先出）和采集频率进行策略选择，以及对不同设备进行适配。

使用传感器来获取运动和健康等数据时，有以下两点注意事项。

① 针对某些传感器，开发者需要请求相应的权限，才能获取相应传感器的数据。例如，手机的传感器权限申请如表 9-1 所示。

表 9-1　手机上的传感器权限申请

传感器	权限名	敏感级别	权限描述
加速度传感器	ohos.permission.ACCELEROMETER	system_grant	允许订阅 Motion 组对应的加速度传感器的数据
陀螺仪传感器	ohos.permission.GYROSCOPE	system_grant	允许订阅 Motion 组对应的陀螺仪传感器的数据
计步传感器	ohos.permission.ACTIVITY_MOTION	user_grant	允许订阅运动状态
心率传感器	ohos.permission.READ_HEALTH_DATA	user_grant	允许读取健康数据

② 传感器数据订阅和取消订阅接口需要成对调用，当不再需要订阅传感器数据时，开发者需要调用取消订阅接口进行资源释放。这个步骤很关键，通常来说，在不使用的时候应该尽快关闭传感器，因为传感器在采集数据的时候功耗较大，特别是在频繁调用传感器进行数据采集时。另外，一般传感器设备采集的数据精度越高，功耗越大，要注意资源释放的问题。

9.3　加速度传感器调用

OpenHarmony 传感器框架提供的功能包括查询传感器的列表、订阅或取消订阅传感器数据、查询传感器的最小采样时间间隔、执行控制命令等。本节以加速度传感器为例，介绍传感器的具体使用方法。

在 DevEco Studio 中新建一个应用 A，直接在默认的 index.ets 文件中输入代码进行加速度传感器的调用。需要说明的是，这里主要是对传感器数据的调用进行观察，因此不需要进行前端设计。

① 要使用加速度传感器，必须引入传感器对象，示例如下。

```
import sensor from '@system.sensor';
```

② 查询设备上所有支持的传感器。

```
sensor.getSensorList(function (error, data) {
    if (error) {
        console.info('getSensorList failed');
    } else {
        console.info('getSensorList success');
        for (let i = 0; i < data.length; i++) {
            console.info(JSON.stringify(data[i]));
        }
    }
});
```

运行结果如图 9-3 所示。

```
A0c0d0/JSApp: app Log: getSensorList success
A0c0d0/JSApp: app Log: {"sensorName":"accelerometer","vendorName":"memsi_mxc6655xa","firmwareVersion":"1.0",
                       "hardwareVersion":"1.0","sensorId":1,"maxRange":0.000095768060405675597,"precision":0.23000000417232513,
                       "power":78.45320129394531,"minSamplePeriod":5000000,"maxSamplePeriod":200000000}
A0c0d0/JSApp: app Log: {"sensorName":"sensor_test","vendorName":"default","firmwareVersion":"1.0",
                       "hardwareVersion":"1.0","sensorId":0,"maxRange":1,"precision":230,
                       "power":8,"minSamplePeriod":0,"maxSamplePeriod":0}
A0c0d0/JSApp: app Log: {"sensorName":"sensor_color","vendorName":"default_color","firmwareVersion":"1.0.1",
                       "hardwareVersion":"1.0.1","sensorId":14,"maxRange":9.999999974752427e-7,"precision":20,
                       "power":9999,"minSamplePeriod":100000000,"maxSamplePeriod":1000000000}
A0c0d0/JSApp: app Log: {"sensorName":"sensor_sar","vendorName":"default_sar","firmwareVersion":"1.0.1",
                       "hardwareVersion":"1.0.1","sensorId":15,"maxRange":9.999999974752427e-7,"precision":20,
                       "power":9999,"minSamplePeriod":100000000,"maxSamplePeriod":1000000000}
```

图 9-3　查询设备上所有支持的传感器

③ 传感器权限申请，如例 9-1 所示。

例 9-1　传感器权限申请

```
{
  "module" : {
    "reqPermissions":[
      {
        "name" : "ohos.permission.PERMISSION1",
        "reason": "$string:reason",
        "usedScene": {
          "ability": [
            "FormAbility"
          ],
          "when":"inuse"
        }
      },
      {
        "name" : "ohos.permission.PERMISSION2",
        "reason": "$string:reason",
        "usedScene": {
          "ability": [
            "FormAbility"
          ],
          "when":"always"
        }
      }
    ]
  }
}
```

④ 注册监听。可以通过 on( )接口和 once( )接口监听传感器的数据。

通过 on( )接口可实现对传感器的持续监听，传感器上报周期（interval）设置为 100000000，单位为 ns，代码如下。

```
sensor.on(sensor.SensorId.ACCELEROMETER, function (data) {
    console.info("Succeeded in obtaining data. x: " + data.x + " y: " + data.y + " z: " +
data.z);
}, {'interval': 100000000});
```

持续性加速度传感器数据接收如图 9-4 所示。

```
A0c0d0/JSApp: app Log: Succeeded in obtaining data. x: -0.22971095144748688 y: 0.05742773786187172 z: 7.551747798919678
A0c0d0/JSApp: app Log: Succeeded in obtaining data. x: -0.2871387004852295 y: 0.15314063429832458 z: 7.733602046966553
A0c0d0/JSApp: app Log: Succeeded in obtaining data. x: -0.2679961025714874 y: 0.09571290016174316 z: 7.618746757507324
A0c0d0/JSApp: app Log: Succeeded in obtaining data. x: -0.24885353446006776 y: 0.09571290016174316 z: 7.580461502075195
A0c0d0/JSApp: app Log: Succeeded in obtaining data. x: -0.3445664346218109 y: 0.019142579287290573 z: 7.647460460662842
A0c0d0/JSApp: app Log: Succeeded in obtaining data. x: -0.30628126859664916 y: -0.02871386893093586 z: 7.714459419250488
A0c0d0/JSApp: app Log: Succeeded in obtaining data. x: -0.24885353446006776 y: 0.019142579287290573 z: 7.379464626312256
A0c0d0/JSApp: app Log: Succeeded in obtaining data. x: -0.2871387004852295 y: 0.05742773786187172 z: 7.714459419250488
A0c0d0/JSApp: app Log: Succeeded in obtaining data. x: -0.2679961025714874 y: 0.05742773786187172 z: 7.580461502075195
A0c0d0/JSApp: app Log: Succeeded in obtaining data. x: -0.2679961025714874 y: 0.05742773786187172 z: 7.484748840332031
A0c0d0/JSApp: app Log: Succeeded in obtaining data. x: -0.3445664346218109 y: 0.09571290016174316 z: 7.647460460662842
```

图 9-4　持续性加速度传感器数据接收

通过 once( )接口可实现对传感器的一次监听，代码如下。

```
sensor.once(sensor.SensorId.ACCELEROMETER, function (data) {
    console.info("Succeeded in obtaining data. x: " + data.x + " y: " + data.y + " z: " +
data.z);
});
```

一次性加速度传感器数据接收如图 9-5 所示、

A0c0d0/JSApp: app Log: Succeeded in obtaining data. x: -0.2871387004852295 y: 0.05742773786187172 z: 7.360321998596191

图 9-5　一次性加速度传感器数据接收

⑤ 取消持续监听，代码如下。

```
sensor.off(sensor.SensorId.ACCELEROMETER);
```

9.4　相机调用

开发者通过调用 OpenHarmony 相机服务提供的接口可以开发相机应用，应用通过访问和操作相机硬件可实现基础操作，如预览、拍照和录像；还可以通过接口组合完成更多操作，如控制闪光灯、曝光时间、对焦和调焦等。

9.4.1　相机开发模型

相机调用摄像头采集、加工图像或视频数据，精确控制对应的硬件，灵活输出图像、视频内容，可满足多镜头（如广角镜头、长焦镜头）硬件适配、多业务场景（如不同分辨率、不同格式、不同效果）适配的要求。

相机的工作流程如图 9-6 所示，可概括为相机输入设备管理、会话管理和相机输出管理 3 部分。

① 相机调用摄像头采集数据，作为相机输入流。

② 会话管理可配置输入流，即选择哪些镜头进行拍摄。另外还可以配置闪光灯、曝光时间、对焦和调焦等参数，实现不同效果的拍摄，从而适配不同的业务场景。应用可以通过切换会话满足不同场景的拍摄需求。

③ 配置相机的输出流，即将内容以预览流、拍照流或视频流输出。

图 9-6　相机的工作流程

相机应用通过控制相机，实现图像显示（预览）、照片保存（拍照）、视频录制（录像）等基础操作。在实现基础操作的过程中，相机服务会控制相机采集和输出数据，采集的图像数据在相机底层的设备硬件接口（Hardware Device Interface，HDI）直接通过 BufferQueue 传递到具体的功能模块进行处理。在应用开发中无须关注 BufferQueue，BufferQueue 用于将底层处理的数据及时送到上层显示。

以视频录制为例，相机应用在录制视频的过程中，媒体录制服务先创建一个视频 Surface 用于传递数据，并提供给相机服务，相机服务可控制相机采集视频数据，生成视频流。采集的数据经底层相机 HDI 处理后，通过 Surface 将视频流传递给媒体录制服务，媒体录制服务对视频数据进行处理后，保存为视频文件，完成视频录制，如图 9-7 所示。

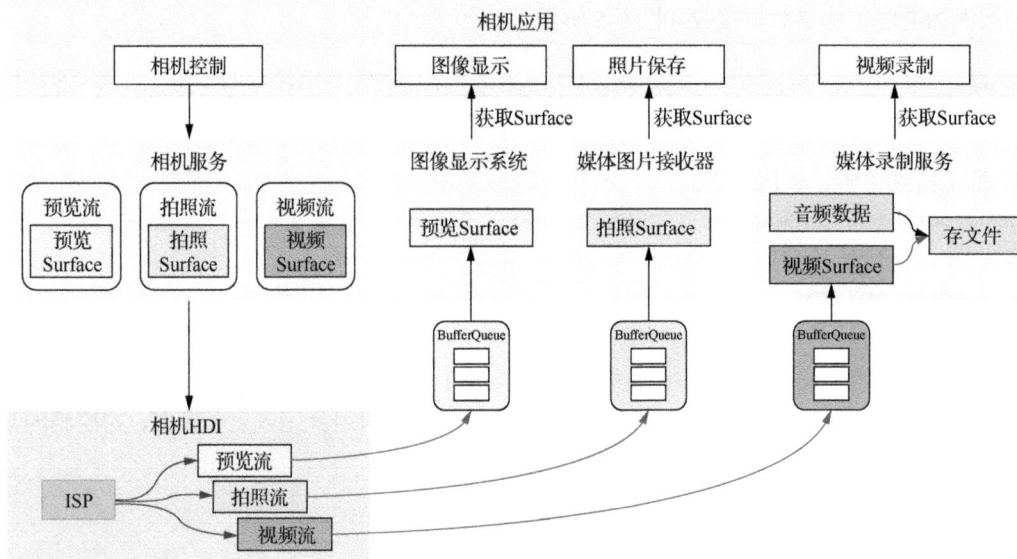

图 9-7　相机具体工作步骤

9.4.2　权限申请

相机应用开发的主要流程包含开发准备、设备输入、会话管理、预览、拍照和录像等。在开发相机应用时，需要先申请相机相关权限，确保应用拥有访问相机硬件及其他功能的权限，需要的权限如表 9-2 所示。

表 9-2　相机权限

权限名	说明	授权方式
ohos.permission.CAMERA	允许应用使用相机拍摄照片和录制视频	user_grant
ohos.permission.MICROPHONE	允许应用使用麦克风（可选）	user_grant
ohos.permission.WRITE_MEDIA	允许应用读写用户外部存储中的媒体文件信息（可选）	user_grant
ohos.permission.READ_MEDIA	允许应用读取用户外部存储中的媒体文件信息（可选）	user_grant
ohos.permission.MEDIA_LOCATION	允许应用访问用户媒体文件中的地理位置信息（可选）	user_grant

以上权限的授权方式均为 user_grant（用户授权），即开发者在 module.json5 文件中配置对应的权限后，需要使用 abilityAccessCtrl.requestPermissionsFromUser 接口校验当前用户是否已授权。如果已授权，应用可以直接访问/操作目标对象；否则需要弹框向用户申请授权。

9.4.3　设备输入

在开发一个相机应用前，需要创建一个独立的相机对象，应用通过调用和控制相机对象完成预览、拍照和录像等基础操作。具体步骤如下。

① 导入 camera 接口，接口中提供了相机对象相关的属性和方法。

```
import camera from '@ohos.multimedia.camera';
```

② 通过 getCameraManager( )方法获取 cameraManager 对象。如果获取对象失败，说明相机可能被占用或无法使用。如果被占用，需要等到相机被释放后才能重新获取。

```
let cameraManager;
let context: any = getContext(this);
cameraManager = camera.getCameraManager(context)
```

③ 通过 cameraManager 类中的 getSupportedCameras( )方法获取当前设备支持的相机列表,列表中存储了设备支持的所有相机 id,如例 9-2 所示。若列表不为空,则说明列表中的每个 id 都支持独立创建相机对象;否则,说明当前设备无可用相机,不可进行后续操作。

例 9-2　获取设备支持相机列表

```
let cameraArray = cameraManager.getSupportedCameras();
if (cameraArray.length <= 0) {
    console.error("cameraManager.getSupportedCameras error");
    return;
}

for (let index = 0; index < cameraArray.length; index++) {
 console.info('cameraId : ' + cameraArray[index].cameraId);   // 获取相机 id
 // 获取相机位置
 console.info('cameraPosition : ' + cameraArray[index].cameraPosition);
console.info('cameraType : ' + cameraArray[index].cameraType);  // 获取相机类型
 // 获取相机连接类型
console.info('connectionType : ' + cameraArray[index].connectionType);
 }
```

④ 通过 getSupportedOutputCapability( )方法获取当前设备支持的所有输出流,如预览流、拍照流等。输出流在 cameraOutputCapability 中的各个 profile 字段中,如例 9-3 所示。

例 9-3　获取相机支持的输出流

```
// 创建相机输入流
let cameraInput;
try {
    cameraInput = cameraManager.createCameraInput(cameraArray[0]);
} catch (error) {
    console.error('Failed to createCameraInput errorCode = ' + error.code);
}
// 监听 cameraInput 错误信息
let cameraDevice = cameraArray[0];
cameraInput.on('error', cameraDevice, (error) => {
    console.info(`Camera input error code: ${error.code}`);
})
// 打开相机
await cameraInput.open();
// 获取相机支持的输出流
let cameraOutputCapability = cameraManager.getSupportedOutputCapability
(cameraArray[0]);
if (!cameraOutputCapability) {
    console.error("cameraManager.getSupportedOutputCapability error");
    return;
}
console.info("outputCapability: " + JSON.stringify(cameraOutputCapability));
```

9.4.4　会话获取

在使用相机的预览、拍照、录像、元数据等功能前,均需要创建相机会话。在会话中,可以实现以下功能。

① 配置相机的输入流和输出流。在相机拍摄前,必须完成输入流和输出流的配置。配置输入流即添加设备输入,对用户而言,相当于选择设备的某一摄像头拍摄;配置输出流,即选择数据将

以什么形式输出。当应用需要实现拍照功能时，输出流应配置为预览流和拍照流，预览流的数据将显示在 XComponent 组件上，拍照流的数据将通过 ImageReceiver 接口保存到相册中。

② 会话切换控制。应用可以通过移除和添加输出流的方式，切换相机模式。如当前会话的输出流为拍照流，应用可以将拍照流移除，然后添加视频流作为输出流，即完成拍照到录像的切换。

完成会话配置后，应用提交和开启会话，可以开始调用相机相关功能。具体步骤如下。

① 调用 cameraManager 类中的 createCaptureSession( )方法创建会话。

```
let captureSession;
try {
    captureSession = cameraManager.createCaptureSession();
} catch (error) {
    console.error('Failed to create the CaptureSession instance. errorCode = ' +
error.code);
}
```

② 调用 captureSession 类中的 beginConfig( )方法配置会话。

```
try {
    captureSession.beginConfig();
} catch (error) {
    console.error('Failed to beginConfig. errorCode = ' + error.code);
}
```

③ 向会话中添加相机的输入流和输出流，调用 captureSession.addInput( )方法添加相机的输入流；调用 captureSession.addOutput( )方法添加相机的输出流。以下示例代码以添加预览流 previewOutput 和拍照流 photoOutput 为例，即当前模式支持拍照和预览。调用 captureSession 类中的 commitConfig( )方法和 start( )方法提交相关配置，并开启会话。

```
try {
    captureSession.addInput(cameraInput);
} catch (error) {
    console.error('Failed to addInput. errorCode = ' + error.code);
}
try {
    captureSession.addOutput(previewOutput);
} catch (error) {
    console.error('Failed to addOutput(previewOutput). errorCode = ' + error.code);
}
try {
    captureSession.addOutput(photoOutput);
} catch (error) {
    console.error('Failed to addOutput(photoOutput). errorCode = ' + error.code);
}
await captureSession.commitConfig() ;
await captureSession.start().then(() => {
    console.info('Promise returned to indicate the session start success.');
})
```

④ 会话控制。调用 captureSession 类中的 stop( )方法可以停止当前会话，调用 removeOutput( )方法和 addOutput( )方法可以完成会话切换控制。以下示例代码以移除拍照输出流 photoOutput、添加视频输出流 videoOutput 为例，完成了拍照到录像的切换。

```
await captureSession.stop();
try {
    captureSession.beginConfig();
} catch (error) {
    console.error('Failed to beginConfig. errorCode = ' + error.code);
```

```
}
// 从会话中移除拍照输出流
try {
    captureSession.removeOutput(photoOutput);
} catch (error) {
    console.error('Failed to removeOutput(photoOutput). errorCode = ' + error.code);
}
// 向会话中添加视频输出流
try {
    captureSession.addOutput(videoOutput);
} catch (error) {
    console.error('Failed to addOutput(videoOutput). errorCode = ' + error.code);
}
```

9.4.5　预览

预览是指启用相机后，在拍照和录像前预览画面。

① 创建 Surface。

XComponent 组件可为预览流提供 Surface，而 XComponent 的能力由 UI 提供，代码如例 9-4 所示。

例 9-4　创建 Surface

```
// 创建 XComponentController
mXComponentController: XComponentController = new XComponentController;
build() {
    Flex() {
        // 创建 XComponent
        XComponent({
            id: '',
            type: 'surface',
            libraryname: '',
            controller: this.mXComponentController
        })
        .onLoad(() => {
            // 设置 Surface 尺寸，预览尺寸设置参考 previewProfilesArray 获取的当前设备所支持的预
            // 览分辨率
            this.mXComponentController.setXComponentSurfaceSize({surfaceWidth:1920,
surfaceHeight:1080});
            // 获取 Surface id
            globalThis.surfaceId = this.mXComponentController.getXComponentSurfaceId();
        })
        .width('1920px')
        .height('1080px')
    }
}
```

② 通过 cameraOutputCapability 类中的 previewProfiles( )方法获取当前设备支持的预览能力，返回 previewProfilesArray 数组。通过 createPreviewOutput( )方法创建预览输出流，其中，createPreviewOutput( ) 方法中的两个参数分别是 previewProfilesArray 数组中的第一项和获取的 surfaceId。

```
let previewProfilesArray = cameraOutputCapability.previewProfiles;
let previewOutput;
try {
    previewOutput = cameraManager.createPreviewOutput(previewProfilesArray[0], surfaceId);
```

```
}
catch (error) {
    console.error("Failed to create the PreviewOutput instance." + error);
}
```

③ 通过 start( )方法输出预览流，接口调用失败会返回相应错误码。

```
previewOutput.start().then(() => {
    console.info('Callback returned with previewOutput started.');
}).catch((err) => {
    console.info('Failed to previewOutput start '+ err.code);
});
```

9.4.6　照相

拍照是相机最重要的功能之一。拍照模块需要满足相机复杂的业务逻辑，为了保证用户拍出的照片质量，可以设置分辨率、闪光灯、焦距、照片质量及旋转角度等参数。

（1）导入 image 接口

创建拍照输出流的 photoSurfaceId 以及拍照输出的数据，都需要用到系统提供的 image 接口，导入 image 接口的方法如下。

```
import image from '@ohos.multimedia.image';
```

（2）获取 photoSurfaceId

通过 image 的 createImageReceiver( )方法创建 ImageReceiver 实例，再通过实例的 getReceivingSurfaceId( )方法获取 photoSurfaceId，与拍照输出流关联，获取拍照输出流的数据。

```
function getImageReceiverSurfaceId() {
    let receiver = image.createImageReceiver(640, 480, 4, 8);
    console.info('before ImageReceiver check');
    if (receiver !== undefined) {
      console.info('ImageReceiver is OK');
      let photoSurfaceId = receiver.getReceivingSurfaceId();
      console.info('ImageReceived id: ' + JSON.stringify(photoSurfaceId));
    } else {
      console.info('ImageReceiver is not OK');
    }
}
```

（3）创建拍照输出流

通过 cameraOutputCapability 类中的 photoProfiles( )方法，可获取当前设备支持的拍照输出流，通过 createPhotoOutput( )方法传入支持的某一个输出流及获取的 photoSurfaceId 创建拍照输出流。

```
let photoProfilesArray = cameraOutputCapability.photoProfiles;
if (!photoProfilesArray) {
    console.error("createOutput photoProfilesArray == null || undefined");
}
let photoOutput;
try {
    photoOutput = cameraManager.createPhotoOutput(photoProfilesArray[0], photoSurfaceId);
} catch (error) {
  console.error('Failed to createPhotoOutput errorCode = ' + error.code);
}
```

（4）参数配置

配置相机的参数包括对闪光灯、变焦、焦距等进行配置，如例 9-5 所示。

例 9-5　相机参数配置

```
// 判断设备是否支持闪光灯
let flashStatus;
try {
    flashStatus = captureSession.hasFlash();
} catch (error) {
    console.error('Failed to hasFlash. errorCode = ' + error.code);
}
console.info('Promise returned with the flash light support status:' + flashStatus);
if (flashStatus) {
    // 判断是否支持自动闪光灯模式
    let flashModeStatus;
    try {
        let status = captureSession.isFlashModeSupported(camera.FlashMode.
FLASH_MODE_AUTO);
        flashModeStatus = status;
    } catch (error) {
        console.error('Failed to check whether the flash mode is supported. errorCode =
' + error.code);
    }
    if(flashModeStatus) {
        // 设置自动闪光灯模式
        try {
            captureSession.setFlashMode(camera.FlashMode.FLASH_MODE_AUTO);
        } catch (error) {
            console.error('Failed to set the flash mode. errorCode = ' + error.code);
        }
    }
}
// 判断是否支持连续自动变焦模式
let focusModeStatus;
try {
    let status = captureSession.isFocusModeSupported(camera.FocusMode.
FOCUS_MODE_CONTINUOUS_AUTO);
    focusModeStatus = status;
} catch (error) {
    console.error('Failed to check whether the focus mode is supported. errorCode = ' +
error.code);
}
if (focusModeStatus) {
    // 设置连续自动变焦模式
    try {
        captureSession.setFocusMode(camera.FocusMode.FOCUS_MODE_CONTINUOUS_AUTO);
    } catch (error) {
        console.error('Failed to set the focus mode. errorCode = ' + error.code);
    }
}
// 获取相机支持的可变焦距比范围
let zoomRatioRange;
try {
    zoomRatioRange = captureSession.getZoomRatioRange();
} catch (error) {
    console.error('Failed to get the zoom ratio range. errorCode = ' + error.code);
```

```
}
// 设置可变焦距比
try {
    captureSession.setZoomRatio(zoomRatioRange[0]);
} catch (error) {
    console.error('Failed to set the zoom ratio value. errorCode = ' + error.code);
}
```

（5）触发拍照

通过 photoOutput 类的 capture( )方法执行拍照任务。该方法有两个参数，第一个参数为拍照设置参数 setting，在其中可以设置照片的质量和旋转角度等；第二个参数为回调函数。

```
let settings = {
    quality: camera.QualityLevel.QUALITY_LEVEL_HIGH,        // 设置照片质量为高质量
    rotation: camera.ImageRotation.ROTATION_0,              // 设置照片旋转角度 0
    location: captureLocation,                              // 设置照片地理位置
    mirror: false                                           // 设置镜像开关(默认为关)
};
photoOutput.capture(settings, async (err) => {
    if (err) {
        console.error('Failed to capture the photo ${err.message}');
        return;
    }
    console.info('Callback invoked to indicate the photo capture request success.');
});
```

相机应用在模拟器上运行后，调用模拟器摄像头拍照的效果如图 9-8 所示。

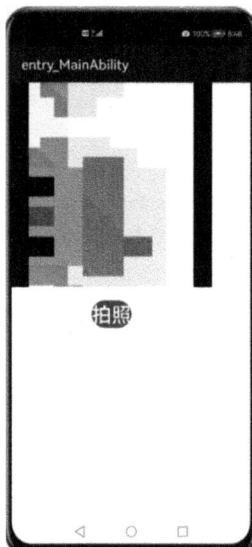

图 9-8　调用模拟器摄像头拍照的效果

9.5　媒体访问和播放

媒体系统提供对用户视觉、听觉信息的处理，如音视频信息的采集、压缩存储、解压播放等。在操作系统实现中，通常基于不同的媒体信息处理内容将媒体划分为不同的模块，包括音频、视频（也称播放录制）、相机、图片等。

如图 9-9 所示，媒体系统面向应用开发提供音视频应用、相机应用、图库应用的接口/框架；面向设备开发提供对接不同硬件适配/加速功能；中间以媒体服务形态提供媒体核心功能和管理机制。

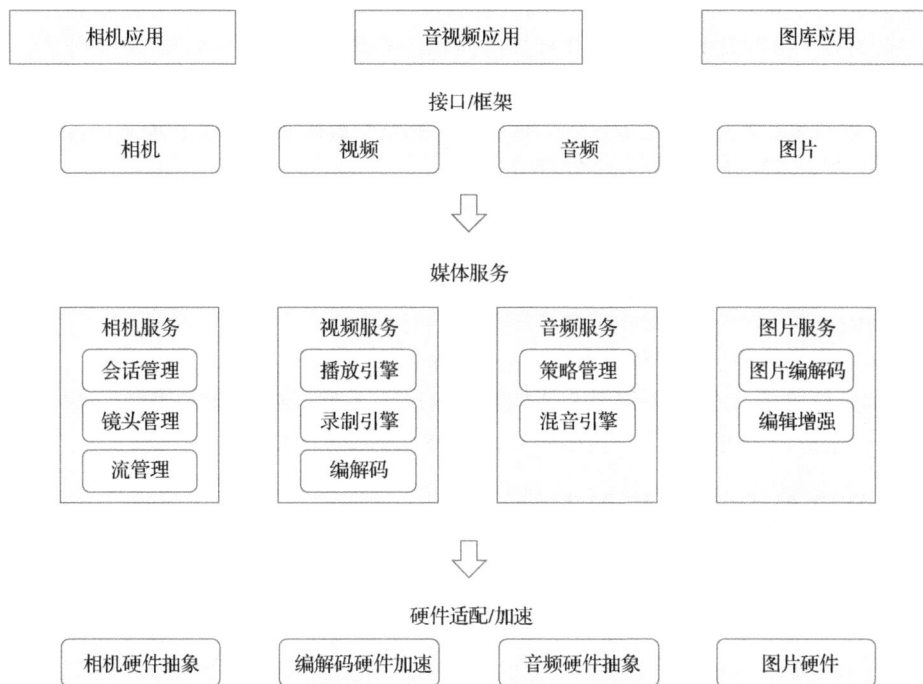

图 9-9　媒体系统整体框架

- 音频（audio）：提供音量管理、音频路由管理、混音管理接口与服务。
- 视频（media）：提供音视频解压播放、压缩录制接口与服务。
- 相机（camera）：提供精确控制相机镜头、采集视觉信息的接口与服务。
- 图片（image）：提供图片编解码、图片处理接口与服务。

9.5.1　音视频处理概述

在音视频开发中，将介绍各种涉及音频、视频播放或录制功能场景的开发方式，分析如何使用系统提供的音视频 API 实现对应功能。比如使用 TonePlayer 实现简单的提示音，当设备接收到新消息时，会发出短促的"滴滴"声；使用 AVPlayer 实现音乐播放器，循环播放一首音乐。

在每个功能的实现介绍中，会同时介绍多种实现方式以应对不同的使用场景，以及相应场景的子功能点。比如介绍音频播放功能的实现时，会同时介绍音频的并发策略、音量管理和输出设备等在操作系统中的处理方式。

开发音频功能（尤其是要实现处理音频数据的功能）之前，建议开发者了解声学相关的知识以更好地理解操作系统提供的 API 如何控制音频系统，从而开发出更易用、用户体验更好的音视频类应用。建议了解的相关概念包括但不限于如下。

① 音频量化的过程：采样→量化→编码。

② 音频量化过程的相关概念：模拟信号和数字信号、采样率、声道、采样格式、位宽、码率、常见编码格式（如 AAC、MP3、PCM、WMA 等）、常见封装格式（如 WAV、MPA、FLAC、AAC、OGG 等）。

在开发音乐、视频播放功能之前，建议了解流媒体播放的相关概念，包括但不限于如下。

① 播放过程：网络协议→容器格式→音视频编解码→图形/音频渲染。

301

② 网络协议，比如 HLS、HTTP/HTTPS；容器格式，比如 MP4、MKV、MPEG-TS、WEBM。

③ 编码格式：H263/H264/H265，MPEG4/MPEG2。

音频流是音频系统中对一个具备音频格式和音频使用场景信息的独立音频数据处理单元的定义，可以表示播放，也可以表示录制，并且具备独立音量调节和音频设备路由切换能力。

音频流基础信息通过 AudioStreamInfo 表示，包含采样率、声道、位宽、编码等信息，是创建音频播放或录制流的必要参数，描述了音频数据的基本属性。在配置时开发者需要保证基础信息与传输的音频数据匹配，音频系统才能正确处理数据。

audio 模块下的接口支持 PCM 编码，包括 AudioRenderer、AudioCapturer、TonePlayer、OpenSL ES 等。音频格式说明如下。

① 支持的常用音频采样率（单位为 Hz）有 8000、11025、12000 等，具体参考枚举类型 AudioSamplingRate。不同设备支持的采样率规格会存在差异。

② 支持单声道、双声道，具体参考 AudioChannel。

③ 支持的采样格式有 U8（无符号 8 位整数）、S16LE（带符号的 16 位整数，小尾数）、S32LE（带符号的 32 位整数，小尾数）等，具体参考 AudioSampleFormat。

9.5.2 核心接口 AVPlayer 和 AVRecorder

media 模块提供了核心接口 AVPlayer 和 AVRecorder 分别用于播放、录制音视频。

1. AVPlayer

AVPlayer 的主要工作是将 Audio/Video 媒体资源（比如 MP4/MP3/MKV/MPEG-TS 等）转码为可供渲染的图像和可听见的音频模拟信号，并通过输出设备进行播放。

AVPlayer 提供功能完善的一体化播放能力，应用只需要提供流媒体来源，不需要负责数据解析和解码就可达成播放效果。

（1）音频播放

当使用 AVPlayer 开发音乐应用播放音频时，其交互如图 9-10 所示。

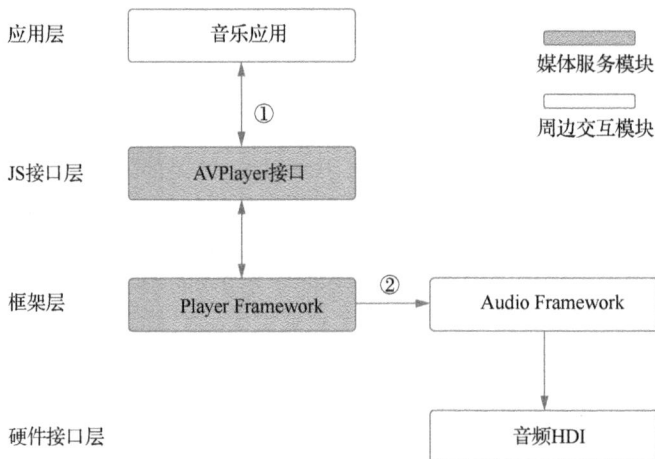

图 9-10　音频播放外部模块交互

音乐应用通过调用 JS 接口层提供的 AVPlayer 接口实现相应功能时，框架层会通过播放服务（Player Framework）将资源解析成音频数据流（PCM），音频数据流经过软件解码后输出至音频服务（Audio Framework），由音频服务输出至音频 HDI，实现音频播放功能。完整的音频播放需要音乐应用、AVPlayer 接口、Player Framework、Audio Framework、音频 HDI 共同实现。

在图 9-10 中，数字标注表示需要数据与外部模块的传递。

① 音乐应用将媒体资源传递给 AVPlayer 接口。

② Player Framework 将音频 PCM 数据流输出给 Audio Framework，再由 Audio Framework 输出给音频 HDI。

（2）视频播放

当使用 AVPlayer 开发视频应用播放视频时，其交互如图 9-11 所示。

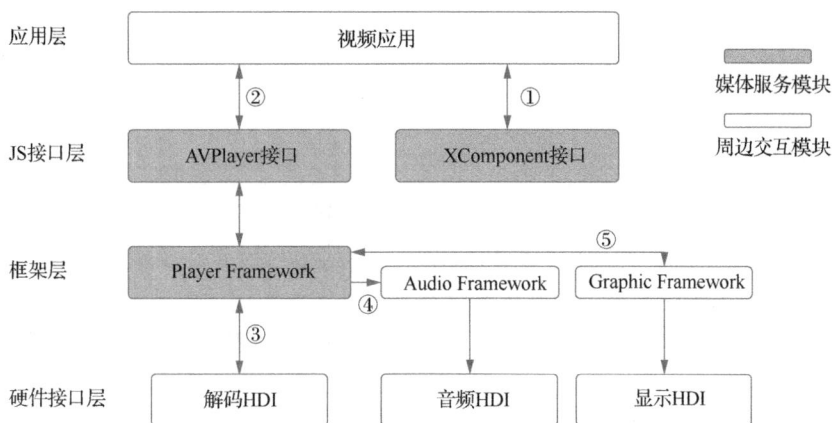

图 9-11　视频播放外部模块交互

应用通过调用 JS 接口层提供的 AVPlayer 接口实现相应功能时，框架层会通过播放服务（Player Framework）将资源解析成单独的音频数据流和视频数据流，音频数据流经过软件解码后输出至音频服务（Audio Framework），再至硬件接口层的音频 HDI，实现音频播放功能；视频数据流经过硬件（推荐）/软件解码后输出至图形渲染服务（Graphic Framework），再输出至硬件接口层的显示 HDI，完成图形渲染。

完整的视频播放需要视频应用、AVPlayer 接口、XComponent 接口、Player Framework、Graphic Framework、Audio Framework、解码 HDI、显示 HDI 和音频 HDI 共同实现。在图 9-11 中，数字标注表示数据需要与外部模块交互。

① 应用从 XComponent 接口获取窗口 SurfaceID。

② 应用把媒体资源、SurfaceID 传递给 AVPlayer 接口。

③ Player Framework 把视频 ES 数据流输出给解码 HDI，解码获得视频帧（NV12/NV21/RGBA）。

④ Player Framework 把音频 PCM 数据流输出给 Audio Framework，由 Audio Framework 输出给音频 HDI。

⑤ Player Framework 把视频帧（NV12/NV21/RGBA）输出给 Graphic Framework，由 Graphic Framework 输出给显示 HDI。

2. AVRecorder

AVRecorder 的主要工作是捕获音频信号、接收视频信号，完成音视频编码并将之保存到文件中，帮助开发者轻松实现音视频录制功能，包括开始录制、暂停录制、恢复录制、停止录制、释放资源等功能。它允许调用者指定录制的编码格式、封装格式、文件路径等参数，如图 9-12 所示。

① 音频录制：应用通过调用 JS 接口层提供的 AVRecorder 接口实现音频录制时，框架层会通过录制服务（Player Framework）调用音频服务（Audio Framework）从音频 HDI 捕获音频数据，通过软件编码封装后将之保存至文件中，实现音频录制功能。

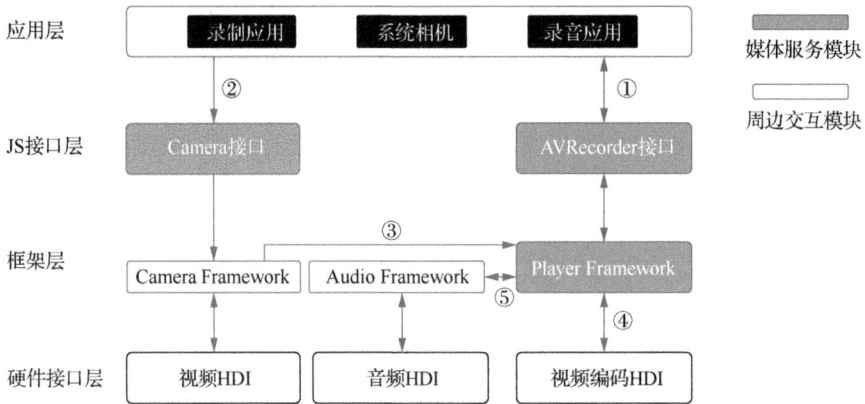

图 9-12　视频录制外部模块交互

② 视频录制：应用通过调用 JS 接口层提供的 AVRecorder 接口实现视频录制时，先通过 Camera 接口调用相机服务（Camera Framework）从视频 HDI 捕获图像数据，并将之送至框架层的录制服务，录制服务将图像数据通过视频编码 HDI 编码，再将编码后的图像数据封装至文件中，实现视频录制功能。

通过音视频录制组合，可分别实现纯音频录制、纯视频录制，音视频录制。在图 9-12 中，数字标注表示数据需要由外部模块传递。

- 应用通过 AVRecorder 接口从录制服务获取 SurfaceID。
- 应用将 SurfaceID 通过 Camera 接口传递给相机服务，相机服务可以通过 SurfaceID 获取 Surface。相机服务从视频 HDI 捕获图像数据送至框架层的录制服务。
- 相机服务通过 Surface 将视频数据传递给录制服务。
- 录制服务通过视频编码 HDI 将视频数据编码。
- 录制服务将音频参数传递给音频服务，并从音频服务获取音频数据。

9.5.3　音频播放

在 OpenHarmony 系统中，有多种 API 提供音频播放开发的支持，不同的 API 适用于不同音频数据格式、音频资料来源、音频使用场景，甚至是不同开发语言。因此，选择合适的音频播放 API，有助于降低开发工作量，实现更佳的音频播放效果。

① AVPlayer：功能较完善的音频、视频播放 ArkTS/JS API，集成了流媒体和本地资源解析、媒体资源解封装、音频解码和音频输出功能。可以用于直接播放 MP3、M4A 等格式的音频文件，不支持直接播放 PCM 格式文件。

② AudioRenderer：用于音频输出的 ArkTS/JS API，仅支持 PCM 格式，需要应用持续写入音频数据进行工作。应用可以在输入前进行数据预处理（如设定音频文件的采样率、位宽等），要求开发者具备音频处理的基础知识，适用于更专业、更多样化的媒体播放应用开发。

③ OpenSL ES：一套跨平台、标准化的音频 Native API（目前阶段唯一的音频类 Native API），同样提供音频输出能力，仅支持 PCM 格式。适用于从其他嵌入式平台移植，或依赖在 Native 层实现音频输出功能的播放应用。

④ TonePlayer：拨号和回铃音播放 ArkTS/JS API，只能在固定的类型范围内选择播放内容，无须输入媒体资源或音频数据。适用于拨号盘按键和通话回铃音的特定场景。该功能当前仅对系统应用开放。

在音频播放中，常需要用到一些急促、简短的音效，如相机快门音效、按键音效、游戏射击音效等，当前只能使用 AVPlayer 播放音频文件替代实现，OpenHarmony 后续版本将会推出相关接口来支持相应场景的实施。

1. 使用 AVPlayer 开发音频播放功能

使用 AVPlayer 可以实现端到端播放原始媒体资源，本小节将以完整地播放一首音乐作品为例，讲解 AVPlayer 音频播放相关功能的应用。

以下仅介绍如何实现媒体资源播放，如果要实现后台播放或熄屏播放，需要使用 AVSession（媒体会话）和申请长时任务，以避免播放被系统强制中断。

播放的全流程包含创建 AVPlayer、设置播放资源、设置播放参数（音量/倍速/焦点模式）、播放控制（播放/暂停/跳转/停止）、重置、销毁资源等。

在进行应用开发的过程中，开发者可以通过 AVPlayer 的 state 属性主动获取当前状态，或使用 on('stateChange')方法监听状态变化。如果应用在音频播放器处于错误状态时执行操作，系统可能会抛出异常或生成其他未定义的行为。图 9-13 所示为音频播放状态变化示意。

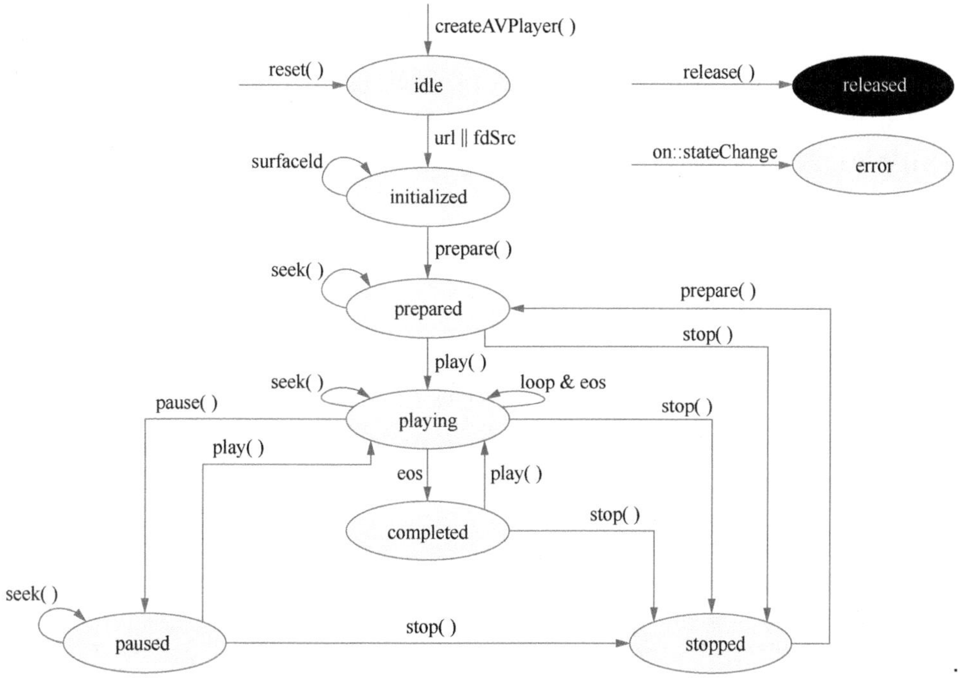

图 9-13　音频播放状态变化示意

当播放处于 prepared/playing/paused/completed 状态时，播放引擎处于工作状态，占用系统较多的运行内存。当客户端暂时不使用播放器时，需调用 reset( )或 release( )回收内存资源。

2. 开发步骤

使用 AVPlayer 组件实现音频播放功能的步骤如下。

① 调用 createAVPlayer( )创建实例，AVPlayer 初始化为 idle 状态。

② 设置业务需要的监听事件，搭配全流程场景使用。支持的监听事件如表 9-3 所示。

表 9–3　音频播放时支持的监听事件

事件类型	说明
stateChange	必要事件，监听播放器 state 属性的改变
error	必要事件，监听播放器的错误信息

事件类型	说明
durationUpdate	用于进度条，监听进度条长度，刷新资源时长
timeUpdate	用于进度条，监听进度条当前位置，刷新当前时间
seekDone	响应 API 调用，监听 seek( )请求完成情况。当使用 seek( )跳转到指定播放位置后，如果操作成功将上报该事件
speedDone	响应 API 调用，监听 setSpeed( )请求完成情况。当使用 setSpeed( )设置播放倍速后，如果操作成功将上报该事件
volumeChange	响应 API 调用，监听 setVolume( )请求完成情况。当使用 setVolume( )调节播放音量后，如果操作成功将上报该事件
bufferingUpdate	用于网络播放，监听网络播放缓冲信息，上报缓冲百分比以及缓存播放进度
audioInterrupt	监听音频焦点切换信息，搭配属性 audioInterruptMode 使用。如果当前设备存在多个音频正在播放，音频焦点被切换（即播放其他媒体如通话等）时将上报该事件，应用可以及时处理

③ 设置资源：设置属性 url，AVPlayer 进入 initialized 状态。

④ 准备播放：调用 prepare( )，AVPlayer 进入 prepared 状态，此时可以获取 duration，设置音量。

⑤ 音频播控：播放（play( )）、暂停（pause( )）、跳转（seek( )）、停止（stop( )）等操作。

⑥ 更换资源（可选）：调用 reset( )重置资源，AVPlayer 重新进入 idle 状态，允许更换资源 url。

⑦ 退出播放：调用 release( )销毁实例，AVPlayer 进入 released 状态，退出播放。

3. 开发示例

例 9-6 展示了如何完整地播放应用目录下的一首音乐作品。

例 9-6　音乐播放示例

```
import media from '@ohos.multimedia.media';
import fs from '@ohos.file.fs';
import common from '@ohos.app.ability.common';
import { BusinessError } from '@ohos.base';

export class AVPlayerDemo {
  private avPlayer: media.AVPlayer;
  private count: number = 0;
  private isSeek: boolean = true; // 用于区分模式是否支持 seek()操作
  private fileSize: number = -1;
  private fd: number = 0;
  // 注册 AVPlayer 回调函数
  setAVPlayerCallback() {
    // seek()操作结果回调函数
    this.avPlayer.on('seekDone', (seekDoneTime: number) => {
      console.info(`AVPlayer seek succeeded, seek time is ${seekDoneTime}`);
    })
    // error 回调监听函数,当 AVPlayer 在操作过程中出现错误时调用 reset()触发重置流程
    this.avPlayer.on('error', (err: BusinessError) => {
      console.error(`Invoke avPlayer failed, code is ${err.code}, message is
${err.message}`);
      this.avPlayer.reset(); // 调用 reset()重置资源，触发 idle 状态
    })
    // 状态变化回调函数
    this.avPlayer.on('stateChange', async (state: string, reason:
media.StateChangeReason) => {
```

```
    switch (state) {
      case 'idle': // 成功调用 reset () 后触发该状态上报
        console.info('AVPlayer state idle called.');
        this.avPlayer.release(); // 调用 release () 销毁实例对象
        break;
      case 'initialized': // AVPlayer 设置播放源后触发该状态上报
        console.info('AVPlayer state initialized called.');
        this.avPlayer.prepare();
        break;
      case 'prepared': // 调用 prepare () 成功后上报该状态
        console.info('AVPlayer state prepared called.');
        this.avPlayer.play(); // 调用 play () 开始播放
        break;
      case 'playing': // 调用 play () 成功后触发该状态上报
        console.info('AVPlayer state playing called.');
        if (this.count !== 0) {
          if (this.isSeek) {
            console.info('AVPlayer start to seek.');
            this.avPlayer.seek(this.avPlayer.duration); //seek () 到音频结尾
          } else {
            // 当播放模式不支持 seek () 操作时继续播放到结尾
            console.info('AVPlayer wait to play end.');
          }
        } else {
          this.avPlayer.pause(); // 调用 pause () 暂停播放
        }
        this.count++;
        break;
      case 'paused': // 调用 pause () 成功后触发该状态上报
        console.info('AVPlayer state paused called.');
        this.avPlayer.play(); // 再次调用 play () 开始播放
        break;
      case 'completed': // 播放结束后触发该状态上报
        console.info('AVPlayer state completed called.');
        this.avPlayer.stop(); //调用 stop ()
        break;
      case 'stopped': // 调用 stop () 成功后触发该状态上报
        console.info('AVPlayer state stopped called.');
        this.avPlayer.reset(); // 调用 reset () 初始化 AVPlayer 状态
        break;
      default:
        console.info('AVPlayer state unknown called.');
        break;
    }
  })
}

// 以下为使用 fs 文件系统打开沙箱地址获取媒体文件，并通过 dataSrc 属性进行播放 (Seek 模式) 的示例
  async avPlayerDataSrcSeekDemo() {
    // 创建 avPlayer 实例对象
```

```
      this.avPlayer = await media.createAVPlayer();
      // 创建状态变化回调函数
      this.setAVPlayerCallback();
      // dataSrc 播放模式的播放源地址，当播放为 Seek 模式时 fileSize 为播放文件的具体大小，下面会对
fileSize 赋值
      let src: media.AVDataSrcDescriptor = {
        fileSize: -1,
        callback: (buf: ArrayBuffer, length: number, pos: number) => {
          let num = 0;
          if (buf == undefined || length == undefined || pos == undefined) {
            return -1;
          }
          num = fs.readSync(this.fd, buf, { offset: pos, length: length });
          if (num > 0 && (this.fileSize >= pos)) {
            return num;
          }
          return -1;
        }
      }
      let context = getContext(this) as common.UIAbilityContext;
      // 通过 UIAbilityContext 获取沙箱地址 filesDir，以 Stage 模型为例
      let pathDir = context.filesDir;
      let path = pathDir + '/01.mp3';
      await fs.open(path).then((file: fs.File) => {
        this.fd = file.fd;
      })
      // 获取播放文件的大小
      this.fileSize = fs.statSync(path).size;
      src.fileSize = this.fileSize;
      this.isSeek = true; // 支持 seek() 操作
      this.avPlayer.dataSrc = src;
    }
  }
```

9.5.4　视频播放

在 OpenHarmony 系统中，提供两种视频播放开发的方案。

① AVPlayer：功能较完善的音视频播放 ArkTS/JS API，集成了流媒体和本地资源解析、媒体资源解封装、视频解码和渲染功能，适用于对媒体资源进行端到端播放的场景，可直接播放 MP4、MKV 等格式的视频文件。

② Video 组件：封装了视频播放的基础能力，设置数据源以及基础信息即可播放视频，但扩展能力较弱。Video 组件由 ArkUI 提供能力。

下面将介绍如何使用 AVPlayer 开发视频播放功能，以完整地播放一个视频为例实现端到端播放原始媒体资源。如果要实现后台播放或熄屏播放，需要使用 AVSession（媒体会话）并申请长时任务，以避免播放过程被系统强制中断。

1. 视频播放流程

播放的全流程包含创建 AVPlayer、设置播放资源和窗口、设置播放参数（音量/倍速/缩放模式）、播放控制（播放/暂停/跳转/停止）、重置、销毁资源等。在进行应用开发的过程中，开发者可以通过 AVPlayer 的 state 属性主动获取当前状态或使用 on('stateChange') 方法监听状态变化。如果应用在视

频播放器处于错误状态时执行操作，系统可能会抛出异常或生成其他未定义的行为。采用 AVPlayer 播放音视频的状态变化完全一致，图 9-14 所示为视频播放状态变化示意。

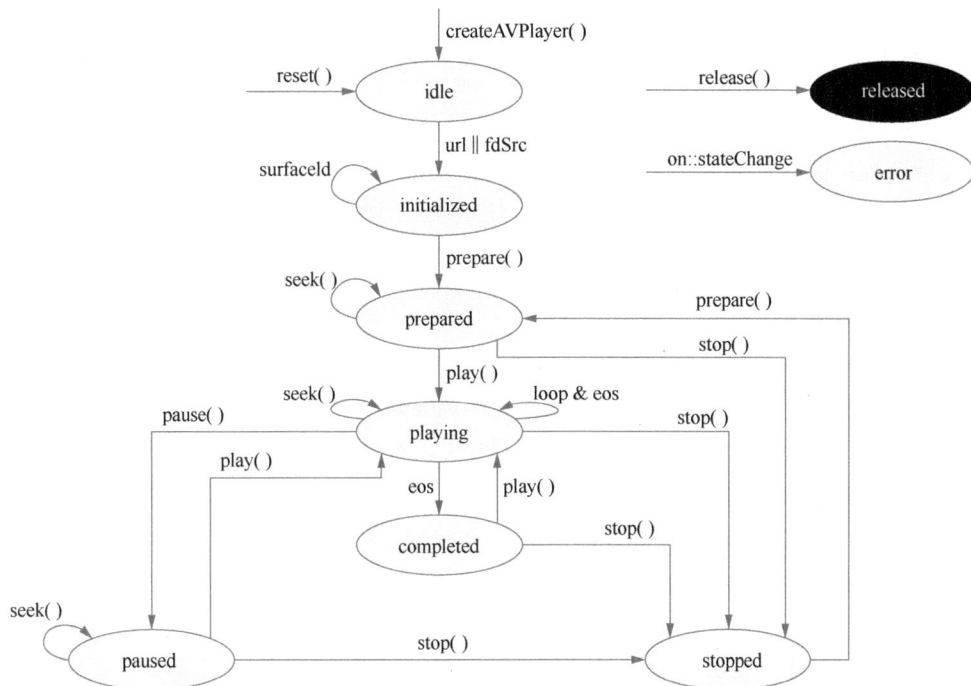

图 9-14　视频播放状态变化示意

当播放处于 prepared/playing/paused/completed 状态时，播放引擎处于工作状态，占用系统较多的运行内存。当客户端暂时不使用播放器时，需调用 reset( )或 release( )回收内存资源。

2. 视频播放开发步骤

使用 AVPlayer 组件实现音频播放功能的步骤如下。

① 调用 createAVPlayer( )创建实例，AVPlayer 初始化为 idle 状态。

② 设置业务需要的监听事件，搭配全流程场景使用。支持的监听事件如表 9-4 所示。

表 9-4　视频播放时支持的监听事件

事件类型	说明
stateChange	必要事件，监听播放器 state 属性的变化
error	必要事件，监听播放器的错误信息
durationUpdate	用于进度条，监听进度条长度，刷新资源时长
timeUpdate	用于进度条，监听进度条当前位置，刷新当前时间
seekDone	响应 API 调用，监听 seek( )请求完成情况。当使用 seek( )跳转到指定播放位置后，如果操作成功将上报该事件
speedDone	响应 API 调用，监听 setSpeed( )请求完成情况。当使用 setSpeed( )设置播放倍速后，如果操作成功将上报该事件
volumeChange	响应 API 调用，监听 setVolume( )请求完成情况。当使用 setVolume( )调节播放音量后，如果操作成功将上报该事件
bitrateDone	响应 API 调用，用于 HLS 协议流，监听 setBitrate( )请求完成情况。当使用 setBitrate( )指定播放比特率后，如果操作成功将上报该事件
availableBitrates	用于 HLS 协议流，监听 HLS 资源的可选比特率，用于 setBitrate( )
bufferingUpdate	用于网络播放，监听网络播放缓冲信息

事件类型	说明
startRenderFrame	用于视频播放，监听视频播放首帧渲染时间
videoSizeChange	用于视频播放，监听视频播放的宽高信息，调整窗口大小、比例
audioInterrupt	监听音频焦点切换信息，搭配属性 audioInterruptMode 使用。如果当前设备存在多个媒体正在播放，音频焦点被切换（即播放其他媒体如通话等）时将上报该事件，应用可以及时处理

③ 设置资源：设置属性 url，AVPlayer 进入 initialized 状态。

④ 设置窗口：获取并设置属性 SurfaceID，用于设置显示画面。应用需要从 XComponent 组件获取 surfaceID。

⑤ 准备播放：调用 prepare( )，AVPlayer 进入 prepared 状态，此时可以获取 duration，设置缩放模式、音量等。

⑥ 视频播控：播放（play( )）、暂停（pause( )）、跳转（seek( )）、停止（stop( )）等操作。

⑦ 更换资源（可选）：调用 reset( )重置资源，AVPlayer 重新进入 idle 状态，允许更换资源 url。

⑧ 退出播放：调用 release( )销毁实例，AVPlayer 进入 released 状态，退出播放。

3. 视频播放开发示例

例 9-7 展示了如何完整地播放应用目录下的一个视频文件。

例 9-7 视频播放示例

```
import media from '@ohos.multimedia.media';
import fs from '@ohos.file.fs';
import common from '@ohos.app.ability.common';
import { BusinessError } from '@ohos.base';

export class AVPlayerDemo {
  private avPlayer: media.AVPlayer;
  private count: number = 0;
  private surfaceID: string; // surfaceID用于播放画面显示，具体的值需要通过 XComponent 组件获取
  private isSeek: boolean = true; // 用于区分模式是否支持 seek()操作
  private fileSize: number = -1;
  private fd: number = 0;
  // 注册 AVPlayer 回调函数
  setAVPlayerCallback() {
    // seek()操作结果回调函数
    this.avPlayer.on('seekDone', (seekDoneTime: number) => {
      console.info(`AVPlayer seek succeeded, seek time is ${seekDoneTime}`);
    })
    // error 回调监听函数，当 AVPlayer 在操作过程中出现错误时调用 reset()触发重置流程
    this.avPlayer.on('error', (err: BusinessError) => {
      console.error(`Invoke avPlayer failed, code is ${err.code}, message is ${err.message}`);
      this.avPlayer.reset(); // 调用 reset()重置资源，触发 idle 状态
    })
    // 状态变化回调函数
    this.avPlayer.on('stateChange', async (state: string, reason: media.StateChangeReason) => {
      switch (state) {
        case 'idle': // 成功调用 reset()后触发该状态上报
          console.info('AVPlayer state idle called.');
```

```
        this.avPlayer.release(); // 调用 release()销毁实例对象
        break;
      case 'initialized': // AVPlayer 设置播放源后触发该状态上报
        console.info('AVPlayer state initialized called.');
        this.avPlayer.surfaceId = this.surfaceID; // 设置显示画面,当播放的资源为纯音频时无
                                                   // 须设置
        this.avPlayer.prepare();
        break;
      case 'prepared': // 调用 prepare()成功后上报该状态
        console.info('AVPlayer state prepared called.');
        this.avPlayer.play(); // 调用 play()开始播放
        break;
      case 'playing': // 调用 play()成功后触发该状态上报
        console.info('AVPlayer state playing called.');
        if (this.count !== 0) {
          if (this.isSeek) {
            console.info('AVPlayer start to seek.');
            this.avPlayer.seek(this.avPlayer.duration); //seek()到视频结尾
          } else {
            // 当播放模式不支持 seek()操作时继续播放到结尾
            console.info('AVPlayer wait to play end.');
          }
        } else {
          this.avPlayer.pause(); // 调用 pause()暂停播放
        }
        this.count++;
        break;
    ...
        console.info('AVPlayer state unknown called.');
        break;
    }
  })
}

// 以下为使用 fs 文件系统打开沙箱地址获取媒体文件,并通过 dataSrc 属性进行播放(Seek 模式)的示例
async avPlayerDataSrcSeekDemo() {
  // 创建 avPlayer 实例对象
  this.avPlayer = await media.createAVPlayer();
  // 创建状态变化回调函数
  this.setAVPlayerCallback();
  // dataSrc 播放模式的播放源地址,当播放为 Seek 模式时 fileSize 为播放文件的具体大小,下面会对
  // fileSize 赋值
  let src: media.AVDataSrcDescriptor = {
    fileSize: -1,
    callback: (buf: ArrayBuffer, length: number, pos: number) => {
      let num = 0;
      if (buf == undefined || length == undefined || pos == undefined) {
        return -1;
      }
      num = fs.readSync(this.fd, buf, { offset: pos, length: length });
      if (num > 0 && (this.fileSize >= pos)) {
```

```
        return num;
      }
      return -1;
    }
  }
  let context = getContext(this) as common.UIAbilityContext;
  // 通过 UIAbilityContext 获取沙箱地址 filesDir, 以 Stage 模型为例
  let pathDir = context.filesDir;
  let path = pathDir + '/H264_AAC.mp4';
  await fs.open(path).then((file: fs.File) => {
    this.fd = file.fd;
  })
  // 获取播放文件的大小
  this.fileSize = fs.statSync(path).size;
  src.fileSize = this.fileSize;
  this.isSeek = true; // 支持 seek() 操作
  this.avPlayer.dataSrc = src;
}

}
```

9.6　位置传感器调用

目前，移动终端设备已经深入人们日常生活的方方面面，如查看所在城市的天气、浏览新闻、出行打车、旅行导航和运动记录等活动都需要获取用户终端设备的位置。

当用户处于这些丰富的使用场景中时，系统的定位可以提供实时、准确的位置数据。对开发者而言，设计基于位置体验的服务，也可以使应用的使用体验更贴近每个用户。当应用实现基于设备位置的功能（如驾车导航和记录运动轨迹）时，可以调用位置传感器的接口，完成位置信息的获取。

9.6.1　基本概念

位置能力用于确定用户设备在哪里，系统使用位置坐标标示设备的位置，并用多种定位技术提供服务，如全球导航卫星系统（Global Navigation Satellite System，GNSS）定位、基站定位、WLAN/蓝牙定位（基站定位、WLAN/蓝牙定位统称为网络定位）。通过这些定位技术可以准确地确定设备位置。

位置能力包含以下关键字。

① 坐标定位。系统以 1984 世界大地测量系统（WGS-84）为参考，使用经度、纬度数据描述地球上的任意位置。

② 全球导航卫星系统定位。基于全球导航卫星系统来定位，包含 GPS、GLONASS、北斗、Galileo等。通过导航卫星、设备芯片提供的定位算法来确定设备准确位置。定位过程具体使用哪些定位系统，取决于用户设备的硬件能力。

③ 基站定位。根据设备当前驻网基站和相邻基站的位置，估算设备当前位置。此定位方式的定位结果精度相对较低，并且需要设备访问移动网络。

④ WLAN/蓝牙定位。根据设备可搜索到的周围 WLAN、蓝牙位置，估算设备当前位置。此定位方式的定位结果精度依赖设备周围可见的固定 WLAN 和蓝牙的分布。密度较高时，精度较基站定位方式更高，同时需要设备访问移动网络。

9.6.2　运作机制

定位能力作为系统为应用提供的一种基础服务，需要应用在所使用的业务场景向系统主动发起请求，并在业务过程结束时主动结束此请求。在此过程中，系统会将实时的定位结果上报给应用。

使用设备的定位能力，需要用户进行确认并主动开启定位开关。如果定位开关没有开启，系统不会向任何应用提供位置服务。设备位置信息属于敏感数据，所以即使用户已经开启定位开关，应用在获取设备位置前仍需向用户申请位置访问权限。在用户确认允许后，系统才会向应用提供位置服务。

9.6.3　位置获取

开发者可以调用 OpenHarmony 定位相关接口，获取设备实时位置，或者最近的历史位置。

对于位置敏感的应用业务，建议获取设备实时位置信息。如果不需要设备实时位置信息，并且希望尽可能地节省电量，开发者可以考虑获取最近的历史位置。

位置信息获取的实现主要分为两步：先获取设备权限，然后调用位置传感器来获取数据。下面新建一个应用 C 来实现位置获取，实现步骤如下。

1. 获取权限

① 在应用 C 的 config.json 文件的 reqPermissions 闭包中声明应用获取位置权限，如例 9-8 所示。

例 9-8　在 config.json 文件中声明位置权限

```
"reqPermissions": [
    {
      "name": "ohos.permission.LOCATION"
    }
  ],
```

② 在应用 C 的主 UIAbility 的 onWindowStageCreate( )回调函数中调用 requestPermissionsFromUser( )函数申请位置权限，如例 9-9 所示。

例 9-9　主 UIAbility 中位置权限的申请

```
import UIAbility from '@ohos.app.ability.UIAbility';
import window from '@ohos.window';
import abilityAccessCtrl, { Context, PermissionRequestResult, Permissions } from
'@ohos.abilityAccessCtrl';
import { BusinessError } from '@ohos.base';

const permissions: Array<Permissions> = ['ohos.permission.LOCATION'];
export default class EntryAbility extends UIAbility {
onWindowStageCreate(WindowStage: window.WindowStage) {
   // 创建主窗口，为此应用设置主页
   let context: Context = this.context;
   let atManager: abilityAccessCtrl.AtManager = abilityAccessCtrl.createAtManager();
   // requestPermissionsFromUser()会判断权限的授权状态来决定是否唤起弹窗

   atManager.requestPermissionsFromUser(context, permissions).then((data:
PermissionRequestResult) => {
     let grantStatus: Array<number> = data.authResults;
     let length: number = grantStatus.length;
     for (let i = 0; i < length; i++) {
       if (grantStatus[i] === 0) {
```

```
            // 用户授权，可以继续访问目标功能
        } else {
            // 用户拒绝授权，提示用户必须授权才能访问当前页面的功能，并引导用户到系统设置中打开相应的权限
            return;
        }
    }
    // 授权成功
    }).catch((err: BusinessError) => {
        console.error(`Failed to request permissions from user. Code is ${err.code}, message
is ${err.message}`);
    })
    }
    }
```

运行例 9-9 中的代码后，会弹出图 9-15 所示的位置传感器使用授权弹窗。

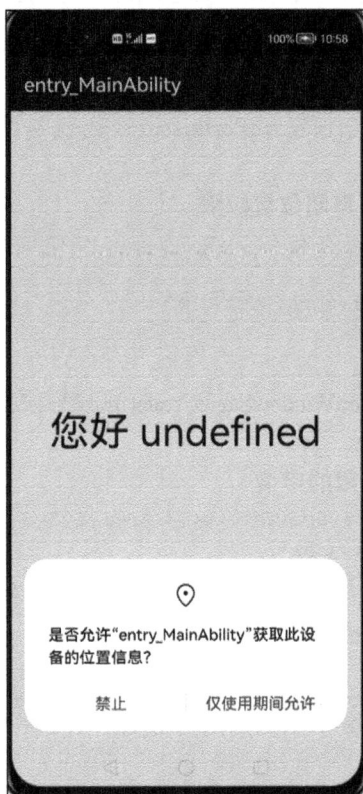

图 9-15　位置传感器使用授权弹窗

2. 采集位置信息

① 为了使用位置传感器，需要引入位置模块@system.geoLocationManager，获取位置管理对象 geoLocationManager。

② 实例化 LocationRequest 对象，用于告知系统该向应用提供何种类型的位置服务，以及位置结果上报的频率。系统提供了如下基本的策略类型。

- 定位精度优先策略：ACCURACY。定位精度优先策略以 GNSS 定位技术为主，在开阔场景下可以提供米级的定位精度。

● 快速定位优先策略：FIRST_FIX。快速定位优先策略会同时使用 GNSS 定位、基站定位和 WLAN/蓝牙定位技术，以便在室内和户外场景下都可以获得位置结果。

● 低功耗定位优先策略：LOW_POWE。低功耗定位优先策略主要使用基站定位和 WLAN/蓝牙定位技术，也可以同时提供室内和户外场景下的位置服务。

```
let requestInfo = {'priority': geoLocationManager.LocationRequestPriority.ACCURACY,
'timeInterval': 0, 'distanceInterval': 0, 'maxAccuracy': 0};
```

③ 实例化 locationChange 对象，用于向系统提供位置上报的途径。应用需要自行实现系统定义好的回调接口，并将其实例化。系统在成功确定设备的实时位置结果时，会通过该接口将位置信息上报给应用。应用程序可以在接口中实现自己的业务逻辑。

```
let locationChange = (location) => {
    console.log('locationChanger: data: ' + JSON.stringify(location));
};
```

④ 启动定位。

```
geoLocationManager.on('locationChange', requestInfo, locationChange);
```

⑤ 结束定位。

如果不主动结束定位可能导致设备功耗高、耗电快，建议在不需要获取定位信息时及时结束定位。

```
geoLocationManager.off('locationChange', locationChange);
```

第③步中回调函数获取的位置信息包含在其参数 location 中，可以直接在控制台输出，如图 9-16 所示。

```
[phone][Console   DEBUG]  09/25 10:49:48 25358336 app Log: success get location data. latitude:121.61934
```

图 9-16　输出位置信息

本章小结

现代智能设备上各种功能强大的传感器有效地扩展了设备的应用场景。本章首先介绍了智能设备上主流传感器的分类及其工作原理；接着通过代码依次展示了 OpenHarmony 中 ArkUI 下的加速度传感器、相机、媒体访问和播放、位置传感器的调用方法。

通过对本章的学习，读者应能体会到 OpenHarmony 设备上丰富的传感器为用户带来的良好体验，掌握主流传感器工作原理，调用常用传感器完成特定场景应用的开发。

课后习题

1.（多选题）OpenHarmony 设备中常用的传感器包括（　　）、健康传感器和其他传感器。
　　A. 运动传感器　　　B. 环境传感器　　　C. 方向传感器　　　D. 光线传感器

2.（单选题）对传感器来说，采集时的精度和功耗是成反比的。提高采集速度可以获得较高精度，但会带来较大功耗。（　　）
　　A. 正确　　　　　　　　　　B. 错误

3.（单选题）为了获取设备位置信息，除了打开定位开关外，还需要申请位置访问权限。（　　）
　　A. 正确　　　　　　　　　　B. 错误

4.（单选题）使用 AVPlayer 组件可以实现 OpenHarmony 系统上的音视频播放。（　　）
　　A. 正确　　　　　　　　　　B. 错误

第 10 章
OpenHarmony原子化服务

10

学习目标

① 了解 OpenHarmony 原子化服务定义、特性和应用场景。

② 掌握原子化服务运作机制，以及卡片提供方和使用方的概念。

③ 掌握服务卡片的结构、资源访问方式和配置文件的配置方法。

④ 掌握原子化服务的开发方法。

在万物互联的时代，人均持有设备量不断攀升，设备和场景的多样性使应用开发变得更加复杂、应用入口变得更加多样。在此背景下，应用提供方和用户迫切需要一种新的服务提供方式，使应用开发更简单，服务（如听音乐、打车等）的获取更便捷。为此，OpenHarmony 除支持传统方式需要安装的应用外，还支持提供特定功能的免安装应用（即原子化服务）。

原子化服务是 OpenHarmony 的重要特性，本章主要介绍原子化服务的定义与特性，以及 OpenHarmony 中原子化服务的呈现和开发方式等，其中重点介绍原子化服务开发涉及的相关技术，并使用详尽的示例代码展示这些技术在原子化服务开发过程中的应用。

10.1 原子化服务的定义与特性

原子化服务（又称元能力）是 OpenHarmony 提供的一种面向未来的服务提供方式，是有独立入口（用户可通过点击方式直接触发）的、免安装（无须显式安装，由系统程序框架后台安装后即可使用）的、可为用户提供一个或多个便捷服务的应用程序形态。例如，原先一款需要使用传统方式进行安装的购物应用 A，在按照原子化服务理念调整设计后，可以改进成由"商品浏览""购物车""支付"等多个便捷服务组成的、免安装的原子化购物服务。

原子化服务基于 OpenHarmony API 开发，可供用户在合适的场景和设备上便捷地使用。原子化服务较传统的需要安装的应用更加轻量，同时提供更丰富的入口和更精准的分发能力。

原子化服务由一个或多个 HAP 组成，其中，一个或多个功能可完成特定的便捷服务。原子化服务和传统需要安装的应用的区别如表 10-1 所示。

表 10-1　原子化服务和传统需要安装的应用的区别

对比项目	原子化服务的情况	传统需要安装应用的情况
软件包形态	HAP	应用包（.app）
分发平台	由原子化服务平台（Huawei Ability Gallery）管理和分发	由应用市场（AppGallery）管理和分发
有无桌面图标	无桌面图标，但可手动添加到桌面，显示形式为服务卡片	有桌面图标
HAP 免安装要求	所有 HAP（包括 Entry HAP 和 Feature HAP）均需要满足免安装要求	所有 HAP（包括 Entry HAP 和 Feature HAP）均为非免安装的

原子化服务的主要特性如下。

1. 服务直达

① 支持免安装使用。

② 服务卡片：用户无须打开原子化服务便可获取服务内重要信息的展示和动态变化，如天气、关键事务备忘录、热点新闻列表。

2. 跨设备

① 支持运行在多台 OpenHarmony 设备上。

② 支持跨端迁移：例如手机上未完成编辑的邮件可迁移到平板计算机上继续编辑。

③ 支持多端协同：例如用手机进行文档翻页和批注，配合智慧屏显示实现分布式办公；或将手机作为手柄，与智慧屏配合玩游戏。

10.2　原子化服务开发基础

原子化服务的开发总体上和传统开发类似，但也具有其自身的特点。本节主要介绍原子化服务开发的总体要求、服务卡片结构、ArkTS 运作机制、ArkTS 卡片优点等。

10.2.1　开发总体要求

原子化服务相对于传统的、需要用户主动安装的应用更加轻量，当然，原子化服务也需要满足一定的开发规则才可被发布，即原子化服务内所有 HAP（包括 Entry HAP 和 Feature HAP）均需要满足免安装要求，具体如下。

① 免安装的 HAP 不能超过 10MB，目的是向用户提供快速响应的使用体验。超过此大小的 HAP 不符合免安装要求，也无法在服务中心出现。

② 通过 DevEco Studio 项目向导创建原子化服务时，Project Type 字段选择"Atomic Service"。

③ 对于原子化服务升级场景，版本更新时要保持免安装属性。如果新版本不支持免安装，将不允许新版本上架。

目前，支持免安装 HAP 的设备类型包括手机和平板计算机，操作系统为 OpenHarmony 3.2 及以上版本。通过 DevEco Studio 项目向导创建项目时，将 Project Type 字段设置为"Atomic Service"，如图 10-1 所示。之后，开发者根据实际业务设计继续开发应用的其他功能即可。

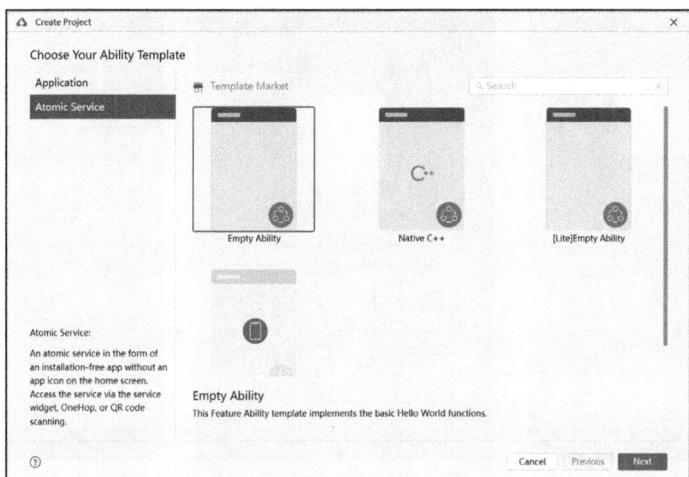

图 10-1　原子化服务的创建

10.2.2 服务卡片结构

服务卡片（以下简称"卡片"）是一种界面展示形式，是原子化服务的体现。可以将应用的重要信息或操作前置到卡片，以达到服务直达、减少体验层级的目的。卡片常用于嵌入其他应用（当前卡片使用方只支持系统应用，如桌面）作为其界面显示的一部分，并支持拉起页面、发送消息等基础的交互功能。

服务卡片架构如图 10-2 所示。

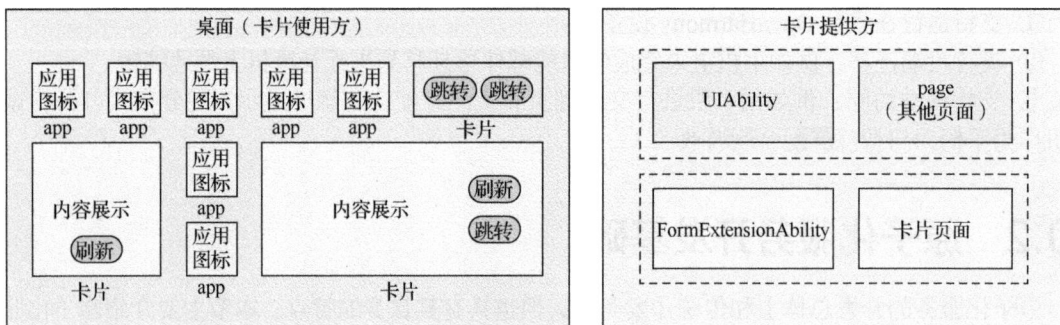

图 10-2　服务卡片架构

图 10-2 中的服务卡片包括以下两个概念。

① 卡片提供方：包含卡片的应用，提供卡片的显示内容、控件布局以及控件点击处理逻辑。

- FormExtensionAbility：卡片业务逻辑模块，提供卡片创建、销毁、刷新等生命周期回调。
- 卡片页面：卡片 UI 模块，包含页面控件、布局、事件等显示和交互信息。

② 卡片使用方：显示卡片内容的宿主应用，控制卡片在宿主中展示的位置。

- 应用图标：应用入口图标，点击后可拉起应用进程，图标内容不支持交互。
- 卡片：具备不同规格、大小的展示界面，卡片的内容可以进行交互，例如可在其中实现用于界面刷新、应用跳转等的按钮。

卡片常见使用步骤如图 10-3 所示。

图 10-3　卡片常见使用步骤

10.2.3 ArkTS 运作机制

基于 Stage 模型的 ArkTS 服务卡片实现原理如图 10-4 所示。

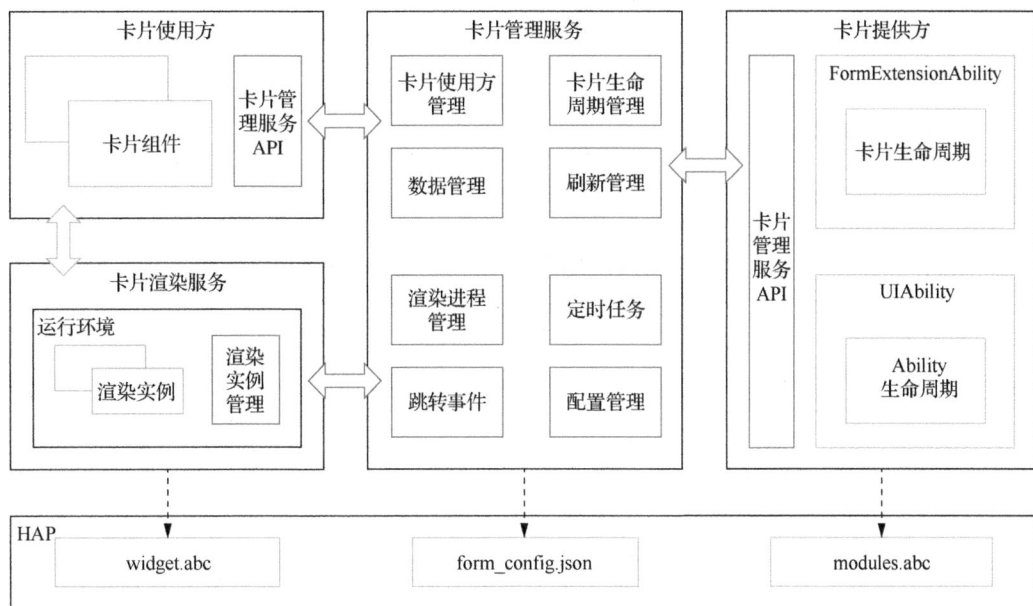

图 10-4 ArkTS 服务卡片实现原理

图 10-4 中包含以下模块。

① 卡片使用方：显示卡片内容的宿主应用，控制卡片组件在宿主中展示的位置，当前仅系统应用可以作为卡片使用方。

② 卡片提供方：提供卡片显示内容的应用，控制卡片的显示内容、控件布局以及控件点击事件。

③ 卡片管理服务：用于管理系统中所添加卡片的常驻代理服务，提供 formProvider 和 formHost 的接口能力，同时提供卡片对象的管理、使用以及卡片周期性刷新等能力。

④ 卡片渲染服务：用于管理卡片渲染实例，渲染实例与卡片使用方中的卡片组件一一绑定。卡片渲染服务运行卡片页面代码 widgets.abc 进行渲染，并将渲染后的数据发送至卡片使用方对应的卡片组件。

与 JS 卡片相比，ArkTS 卡片支持在卡片中运行逻辑代码。为确保 ArkTS 卡片发生问题后不影响卡片使用方应用的使用，ArkTS 卡片新增了卡片渲染服务，用于运行卡片页面代码 widgets.abc。卡片渲染服务由卡片管理服务管理，如图 10-5 所示。

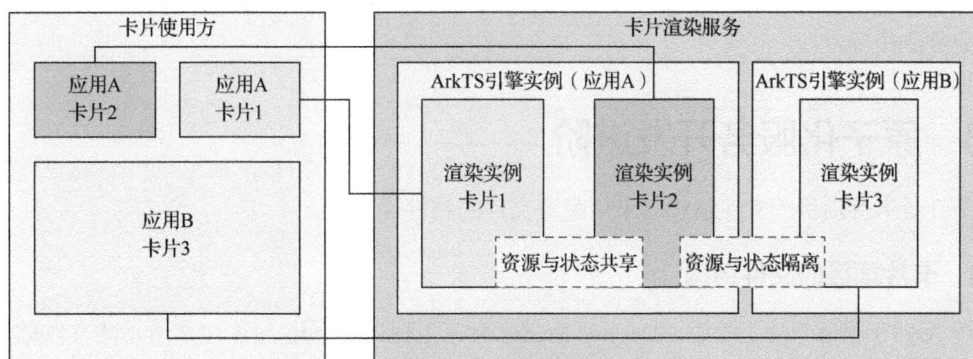

图 10-5 ArkTS 卡片渲染服务运行原理

卡片使用方的每个卡片组件都对应卡片渲染服务里的一个渲染实例，同一应用提供方的渲染实例运行在同一个 ArkTS 虚拟机运行环境中，不同应用提供方的渲染实例运行在不同的 ArkTS 虚拟机运行环境中，通过 ArkTS 虚拟机运行环境隔离不同应用提供方卡片之间的资源与状态。开发过程中需要注意 globalThis 对象的使用，相同应用提供方卡片的 globalThis 对象是同一个，不同应用提供方卡片的 globalThis 对象是不同的。

10.2.4 ArkTS 卡片优点

卡片作为应用的一个快捷入口，ArkTS 卡片相较于 JS 卡片具备如下几个优点。

（1）统一开发范式，提升开发体验和开发效率

提供 ArkTS 卡片能力后，统一了卡片和页面的开发范式，页面的布局可以直接复用到卡片布局中，从而提升开发体验和开发效率，如图 10-6 所示。

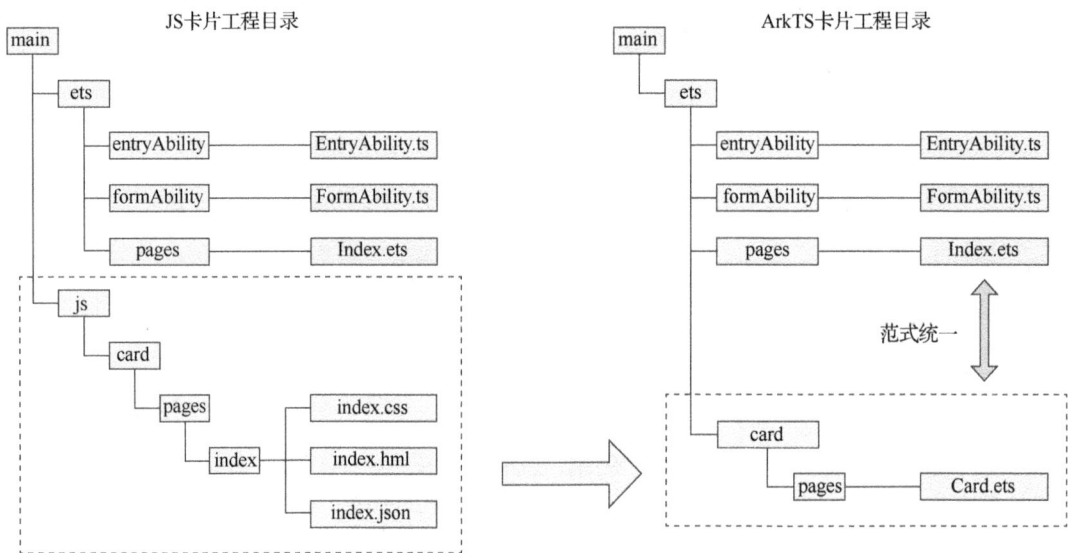

图 10-6　ArkTS 卡片渲染服务运行原理

（2）增强了卡片的能力，使卡片功能更丰富

① 新增了动效的能力：ArkTS 卡片开放了属性动画和显式动画的能力，使卡片的交互更加友好。

② 新增了自定义绘制的能力：ArkTS 卡片开放了 Canvas 画布组件，卡片可以使用自定义绘制的能力构建更多样的显示和交互效果。

③ 允许运行逻辑代码：开放逻辑代码运行后，很多业务逻辑可以在卡片内部自闭环，拓宽了卡片的业务适用场景。

10.3　原子化服务开发进阶

本节介绍卡片项目的文件结构、卡片配置文件的特性等。

10.3.1　卡片项目的文件结构

新建 ArkTS 服务卡片工程后，DevEco Studio 会在工程目录下建立图 10-7 所示的文件结构。

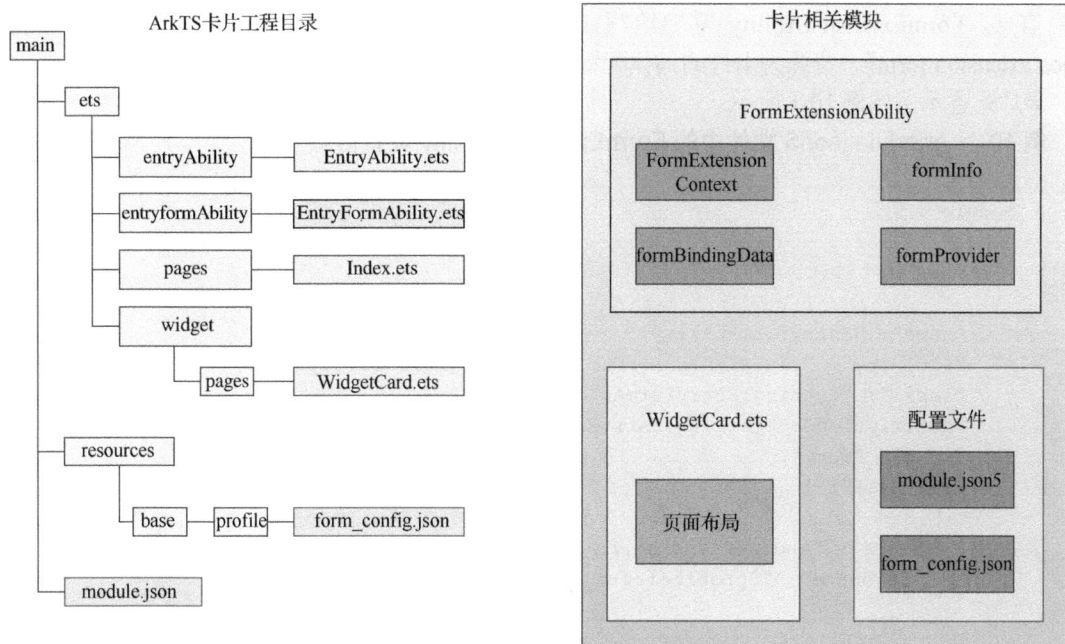

图 10-7 卡片项目的文件结构

除此之外，应用文件结构也会产生一些变化，主要包括如下内容。

① FormExtensionAbility：卡片扩展模块，提供卡片创建、销毁、刷新等生命周期回调。

② FormExtensionContext：FormExtensionAbility 的上下文环境，提供 FormExtensionAbility 具有的接口和能力。

③ formProvider：提供卡片提供方相关的接口能力，可通过该模块提供接口实现更新卡片、设置卡片更新时间、获取卡片信息、请求发布卡片等。

④ formInfo：提供卡片信息和状态等相关类型和枚举。

⑤ formBindingData：提供卡片数据绑定的能力，包括 formBindingData 对象的创建、相关信息的描述。

⑥ 页面布局（WidgetCard.ets）：提供声明式开发范式的 UI 接口能力。

● ArkTS 卡片特有能力：postCardAction 用于卡片内部和提供方应用间的交互，仅支持在卡片中调用。

● ArkTS 卡片能力列表：列举能在 ArkTS 卡片中使用的 API、组件、事件、属性和生命周期调度。

⑦ 卡片配置：包含 FormExtensionAbility 的配置和卡片的配置。

● 在 module.json5 配置文件中的 extensionAbilities 标签下，配置 FormExtensionAbility 相关信息。

● 在 resources/base/profile/目录下的 form_config.json 配置文件中，配置卡片（WidgetCard.ets）相关信息。

10.3.2 卡片配置文件的特性

卡片创建成功后，卡片相关的配置文件主要包含 FormExtensionAbility 的配置和卡片的配置两部分。

① 卡片需要在 module.json5 配置文件中的 extensionAbilities 标签下，配置 FormExtensionAbility

相关信息。FormExtensionAbility 需要填写 metadata（元信息标签），其中键名称为固定字符串"ohos.extension.form"，资源为卡片的具体配置信息的索引。

卡片配置示例如例 10-1 所示。

例 10-1 module.json5 文件中的 FormExtensionAbility 配置信息

```
{
  "module": {
    ...
    "extensionAbilities": [
      {
        "name": "EntryFormAbility",
        "srcEntry": "./ets/entryformability/EntryFormAbility.ets",
        "label": "$string:EntryFormAbility_label",
        "description": "$string:EntryFormAbility_desc",
        "type": "form",
        "metadata": [
          {
            "name": "ohos.extension.form",
            "resource": "$profile:form_config"
          }
        ]
      }
    ]
  }
}
```

在该配置中，该 ExtensionAbility 的 type 属性为 form，表示这是卡片；metadata 也定义完整了；此外，还定义了该 ExtensionAbility 的名字和地址等信息。

② 卡片的具体配置信息。在上述 FormExtensionAbility 的 metadata 中，可以指定卡片具体配置信息的资源索引。例如，当 resource 指定为$profile:form_config 时，会使用开发视图的 resources/base/profile/目录下的 form_config.json 作为卡片 profile 配置文件，配置信息如表 10-2 所示。

表 10-2 form_config.json 文件中的卡片配置信息

属性名称	含义	数据类型	能否省略
name	卡片的类名，字符串类型，最大长度为 127 字节	字符串	否
description	卡片的描述	字符串	能，默认值为空
src	卡片对应的 UI 代码的完整路径。当为 ArkTS 卡片时，完整路径需要包含卡片文件的扩展名。当为 JS 卡片时，完整路径无须包含卡片文件的扩展名	字符串	否
uiSyntax	当前卡片的类型，支持如下两种类型。 • arkts：当前卡片为 ArkTS 卡片。 • hml：当前卡片为 JS 卡片	字符串	能，默认值为 hml
window	用于定义与显示窗口相关的配置	对象	能，默认值见表 2
isDefault	当前卡片是否为默认卡片，每个 UIAbility 有且只有一个默认卡片。 • true：默认卡片。 • false：非默认卡片	布尔值	否
supportDimensions	卡片支持的外观规格，取值范围如下。 • 1×2：表示 1 行 2 列的二宫格。 • 2×2：表示 2 行 2 列的四宫格。 • 2×4：表示 2 行 4 列的八宫格。 • 4×4：表示 4 行 4 列的十六宫格	字符串数组	否

属性名称	含义	数据类型	能否省略
updateEnabled	卡片是否支持周期性刷新（包含定时刷新和定点刷新），取值范围如下。 • true：表示支持周期性刷新，可以为定时刷新（updateDuration）和定点刷新（scheduledUpdateTime）两种方式。 • false：表示不支持周期性刷新	布尔值	否
scheduledUpdateTime	卡片定点刷新的时刻，采用 24 小时制，精确到分	字符串	可省略，省略时不进行定点刷新
updateDuration	卡片定时刷新的周期，单位周期为 30min，取值为自然数。当取值为 0 时，表示该参数不生效；当取值为正整数 N 时，表示刷新周期为 30×Nmin	数值	可省略，默认值为 0
metadata	卡片的自定义信息，包含 customizeData 数组标签	对象	可省略，默认值为空

form_config.json 文件中 forms 对象的定义如例 10-2 所示，定义了卡片名称及卡片代码源文件，预设的 scheduledUpdateTime（刷新时间）为 10:30，updateDuration（刷新间隔）为每 30min 一次（1 代表一个单位周期）。卡片采用 ArkTS 方式开发，默认卡片大小为 2×2，启动模式为标准模式，可以多次创建新实例。

例 10-2　卡片配置信息 forms 对象的定义

```
{
  "forms": [
    {
      "name": "widget",
      "description": "This is a service widget.",
      "src": "./ets/widget/pages/WidgetCard.ets",
      "uiSyntax": "arkts",
      "window": {
        "designWidth": 720,
        "autoDesignWidth": true
      },
      "colorMode": "auto",
      "isDefault": true,
      "updateEnabled": false,
      "scheduledUpdateTime": "10:30",
      "updateDuration": 1,
      "defaultDimension": "2*2",
      "supportDimensions": [
        "2*2"
      ]
    }
  ]
}
```

10.3.3　卡片提供方主要回调函数

卡片提供方创建好基于 ArkUI 框架的原子化服务项目后，继承自 FormExtensionAbility 类的卡片服务管理类中多了不少与服务卡片相关的回调函数，用来处理与服务卡片的交互，如图 10-8 所示。

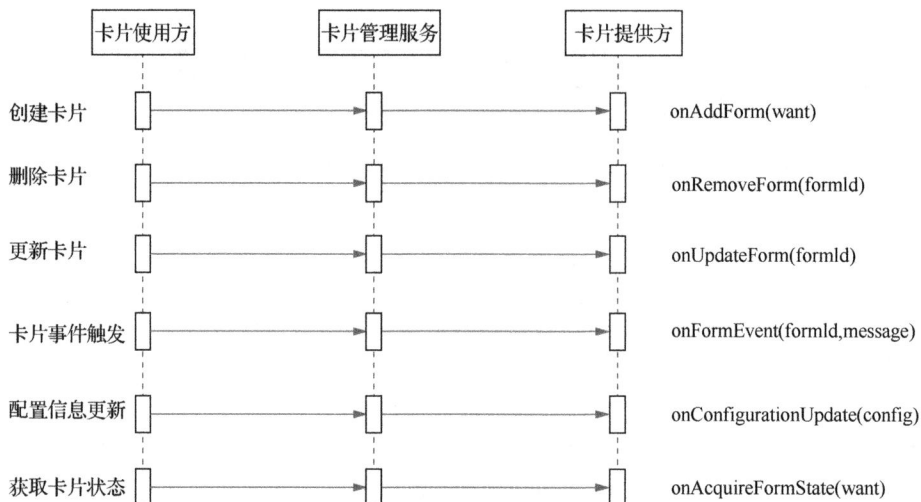

图 10-8　卡片提供方主要回调函数

从图 10-8 可知，所有卡片提供方的回调函数都是被卡片使用方触发的。这些回调函数的具体作用如下。

① onAddForm（Want）：使用方创建卡片时触发，提供方需要返回卡片数据绑定类。

② onRemoveForm（formId）：对应的卡片被删除时触发的回调，入参是被删除的卡片 id。

③ onUpdateForm（formId）：若卡片支持定时更新/定点更新/卡片使用方主动请求更新功能，则提供方需要重写该函数以支持数据更新。

④ onFormEvent（formId,message）：若卡片支持触发事件，则需要重写函数并实现对事件的触发。

⑤ onConfigurationUpdate（config）：系统配置信息值更新时触发的回调。

⑥ onAcquireFormState（Want）：卡片提供方接收查询卡片状态通知接口，默认返回卡片初始状态。

10.3.4　卡片页面基本能力

开发者可以使用声明式开发范式开发 ArkTS 卡片页面。ArkTS 卡片具备 JS 卡片的全部能力，并且新增了动效能力和自定义绘制的能力，支持声明式开发范式的部分组件、事件、动效、数据管理、状态管理能力。

1. 卡片使用动效

ArkTS 卡片开放了使用动画效果的能力，支持显式动画、属性动画、组件内转场能力。但相比 ArkTS 页面存在一定限制，包括对动画播放时长限制为 1s 以及禁止设置动画播放速度、动画延长执行时间和动画播放次数等。例 10-3 所示代码实现了按钮旋转的动画效果。

例 10-3　卡片动效代码

```
@Entry
@Component
struct AttrAnimationExample {
  @State rotateAngle: number = 0;
  build() {
    Column() {
      Button('change rotate angle')
        .onClick(() => {
```

```
        this.rotateAngle = 90;
      })
      .margin(50)
      .rotate({ angle: this.rotateAngle })
      .animation({
        curve: Curve.EaseOut,
        playMode: PlayMode.AlternateReverse
      })
  }.width('100%').margin({ top: 20 })
  }
}
```

卡片动效代码运行效果如图 10-9 所示。

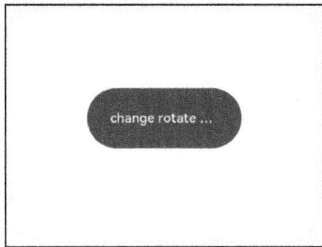

图 10-9　卡片动效代码运行效果

2. 卡片自定义绘制

ArkTS 卡片开放了自定义绘制的能力，在卡片上可以通过 Canvas 组件创建一块画布，然后通过 CanvasRenderingContext2D 对象在画布上进行自定义图形的绘制。例 10-4 所示代码实现了在画布的中心绘制一个圆。

例 10-4　卡片自定义绘制

```
@Entry
@Component
struct WidgetCard {
  @State rotateAngle: number = 0;
  build() {
  Row() {
    Column() {
  private canvasWidth: number = 0;
  private canvasHeight: number = 0;
  // 初始化 RenderingContextSettings 和 CanvasRenderingContext2D
  private settings: RenderingContextSettings = new RenderingContextSettings(true);
  private context: CanvasRenderingContext2D = new CanvasRenderingContext2D(this.settings);
  Canvas(this.context)
  .margin('5%')
  .width('90%')
  .height('90%')
  .onReady(() => {
    console.info('[ArkTSCard] onReady for canvas draw content');
    // 在 onReady()回调中获取画布的实际宽和高
    this.canvasWidth = this.context.width;
    this.canvasHeight = this.context.height;
    // 绘制画布的背景
    this.context.fillStyle = '#EEF0FF';
    this.context.fillRect(0, 0, this.canvasWidth, this.canvasHeight);
```

```
        // 在画布的中心绘制一个圆
        this.context.beginPath();
        let radius = this.context.width / 3;
        let circleX = this.context.width / 2;
        let circleY = this.context.height / 2;
        this.context.moveTo(circleX - radius, circleY);
        this.context.arc(circleX, circleY, radius, 2 * Math.PI, 0, true);
        this.context.closePath();
        this.context.fillStyle = '#5A5FFF';
        this.context.fill();})
      }
    }
  }
}
```

卡片自定义绘制效果如图 10-10 所示。

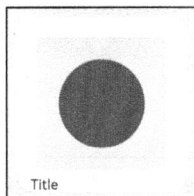

图 10-10 卡片自定义绘制效果

10.3.5 开发卡片事件

1. 卡片能力说明

ArkTS 卡片中提供了 postCardAction( )接口用于卡片内部和提供方应用间的交互，当前支持 router、message 和 call 这 3 种类型的事件，仅在卡片中可以调用。卡片交互方法如图 10-11 所示。

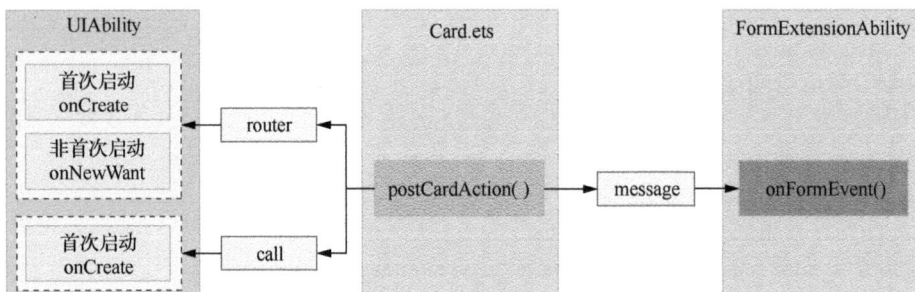

图 10-11 卡片交互方法

postCardAction(component: Object, action: Object)函数带两个参数，component 参数为当前自定义组件的实例，就是当前卡片，通常传入 this;action 参数为对象类型，其结构如表 10-3 所示。

表 10-3 postCardAction( )函数中 action 对象的结构

键名	键值类型	样例描述
action	string	action 的类型，支持如下 3 种预定义的类型。 • router：跳转到提供方应用的指定 UIAbility。 • message：自定义消息，触发后会调用提供方 FormExtensionAbility 的 onFormEvent( )生命周期回调。 • call：后台启动提供方应用，触发后会拉起提供方应用的指定 UIAbility（仅支持 launchType 为 singleton 的 UIAbility，即启动模式为单实例的 UIAbility），但不会调度到前台。提供方应用需要具备后台运行权限（ohos.permission.KEEP_BACKGROUND_RUNNING）

键名	键值类型	样例描述
bundleName	string	router/call 类型跳转的包名，可选
moduleName	string	router/call 类型跳转的模块名，可选
abilityName	string	router/call 类型跳转的 UIAbility 名，必填
params	object	当前 action 携带的额外参数，内容使用 JSON 格式的键值对形式。call 类型需填入参数 method，且类型需要为 string，用于触发 UIAbility 中对应的方法，必填

postCardAction( )函数示例代码如例 10-5 所示。

例 10-5　卡片跳转事件

```
Button('跳转')
  .width('40%')
  .height('20%')
  .onClick(() => {
   postCardAction(this, {
     'action': 'router',
     'bundleName': 'com.example.myapplication',
     'abilityName': 'EntryAbility',
     'params': {
       'message': 'testForRouter' // 自定义要发送的 message
     }
   });
  })
```

这里在卡片上点击"跳转"按钮，可以通过定义 action 对象的参数来跳转到卡片提供方的 EntryAbility，通过 action 属性可知这是一个页面导航动作，params 中携带要传递到对应 UIAbility 中的参数。可以看到，action 对象的用法和 Want 对象的用法几乎一致。

2. 通过 FormExtensionAbility 刷新卡片内容

在卡片页面中可以通过 postCardAction( )接口触发 message 事件拉起 FormExtensionAbility，然后由 FormExtensionAbility 刷新卡片内容。下面是这种刷新方式的简单示例。

① 在卡片页面通过注册 Button 的 onClick( )点击事件回调，并在回调中调用 postCardAction( )接口触发事件至 FormExtensionAbility，如例 10-6 所示。

例 10-6　卡片消息发送

```
let storage = new LocalStorage();
@Entry(storage)
@Component
struct WidgetCard {
  @LocalStorageProp('title') title: string = 'init';
  @LocalStorageProp('detail') detail: string = 'init';

  build() {
    Column() {
      Button('刷新')
        .onClick(() => {
         postCardAction(this, {
           'action': 'message',
           'params': {
             'msgTest': 'messageEvent'
           }
         });
```

```
        })
      Text(`${this.title}`)
      Text(`${this.detail}`)
    }
    .width('100%')
    .height('100%')
  }
}
```

② 在 FormExtensionAbility 的 onFormEvent( )生命周期回调中调用 updateForm( )接口刷新卡片，如例 10-7 所示。

例 10-7　卡片内容刷新

```
import formBindingData from '@ohos.app.form.formBindingData';
import FormExtensionAbility from '@ohos.app.form.FormExtensionAbility';
import formProvider from '@ohos.app.form.formProvider';

export default class EntryFormAbility extends FormExtensionAbility {
  onFormEvent(formId, message) {
    // Called when a specified message event defined by the form provider is triggered.
    console.info(`FormAbility onEvent, formId = ${formId}, message: ${JSON.stringify
(message)}`);
    let formData = {
      'title': 'Title Update Success.', // 和卡片布局对应
      'detail': 'Detail Update Success.', // 和卡片布局对应
    };
    let formInfo = formBindingData.createFormBindingData(formData)
    formProvider.updateForm(formId, formInfo).then((data) => {
      console.info('FormAbility updateForm success.' + JSON.stringify(data));
    }).catch((error) => {
      console.error('FormAbility updateForm failed: ' + JSON.stringify(error));
    })
  }
  ...
}
```

以上代码的初始运行结果如图 10-12（a）所示，点击"刷新"按钮后，运行结果如图 10-12（b）所示。

（a）初始运行结果　　　（b）点击"刷新"按钮后的运行结果

图 10-12　卡片内容刷新

3. 通过 UIAbility 刷新卡片内容

在卡片页面中可以通过 postCardAction( )接口触发 router 事件或者 call 事件拉起 UIAbility，然后由 UIAbility 刷新卡片内容。下面是这种刷新方式的简单示例。

（1）通过 router 事件刷新卡片内容

在卡片页面通过注册 Button 的 onClick( )点击事件回调，并在回调中调用 postCardAction( )接口

触发 router 事件至 FormExtensionAbility，如例 10-8 所示。

例 10-8　卡片路由到 UIAbility

```
let storage = new LocalStorage();
@Entry(storage)
@Component
struct WidgetCard {
  @LocalStorageProp('detail') detail: string = 'init';

  build() {
    Column() {
      Button('跳转')
        .margin('20%')
        .onClick(() => {
         console.info('postCardAction to EntryAbility');
         postCardAction(this, {
           'action': 'router',
           'abilityName': 'EntryAbility', // 只能跳转到当前应用下的 UIAbility
           'params': {
             'detail': 'RouterFromCard'
           }
         });
        })
      Text(`${this.detail}`).margin('20%')
    }
    .width('100%')
    .height('100%')
  }
}
```

在 UIAbility 的 onCreate( )或者 onNewWant( )生命周期回调中可以通过入参 Want 获取卡片的 formID 和传递过来的参数信息，然后调用 updateForm( )接口刷新卡片，如例 10-9 所示。

例 10-9　UIAbility 刷新卡片内容

```
import UIAbility from '@ohos.app.ability.UIAbility';
import formBindingData from '@ohos.app.form.formBindingData';
import formProvider from '@ohos.app.form.formProvider';
import formInfo from '@ohos.app.form.formInfo';

export default class EntryAbility extends UIAbility {
  // 如果 UIAbility 第一次启动，在收到 router 事件后会触发 onCreate()生命周期回调
  onCreate(Want, launchParam) {
    console.info('Want:' + JSON.stringify(Want));
    if (Want.parameters[formInfo.FormParam.IDENTITY_KEY] !== undefined) {
      let curFormId = Want.parameters[formInfo.FormParam.IDENTITY_KEY];
      let message = JSON.parse(Want.parameters.params).detail;
      console.info(`UpdateForm formId: ${curFormId}, message: ${message}`);
      let formData = {
        "detail": message + ': onCreate UIAbility.', // 和卡片布局对应
      };
      let formMsg = formBindingData.createFormBindingData(formData)
      formProvider.updateForm(curFormId, formMsg).then((data) => {
        console.info('updateForm success.' + JSON.stringify(data));
      }).catch((error) => {
        console.error('updateForm failed:' + JSON.stringify(error));
```

```
    })
  }
}
// 如果 UIAbility 已在后台运行，在收到 router 事件后会触发 onNewWant()生命周期回调
onNewWant(Want, launchParam) {
  console.info('onNewWant Want:' + JSON.stringify(Want));
  if (Want.parameters[formInfo.FormParam.IDENTITY_KEY] !== undefined) {
    let curFormId = Want.parameters[formInfo.FormParam.IDENTITY_KEY];
    let message = JSON.parse(Want.parameters.params).detail;
    console.info(`UpdateForm formId: ${curFormId}, message: ${message}`);
    let formData = {
      "detail": message + ': onNewWant UIAbility.', // 和卡片布局对应
    };
    let formMsg = formBindingData.createFormBindingData(formData)
    formProvider.updateForm(curFormId, formMsg).then((data) => {
      console.info('updateForm success.' + JSON.stringify(data));
    }).catch((error) => {
      console.error('updateForm failed:' + JSON.stringify(error));
    })
  }
}

  ...
}
```

以上代码的运行结果如图 10-13 所示。

（2）通过 call 事件刷新卡片内容

在使用 postCardAction()接口的 call 事件时，需要在 FormExtensionAbility 的 onAddForm()生命周期回调中更新 formId，如例 10-10 所示。

图 10-13 UIAbility 刷新卡片内容

例 10-10　UIAbility 更新 formId

```
import formBindingData from '@ohos.app.form.formBindingData';
import FormExtensionAbility from '@ohos.app.form.FormExtensionAbility';

export default class EntryFormAbility extends FormExtensionAbility {
  onAddForm(Want) {
    let formId = Want.parameters["ohos.extra.param.key.form_identity"];
    let dataObj1 = {
      "formId": formId
    };
    let obj1 = formBindingData.createFormBindingData(dataObj1);
    return obj1;
  }

  ...
};
```

在卡片页面通过注册 Button 的 onClick()点击事件回调，并在回调中调用 postCardAction()接口触发 call 事件至 UIAbility，如例 10-11 所示。

例 10-11　卡片页面发起 call 事件

```
let storage = new LocalStorage();
@Entry(storage)
@Component
struct WidgetCard {
```

```
@LocalStorageProp('detail') detail: string = 'init';
@LocalStorageProp('formId') formId: string = '0';

build() {
  Column() {
    Button('拉至后台')
      .margin('20%')
      .onClick(() => {
        console.info('postCardAction to EntryAbility');
        postCardAction(this, {
          'action': 'call',
          'abilityName': 'EntryAbility', // 只能拉起当前应用下的 UIAbility
          'params': {
            'method': 'funA',
            'formId': this.formId,
            'detail': 'CallFromCard'
          }
        });
      })
    Text(`${this.detail}`).margin('20%')
  }
  .width('100%')
  .height('100%')
}
}
```

在 UIAbility 的 onCreate( )生命周期回调中监听 call 事件所需的方法，然后在对应方法中调用 updateForm( )接口刷新卡片，如例 10-12 所示。

例 10-12　UIAbility 处理 call 事件

```
import UIAbility from '@ohos.app.ability.UIAbility';
import formBindingData from '@ohos.app.form.formBindingData';
import formProvider from '@ohos.app.form.formProvider';

const MSG_SEND_METHOD: string = 'funA'

// 在收到 call 事件后会触发 callee 监听的方法
function FunACall(data) {
  // 获取 call 事件中传递的所有参数
  let params = JSON.parse(data.readString())
  if (params.formId !== undefined) {
    let curFormId = params.formId;
    let message = params.detail;
    console.info(`UpdateForm formId: ${curFormId}, message: ${message}`);
    let formData = {
      "detail": message
    };
    let formMsg = formBindingData.createFormBindingData(formData)
    formProvider.updateForm(curFormId, formMsg).then((data) => {
      console.info('updateForm success.' + JSON.stringify(data));
    }).catch((error) => {
      console.error('updateForm failed:' + JSON.stringify(error));
    })
  }
}
```

```
    return null;
  }
export default class EntryAbility extends UIAbility {
  // 如果 UIAbility 第一次启动, call 事件后会触发 onCreate()生命周期回调
  onCreate(Want, launchParam) {
    console.info('Want:' + JSON.stringify(Want));
    try {
      // 监听 call 事件所需的方法
      this.callee.on(MSG_SEND_METHOD, FunACall);
    } catch (error) {
      console.log(`${MSG_SEND_METHOD} register failed with error ${JSON.stringify(error)}`)
    }
  }
  ...
}
```

以上代码的运行结果如图 10-14 所示。

图 10-14   通过 call 事件刷新卡片内容

4. 使用 router 事件跳转到指定 UIAbility

在卡片中使用 postCardAction( )接口的 router 事件，能够快速拉起卡片提供方应用的指定 UIAbility，因此 UIAbility 较多的应用往往会通过卡片提供不同的跳转按钮，以实现"一键直达"的效果。例如相机卡片，卡片上提供拍照、录像等按钮，点击不同按钮将拉起相机应用的不同 UIAbility，从而提高用户的体验。

通常使用按钮控件来实现页面拉起，具体步骤如下。

① 在卡片页面中布局两个按钮，点击其中一个按钮时调用 postCardAction( )接口向指定 UIAbility 发送 router 事件，并在事件内定义需要传递的内容，如例 10-13 所示。

例 10-13   页面中携带不同的路由参数

```
@Entry
@Component
struct WidgetCard {
  build() {
    Column() {
      Button('功能 A')
        .margin('20%')
        .onClick(() => {
          console.info('Jump to EntryAbility funA');
          postCardAction(this, {
            'action': 'router',
            'abilityName': 'EntryAbility', // 只能跳转到当前应用下的 UIAbility
            'params': {
              'targetPage': 'funA' // 在 EntryAbility 中处理这个信息
            }
          });
```

```
      })

    Button('功能B')
      .margin('20%')
      .onClick(() => {
        console.info('Jump to EntryAbility funB');
        postCardAction(this, {
          'action': 'router',
          'abilityName': 'EntryAbility', // 只能跳转到当前应用下的 UIAbility
          'params': {
            'targetPage': 'funB' // 在 EntryAbility 中处理这个信息
          }
        });
      })
    }
    .width('100%')
    .height('100%')
  }
}
```

② 在 UIAbility 中接收 router 事件并获取参数，根据传递的不同 message 选择拉起不同的页面，如例 10-14 所示。

例 10-14　UIAbility 对不同的路由参数进行处理

```
import UIAbility from '@ohos.app.ability.UIAbility';
import window from '@ohos.window';

let selectPage = "";
let currentWindowStage = null;

export default class CameraAbility extends UIAbility {
  // 如果 UIAbility 第一次启动，在收到 router 事件后，会触发 onCreate() 生命周期回调
  onCreate(Want, launchParam) {
    // 获取 router 事件中传递的 targetPage 参数
    console.info("onCreate Want:" + JSON.stringify(Want));
    if (Want.parameters.params !== undefined) {
      let params = JSON.parse(Want.parameters.params);
      console.info("onCreate router targetPage:" + params.targetPage);
      selectPage = params.targetPage;
    }
  }
  // 如果 UIAbility 已在后台运行，在收到 router 事件后，会触发 onNewWant() 生命周期回调
  onNewWant(Want, launchParam) {
    console.info("onNewWant Want:" + JSON.stringify(Want));
    if (Want.parameters.params !== undefined) {
      let params = JSON.parse(Want.parameters.params);
      console.info("onNewWant router targetPage:" + params.targetPage);
      selectPage = params.targetPage;
    }
    if (currentWindowStage != null) {
      this.onWindowStageCreate(currentWindowStage);
    }
  }
```

```
onWindowStageCreate(WindowStage: window.WindowStage) {
  let targetPage;
  // 根据传递的不同 targetPage 选择拉起不同的页面
  switch (selectPage) {
    case 'funA':
      targetPage = 'pages/FunA';
      break;
    case 'funB':
      targetPage = 'pages/FunB';
      break;
    default:
      targetPage = 'pages/Index';
  }
  if (currentWindowStage === null) {
    currentWindowStage = WindowStage;
  }
  WindowStage.loadContent(targetPage, (err, data) => {
    if (err && err.code) {
      console.info('Failed to load the content. Cause: %{public}s', JSON.stringify(err));
      return;
    }
  });
}
};
```

10.3.6 卡片数据交互

在原子化服务中，服务卡片经常需要和服务卡片管理者进行数据交互，交互内容包括简单的消息传递和复杂的图片传输等。

1. 刷新本地图片和网络图片

ArkTS 卡片框架提供了 updateForm( )接口和 requestForm( )接口用于主动触发卡片的页面刷新，如图 10-15 所示。

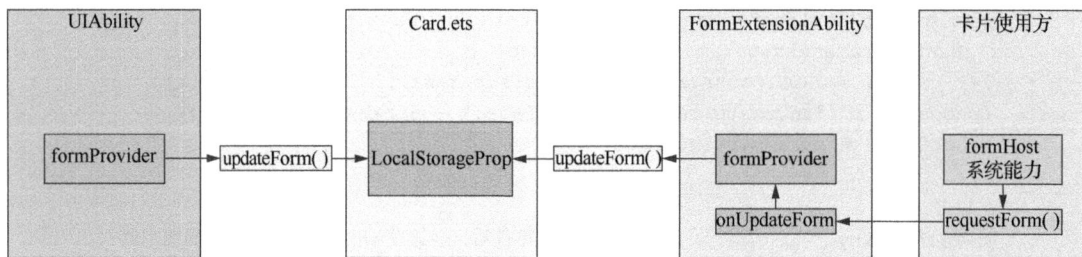

图 10-15　卡片刷新原理

在卡片上通常需要展示本地图片或从网络上下载的图片，获取本地图片或网络图片需要通过 FormExtensionAbility 来实现，接下来介绍如何在卡片上显示本地图片或网络图片。

① 下载网络图片要使用网络能力，需要申请 ohos.permission.INTERNET 权限，配置方式请参见配置文件权限声明。

② 在 EntryFormAbility 的 onAddForm( )生命周期回调中实现本地文件的刷新，如例 10-15 所示。

例 10-15　卡片提供者读取本地文件返回卡片

```
import formBindingData from '@ohos.app.form.formBindingData';
import formProvider from '@ohos.app.form.formProvider';
```

```
import FormExtensionAbility from '@ohos.app.form.FormExtensionAbility';
import request from '@ohos.request';
import fs from '@ohos.file.fs';

export default class EntryFormAbility extends FormExtensionAbility {
  ...
  // 在添加卡片时，打开本地图片，并将图片内容传递给卡片页面显示
  onAddForm(Want) {
    // 假设在当前卡片应用的 common 目录下有本地图片 head.png
    let tempDir = '/data/storage/el1/bundle/entry/ets/common'
    // 打开本地图片，并获取其打开后的 fd
    let file;
    try {
      file = fs.openSync(tempDir + '/' + 'head.png');
    } catch (e) {
      console.error(`openSync failed: ${JSON.stringify(e)}`);
    }
    let formData = {
      'text': tempDir,
      'imgName': 'imgBear',
      'formImages': {
        'imgBear': file.fd
      },
      'loaded': true
    }
    // 将 fd 封装在 formData 中，并返回卡片页面
    return formBindingData.createFormBindingData(formData);
  }

  ...
}
```

③ 在卡片页面通过 Image 组件展示 EntryFormAbility 传递过来的卡片内容，如例 10-16 所示。

例 10-16 卡片读取图片内容并显示

```
let storage = new LocalStorage();
@Entry(storage)
@Component
struct WidgetCard {
  @LocalStorageProp('text') text: string = '加载中...';
  @LocalStorageProp('loaded') loaded: boolean = false;
  @LocalStorageProp('imgName') imgName: string = 'name';

  build() {
    Column() {
      Text(this.text)
        .fontSize('12vp')
        .textAlign(TextAlign.Center)
        .width('100%')
        .height('15%')

      Row() {
        if (this.loaded) {
          Image('memory://' + this.imgName)
```

```
          .width('50%')
          .height('50%')
          .margin('5%')
      } else {
        Image('common/start.png')
          .width('50%')
          .height('50%')
          .margin('5%')
      }
    }.alignItems(VerticalAlign.Center)
    .justifyContent(FlexAlign.Center)

    Button('刷新')
      .height('15%')
      .onClick(() => {
        postCardAction(this, {
          'action': 'message',
          'params': {
            'info': 'refreshImage'
          }
        });
      })
  }
  .width('100%').height('100%')
  .alignItems(HorizontalAlign.Center)
  .padding('5%')
  }
}
```

例 10-16 运行结果如图 10-16 所示，从图中可以看到，当点击"拉至后台"按钮后，卡片上的图片发生了变化。

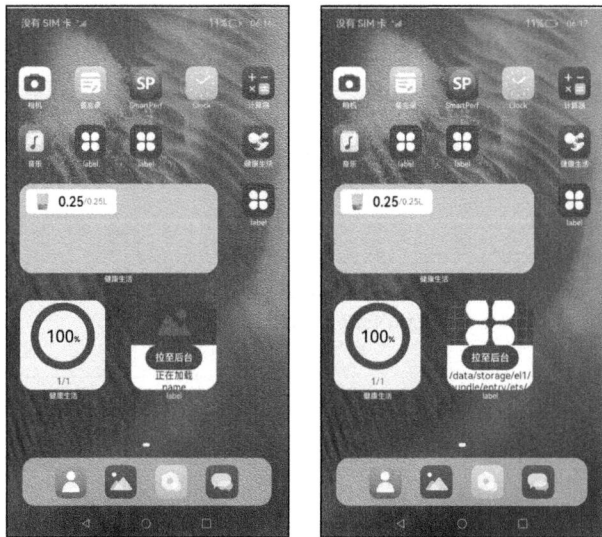

图 10-16　本地图片刷新

2. 根据卡片状态刷新不同内容

相同的卡片可以添加到桌面上实现不同的功能，比如在桌面添加两张卡片，一张显示杭州的天气、一张显示北京的天气，设置每天早上 7 点触发定时刷新，卡片需要感知当前的配置是杭州还是北京，然后将对应城市的天气信息刷新到卡片上。接下来介绍如何根据卡片的状态动态选择需要刷新的内容。

① 定义卡片配置文件/resource/profile/form_config.json，配置每天早上 7 点触发定时刷新，如例 10-17 所示。

例 10-17　卡片配置文件

```
{
  "forms": [
    {
      "name": "widget",
      "description": "This is a service widget.",
      "src": "./ets/widget/pages/WidgetCard.ets",
      "uiSyntax": "arkts",
      "window": {
        "designWidth": 720,
        "autoDesignWidth": true
      },
      "colorMode": "auto",
      "isDefault": true,
      "updateEnabled": true,"scheduledUpdateTime": "07:00",
      "updateDuration": 0,
      "defaultDimension": "2*2",
      "supportDimensions": ["2*2"]
    }
  ]
}
```

② 卡片页面：卡片具备不同的状态选择，在不同的状态下需要刷新不同的内容，因此在状态发生变化时通过 postCardAction( )接口通知 EntryFormAbility，如例 10-18 所示。

例 10-18　卡片页面及逻辑设置

```
let storage = new LocalStorage();
@Entry(storage)
@Component
struct WidgetCard {
  @LocalStorageProp('textA') textA: string = '待刷新...';
  @LocalStorageProp('textB') textB: string = '待刷新...';
  @State selectA: boolean = false;
  @State selectB: boolean = false;

  build() {
    Column() {
      Row() {
        Checkbox({ name: 'checkbox1', group: 'checkboxGroup' })
          .select(false)
          .onChange((value: boolean) => {
            this.selectA = value;
            postCardAction(this, {
              'action': 'message',
              'params': {
                'selectA': JSON.stringify(value)
              }
            });
          })
```

```
      Text('状态 A')
    }

    Row() {
      Checkbox({ name: 'checkbox2', group: 'checkboxGroup' })
        .select(false)
        .onChange((value: boolean) => {
          this.selectB = value;
          postCardAction(this, {
            'action': 'message',
            'params': {
              'selectB': JSON.stringify(value)
            }
          });
        })
      Text('状态 B')
    }

    Row() { // 选中状态 A 才会进行刷新的内容
      Text('状态 A: ')
      Text(this.textA)
    }

    Row() { // 选中状态 B 才会进行刷新的内容
      Text('状态 B: ')
      Text(this.textB)
    }
  }.padding('10%')
 }
}
```

③ EntryFormAbility：将卡片的状态存储在本地数据库中，在刷新事件回调触发时，通过 formId 获取当前卡片的状态，然后根据卡片的状态选择不同的刷新内容，如例 10-19 所示。

例 10-19　UIAbility 存储卡片 id 并设置刷新回调

```
import formInfo from '@ohos.app.form.formInfo'
import formProvider from '@ohos.app.form.formProvider';
import formBindingData from '@ohos.app.form.formBindingData';
import FormExtensionAbility from '@ohos.app.form.FormExtensionAbility';
import dataStorage from '@ohos.data.storage'

export default class EntryFormAbility extends FormExtensionAbility {
  onAddForm(Want) {
    let formId = Want.parameters[formInfo.FormParam.IDENTITY_KEY];
    let isTempCard: boolean = Want.parameters[formInfo.FormParam.TEMPORARY_KEY];
    if (isTempCard === false) { // 如果为常态卡片，直接进行信息持久化
      console.info('Not temp card, init db for:' + formId);
      let storeDB = dataStorage.getStorageSync(this.context.filesDir + 'myStore')
      storeDB.putSync('A' + formId, 'false');
      storeDB.putSync('B' + formId, 'false');
      storeDB.flushSync();
    }
    let formData = {};
    return formBindingData.createFormBindingData(formData);
```

```
  }

  onRemoveForm(formId) {
    console.info('onRemoveForm, formId:' + formId);
    let storeDB = dataStorage.getStorageSync(this.context.filesDir + 'myStore')
    storeDB.deleteSync('A' + formId);
    storeDB.deleteSync('B' + formId);
  }

  // 如果在添加时为临时卡片,则建议转为常态卡片进行信息持久化
  onCastToNormalForm(formId) {
    console.info('onCastToNormalForm, formId:' + formId);
    let storeDB = dataStorage.getStorageSync(this.context.filesDir + 'myStore')
    storeDB.putSync('A' + formId, 'false');
    storeDB.putSync('B' + formId, 'false');
    storeDB.flushSync();
  }

  onUpdateForm(formId) {
    let storeDB = dataStorage.getStorageSync(this.context.filesDir + 'myStore')
    let stateA = storeDB.getSync('A' + formId, 'false').toString()
    let stateB = storeDB.getSync('B' + formId, 'false').toString()
    // 选中状态 A 则更新 textA
    if (stateA === 'true') {
      let formInfo = formBindingData.createFormBindingData({
        'textA': 'AAA'
      })
      formProvider.updateForm(formId, formInfo)
    }
    // 选中状态 B 则更新 textB
    if (stateB === 'true') {
      let formInfo = formBindingData.createFormBindingData({
        'textB': 'BBB'
      })
      formProvider.updateForm(formId, formInfo)
    }
  }

  onFormEvent(formId, message) {
    // 存放卡片状态
    console.info('onFormEvent formId:' + formId + 'msg:' + message);
    let storeDB = dataStorage.getStorageSync(this.context.filesDir + 'myStore')
    let msg = JSON.parse(message)
    if (msg.selectA != undefined) {
      console.info('onFormEvent selectA info:' + msg.selectA);
      storeDB.putSync('A' + formId, msg.selectA);
    }
    if (msg.selectB != undefined) {
      console.info('onFormEvent selectB info:' + msg.selectB);
      storeDB.putSync('B' + formId, msg.selectB);
    }
    storeDB.flushSync();
  }
};
```

10.4　原子化服务开发实战

本节新建"健康生活应用"项目的 health_life 工程，该工程基于 ArkTS 语言开发，采用 Stage 模型，设置项目类型为"Atomic Service"，代表要创建原子化服务。该项目的目标是通过 health_life 工程中的服务卡片来体现服务卡片的优点。

10.4.1　项目基本需求

health_life 工程的目标是通过一个应用对用户的日常作息进行管理，促进用户养成健康的生活习惯，其基本功能如下。

用户可以创建最多 6 个健康生活任务（早起、喝水、吃苹果、每日微笑、刷牙、早睡），并设置任务目标、是否开启提醒、提醒时间、每周任务频率。

① 用户可以在主页面对设置的健康生活任务进行打卡，其中早起、每日微笑、刷牙和早睡任务只需打卡一次即可完成，喝水、吃苹果任务需要根据任务目标量多次打卡完成。

② 主页可显示当天的健康生活任务完成进度，当天所有任务都打卡完成后，进度为 100%，并且用户的连续打卡天数加 1。

③ 当用户连续打卡天数达到 3、7、30、50、73、99 天时，可以获得相应的成就。成就在获得时会以动画形式弹出，并可以在"成就"页面查看。

④ 用户可以查看以前的健康生活任务完成情况。

⑤ 用户可通过长按添加 2×2 或 2×4 卡片查看任务完成情况。

10.4.2　建立项目及卡片

如果要在已有项目中建立服务卡片，可以在项目源代码目录 src/main/ets 上点击鼠标右键，在弹出的快捷菜单中选择"New"→"Service Widget"命令来新建一个服务卡片，如图 10-17 所示。

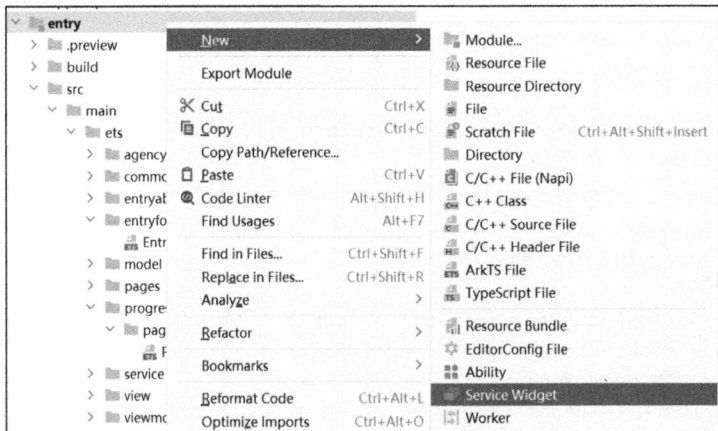

图 10-17　新建一个服务卡片

服务卡片有多种不同的模板可以选择，如 Hello World（低代码模板）、Image With Information（图片模板）、Immersive Information（沉浸式模板）等，如图 10-18 所示。从实际实现效果和工作原理来说，服务卡片就是一种简化的页面，除了显示区域小一些外，其余特性和页面一致。

选择好对应模板后，点击"Next"按钮，出现图 10-19 所示的界面。该界面中展示的是卡片的一些基本配置信息，如 Service widget name（卡片名）、Description（卡片描述信息）、Module name（所属模块）、Ability name（所属 Ability）。

　　这里的 Ability name 可以是已建立好的 Ability，也可以是在此处新建卡片时随之创建的新 Ability。此外，还可以设置卡片是基于 ArkTS 开发还是 JS 开发，以及卡片大小（有 4 种规格可选择）。

　　配置好相关信息并点击"Finish"按钮后，一张卡片就建立好了。ArkTS 卡片创建完成后，工程中会新增如下卡片相关文件：卡片生命周期管理文件（EntryFormAbility.ets）、卡片页面文件（AgencyCard.ets、ProgressCard.ets）和卡片配置文件（form_config.json），如图 10-20 所示。

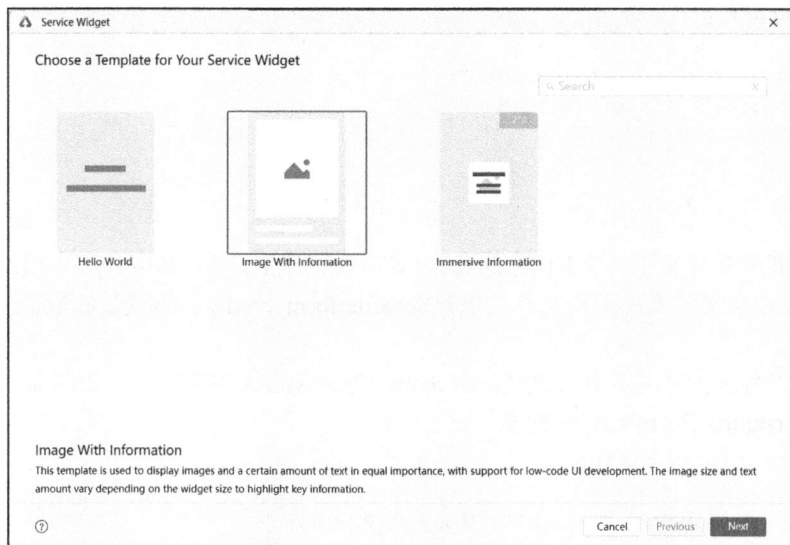

图 10-18　服务卡片模板选择

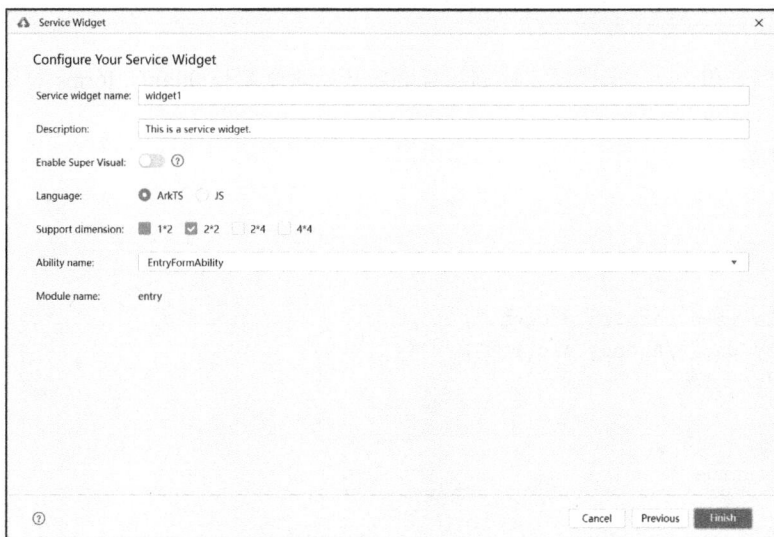

图 10-19　服务卡片配置信息

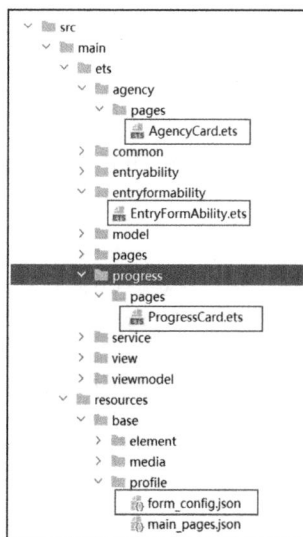

图 10-20　ArkTS 卡片相关文件

10.4.3　配置文件解析

　　本工程中一共有两张卡片，源代码分别处于 ets 目录下的 agency 目录和 progress 目录。这两张卡片都由 EntryFormAbility 进行管理，EntryFormAbility 为 FormExtensionAbility 类型。EntryFormAbility 的声明在配置文件 module.json5 中有详细定义，如例 10-20 所示。

例 10-20　卡片提供方定义

```
"extensionAbilities": [
  {
    "name": "EntryFormAbility",
    "srcEntry": "./ets/entryformability/EntryFormAbility.ets",
    "label": "$string:EntryFormAbility_label",
    "description": "$string:EntryFormAbility_desc",
    "type": "form",
    "metadata": [
      {
        "name": "ohos.extension.form",
        "resource": "$profile:form_config"
      }
    ]
  }
],
```

例 10-20 中的代码定义了卡片提供方的名称、路径及描述信息等。其中 type 字段定义了它为 form 类型；metadata 中定义了卡片配置文件的信息$profile:form_config，该变量的取值为 profile/form_ config.json。

health_life 工程运行时需要申请权限，由 requestPermissions 对象定义，如例 10-21 所示。

例 10-21　requestPermissions 对象

```
"requestPermissions": [
  {
    "name": "ohos.permission.PUBLISH_AGENT_REMINDER"
  }
]
```

例 10-21 中的代码申请了消息提醒运行权限，因为模块中定义了定时型任务，需要到点提醒用户打卡。

卡片的大小不一，分别为 2×4 和 2×2。卡片都支持刷新且刷新开始时间都是 00:00。forms 对象的定义如例 10-22 所示。

例 10-22　forms 对象的定义

```
{
  "forms": [
    {
      "name": "agency",
      "description": "This is a service widget.",
      "src": "./ets/agency/pages/AgencyCard.ets",
      "uiSyntax": "arkts",
      "window": {
        "designWidth": 720,
        "autoDesignWidth": true
      },
      "colorMode": "auto",
      "isDefault": true,
      "updateEnabled": true,
      "scheduledUpdateTime": "00:00",
      "defaultDimension": "2*4",
      "supportDimensions": [
        "2*4"
      ]
    },
```

```
{
    "name": "progress",
    "description": "This is a service widget.",
    "src": "./ets/progress/pages/ProgressCard.ets",
    "uiSyntax": "arkts",
    "window": {
      "designWidth": 720,
      "autoDesignWidth": true
    },
    "colorMode": "auto",
    "isDefault": false,
    "updateEnabled": true,
    "scheduledUpdateTime": "00:00",
    "defaultDimension": "2*2",
    "supportDimensions": [
      "2*2"
    ]
  }
 ]
}
```

配置文件中定义了两个 forms 对象——agency 和 progress，均采用 ArkTS 语言开发，可以刷新。

从例 10-22 可以看出，本项目定义了两张卡片，而且 agency 为默认显示的第一张卡片，progress 为随后显示的第二张卡片。

当项目运行时，可以看到设备桌面上已经创建了项目图标。用手指长按项目图标可以唤醒项目中的卡片，如图 10-21 所示，此时可以选择删除卡片或唤醒卡片。

当点击服务卡片按钮后，进入卡片展示页面，如图 10-22 所示。

从该图中可以看到，顶部提示栏提示这是"健康生活"工程的一个服务卡片，默认加载的是第一张卡片 agency，向右滑动可以显示第二张卡片，下面的按钮提示可以将该卡片添加到设备桌面。

当将两张卡片都添加到设备桌面后，可以看到图 10-23 所示的界面。

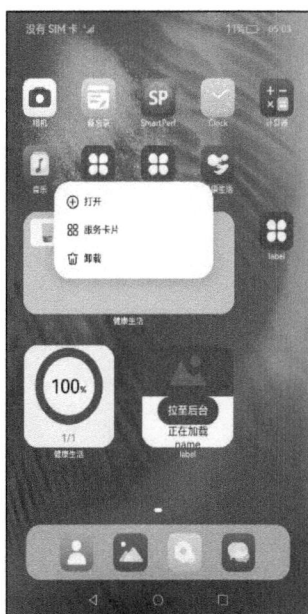

图 10-21　长按项目图标　　　　图 10-22　卡片展示页面　　　　图 10-23　将两张卡片都添加到设备桌面

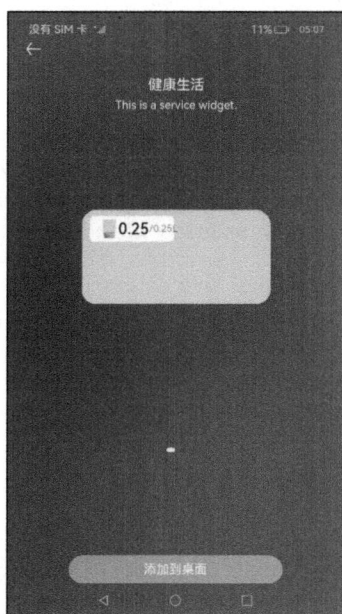

10.4.4　卡片信息持久化

卡片前端设计和页面前端设计的过程和步骤是一致的，可以选择 ArkTS 和 JS 两种语言来设计。本书给出的项目采用 ArkTS。

1.　卡片分类

由于大部分卡片提供方都不是常驻服务，只有在需要使用时才会被拉起以获取卡片信息，且卡片管理服务支持对卡片进行多实例管理，卡片 id 对应实例 id，因此若卡片提供方支持对卡片数据进行配置，则需要对卡片的业务数据按照卡片 id 进行持久化管理，以便在后续获取、更新以及拉起时能得到正确的卡片业务数据。而且需要实现 onRemoveForm（formId:string）卡片删除通知回调，在其中实现卡片实例数据的删除。

由此可将卡片分为两类：常态卡片和临时卡片。常态卡片是指卡片使用方会持久使用的卡片，临时卡片是指卡片使用方临时使用的卡片。

2.　卡片持久化

工程对自有的两个卡片都实现了数据的持久化。agency 卡片的功能是在卡片上提醒用户运动时间和喝水数量等，该功能是根据用户的选择来动态刷新的，因此是一个常态卡片。卡片提供方需要对卡片数据进行持久化操作，持久化的项目包括卡片 id 和用户的计划任务，如几点锻炼、喝多少升水等数据。

卡片 agency 的页面结构如例 10-23 所示。

例 10-23　卡片 agency 的页面结构

```
build() {
  Column() {
    if (this.showWidget) {
      List({ space: this.LIST_SPACE }) {
        ForEach(this.taskList, (taskItem) => {
          ListItem() {
            this.AgencyComponent(taskItem)
          }
          .margin({ right: $r("app.float.agency_item_margin") })
          .borderRadius($r("app.float.agency_item_radius"))
          .backgroundColor(Color.White)
        }, item => JSON.stringify(item))
      }
      .padding({
        left: $r('app.float.agency_padding_left'),
        top: $r('app.float.agency_padding_top'),
        right: $r('app.float.agency_padding_right'),
        bottom: $r('app.float.agency_padding_bottom')
      })
      .lanes(this.LIST_TWO_LANES)
      .backgroundColor($r("app.color.list_background_color"))
      .width(this.FULL_WIDTH_PERCENT)
      .height(this.FULL_HEIGHT_PERCENT)
    } else {
      this.AgencyNoData()
    }
  }
}
```

从例 10-23 可看出，如果状态变量 Widget 为 false，则调用 AgencyNoData( )构造函数来构建无任务的卡片，这时卡片上就显示出一个灰色区域，如图 10-24（a）所示。AgencyNoData( )构造函数如例 10-24 所示。

（a）无任务　　　　　　　　　（b）有任务

图 10-24　agency 卡片运行效果

例 10-24　无任务的卡片结构

```
@Builder AgencyNoData() {
  Column() {
    Image($r('app.media.ic_no_data'))
      .width(this.EMPTY_IMAGE_WIDTH)
      .height(this.EMPTY_IMAGE_HEIGHT)
      .objectFit(ImageFit.Contain)
    Text($r('app.string.agencyNoTask'))
      .fontSize($r('app.float.empty_data_size'))
      .fontColor(Color.White)
      .fontWeight(FontWeight.Normal)
      .opacity(this.TEXT_OPACITY)
      .margin({ top: this.TEXT_MARGIN_TOP })
  }
  .justifyContent(FlexAlign.Center)
  .width(this.FULL_WIDTH_PERCENT)
  .height(this.FULL_HEIGHT_PERCENT)
  .backgroundColor($r("app.color.no_data_background"))
  .onClick(() => {
    this.jumpToAbility();
  })
```

如果 Widget 为 true，则该页面中的核心组件为一个 List 容器组件，List 组件中的 ListItem 的构造函数为 AgencyComponent( )。其内容来自应用状态变量 taskList 数组，用该数组中的元素 taskItem 来构造 AgencyComponent 组件。taskList 数组中有多少个元素，在 agency 卡片中就有多少个任务，这些任务都是用户手动添加的。AgencyComponent 组件代码如例 10-25 所示。

例 10-25　有任务的卡片结构

```
@Builder AgencyComponent(taskItem) {
  Row() {
    Image(this.iconList[taskItem.taskType])
      .width($r('app.float.agency_image_size'))
      .height($r('app.float.agency_image_size'))
      .objectFit(ImageFit.Contain)
    if (taskItem.dateType) {
      Text(taskItem.isDone ? taskItem.targetValue : this.TARGET_VALUE_SPLICING +
taskItem.targetValue)
        .fontSize($r("app.float.text_common_size"))
        .fontColor($r("app.color.text_common_color"))
        .opacity(this.TARGET_TEXT_OPACITY)
        .fontWeight(FontWeight.Normal)
        .layoutWeight(this.TARGET_TEXT_WEIGHT)
        .textAlign(TextAlign.End)
    } else {
      Row() {
```

```
            Text(taskItem.finValueIsNull ? this.CROSS_BAR_SYMBOL : taskItem.finValue)
              .fontSize(taskItem.finValueIsNull ?
                $r("app.float.text_common_size") :
                $r('app.float.agency_text_bold'))
              .fontWeight(taskItem.finValueIsNull ? FontWeight.Normal : this.TEXT_
SLIGHTLY_BOLD)
              .fontColor(taskItem.finValueIsNull ?
                $r('app.color.hex_common_color') :
                $r('app.color.text_common_color'))
            Text(this.SLASHES + taskItem.targetValue)
              .fontSize($r("app.float.text_common_size"))
              .fontWeight(FontWeight.Normal)
              .fontColor($r('app.color.hex_common_color'))
            Text(taskItem.unit)
              .fontSize($r("app.float.text_common_size"))
              .fontWeight(FontWeight.Normal)
              .fontColor($r('app.color.hex_common_color'))
          }
          .layoutWeight(this.TARGET_TEXT_WEIGHT)
          .justifyContent(FlexAlign.End)
        }
      }
      .padding({
        left: $r('app.float.agency_row_padding'),
        right: $r('app.float.agency_row_padding')
      })
      .width(this.FULL_WIDTH_PERCENT)
      .height(this.AGENCY_COMPONENT_HEIGHT)
      .onClick(() => {
        this.jumpToAbility();
      })
    }
```

从例 10-25 可以看到，每个用户任务都有一个图片标识，此外需要根据任务中是否携带日期数据来决定任务详情的显示。有两种类型任务，分别是如果有日期，则用一个 Text 组件显示任务要达成的时间；如果没有日期，则用 4 个 Text 组件显示任务的频度——总完成量+/+目标值+单位，如图 10-24（b）所示。

为了实现实时的时、分、秒显示，需要得到服务卡片对应 Ability 的支持。在创建服务卡片时可知，每张卡片需要属于一个特定的 form 类型的 ExtensionAbility，该 ExtensionAbility 负责管理对应的卡片数据和事件交互。卡片和 Ability 之间的从属关系可以在 module.json5 文件中 ExtensionAbility 的 metadata 属性中看到。其中，卡片 agency 对应的是 EntryFormAbility。

EntryFormAbility 的功能是为卡片 agency 提供任务数据。这里有两点需要注意：首先是 EntryFormAbility 需要支持卡片数据持久化，因为它需要不停访问卡片，每当用户任务数据发生变更后需要刷新卡片，每次刷新卡片内容都需要获取卡片 id，而这个卡片 id 是不能变化的；其次是如何将 EntryFormAbility 获取的数据传送到卡片。

为实现数据持久化，这里采用第 7 章介绍的 SQLite 关系数据库来存储卡片信息。健康生活数据库包含一个卡片信息表，名称为 formInfo。创建卡片信息表的代码如例 10-26 所示。

例 10-26　卡片信息表 formInfo 的创建

```
export default class EntryAbility extends UIAbility {
  private static TAG: string = 'EntryAbility';
  async onCreate(Want, launchParam) {
```

```
...
RdbUtils.createTable(FORM_INFO.tableName, columnFormInfoList).catch(err => {
  Logger.error(`RdbHelper formInfo err : ${JSON.stringify(err)}`);
});
}
}

export const FORM_INFO = {
  tableName: 'formInfo',
  columns: ['id', 'formId', 'formName', 'formDimension']
}

// RdbUtils.ets
createTable(tableName: string, columns: Array<ColumnInfo>): Promise<void> {
  return this.createDb().then(dbHelper => {
    return dbHelper.createTable(tableName, columns);
  });
}

// RdbHelperImp.ets
createTable(tableName: string, columns: Array<ColumnInfo>): Promise<void> {
  let createTableSql = tableHelper.createTableSql(tableName, columns);
  // 创建卡片信息表
  return this.executeSql(createTableSql);
}

executeSql(sql: string): Promise<void> {
  return this.rdbStore.executeSql(sql);
}
```

从例 10-26 所示代码可看到，在创建主 UIAbility 的时候，就对卡片信息表进行了创建，具体内容包括卡片 id、卡片名称和卡片大小。该表的创建是通过执行关系数据库的 executeSql( )函数来实现的。

数据库中的卡片信息表构建好后，需要在创建卡片时插入卡片信息，具体是在卡片管理 FormExtensionAbility 类的 onAddForm( )回调中实现，如例 10-27 所示。

例 10-27 卡片信息表持久化

```
export default class EntryFormAbility extends FormExtensionAbility {
  onAddForm(Want) {
    let formId: string = Want.parameters[FORM_PARAM_IDENTITY_KEY];
    let formName: string = Want.parameters[FORM_PARAM_NAME_KEY];
    let formDimension: number = Want.parameters[FORM_PARAM_DIMENSION_KEY];
    let formInfo: FormInfo = {
      formId: formId,
      formName: formName,
      formDimension: formDimension
    };
    FormUtils.insertFormData(this.context, formInfo);
    let obj = {};
    // 需要返回一个 formBindingData 对象
    let formData = formBindingData.createFormBindingData(obj);
    return formData;
  }
}
```

例 10-27 所示代码在 onAddForm( )回调中获取 Want 对象后，接着通过 Want 对象获取卡片传递过来的卡片信息——formId（卡片 id）、formName（卡片名称）和 formDimension（卡片大小），再通过调用卡片工具类 FormUtils 的 insertFormData( )函数向卡片信息表插入当前新增的卡片信息。

10.4.5　卡片内容刷新

当用户没有添加任何任务时，agency 卡片上没有数据；而当用户在工程主页面添加任务后，再次显示卡片时，卡片上就出现了用户任务。实现该功能的代码如例 10-28 所示。

用户在 MainPage.ets 构建的主页面上按照自己的需求添加任务，添加任务后，调用 finishTaskEdit( )函数来存储任务信息。

例 10-28　将卡片信息更新到数据库

```
finishTaskEdit() {
  if (this.isChanged) {
    let context: Context = getContext(this) as common.Context;
    addTask({
      id: commonConst.ZERO,
      date: commonConst.GLOBAL_KEY,
      ...this.settingParams,
      isDone: false,
      finValue: ''
    }, context).then(res => {
      globalThis.taskListChange = true;
      router.back({
        url: 'pages/MainPage',
        params: {
          editTask: this.backIndexParams(),
        }
      })
      Logger.info('addTaskFinished', JSON.stringify(res));
    }).catch(error => {
      prompt.showToast({
        message: commonConst.SETTING_FINISH_FAILED_MESSAGE
      })
      Logger.error('addTaskFailed', JSON.stringify(error));
    })
    return;
  }
  router.back({
    url: 'pages/MainPage',
  });
}
```

例 10-28 所示代码通过状态变量 isChanged 来判断用户是否添加了新任务。如果有新任务，通过 addTask( )函数将任务的时间和任务详情等写入任务表 taskInfo。这里很重要的一个变量就是 globalThis.taskListChange，该变量用来表示任务列表是否有变化，如果有变化就需要对卡片进行刷新。

卡片刷新操作在工程主 UIAbility 的 onBackground( )回调中实现，如例 10-29 所示。

例 10-29　卡片刷新操作

```
//EntryAbility.ets
onBackground() {
  // Ability 已返回后台
  FormUtils.backgroundUpdateCard(globalThis.taskListChange);
```

```
  }

  //FormUtils.ets
  class FormUtils {
  ...
    public backgroundUpdateCard(taskListChange: boolean): void {
      if (taskListChange) {
        globalThis.taskListChange = false;
        let timeId = setTimeout(() => {
          this.queryForms();
          clearInterval(timeId);
        }, TIMES_100);
      }
    }
  }

  public queryForms(): void {
    FormInfoApi.queryFormData((resultSet: Array<FormInfo>) => {
      resultSet.forEach((item: FormInfo) => {
        this.updateRectangleCards(item);
      });
    });
  }
```

如例 10-29 代码所示，当卡片切换到后台后，触发 onBackground( )回调。该回调检查 globalThis.
taskListChange 变量是否为真，如果为真，则先将其置为假，等待 0.1s 后调用 queryForms( )函数查
询卡片信息表 formInfo 中的所有任务信息。最后调用 updateRectangleCards( )函数更新卡片。

　　updateRectangleCards( )函数代码如例 10-30 所示。这里需要根据卡片信息表中存储的卡片类型和卡
片大小来决定到底是调用 dateQueryTaskInfo( )函数刷新 agency 卡片，还是调用 dateQueryDayInfo( )函数
刷新 progress 卡片。以 dateQueryTaskInfo( )函数为例，最后调用 processTaskData( )实现卡片的刷新，
卡片的刷新函数为 formProvider.updateForm( )。

例 10-30　不同卡片类型的卡片刷新

```
    private updateRectangleCards(formInfo: FormInfo): void {
      if ((formInfo.formName === WIDGET_NAME_AGENCY) && (formInfo.formDimension ===
DEFAULT_DIMENSION_2X4)) {
        let createPromise = RdbUtils.isCreateTable(TASK_INFO.tableName,
columnTaskInfoInfoList);
        createPromise.then((result: boolean) => {
          if (!result) {
            Logger.error(TAG, 'taskInfo table create error');
            return;
          }
          this.dateQueryTaskInfo(formInfo, new Date().toDateString());
        }).catch(err => {
          Logger.error(TAG, `taskInfo err : ${JSON.stringify(err)}`);
        });
      }
      if ((formInfo.formName === WIDGET_NAME_PROGRESS) && (formInfo.formDimension ===
DEFAULT_DIMENSION_2X2)) {
        let createPromise = RdbUtils.isCreateTable(DAY_INFO.tableName, columnDayInfoList);
        createPromise.then((result: boolean) => {
          if (!result) {
            Logger.error(TAG, 'dayInfo create table error');
```

```
        return;
      }
      this.dateQueryDayInfo(formInfo, new Date().toDateString());
    }).catch(err => {
      Logger.error(TAG, `dayInfo err : ${JSON.stringify(err)}`);
    });
  }
}

private processTaskData(formInfo: FormInfo, data: TaskInfo[]): void {
  let taskList: AgencyCardInfo[] = this.fetchResult(data);
  let obj: ProgressCardInfo = {};
  obj.taskList = taskList;
  obj.showWidget = taskList.length === 0 ? false : true;
  let formData = formBindingData.createFormBindingData(obj);
  formProvider.updateForm(formInfo.formId, formData).catch((err) => {
    Logger.error(TAG, `processTaskData updateForm, err: ${JSON.stringify(err)}`);
  });
}
```

10.4.6 卡片页面跳转

10.3.5 小节中已经介绍过卡片如何与 Ability 进行事件交互。交互方式主要有两种：router 事件进行跳转，message 事件进行消息传递。下面实现点击 agency 卡片，直接跳转回应用主界面的功能。

在 agency 卡片页面结构文件的第一行中定义一个点击事件，代码如例 10-31 所示。

例 10-31 卡片路由

```
jumpToAbility() {
postCardAction(this, {
  'action': this.ACTION_TYPE,
  'abilityName': this.ABILITY_NAME
});
}
```

代码例 10-31 中的 action 事件类型 ACTION_TYPE 为 router，表明要产生页面跳转，跳转目标 abilityName（ABILITY_NAME）都已经定义好了。当点击 agency 卡片时，会自动跳转到应用主界面，如图 10-25 所示。

图 10-25 点击卡片跳转到应用主界面

主界面是通过 ArkTS 构建的，因为这种方法适用于从卡片到应用主界面的跳转，详细的实现代码就不在这里展示了。

10.4.7　删除卡片

当用户完成了所有任务后，希望将对应任务卡片删除。删除卡片时，卡片上所有的任务也会被删除。当然，若用户在主界面中取消任务，卡片上的任务也会减少。

当用户在卡片上长按时，可以调出卡片的菜单，选择其中的"移除"后，卡片会被删除，如图 10-26 所示。

图 10-26　删除卡片

删除卡片操作发生后，会触发卡片管理 ExtensionAbility 的 onRemoveForm( )回调，如例 10-32 所示。

例 10-32　删除卡片

```
onRemoveForm(formId: string) {
  FormUtils.deleteFormData(this.context, formId);
}
}


public deleteFormData(context: Context, formId: string): void {
  RdbUtils.initDb(context, RDB_NAME.dbName);
  let isCreatePromise = RdbUtils.isCreateTable(FORM_INFO.tableName, columnFormInfoList);
  isCreatePromise.then((result: boolean) => {
    if (!result) {
      Logger.error(TAG, 'deleteFormData form table create error');
      return;
    }
    FormInfoApi.deleteFormData(formId);
  });
}
```

例 10-32 所示代码调用 deleteFormData( )来删除卡片，其中的 formId 为 onRemoveForm( )回调传递过来的当前被删除卡片的 formId。

本章小结

OpenHarmony 原子化服务是 OpenHarmony 提出的一种全新的服务提供方式，可以给用户带来便捷的服务体验。本章首先介绍了 OpenHarmony 原子化服务的定义与特性，接着描述了原子化服务在 OpenHarmony 中的多种应用场景，然后介绍了原子化服务开发基础，接着介绍了卡片项目的文件结构、卡片配置文件的特性等，最后用一个详细的原子化服务开发实战展示了前文知识点的综合应用，并介绍了卡片内容刷新、卡片页面跳转等的实现方法。

通过对本章的学习，读者应能够理解原子化服务的特性，熟悉原子化服务的工作机制和生命周期，掌握原子化服务的构建和分享方法，学会利用服务卡片来提升应用的用户体验。

课后习题

1.（单选题）OpenHarmony 中的原子化服务是一种拥有独立入口的、免安装的、可为用户提供一个或多个便捷服务的用户应用程序形态。（　　）

    A. 正确　　　　　　　　　　　　　B. 错误

2.（多选题）服务卡片是 UIAbility 的一种界面展示形式，它包含（　　）。

    A. 卡片提供方　　B. 卡片使用方　　C. 卡片管理服务　　D. 卡片刷新服务

3.（单选题）服务卡片需要进行定时刷新，可以定义刷新的开始时间和刷新间隔。刷新的目的是避免卡片失效。（　　）

    A. 正确　　　　　　　　　　　　　B. 错误

4.（多选题）服务卡片与 UIAbility 的交互可以通过（　　）进行。

    A. router 事件　　B. message 事件　　C. click 事件　　D. touch 事件

5.（单选题）一个 FormAbility 可以包含多个服务卡片，且必须有一个 isDefault 属性为 true 的卡片作为初始显示卡片。（　　）

    A. 正确　　　　　　　　　　　　　B. 错误

第 11 章
OpenHarmony
网络访问与多线程

学习目标

① 掌握 OpenHarmony 应用中调用 HTTP 接口访问网络数据的方法。

② 掌握 OpenHarmony 应用中数据上传和下载的实现方法。

③ 了解 WebSocket，并掌握 OpenHarmony 应用中使用 WebSocket 模式访问服务器获取数据的方法。

④ 了解多线程，并掌握在 OpenHarmony 应用中使用多线程的方法。

⑤ 掌握通过 web 组件进行网络访问。

    信息社会的核心是丰富的互联网资源，人们可以通过网络来访问互联网，并获取想要的信息。以前，人们习惯通过计算机上的浏览器来访问互联网。现在，随着移动互联网的发展，人们越来越依赖手机浏览器，或者是具备网络访问功能的手机应用来获取资源，如通过淘宝、美团等移动端应用获取商品信息和生活信息。因此，移动端应用具备网络访问能力是十分有必要的。

    此外，对移动端应用来说，网络访问通常与多线程联系在一起。因为移动端设备是通过无线方式（5G、Wi-Fi、蓝牙等）来获取数据的，其网络通常是不稳定的，因此网络数据的获取常要花费较长时间。如果前端一直等待网络数据返回而无法响应用户操作，会给用户带来不好的体验。所以移动端的网络数据传输一般放在后台线程进行，主线程（又叫界面线程）依然可以和用户交互。

    本章主要介绍移动应用开发常用的一些网络通信技术，主要包括如何进行 HTTP 接口调用、如何实现数据上传和下载、如何运用 WebSocket、如何使用多线程完成异步操作，以及如何通过 Web 组件实现网络访问。

11.1 HTTP 接口调用

    访问网页内容常调用 HTTP 接口，这和浏览器访问网络资源的方法一致。本节主要讲解 HTTP 接口在 ArkUI 框架中的调用，主要步骤如下。

    ① 引入依赖。要使用 HTTP 数据请求组件，必须引入相关依赖，示例代码如下。

```
import http from '@ohos.net.http';
```

    ② 创建 httpRequest 对象。httpRequest 对象中包括发起请求、中断请求、订阅/取消订阅 HTTP 响应报头（Response Header）事件。每一个 httpRequest 对象对应一个 HTTP 请求。如果发起多个 HTTP 请求，需为每个 HTTP 请求创建对应的 httpRequest 对象。创建 httpRequest 对象的示例代码如下。

```
let httpRequest = http.createHttp();
```

③ 订阅 httpResponse 响应报头。通过订阅响应报头，可以提前得知 HTTP 请求是否成功及其他响应信息，示例代码如下。

```
httpRequest.on('headerReceive', (err, data) => {
    if (!err) {
        console.info('header: ' + data.header);
    } else {
        console.info('error:' + err.data);
    }
});
```

响应报头会比 HTTP 请求结果先返回，可以根据业务需要订阅此消息。on 为订阅，off 为取消订阅。例如，上段代码中的请求端订阅了服务端响应报头中的 **headerReceive** 消息。一旦在报头中发现该消息，如果没有错误则输出报头内容，否则输出错误信息。

④ 设定请求参数并发出请求，异步等待结果。做好前 3 步设定后，就可以设定 HTTP 请求的参数，发出 HTTP 请求并异步等待返回结果，如例 11-1 所示。

例 11-1　发出 HTTP 请求

```
httpRequest.request(
    // 填写 HTTP 请求的 URL 地址，可以带参数，也可以不带参数。URL 地址需要开发者自定义，请求的参数可以在
extraData 中指定
    "EXAMPLE_URL",
    {
     method: http.RequestMethod.POST, // 可选，默认为 http.RequestMethod.GET
     // 开发者可根据自身业务需要添加 header 字段
     header: {
       'Content-Type': 'application/json'
     },
     // 当使用 POST 请求时此字段用于传递内容
     extraData: {
       "data": "data to send",
     },
     expectDataType: http.HttpDataType.STRING, // 可选，指定返回数据的类型
     usingCache: true, // 可选，默认值为 true
     priority: 1, // 可选，默认值为 1
     connectTimeout: 60000, // 可选，默认值为 60000，单位为 ms
     readTimeout: 60000, // 可选，默认值为 60000，单位为 ms
     usingProtocol: http.HttpProtocol.HTTP1_1, // 可选，协议类型默认值由系统自动指定
     usingProxy: false, //可选，默认不使用网络代理，自 API 10 开始支持该属性
    }, (err, data) => {
     if (!err) {
       // data.result 为 HTTP 响应内容，可根据业务需要进行解析
       console.info('Result:' + JSON.stringify(data.result));
       console.info('code:' + JSON.stringify(data.responseCode));
       // data.header 为 HTTP 响应头，可根据业务需要进行解析
       console.info('header:' + JSON.stringify(data.header));
       console.info('cookies:' + JSON.stringify(data.cookies)); // 8+
       // 当该请求使用完毕时，调用 destroy()方法主动销毁
       httpRequest.destroy();
     } else {
       console.error('error:' + JSON.stringify(err));
```

```
        // 取消订阅 HTTP 响应头事件
        httpRequest.off('headersReceive');
        // 当该请求使用完毕时，调用 destroy()方法主动销毁
        httpRequest.destroy();
      }
    }
);
```

httpRequest 对象有 3 个多态的 request( )函数，它们以不同方式发起 HTTP 请求，以不同方式返回结果，详细介绍如下。

request(url: string, callback: AsyncCallback<HttpResponse>):void：该函数无返回值；HTTP 请求的返回内容包含在异步回调函数 AsyncCallback( )中；url 为请求的网址，网址可以带参数，也可以不带参数。

request(url:string,options:HttpRequestOptions,callback: AsyncCallback<HttpResponse>): void：例 11-1 中采用的就是该函数。该函数多了一个 HttpRequestOptions 类型的 options 参数，options 参数可用于配置相应的请求选项，这些请求选项的具体意义如下。

- method：枚举类型，代表 HTTP 请求的模式，可以是 POST、GET、PUT 等。POST 和 GET 的区别是 GET 在 url 中给出参数，而 POST 在 HTTP 请求的 httpBody 中给出参数。
- header：对象类型，代表 HTTP 请求头字段，默认值为{'Content-Type': 'application/json'}。
- extraData：字符串类型，代表发送的 HTTP 请求中携带的额外数据。当 HTTP 请求为 GET 等模式时，此字段为 HTTP 请求的参数补充，参数内容会拼接到 url 中进行发送；当 HTTP 请求为 POST 和 PUT 等模式时，此字段为 HTTP 请求的 httpBody 中的内容。
- readTimeout：数值类型，代表请求读取超时时间，默认值为 60000，单位为 ms。
- connectTimeout：数值类型，代表请求连接超时时间，默认值为 60000，单位为 ms。

request(url: string, options? : HttpRequestOptions): Promise<HttpResponse>：该函数使用 Promise 方式作为异步方法。

下面主要分析第二种 request( )函数，该函数的第三个参数为异步回调函数，其形式表现为 (err,data)=>{ }。该回调函数有两个参数：err 和 value。value 参数为 request( )函数的返回值。当网络请求成功时，value 参数包含服务器返回的数据；如果请求失败，value 参数内容为空。err 参数在网络请求成功时，参数类型为 ResponseCode，否则参数类型为通用错误码。ResponseCode 为枚举类型，其取值说明如表 11-1 所示。

表 11-1　ResponseCode 取值说明

变量	值	说明
OK	200	请求成功，一般用于 GET 与 POST 请求
ACCEPTED	202	已经接收请求，但未处理完成
BAD_REQUEST	400	客户端请求的语法错误，服务器无法理解
FORBIDDEN	403	服务器理解客户端的请求，但是拒绝执行此请求
NOT_FOUND	404	服务器无法根据客户端的请求找到资源（网页）

⑤ 按照实际业务需要，解析返回结果。
⑥ 调用该对象的 off( )方法，取消订阅 HTTP 响应头事件。
⑦ 当该请求使用完毕时，调用 destroy( )方法主动销毁。
花括号{ }内为回调函数的函数体，例 11-1 中通过 Text 组件在屏幕上输出返回内容，title 变量

为 Text 组件的值。如果数据成功返回，在屏幕和控制台同时输出网页内容，屏幕输出结果如图 11-1 所示；如果失败，则在控制台输出错误码。

图 11-1 屏幕输出结果

11.2 数据上传和下载

移动端应用常会遇到需要从指定位置上传或下载文字、图片及视频等情况。例如当前应用需要提交用户的照片，当用户使用相机拍好照片并确认后，用户照片被上传到服务器保存。上传和下载的特点是其操作方向基本是相反的，但调用的函数基本一致，只是名称上有所差异。

开发者可以使用上传下载模块（ohos.request）的下载接口将网络资源文件下载到应用文件目录。对已下载的网络资源文件，开发者可以通过基础文件操作接口（ohos.file.fs）对其进行访问，使用方式与应用文件使用方式一致。文件下载过程使用系统服务代理完成。

下面以下载任务为例，说明数据上传和下载的方法，数据下载任务如例 11-2 所示。

例 11-2 数据下载任务

```
import common from '@ohos.app.ability.common';
import fs from '@ohos.file.fs';
import request from '@ohos.request';
@Entry
@Component
struct Download {
  @State message: string = 'Hello World'

  downloadfile():void{
  let context = getContext(this) as common.UIAbilityContext;
  let filesDir = context.filesDir;

  try {
    request.downloadFile(context, {
      url: 'http://×××/1013/443777.html',
      filePath: filesDir + '/test.txt'
    }).then((downloadTask) => {
      downloadTask.on('complete', () => {
```

```
        console.info('download complete');
        let file = fs.openSync(filesDir + '/test.txt', fs.OpenMode.READ_WRITE);
        let buf = new ArrayBuffer(1024);
        let readLen = fs.readSync(file.fd, buf);
        this.message=String.fromCharCode.apply(null, new Uint8Array(buf.slice(0, readLen)))
        console.info(`The content of file: ${String.fromCharCode.apply(null, new
Uint8Array(buf.slice(0, readLen)))}`);
        fs.closeSync(file);
      })
    }).catch((err) => {
      console.error(`Invoke downloadTask failed, code is ${err.code}, message is
${err.message}`);
    });
    } catch (err) {
      console.error(`Invoke downloadFile failed, code is ${err.code}, message is
${err.message}`);
    }

  }

  build() {
    Row() {
      Column() {
        Button('下载文件')
          .onClick(()=>
          {
            this.downloadfile()
          })
          .fontSize(20)
          .fontWeight(FontWeight.Bold)
        Text(this.message)
          .fontSize(15)
          .margin(10)
      }
      .width('100%')
    }
    .height('100%')
  }
}
```

例 11-2 所示代码首先引入系统组件 request，由于是下载任务，所以代码中首先调用 request 对象的 downloadFile( )函数。该方法有两个参数，一个是 context，另一个是异步回调函数。context 为上下文环境。异步回调函数与例 11-1 中 HTTP 请求的回调函数的结构和工作原理一致，本例中该函数是指下载完成时的回调函数。

例 11-2 中将回调函数的第二个参数（下载任务返回数据）赋值给 downloadTask 变量，该变量为 downloadTask 类型，它可以为以下两个函数。

① on( )。该函数的功能是开启下载任务监听，它有两个参数，第一个参数为 type，第二个参数为回调函数。type 代表监听的事件类型，默认为监听下载进度。回调函数为下载进度回调函数，本例中采用 fs 文件操作接口打开下载文件。

② off( )。该函数的功能是停止下载任务监听，它的参数类型和 on( )的完全一致。

例 11-2 中的代码运行结果如图 11-2 所示。该代码从指定的链接下载了一个 HTML 文件，并用 Uint8Array 格式进行解码输出。

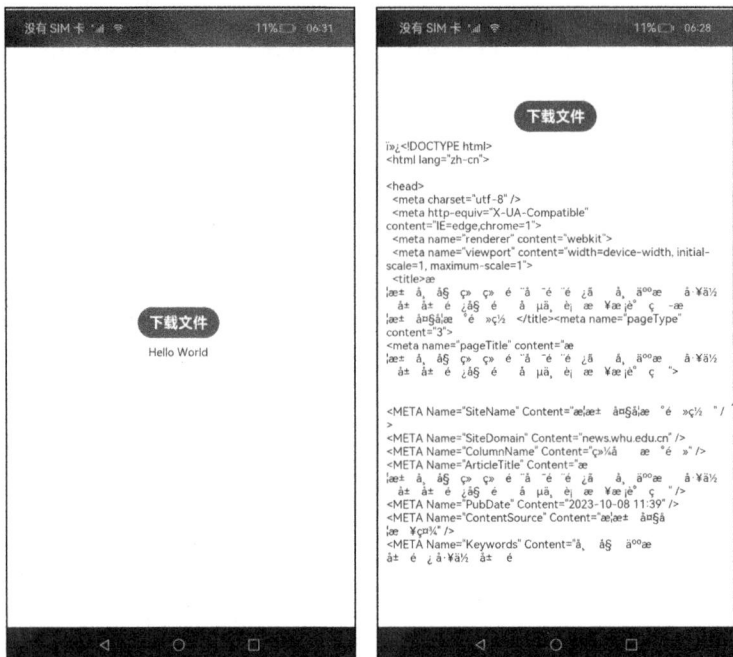

图 11-2　下载文件并解码输出

11.3　WebSocket 连接

Socket（套接字）是通信的基础，是支持 TCP/IP 网络通信的基本操作单元。它是网络通信过程中端点的抽象表示，包含进行网络通信必需的 5 种信息：连接使用的协议、本地主机的 IP 地址、本地进程的协议端口、远程主机的 IP 地址、远程进程的协议端口。

应用程序与服务器通信可以采用两种模式：TCP 可靠通信和用户数据报协议（User Datagram Protocol，UDP）不可靠通信。Socket 之间的连接过程分为 3 个步骤：服务器监听，客户端向服务器请求连接，双方确认连接。

11.3.1　WebSocket 的概念

WebSocket 是 HTML5 规范提出的一种协议，也是基于 TCP 和应用层 HTTP 并存的协议。HTML5 WebSocket 规范定义了 WebSocket API，支持页面使用 WebSocket 协议与远程主机进行全双工的通信。它引入了 WebSocket 接口，并且定义了一个全双工的通信通道，该通道通过一个单一的套接字在 Web 上进行操作。应用层协议结构如图 11-3 所示。

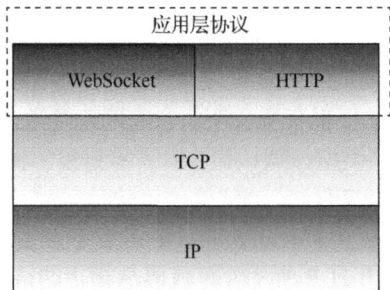

图 11-3　应用层协议结构

要使用 HTML5 WebSocket 从一个 Web 客户端连接一个远程端点，需要创建一个新的 WebSocket 实例，并为之提供一个 URL 来表示想要连接到的远程端点。该规范定义了"ws://"及"wss://"模式来分别表示 WebSocket 连接和安全 WebSocket 连接，两者的区别跟"http://"及"https://"的区别差不多。

Socket 其实并不是一个协议，而是为了方便使用 TCP 或 UDP 而抽象出来的一个层，是位于应用层和传输控制层之间的一组接口。WebSocket 是双向通信协议，模拟 Socket 协议，可以双向发送或接收信息，而 HTTP 是单向的。WebSocket 需要浏览器和服务器握手建立连接，而 HTTP 是浏览器向服务器发起连接，服务器预先并不知道这个连接。在 WebSocket 中，只需要服务器和浏览器通过 HTTP 进行一个握手的动作，然后单独建立一条 TCP 的通信通道即可进行数据的传送。

11.3.2　WebSocket 的实现

如果需要在 ArkUI 框架中使用 WebSocket 建立服务器与客户端的双向连接，需要先通过 createWebSocket( )函数创建 WebSocket 对象，然后通过 connect( )函数连接 ws 服务器。当连接成功后，客户端会收到 open 事件的回调，之后客户端就可以通过 send( )函数与服务器进行通信。当服务器发信息给客户端时，客户端会收到 message 事件的回调。当客户端不需要此连接时，可以通过调用 close( )函数主动断开连接，之后客户端会收到 close 事件的回调。

若在上述任一过程中发生错误，客户端会收到 error 事件的回调。下面的代码展示了基于 WebSocket 协议的数据传输具体的实现过程。

① 引入 webSocket 模块。

```
import webSocket from '@ohos.net.webSocket';
```

② 设置服务器 URL 地址。

```
var defaultIpAddress = "ws://127.0.0.1:8443/v1";
```

③ 创建一个 WebSocket 连接，返回一个 WebSocket 对象。

```
let ws = webSocket.createWebSocket();
```

④ 根据 URL 地址，发起 WebSocket 连接，和服务器建立连接。

```
ws.connect(defaultIpAddress, (err, value) => {
    if (!err) {
        console.log("connect success");
    } else {
        console.log("connect fail, err:" + JSON.stringify(err));
    }
});
```

将第②步设置的 URL 地址作为 WebSocket 对象 ws 的 connect( )函数的第一个参数，第二个参数是回调函数，当连接成功后会触发该回调函数，在控制台上输出连接成功信息，如图 11-4 所示，否则输出连接失败信息。connect( )函数有 3 个重载函数，第二个重载函数有 3 个参数，第二个参数为 options，类型为 WebSocketRequestOptions，该参数用来设定建立连接时携带的 HTTP 头部信息。

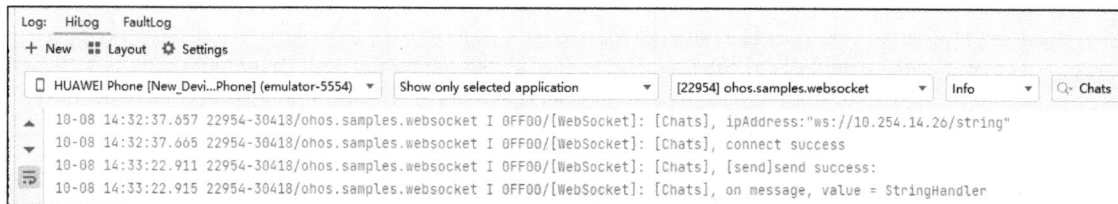

图 11-4　在控制台输出连接成功信息

⑤ 订阅服务器消息。使用 WebSocket 对象的 on( )函数可以订阅 ws 服务器发送过来的信息，并针对不同的信息来触发客户端不同的回调函数。

当客户端和服务器建立连接后，会收到服务器发送的 open 信息。如果客户端订阅了该消息并定义了对应的回调函数，收到该消息后会触发该回调函数。回调函数的参数 value 携带服务器传回的信息，在该回调中客户端可以调用 send( )方法向服务器发送消息。send( )方法的第一个参数为发送内容，第二个参数为服务器响应后的回调函数，同样通过输出参数 value 获取服务器消息。若成功返回就向控制台输出发送成功的消息。基于 WebSocket 协议的数据发送如例 11-3 所示。

例 11-3　基于 WebSocket 协议的数据发送

```
ws.on('open', () => {
    // 当收到 on('open')事件时，可以通过 send()方法与服务器进行通信
    promptAction.showToast({ message: '连接成功,可以聊天了! ', duration: 1500 })
})
sendMessage() {
  let sendMessage = new ChatData(this.message, false)
  this.chats.pushData(sendMessage)
  let sendResult = ws.send(this.message)
  sendResult.then(() => {
      Logger.info(TAG, `[send]send success:${this.message}`)
  }).catch((err) => {
      Logger.info(TAG, `[send]send fail, err:${JSON.stringify(err)}`)
  })
   this.message = ''
}
```

当服务器向客户端返回消息且客户端收到时，会触发客户端 message 信息的事件回调。例 11-4 为基于 WebSocket 协议的数据接收，其中将服务器返回的消息通过回调函数的 value 参数进行输出。在本例中客户端可以通过点击"连接"按钮，主动调用 close( )函数断开连接并输出连接断开的信息。

例 11-4　基于 WebSocket 协议的数据接收

```
ws.on('message', (err, value) => {
    console.log("on message, message:" + JSON.stringify(value));
    if (value === 'bye') {
        ws.close((err, value) => {
            if (!err) {
                console.log("close success");
            } else {
                console.log("close fail, err is " + JSON.stringify(err));
            }
        });
    }
});
```

客户端可以调用 close( )函数主动断开与服务器的连接。连接断开前，客户端通过 off( )函数取消订阅服务器的 open 消息和 message 消息。

```
disConnect() {
  ws.off('open', (err, value) => {
    let val: Record<string, Object> = value as Record<string, Object>;
    Logger.info(TAG, `on open, status:${val['status']}, message:${val['message']}`);
  })
  ws.off('message')
  promptAction.showToast({ message: '连接已断开! ', duration: 1500 })
  ws.close()
}
```

WebSocket 访问的示例工程 WebSocket。项目运行的一个重要前提是必须在客户端申请互联网访问权限，配置文件 module.json5 中的权限申请代码如下所示。

```
 "requestPermissions":[
{
  "name" : "ohos.permission.INTERNET",
  //"reason": "inuse",
  "usedScene": {
    "abilities": [
      "EntryAbility"
    ],
    "when":"inuse"
  }
 }
]
```

为了测试 WebSocket 协议的正确性，用户必须建立一个 WebSocket 服务器。例 11-3 所示的 WebSocket 客户端运行结果如图 11-5 所示。

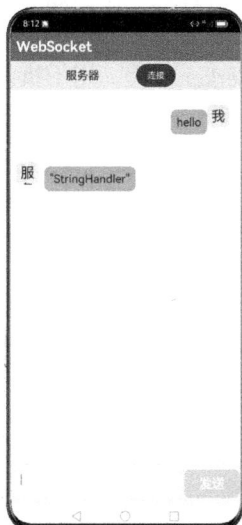

图 11-5 WebSocket 客户端运行结果

WebSocket 服务器运行结果如图 11-6 所示。

```
F:\Downloads\samples-master\network\WebSocketServer>websocket_server.exe
[2023 10 09 09 20 19][Header begin]
[2023 10 09 09 20 19][Connection [Upgrade]]
[2023 10 09 09 20 19][Sec-Websocket-Version [13]]
[2023 10 09 09 20 19][Pragma [no-cache]]
[2023 10 09 09 20 19][Cache-Control [no-cache]]
[2023 10 09 09 20 19][Origin [http://10.254.14.26]]
[2023 10 09 09 20 19][Upgrade [websocket]]
[2023 10 09 09 20 19][Sec-Websocket-Key [uqF/1IatcBhG4x2hHmYNfQ==]]
[2023 10 09 09 20 19][GET]
2023/10/09 09:21:04 Recv from Client: hello 1
2023/10/09 09:25:07 Close Info:  1000
2023/10/09 09:25:07 Error during read message:  websocket: close 1000 (normal)
```

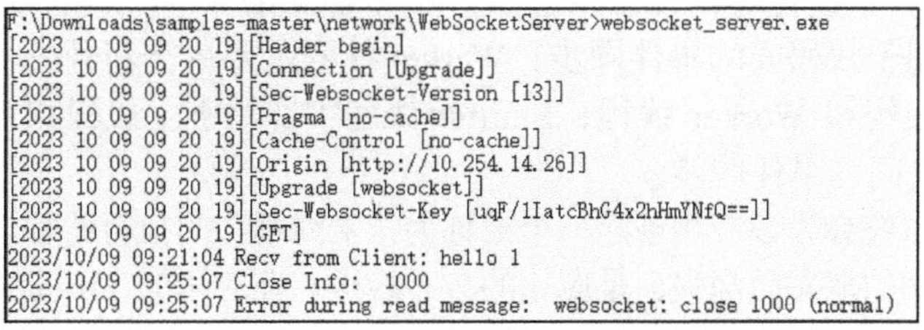

图 11-6 WebSocket 服务器运行结果

11.4 多线程

进程是具有一定独立功能的程序在某个数据集合上的一次运行活动，进程是操作系统进行资源分配和调度（资源包括 CPU、内存和 I/O 资源）的一个独立单位。线程是进程的一部分，是 CPU 调度和分派的基本单位，一个进程可以拥有多个线程，它是比进程更小的能独立运行的基本单位。线程基本上不拥有系统资源，只拥有一些在运行中必不可少的 CPU 资源（如程序计数器、一组寄存器和栈），但是它可与同属一个进程的其他线程共享进程所拥有的全部资源（除了 CPU 之外的其他资源，如内存和 I/O 资源）。

进程拥有自己独立的内存地址空间，而线程则没有。OpenHarmony 中不同应用在各自独立的进程中运行。当应用以任何形式启动时，系统为其创建进程，该进程将持续运行。当进程完成当前任务后便处于等待状态，如果当前系统资源不足，系统会自动回收处于等待状态的进程。

11.4.1 线程模型概述

在 OpenHarmony 应用中，每个进程都有一个主线程，如图 11-7 所示，主线程具有以下职责。
① 执行 UI 绘制。
② 管理主线程的 ArkTS 引擎实例，使多个 UIAbility 组件能够运行在其上。
③ 管理其他线程的 ArkTS 引擎实例，例如启动和终止 Worker 线程。
④ 分发交互事件。
⑤ 处理应用代码的回调，包括事件处理和生命周期管理。
⑥ 接收 Worker 线程发送的消息。
除了主线程外，还有一类独立的 Worker 线程，用于执行耗时操作。在主线程中创建 Worker 线程，Worker 线程与主线程相互独立，但不能直接操作 UI。最多可以创建 8 个 Worker 线程。

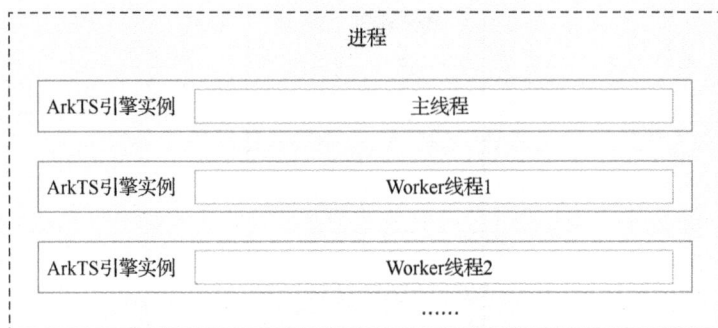

图 11-7　ArkUI 线程模型

基于 OpenHarmony 的线程模型，不同的业务功能运行在不同的线程上，业务功能的交互就需要线程间通信。同一个进程内，线程间通信主要有 Emitter 线程和 Worker 线程两种方式，其中 Emitter 线程主要用于线程间的事件同步，Worker 线程主要用于新开一个线程执行耗时任务。Stage 模型只提供主线程和 Worker 线程，Emitter 线程主要用于主线程和 Worker 线程、Worker 线程和 Worker 线程之间的事件同步。

在应用启动时，系统会为该应用创建一个被称为"主线程"的执行线程。该线程随着应用的创建而创建，也随着应用的消失而消失，是应用的核心线程。在应用的 UI 上发生的显示和更新等操作都是在主线程上进行的。主线程又称 UI 线程，默认情况下，所有的操作都在主线程上执行。如果需要执行比较耗时的任务（如下载文件、查询数据库），可创建其他线程来处理。

11.4.2　用 Emitter 线程进行线程间通信

Emitter 线程主要提供线程间发送和处理事件的能力，包括对持续订阅事件或单次订阅事件的处理、取消订阅事件、发送事件到事件队列等。
Emitter 线程的开发步骤如下。

1. 订阅事件

```
import emitter from "@ohos.events.emitter";

// 定义一个 eventId 为 1 的事件
let event = {
  eventId: 1
};

// 收到 eventId 为 1 的事件后执行该回调
let callback = (eventData) => {
  console.info('event callback');
};

// 订阅 eventId 为 1 的事件
emitter.on(event, callback);
```

2. 发送事件

```
import emitter from "@ohos.events.emitter";

// 定义一个 eventId 为 1 的事件，事件优先级为 Low
let event = {
  eventId: 1,
  priority: emitter.EventPriority.LOW
};

let eventData = {
  data: {
    "content": "c",
    "id": 1,
    "isEmpty": false,
  }
};

// 发送 eventId 为 1 的事件，事件内容为 eventData
emitter.emit(event, eventData);
```

11.4.3　用 Worker 线程进行线程间通信

Worker 线程是与主线程并行的独立线程。创建 Worker 线程的线程被称为宿主线程，Worker 线程工作的线程被称为 Worker 线程。创建 Worker 线程时传入的脚本文件在 Worker 线程中执行，通常在 Worker 线程中处理耗时的操作。需要注意的是，在 Worker 线程中不能直接更新 Page。

Worker 线程的开发步骤如下。

① 在工程的模块级 build-profile.json5 文件的 buildOption 属性中添加配置信息。

```
"buildOption": {
  "sourceOption": {
    "workers": [
      "./src/main/ets/workers/worker.ts"
    ]
  }
}
```

② 根据 build-profile.json5 中的配置创建对应的 worker.ts 文件。

```
    import worker from '@ohos.worker';
    var workerPort : ThreadWorkerGlobalScope = worker.workerPort;
    workerPort.onmessage = function(e : MessageEvents) {
  console.info("onmessage: " + e.data)
  // 发送消息到主线程
  workerPort.postMessage("message from worker thread.")

}
```

③ 用户可以在工程文件资源管理器窗口中的 ets 目录上点击鼠标右键，选择"New"→"Worker"命令以初始化和使用 Worker 线程，如图 11-8 所示。

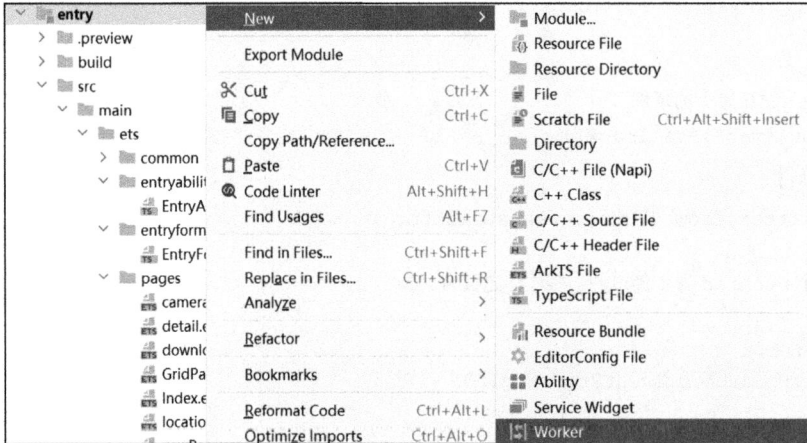

图 11-8　新建 Worker 线程

DevEco Studio 会自动给用户工程创建新的 Worker 线程，并定义好回调函数，如例 11-5 所示。

例 11-5　自动建立的 Worker 线程

```
import worker from '@ohos.worker';

let wk = new worker.ThreadWorker("entry/ets/workers/worker.ts");

// 发送消息到 Worker 线程
wk.postMessage("message from main thread.")

// 处理来自 Worker 线程的消息
wk.onmessage = function(message) {
  console.info("message from worker: " + message)

  // 根据业务按需停止 Worker 线程
  wk.terminate();
}
```

Woker 线程示例代码运行结果如图 11-9 所示。

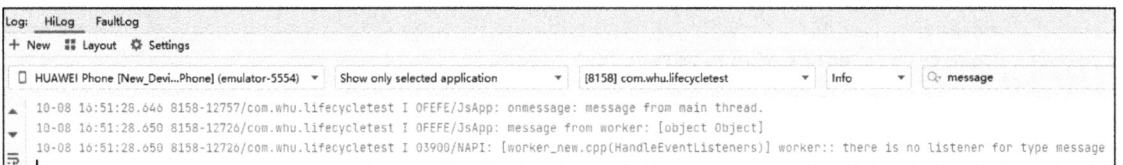

图 11-9　Worker 线程示例代码运行结果

11.5　Web 组件网络访问

Web 组件用于在应用程序中显示 Web 页面内容,为开发者提供页面加载、页面交互、页面调试等能力。

① 页面加载:Web 组件提供基础的前端页面加载能力,包括加载网络页面、本地页面、HTML 格式文本数据等。

② 页面交互:Web 组件提供丰富的页面交互能力,包括设置前端页面深色模式、在新窗口中加载页面、位置权限管理、Cookie 管理、在应用侧使用前端页面 JS 代码等。

③ 页面调试:Web 组件支持使用 Devtools 工具调试前端页面。

下面通过常见使用场景具体介绍 Web 组件功能特性。

11.5.1　使用 Web 组件加载页面

页面加载是 Web 组件的基本功能。根据页面加载数据来源可以分为 3 种常见场景,包括加载网络页面、加载本地页面的富文本数据。

在页面加载过程中,若涉及网络资源获取,需要配置 ohos.permission.INTERNET 网络访问权限。

1. 加载网络页面

开发者可以在创建 Web 组件的时候指定默认加载的网络页面。在默认页面加载完成后,如果开发者需要变更此 Web 组件显示的网络页面,可以通过调用 loadUrl( )接口加载指定网络网页。

在例 11-6 所示代码中,在 Web 组件加载完"www.example.com"页面后,开发者可通过 loadUrl( )接口将此 Web 组件显示页面变更为 "www.example1.com"。

例 11-6　加载网络页面

```
// xxx.ets
import web_webview from '@ohos.web.webview';

@Entry
@Component
struct WebComponent {
  webviewController: web_webview.WebviewController = new web_webview. WebviewController();

  build() {
    Column() {
      Button('loadUrl')
        .onClick(() => {
          try {
            // 点击按钮时, 通过 loadUrl()跳转到 www.example1.com
            this.webviewController.loadUrl('www.example1.com');
          } catch (error) {
            console.error(`ErrorCode: ${error.code}, Message: ${error.message}`);
          }
        })
      // 组件创建时, 加载 www.example.com
      Web({ src: 'www.example.com', controller: this.webviewController})
    }
  }
}
```

例 11-6 初始运行结果如图 11-10（a）所示，工程初始加载某主页；点击 loadUrl 按钮后，加载另一主页，如图 11-10（b）所示。

2. 加载本地页面

将本地页面文件放在应用的 rawfile 目录下，开发者可以在创建 Web 组件的时候指定默认加载的本地页面，并且加载完成后可通过调用 loadUrl( )接口变更当前 Web 组件的页面。

以下为加载本地页面的方法。

① 将资源文件放置在应用的 resources/rawfile 目录下，如图 11-11 所示。

（a）　　　　　　　　　　　（b）

图 11-10　加载网络页面

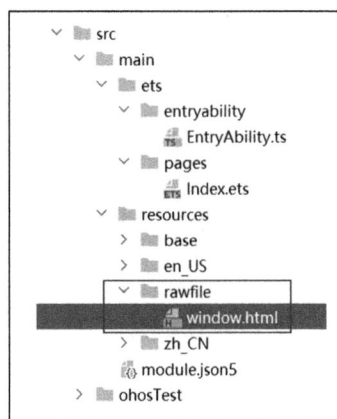

图 11-11　资源文件位置

② 应用侧代码如例 11-7 所示。

例 11-7　加载本地页面

```
// xxx.ets
import web_webview from '@ohos.web.webview';

@Entry
@Component
struct WebComponent {
  webviewController: web_webview.WebviewController = new web_webview.WebviewController();

  build() {
    Column() {
     Button('loadUrl')
       .onClick(() => {
         try {
           // 点击按钮时，通过 loadUrl()跳转到 local1.html
           this.webviewController.loadUrl($rawfile("local1.html"));
         } catch (error) {
           console.error(`ErrorCode: ${error.code}, Message: ${error.message}`);
```

```
      }
    })
    // 创建组件时，通过$rawfile加载本地文件 local.html
    Web({ src: $rawfile("local.html"), controller: this.webviewController })
  }
 }
}
```

③ local.html 页面代码如下所示。

```
<!-- local.html -->
<!DOCTYPE html>
<html>
  <body>
    <p>Hello World</p>
  </body>
</html>
```

11.5.2　设置基本属性和事件

可以使用 Web 组件的属性和事件进行特定工作的处理。

1. 设置深色模式

Web 组件支持对前端页面进行深色模式的配置。通过 darkMode( )接口可以配置不同的深色模式，WebDarkMode.Off 模式表示关闭深色模式；WebDarkMode.On 表示开启深色模式，并且深色模式跟随前端页面；WebDarkMode.Auto 表示开启深色模式，并且深色模式跟随系统。例 11-8 所示代码通过 darkMode( )接口将页面深色模式配置为跟随系统。

例 11-8　设置深色模式

```
// xxx.ets
import web_webview from '@ohos.web.webview';

@Entry
@Component
struct WebComponent {
  controller: web_webview.WebviewController = new web_webview.WebviewController();
  @State mode: WebDarkMode = WebDarkMode.Auto;
  build() {
    Column() {
      Web({ src: 'www.×××.com', controller: this.controller })
        .darkMode(this.mode)
    }
  }
}
```

2. 上传文件

Web 组件支持前端页面选择文件上传功能，应用开发者可以使用 onShowFileSelector( )接口来处理前端页面文件上传的请求。

如例 11-9 所示，当用户在前端页面点击文件上传按钮，应用侧在 onShowFileSelector( )接口中收到文件上传请求，在此接口中开发者将上传的本地文件路径设置给前端页面。

① 应用侧代码如例 11-9 所示。

例 11-9　上传文件

```
// xxx.ets
import web_webview from '@ohos.web.webview';
```

```
@Entry
@Component
struct WebComponent {
  controller: WebController = new WebController()
  build() {
    Column() {
      // 加载本地 local.html 页面
      Web({ src: $rawfile('local.html'), controller: this.controller })
        .onShowFileSelector((event) => {
            // 开发者设置要上传的文件路径
            let fileList: Array<string> = [
              'xxx/test.png',
            ]
            event.result.handleFileList(fileList)
            return true;
        })
    }
  }
}
```

② local.html 页面代码如下所示。

```
<!DOCTYPE html>
<html>
<head>
    <meta charset="utf-8">
    <title>Document</title>
</head>

<body>
<!-- 点击上传文件按钮 -->
<input type="file" value="file"></br>
</body>
</html>
```

3. 在新窗口中打开页面

Web 组件提供了在新窗口中打开页面的能力，开发者可以通过 multiWindowAccess( )接口来设置是否允许网页在新窗口打开。当有新窗口打开时，应用侧会在 onWindowNew( )接口中收到 Web 组件新窗口事件，开发者需要在此接口事件中新建窗口来处理 Web 组件窗口请求。

如以下示例，当用户点击"新窗口中打开网页"按钮时，应用侧会在 onWindowNew( )接口中收到 Web 组件新窗口事件并在新窗口中打开网页。

① 应用侧代码如例 11-10 所示。

例 11-10　打开新页面

```
// xxx.ets
import web_webview from '@ohos.web.webview';
@Entry
@Component
struct WebComponent {
  controller: web_webview.WebviewController = new web_webview.WebviewController();
  build() {
    Column() {
      Web({ src:$rawfile("window.html"), controller: this.controller })
      .multiWindowAccess(true)
```

```
        .onWindowNew((event) => {
          console.info("onWindowNew...");
          var popController: web_webview.WebviewController = new web_webview.
WebviewController();
            event.handler.setWebController(popController);
        })
      }
    }
  }
```

开发者需要在此处新建窗口以跟 popController 关联，并将 popController 返回 Web 组件。如果不需要打开新窗口，请将返回值设置为 event.handler.setWebController（null）。

② window.html 页面代码如下所示。

```
<!DOCTYPE html>
<html>
<head>
    <meta charset="utf-8">
    <title>WindowEvent</title>
</head>

<body>
<input type="button" value="新窗口中打开网页" onclick="OpenNewWindow()">
<script type="text/javascript">
    function OpenNewWindow()
    {
        let openedWindow = window.open("about:blank", "", "location=no,status=
no,scrollvars=no");
        if (openedWindow) {
            openedWindow.document.body.write("<p>这是我的窗口</p>");
        } else {
            log.innerHTML = "window.open failed";
        }
    }
</script>
</body>
</html>
```

代码运行结果（在新窗口中打开网页）如图 11-12 所示。

图 11-12　在新窗口中打开网页

11.5.3 在应用中使用前端 JS 代码

WebView 组件支持 JS 代码的运行,这可以极大提高 ArkUI 前端的交互表现能力,提高代码可移植性。

1. 页面跳转

点击网页中的链接跳转到应用内其他页面可以通过 Web 组件的 onUrlLoadIntercept( )接口来实现。

在例 11-11 所示代码中,应用首页 index.ets 加载前端页面 route.html,在前端 route.html 页面点击超链接可跳转到应用的 ProfilePage.ets 页面。

① 应用首页 index.ets 页面代码如例 11-11 所示。

例 11-11　页面跳转

```
// index.ets
import web_webview from '@ohos.web.webview';
import router from '@ohos.router';
@Entry
@Component
struct WebComponent {
  webviewController: web_webview.WebviewController = new web_webview.WebviewController();

  build() {
    Column() {
      Web({ src: $rawfile('route.html'), controller: this.webviewController })
        .onUrlLoadIntercept((event) => {
          let url: string = event.data as string;
          if (url.indexOf('native://') === 0) {
            // 跳转其他页面
            router.pushUrl({ url:url.substring(9) })
            return true;
          }
          return false;
        })
    }
  }
}
```

② route.html 前端页面代码如下所示。

```
<!-- route.html -->
<!DOCTYPE html>
<html>
<body>
  <div>
      <a href="native://pages/ProfilePage">个人中心</a>
  </div>
</body>
</html>
```

③ 跳转页面 ProfilePage.ets 代码如下所示。

```
@Entry
@Component
struct ProfilePage {
  @State message: string = 'Hello World';

  build() {
```

```
    Column() {
      Text(this.message)
        .fontSize(20)
    }
  }
}
```

2. 跨应用跳转

Web 组件可以实现点击前端页面链接跳转到其他应用。

如例 11-12 所示，点击 call.html 前端页面中的链接，可跳转到电话应用的拨号界面。

① 应用侧代码如例 11-12 所示。

例 11-12　跨应用跳转

```
// xxx.ets
import web_webview from '@ohos.web.webview';
import call from '@ohos.telephony.call';

@Entry
@Component
struct WebComponent {
  webviewController: web_webview.WebviewController = new web_webview.WebviewController();

  build() {
    Column() {
      Web({ src: $rawfile('call.html'), controller: this.webviewController})
        .onUrlLoadIntercept((event) => {
          let url: string = event.data as string;
          // 判断链接是否为拨号链接
          if (url.indexOf('tel://') === 0) {
            // 跳转拨号界面
            call.makeCall(url.substring(6), (err) => {
              if (!err) {
                console.info('make call succeeded.');
              } else {
                console.info('make call fail, err is:' + JSON.stringify(err));
              }
            });
            return true;
          }
          return false;
        })
    }
  }
}
```

② 前端页面 call.html 代码如下所示。

```
<!-- call.html -->
<!DOCTYPE html>
<html>
<body>
  <div>
    <a href="tel://xxx xxxx xxx">拨打电话</a>
  </div>
</body>
</html>
```

本章小结

本章首先介绍了 OpenHarmony 中几种常用的网络数据访问方法，包括调用 HTTP 接口进行网页访问，调用 request 对象进行数据上传和下载，调用 WebSocket 对象进行网络通信。由于网络访问受限于网络质量，因此一般把网络访问放在单独的线程中执行。本章接着介绍了 OpenHarmony 中多线程的概念、分类和使用方法。

通过对本章的学习，读者应能够理解线程和进程的概念及区别，掌握 OpenHarmony 中常见的网络访问方法，同时了解多线程应用开发要点。

课后习题

1.（单选题）HTTP 请求服务器数据有两种方法：GET 和 POST。它们的区别是 GET 是在 url 中给出参数，而 POST 是在 request httpBody 中给出参数。（   ）

    A. 正确   B. 错误

2.（单选题）WebSocket 协议为应用层协议，它和 HTTP 最大的差别是 HTTP 是单向的，而 WebSocket 是双向的。（   ）

    A. 正确   B. 错误

3.（单选题）在应用启动时，系统会为该应用创建一个被称为"主线程"的执行线程。该线程的创建和消失与应用的创建和消失一致，是应用的核心线程。UI 的显示和更新等操作都是在主线程上进行的。主线程又称 UI 线程。（   ）

    A. 正确   B. 错误

4.（单选题）当要开发多线程应用程序时，可以使用 Worker 线程，并采用 Emitter 方式进行线程之间的消息通信。（   ）

    A. 正确   B. 错误

5.（多选题）Web 组件可以（   ）。

    A. 加载网络页面   B. 打开新页面   C. 执行 JS 代码   D. 上传文件

第12章
OpenHarmony高级技术

12

学习目标

① 掌握 OpenHarmony 应用中通过 NAPI 调用底层 C/C++库的方法。

② 掌握 OpenHarmony 应用中使用 Native XComponent 组件的方法。

③ 掌握 OpenHarmony 应用中使用 MindSpore Lite 本地模型进行推理的方法。

④ 了解性能分析工具和应用测试。

原生 app 相比微信小程序和 UniAPP 等开发方式来说最强大的地方是更接近底层操作系统和硬件，而移动操作系统通常是类 UNIX 操作系统，交互方式主要是使用 C/C++。因此如果某个移动应用由于底层性能因素需要使用底层硬件功能，那么不可避免地需要使用 C/C++代码。而且不少成熟的库函数也是基于 C/C++编写的，因此 OpenHarmony 提供了 NAPI 和 Native XComponet 方式以和 C/C++库进行交互。

在进行 OpenHarmony 应用开发时，一些诸如游戏、物理模拟等计算密集的场景中的应用对性能较为敏感，可能需要复用已有的 C/C++库代码，可以使用 OpenHarmony 提供的 NAPI。在 OpenHarmony 系统中，NAPI 可以实现 ArkTS/TS/JS 与 C/C++之间的交互。NAPI 提供的接口名与 Node.js 一致。NAPI 支持标准 C/C++库，如 libc、libm、libdl、libc++，以及 OpenSL ES、zlib、EGL、 OpenGL ES、AI 模型推理等标准库，在应用中使用 NAPI 可将这些标准库编译成动态库打包到应用中。此外，由于硬件的进步和特定场景的要求，在越来越多的移动设备上需要进行机器学习模型的本地化运行，OpenHarmony 也支持将 MindSpore Lite 轻量级模型部署在本地。

12.1　NAPI 的使用

NAPI 即 Native API（本地 API），它提供了 OpenHarmony 上层应用访问底层 C/C++库的规范化和便捷化方法。

12.1.1　应用架构

NAPI 的应用架构可以分为 3 部分：C++、ArkTS、工具链。

① C++：包含各种文件的引用、C++或者 C 代码、Native 项目必需的配置文件等。

② ArkTS：包含 UI、自身方法、调用引用包的方法等。

③ 工具链：包含 CMake 编译工具在内的系列工具。

在使用 ArkTS 调用 C++方法的过程中，需要使用 CMake 等工具来做中间转换，整个架构及其关联关系如图 12-1 所示。在图 12-1 中，hello.cpp 文件实现 C++方法，并通过 NAPI 将 C++方法与 ArkTS 方法关联。

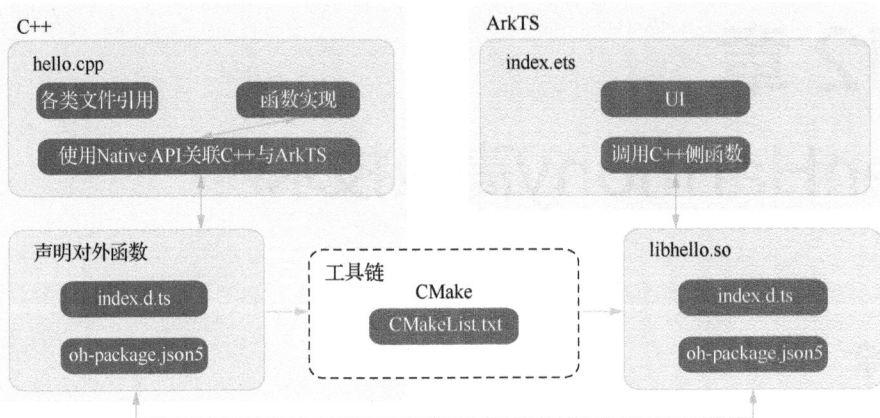

图 12-1　使用 NAPI 的 OpenHamony 应用架构

C++代码通过 CMake 编译工具编译成动态链接库 libhello.so 文件，使用 index.d.ts 文件对外提供接口。ArkTS 引入 libhello.so 文件后调用其中的接口。

12.1.2　编译架构

使用 NAPI 的 OpenHamony 应用的编译架构如图 12-2 所示，图中 C++代码通过 CMake 编译生成 libhello.so 文件后可以直接被 ArkTS 引入，最终通过 Hvigor 编译成可执行的 HAP。

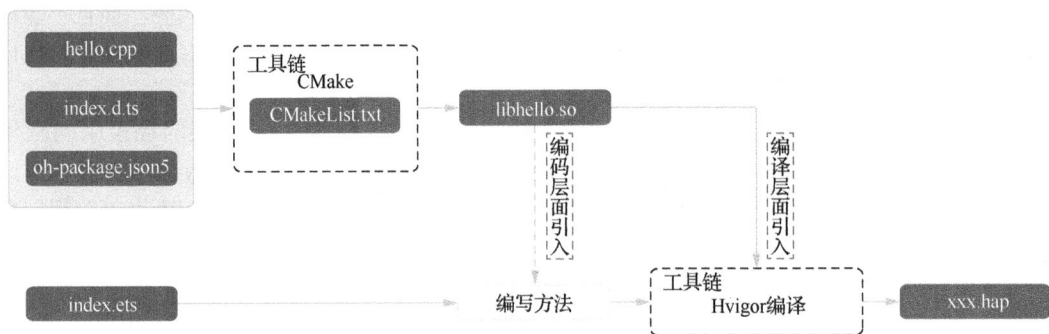

图 12-2　使用 NAPI 的 OpenHamony 应用的编译架构

12.1.3　开发流程

在 DevEco Studio 的模板工程中包含使用 NAPI 的默认工程，可通过 "File" → "New" → "Create Project" 创建 Native C++模板工程。创建后 entry/src/main 目录下会包含 cpp 目录，在其中可以使用 NAPI 接口开发 C/C++代码（本地侧代码）。

ArkTS/JS 侧通过 import 引入本地侧的.so 文件，如 import hello from libhello.so 意为使用 libhello.so 的能力，并将名为 hello 的 ArkTS/TS/JS 对象传递到应用的 ArkTS/TS/JS 侧，开发者可通过该对象调用在.cpp 文件中开发的本地方法。

每个模块对应一个.so 文件。例如模块名为 hello，则.so 文件的名字为 libhello.so，napi_module 中 nm_modname 字段应为 hello，大小写与模块名保持一致，应用使用时写作 import hello from 'libhello.so'。

12.1.4　应用示例

这里以 HelloWorld 工程的两个例子来介绍 ArkTS 侧如何调用 C++侧方法以及 C++侧如何调用

ArkTS 侧方法。

• 提供一个名为 Add 的本地方法，ArkTS 侧调用该方法并传入两个 number，本地方法将这两个 number 相加并返回 ArkTS 侧。

• 提供一个名为 NativeCallArkTS 的本地方法，ArkTS 侧调用该方法并传入一个 ArkTS function，本地方法中调用这个 ArkTS function，并将其结果返回 ArkTS 侧。

① entry\src\main\cpp\hello.cpp 中包含本地侧逻辑，代码如例 12-1 所示。

例 12-1　NAPI 本地侧代码

```cpp
// 引入 NAPI 相关头文件。
#include "napi/native_api.h"

// 开发者提供的本地方法，入参有且仅有如下两个，开发者无须进行变更
// napi_env 为当前运行的上下文
// napi_callback_info 记录了一些信息，包括从 ArkTS 侧传递过来的参数等
static napi_value Add(napi_env env, napi_callback_info info)
{
    // 期望从 ArkTS 侧获取的参数的数量，napi_value 可理解为 ArkTS value 在本地方法中的表现形式
    size_t argc = 2;
    napi_value args[2] = {nullptr};

    // 从 info 中获取从 ArkTS 侧传递过来的参数，此处获取了两个 ArkTS 参数，即 arg[0]和 arg[1]
    napi_get_cb_info(env, info, &argc, args , nullptr, nullptr);

      // 将获取的 ArkTS 参数转换为本地信息，此处 ArkTS 侧传入了两个 number，这里将其转换为本地侧可以
      // 操作的 double 类型
    double value0;
    napi_get_value_double(env, args[0], &value0);

    double value1;
    napi_get_value_double(env, args[1], &value1);

    // 本地侧的业务逻辑，这里简单以两数相加为例
    double nativeSum = value0 + value1;

    // 此处将本地侧业务逻辑处理结果转换为 ArkTS 值，并返回 ArkTS
    napi_value sum;
    napi_create_double(env, nativeSum , &sum);
    return sum;
}

static napi_value NativeCallArkTS(napi_env env, napi_callback_info info)
{
    // 期望从 ArkTS 侧获取的参数数量，napi_value 可理解为 ArkTS value 在本地方法中的表现形式
    size_t argc = 1;
    napi_value args[1] = {nullptr};

    // 从 info 中获取从 ArkTS 侧传递过来的参数，此处获取了一个 ArkTS 参数，即 arg[0]
    napi_get_cb_info(env, info, &argc, args , nullptr, nullptr);

    // 创建一个 ArkTS number 作为 ArkTS function 的入参
```

```
    napi_value argv = nullptr;
    napi_create_int32(env, 10, &argv);

    napi_value result = nullptr;
    // 本地方法中调用 ArkTS function, 将其返回值保存到 result 中并返回 ArkTS 侧
    napi_call_function(env, nullptr, args[0], 1, &argv, &result);

    return result;
}

EXTERN_C_START
// Init()将在 exports 上加载 Add/NativeCallArkTS 这些本地方法, 此处的 exports 就是开发者 import
// 之后获取的 ArkTS 对象
static napi_value Init(napi_env env, napi_value exports)
{
    // 函数描述结构体, 以 Add 为例, 第三个参数 Add 为上述本地方法
    // 第一个参数"add"为 ArkTS 侧对应方法的名称
    napi_property_descriptor desc[] = {
        { "add", nullptr, Add, nullptr, nullptr, nullptr, napi_default, nullptr },
         { "nativeCallArkTS", nullptr, NativeCallArkTS, nullptr, nullptr, nullptr,
napi_default, nullptr },
    };
    // 在 exports 这个 ArkTS 对象上挂载本地方法
    napi_define_properties(env, exports, sizeof(desc) / sizeof(desc[0]), desc);
    return exports;
}
EXTERN_C_END

// 准备模块加载相关信息, 将上述 Init()函数与模块名等信息记录下来
static napi_module demoModule = {
    .nm_version =1,
    .nm_flags = 0,
    .nm_filename = nullptr,
    .nm_register_func = Init,
    .nm_modname = "entry",
    .nm_priv = ((void*)0),
    .reserved = { 0 },
};

// 打开.so 文件时, 该函数将自动被调用, 使用上述 demoModule 模块信息进行模块注册相关动作
extern "C" __attribute__((constructor)) void RegisterHelloModule(void)
{
    napi_module_register(&demoModule);
}
```

② entry\src\main\ets\pages\index.ets 中包含 ArkTS 侧逻辑, 代码如例 12-2 所示。

例 12-2 NAPI ArkTS 侧代码

```
import hilog from '@ohos.hilog';
// 通过 import 的方式引入本地能力
import entry from 'libentry.so'


@Entry
@Component
```

```
struct Index {

  build() {
    Row() {
      Column() {
        // 第一个按钮，调用 add()方法，对应本地侧的 Add()方法，进行两数相加
        Button('ArkTS call C++')
          .fontSize(50)
          .fontWeight(FontWeight.Bold)
          .onClick(() => {
            hilog.isLoggable(0x0000, 'testTag', hilog.LogLevel.INFO);
                 hilog.info(0x0000, 'testTag', 'Test NAPI 2 + 3 = %{public}d', entry.add(2, 3));
          })
        // 第二个按钮，调用 nativeCallArkTS()方法，对应本地侧的 NativeCallArkTS()方法，在本地侧
        // 执行 ArkTS function
        Button('C++ call ArkTS')
          .fontSize(50)
          .fontWeight(FontWeight.Bold)
          .onClick(() => {
            hilog.isLoggable(0x0000, 'testTag', hilog.LogLevel.INFO);
            let ret = entry.nativeCallArkTS((value)=>{return value * 2;});
                 hilog.info(0x0000, 'testTag', 'Test NAPI nativeCallArkTS ret =
%{public}d', ret);
          })
      }
      .width('100%')
    }
    .height('100%')
  }
}
```

③ entry\src\main\cpp\types\libentry\index.d.ts 中包含本地侧暴露给 ArkTS 侧接口的声明。

```
// 本地侧暴露给 ArkTS 侧接口的声明
export const add: (a: number, b: number) => number;
export const nativeCallArkTS: (a: object) => number;
```

本小节应用示例运行结果如图 12-3 所示。

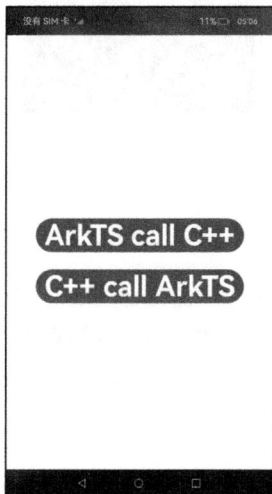

图 12-3　使用 NAPI 的 OpenHamony 应用运行结果

当点击 "ArkTS call C++" 按钮后，在 Log 窗口中输出的结果如图 12-4 所示。

```
08-07 12:08:31.488 13874-1146/com.example.myapplication I 00000/testTag: Test NAPI 2 + 3 = 5
```

图 12-4　控制台输出 C++代码的调用结果

当点击 "C++ call ArkTS" 按钮后，在 Log 窗口中输出的结果如图 12-5 所示。

```
08-07 12:24:48.210 26148-826/com.example.myapplication I 00000/testTag: Test NAPI nativeCallArkTS ret = 20
```

图 12-5　控制台输出 ArkTS 代码的调用结果

12.2　Native XComponent 组件的使用

Native XComponent 是 XComponent 组件在 Native 层的实例，可作为 JS 层和 Native 层 XComponent 绑定的桥梁，XComponent 所提供的原生开发工具包（Native Development Kit，NDK）接口都依赖该实例。接口能力包括获取 Native Window 实例，获取 XComponent 的布局/事件信息，注册 XComponent 的生命周期回调，注册 XComponent 的触摸、鼠标、按键事件回调等。针对 Native XComponent，主要的开发场景如下。

① 利用 Native XComponent 提供的接口注册 XComponent 的生命周期和事件回调。

② 在这些回调中进行初始化环境、获取当前状态、响应各类事件的开发。

③ 利用 Native Window 和 EGL 接口开发自定义绘制内容，以及向图形队列申请和提交缓冲区。

EGL 是 Khronos 渲染 API（如 OpenGL ES 或 OpenVG）与底层原生窗口系统之间的接口。OpenGL 是一种跨平台的图形 API，用于为 3D 图形处理硬件指定标准的软件接口。OpenGL ES 是 OpenGL 规范的一种形式，适用于嵌入式设备。OpenHarmony 支持 EGL 和 OpenGL ES 3.0。本节将通过一个示例介绍如何使用 XComponent 组件调用 NAPI 来创建 EGL/GLES 环境，实现在主页面绘制一个矩形，并支持改变矩形的颜色。

本示例的完成效果如图 12-6 所示，点击 "绘制矩形" 按钮，XComponent 组件绘制区域中渲染出一个矩形；点击绘制区域（图 12-6 中矩形框），矩形显示另一种颜色；点击绘制矩形按钮，还原至初始绘制的颜色。

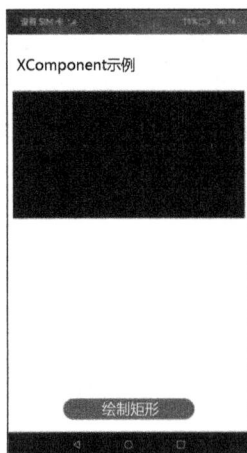

图 12-6　使用 Native XComponent 的运行结果

12.2.1　界面设计

主界面由标题、绘制区域、按钮组成。index.ets 文件完成界面实现，使用 Column 及 Row 容器组件进行布局，如例 12-3 所示。

例 12-3　主界面布局

```
// index.ets
@Entry
@Component
struct Index {
  ...
  build() {
    Column() {
      Row() {
        ...
      }
      .height($r('app.float.title_height'))
      Column() {
        XComponent({
          ...
        })
      }
      .height(CommonConstants.XCOMPONENT_HEIGHT)
      Row() {
        Button($r('app.string.button_text'))
          .fontSize($r('app.float.button_font_size'))
          .fontWeight(CommonConstants.FONT_WEIGHT)
      }
      .width(CommonConstants.FULL_PARENT)
    }
    .width(CommonConstants.FULL_PARENT)
    .height(CommonConstants.FULL_PARENT)
  }
}
```

12.2.2　ArkTS 侧方法的调用

ArkTS 侧方法调用步骤如下。

① 使用 import 语句导入编译生成的动态链接库文件。

② 增加 XComponent 组件，设置 XComponent 组件的唯一标识 id，指定 XComponent 组件类型及需要链接的动态库名称。

③ 组件链接动态库加载完成后回调 onLoad( )方法，指定 XComponent 组件的上下文环境，上下文环境包含来自 C++侧的方法。

④ 新增 Button 组件，绑定由 NAPI 注册的 drawRectangle( )方法，实现绘制矩形的功能。

具体实现代码如例 12-4 所示。

例 12-4　ArkTS 侧使用 Narvie XComponent

```
// 导入动态链接库文件
import nativerender from 'libnativerender.so';

@Entry
@Component
struct Index {
  // XComponent 实例对象的 context
  private xComponentContext = null;
  ...
  build() {
```

```
      ...
      // 增加 XComponent 组件
      XComponent({
        id: CommonConstants.XCOMPONENT_ID,
        type: CommonConstants.XCOMPONENT_TYPE,
        libraryname: CommonConstants.XCOMPONENT_LIBRARY_NAME
      })
        .onLoad((xComponentContext) => {
          // 获取 XComponent 实例对象的 context，在 context 上挂载的方法由开发者在 C++侧定义
          this.xComponentContext = xComponentContext;
        })
      ...
      // 增加 Button 组件
      Button($r('app.string.button_text'))
        .onClick(() => {
          if (this.xComponentContext) {
            this.xComponentContext.drawRectangle();
          }
        })
      ...
    }
  }
```

12.2.3 渲染功能实现

进行环境的初始化，包括初始化 m_eglDisplay、选择配置、创建渲染区域 m_eglSurface、创建并关联上下文等，代码如例 12-5 所示。

例 12-5 渲染功能初始化

```cpp
// egl_core.cpp
bool EGLCore::EglContextInit(void *window, int width, int height)
{
    OH_LOG_Print(LOG_APP, LOG_INFO, LOG_PRINT_DOMAIN, "EGLCore", "EglContextInit
execute");
    if ((nullptr == window) || (0 >= width) || (0 >= height)) {
        OH_LOG_Print(LOG_APP, LOG_ERROR, LOG_PRINT_DOMAIN, "EGLCore", "EglContextInit:
param error");
        return false;
    }

    m_width = width;
    m_height = height;
    if (0 < m_width) {
        // 计算绘制矩形宽度百分比
        m_widthPercent = FIFTY_PERCENT * m_height / m_width;
    }
    m_eglWindow = static_cast<EGLNativeWindowType>(window);

    // 初始化 m_eglDisplay
    m_eglDisplay = eglGetDisplay(EGL_DEFAULT_DISPLAY);
    if (EGL_NO_DISPLAY == m_eglDisplay) {
        OH_LOG_Print(LOG_APP, LOG_ERROR, LOG_PRINT_DOMAIN, "EGLCore", "eglGetDisplay:
unable to get EGL display");
        return false;
```

```
        }

        EGLint majorVersion;
        EGLint minorVersion;
        if (!eglInitialize(m_eglDisplay, &majorVersion, &minorVersion)) {
            OH_LOG_Print(LOG_APP, LOG_ERROR, LOG_PRINT_DOMAIN, "EGLCore",
                "eglInitialize: unable to get initialize EGL display");
            return false;
        }

        // 选择配置
        const EGLint maxConfigSize = 1;
        EGLint numConfigs;
        if (!eglChooseConfig(m_eglDisplay, ATTRIB_LIST, &m_eglConfig, maxConfigSize,
&numConfigs)) {
            OH_LOG_Print(LOG_APP, LOG_ERROR, LOG_PRINT_DOMAIN, "EGLCore", "eglChooseConfig:
unable to choose configs");
            return false;
        }

        // 创建环境
        return CreateEnvironment();
    }

    bool EGLCore::CreateEnvironment()
    {
        // 创建 m_eglSurface
        if (nullptr == m_eglWindow) {
            OH_LOG_Print(LOG_APP, LOG_ERROR, LOG_PRINT_DOMAIN, "EGLCore", "m_eglWindow is
null");
            return false;
        }
        m_eglSurface = eglCreateWindowSurface(m_eglDisplay, m_eglConfig, m_eglWindow, NULL);

        if (nullptr == m_eglSurface) {
            OH_LOG_Print(LOG_APP, LOG_ERROR, LOG_PRINT_DOMAIN, "EGLCore",
                "eglCreateWindowSurface: unable to create surface");
            return false;
        }

        // 创建 m_eglContext
        m_eglContext = eglCreateContext(m_eglDisplay, m_eglConfig, EGL_NO_CONTEXT,
CONTEXT_ATTRIBS);
        if (!eglMakeCurrent(m_eglDisplay, m_eglSurface, m_eglSurface, m_eglContext)) {
            OH_LOG_Print(LOG_APP, LOG_ERROR, LOG_PRINT_DOMAIN, "EGLCore", "eglMakeCurrent
failed");
            return false;
        }

        // 创建 m_program
        m_program = CreateProgram(VERTEX_SHADER, FRAGMENT_SHADER);
        if (PROGRAM_ERROR == m_program) {
            OH_LOG_Print(LOG_APP, LOG_ERROR, LOG_PRINT_DOMAIN, "EGLCore", "CreateProgram:
unable to create program");
```

```
        return false;
    }
    return true;
}
```

使用 EGL 接口绘制矩形。通过调用 EGL 接口的相关 API 实现一个绘制函数。绘制颜色使用小数表示，需要将十六进制颜色值转换成十进制数并除以 255 进行计算。例如将十六进制颜色值 #182431 转换为十进制数后分别为 24/36/49，如例 12-6 所示。

例 12-6　绘制矩形

```cpp
// common.h
/**
 * 绘制矩形颜色 #7E8FFB
 */
const GLfloat DRAW_COLOR[] = { 126.0f / 255, 143.0f / 255, 251.0f / 255, 1.0f };

/**
 * 绘制背景颜色 #182431
 */
const GLfloat BACKGROUND_COLOR[] = { 24.0f / 255, 36.0f / 255, 49.0f / 255, 1.0f };

/**
 * 绘制背景顶点
 */
const GLfloat BACKGROUND_RECTANGLE_VERTICES[] = {
    -1.0f, 1.0f,
    1.0f, 1.0f,
    1.0f, -1.0f,
    -1.0f, -1.0f
};

// egl_core.cpp
void EGLCore::Draw()
{
    m_flag = false;
    OH_LOG_Print(LOG_APP, LOG_INFO, LOG_PRINT_DOMAIN, "EGLCore", "Draw");

    // 绘制准备工作
    GLint position = PrepareDraw();
    if (POSITION_ERROR == position) {
        OH_LOG_Print(LOG_APP, LOG_ERROR, LOG_PRINT_DOMAIN, "EGLCore", "Draw get position
failed");
        return;
    }

    // 绘制背景
    if (!ExecuteDraw(position, BACKGROUND_COLOR, BACKGROUND_RECTANGLE_VERTICES,
        sizeof(BACKGROUND_RECTANGLE_VERTICES))) {
        OH_LOG_Print(LOG_APP, LOG_ERROR, LOG_PRINT_DOMAIN, "EGLCore", "Draw execute draw
background failed");
        return;
    }

    // 确定绘制矩形的顶点，使用绘制区域的百分比表示
```

```
    const GLfloat rectangleVertices[] = {
        -m_widthPercent, FIFTY_PERCENT,
        m_widthPercent, FIFTY_PERCENT,
        m_widthPercent, -FIFTY_PERCENT,
        -m_widthPercent, -FIFTY_PERCENT
    };

    // 绘制矩形
    if (!ExecuteDraw(position, DRAW_COLOR, rectangleVertices, sizeof(rectangleVertices))) {
        OH_LOG_Print(LOG_APP, LOG_ERROR, LOG_PRINT_DOMAIN, "EGLCore", "Draw execute draw
rectangle failed");
        return;
    }

    // 绘制后操作
    if (!FinishDraw()) {
        OH_LOG_Print(LOG_APP, LOG_ERROR, LOG_PRINT_DOMAIN, "EGLCore", "Draw FinishDraw
failed");
        return;
    }

    // 标记已绘制
    m_flag = true;
}

// 绘制前准备，获取 position，创建成功时 position 值从 0 开始
GLint EGLCore::PrepareDraw()
{
    if ((nullptr == m_eglDisplay) || (nullptr == m_eglSurface) || (nullptr == m_eglContext) ||
        (!eglMakeCurrent(m_eglDisplay, m_eglSurface, m_eglSurface, m_eglContext))) {
        OH_LOG_Print(LOG_APP, LOG_ERROR, LOG_PRINT_DOMAIN, "EGLCore", "PrepareDraw:
param error");
        return POSITION_ERROR;
    }

    // 下列方法无返回值
    glViewport(DEFAULT_X_POSITION, DEFAULT_X_POSITION, m_width, m_height);
    glClearColor(GL_RED_DEFAULT, GL_GREEN_DEFAULT, GL_BLUE_DEFAULT, GL_ALPHA_DEFAULT);
    glClear(GL_COLOR_BUFFER_BIT);
    glUseProgram(m_program);

    return glGetAttribLocation(m_program, POSITION_NAME);
}

// 依据传入的参数在指定区域绘制指定颜色
bool EGLCore::ExecuteDraw(GLint position, const GLfloat *color, const GLfloat
rectangleVertices[],
    unsigned long vertSize)
{
    if ((0 > position) || (nullptr == color) || (RECTANGLE_VERTICES_SIZE != vertSize /
sizeof(rectangleVertices[0]))) {
        OH_LOG_Print(LOG_APP, LOG_ERROR, LOG_PRINT_DOMAIN, "EGLCore", "ExecuteDraw:
param error");
        return false;
```

```
    }

    // 下列方法无返回值
    glVertexAttribPointer(position, POINTER_SIZE, GL_FLOAT, GL_FALSE, 0, rectangleVertices);
    glEnableVertexAttribArray(position);
    glVertexAttrib4fv(1, color);
    glDrawArrays(GL_TRIANGLE_FAN, 0, TRIANGLE_FAN_SIZE);
    glDisableVertexAttribArray(position);

    return true;
}

// 结束绘制操作
bool EGLCore::FinishDraw()
{
    // 强制刷新缓存
    glFlush();
    glFinish();

    // 交换前后缓存
    return eglSwapBuffers(m_eglDisplay, m_eglSurface);
}
```

改变矩形的颜色。重新绘制一个大小相同、颜色不同的矩形，与原矩形交换地址，实现改变颜色的功能，代码如例 12-7 所示。

例 12-7　重绘矩形

```
// common.h
/**
 * 改变后矩形的颜色 #92D6CC
 */
const GLfloat CHANGE_COLOR[] = { 146.0f / 255, 214.0f / 255, 204.0f / 255, 1.0f };

// egl_core.cpp
void EGLCore::ChangeColor()
{
    // 界面未绘制矩形时退出
    if (!m_flag) {
        return;
    }

    // 绘制准备工作
    GLint position = PrepareDraw();
    if (POSITION_ERROR == position) {
        OH_LOG_Print(LOG_APP, LOG_ERROR, LOG_PRINT_DOMAIN, "EGLCore", "ChangeColor get
position failed");
        return;
    }

    // 绘制背景
    if (!ExecuteDraw(position, BACKGROUND_COLOR, BACKGROUND_RECTANGLE_VERTICES,
        sizeof(BACKGROUND_RECTANGLE_VERTICES))) {
        OH_LOG_Print(LOG_APP, LOG_ERROR, LOG_PRINT_DOMAIN, "EGLCore", "ChangeColor
execute draw background failed");
```

```
            return;
        }

        // 确定绘制矩形的顶点，使用绘制区域的百分比表示
        const GLfloat rectangleVertices[] = {
            -m_widthPercent, FIFTY_PERCENT,
            m_widthPercent, FIFTY_PERCENT,
            m_widthPercent, -FIFTY_PERCENT,
            -m_widthPercent, -FIFTY_PERCENT
        };

        // 使用新的颜色绘制矩形
        if (!ExecuteDraw(position, CHANGE_COLOR, rectangleVertices,
sizeof(rectangleVertices))) {
            OH_LOG_Print(LOG_APP, LOG_ERROR, LOG_PRINT_DOMAIN, "EGLCore", "ChangeColor
execute draw rectangle failed");
            return;
        }

        // 结束绘制
        if (!FinishDraw()) {
            OH_LOG_Print(LOG_APP, LOG_ERROR, LOG_PRINT_DOMAIN, "EGLCore", "ChangeColor
FinishDraw failed");
        }
    }
```

12.2.4 使用 NAPI 实现触摸事件回调函数

通过将 C++方法封装到触摸事件回调函数中的方式，实现触摸绘制区域时改变矩形颜色的功能，代码如例 12-8 所示。

① 创建一个新函数 DispatchTouchEventCB( )，将改变颜色的 C++方法 ChangeColor( )封装于其中。

② 将新函数绑定为组件触摸事件的回调函数，组件绘制区域产生触摸事件时触发，改变矩形展示的颜色。

例 12-8　用 C++方法实现触摸填色

```
// plugin_render.cpp
void DispatchTouchEventCB(OH_NativeXComponent *component, void *window)
{
    OH_LOG_Print(LOG_APP, LOG_INFO, LOG_PRINT_DOMAIN, "Callback", "DispatchTouchEventCB");
    if ((nullptr == component) || (nullptr == window)) {
        OH_LOG_Print(LOG_APP, LOG_ERROR, LOG_PRINT_DOMAIN, "Callback",
            "DispatchTouchEventCB: component or window is null");
        return;
    }

    char idStr[OH_XCOMPONENT_ID_LEN_MAX + 1] = { '\0' };
    uint64_t idSize = OH_XCOMPONENT_ID_LEN_MAX + 1;
    if (OH_NATIVEXCOMPONENT_RESULT_SUCCESS != OH_NativeXComponent_GetXComponentId
(component, idStr, &idSize)) {
        OH_LOG_Print(LOG_APP, LOG_ERROR, LOG_PRINT_DOMAIN, "Callback",
            "DispatchTouchEventCB: Unable to get XComponent id");
        return;
    }
```

```
        std::string id(idStr);
        PluginRender *render = PluginRender::GetInstance(id);
        if (nullptr != render) {
                // 封装改变颜色的方法
                render->m_eglCore->ChangeColor();
        }
    }

    PluginRender::PluginRender(std::string &id)
    {
        this->m_id = id;
        this->m_eglCore = new EGLCore();
        auto renderCallback = &PluginRender::m_callback;
        renderCallback->OnSurfaceCreated = OnSurfaceCreatedCB;
        renderCallback->OnSurfaceChanged = OnSurfaceChangedCB;
        renderCallback->OnSurfaceDestroyed = OnSurfaceDestroyedCB;

        // 设置触摸事件的回调函数，在触摸事件触发时调用 NAPI 接口函数，从而调用原 C++ 方法
        renderCallback->DispatchTouchEvent = DispatchTouchEventCB;
    }
```

12.2.5　使用 NAPI 将 C++方法传递给 ArkTS

创建接口函数 NapiDrawRectangle( )，封装对应 C++渲染方法。根据 XComponent 组件信息，获取对应的渲染模块 render，调用绘制矩形的方法。

将函数注册为 ArkTS 侧接口的方法，固定为 napi_value(*napi_callback)(napi_env env, napi_callback_info info)类型，不可更改。napi_value 为 NAPI 定义的指针，无返回值时返回 nullptr，代码如例 12-9 所示。

例 12-9　封装绘图 C++方法

```
// plugin_render.cpp
// NAPI 注册方法固定参数及返回值类型，无返回值时返回 nullptr
napi_value PluginRender::NapiDrawRectangle(napi_env env, napi_callback_info info)
{
    OH_LOG_Print(LOG_APP, LOG_INFO, LOG_PRINT_DOMAIN, "PluginRender", "NapiDrawRectangle");
    if ((nullptr == env) || (nullptr == info)) {
            OH_LOG_Print(LOG_APP, LOG_ERROR, LOG_PRINT_DOMAIN, "PluginRender",
"NapiDrawRectangle: env or info is null");
            return nullptr;
    }

    // 获取环境变量参数
    napi_value thisArg;
    if (napi_ok != napi_get_cb_info(env, info, nullptr, nullptr, &thisArg, nullptr)) {
            OH_LOG_Print(LOG_APP, LOG_ERROR, LOG_PRINT_DOMAIN, "PluginRender",
"NapiDrawRectangle: napi_get_cb_info fail");
            return nullptr;
    }

    // 获取环境变量中的 XComponent 实例
    napi_value exportInstance;
    if (napi_ok != napi_get_named_property(env, thisArg, OH_NATIVE_XCOMPONENT_OBJ,
&exportInstance)) {
            OH_LOG_Print(LOG_APP, LOG_ERROR, LOG_PRINT_DOMAIN, "PluginRender",
```

```
                    "NapiDrawRectangle: napi_get_named_property fail");
            return nullptr;
    }


    OH_NativeXComponent *nativeXComponent = nullptr;
    if (napi_ok != napi_unwrap(env, exportInstance, reinterpret_cast<void
**>(&nativeXComponent))) {
            OH_LOG_Print(LOG_APP, LOG_ERROR, LOG_PRINT_DOMAIN, "PluginRender",
"NapiDrawRectangle: napi_unwrap fail");
            return nullptr;
    }

    // 获取 XComponent 实例的 id
    char idStr[OH_XCOMPONENT_ID_LEN_MAX + 1] = { '\0' };
    uint64_t idSize = OH_XCOMPONENT_ID_LEN_MAX + 1;
    if (OH_NATIVEXCOMPONENT_RESULT_SUCCESS != OH_NativeXComponent_GetXComponentId
(nativeXComponent, idStr, &idSize)) {
            OH_LOG_Print(LOG_APP, LOG_ERROR, LOG_PRINT_DOMAIN, "PluginRender",
                "NapiDrawRectangle: Unable to get XComponent id");
            return nullptr;
    }

    std::string id(idStr);
    PluginRender *render = PluginRender::GetInstance(id);
    if (render) {
            // 调用绘制矩形的方法
            render->m_eglCore->Draw();
            OH_LOG_Print(LOG_APP, LOG_INFO, LOG_PRINT_DOMAIN, "PluginRender", "render->
m_eglCore->Draw() executed");
    }
    return nullptr;
}
```

使用 NAPI 中的 napi_define_properties( )方法，将接口函数 NapiDrawRectangle( )注册为 ArkTS 侧 drawRectangle( )方法，在 ArkTS 侧调用 drawRectangle( )方法，完成矩形的绘制，代码如例 12-10 所示。

例 12-10   用 NAPI 注册 C++方法

```
// plugin_render.cpp
void PluginRender::Export(napi_env env, napi_value exports)
{
    if ((nullptr == env) || (nullptr == exports)) {
            OH_LOG_Print(LOG_APP, LOG_ERROR, LOG_PRINT_DOMAIN, "PluginRender", "Export:
env or exports is null");
            return;
    }

    // 将接口函数注册为 ArkTS 侧 drawRectangle()方法
    napi_property_descriptor desc[] = {
        { "drawRectangle", nullptr, PluginRender::NapiDrawRectangle, nullptr, nullptr,
nullptr, napi_default, nullptr }
    };
    if (napi_ok != napi_define_properties(env, exports, sizeof(desc) / sizeof(desc[0]),
desc)) {
            OH_LOG_Print(LOG_APP, LOG_ERROR, LOG_PRINT_DOMAIN, "PluginRender", "Export:
napi_define_properties failed");
    }
}
```

12.2.6 释放相关资源

释放申请资源的步骤如下。

① 在 EGLCore 类下创建 Release( )方法，释放初始化环境时申请的资源，包含窗口 m_eglDisplay、渲染区域 m_eglSurface、环境上下文 m_eglContext 等。

② 在 PluginRender 类下添加 Release( )方法，释放 EGLCore 实例及 PluginRender 实例。

③ 创建一个新方法 OnSurfaceDestroyedCB( )，将 PluginRender 类释放资源的方法 Release( )封装于其中。

④ 将新方法绑定为组件销毁事件的回调方法，在组件销毁时触发以释放相关资源。

释放渲染过程中申请的资源的代码如例 12-11 所示。

例 12-11　释放渲染过程中申请的资源

```
// egl_core.cpp
void EGLCore::Release()
{
    if ((nullptr == m_eglDisplay) || (nullptr == m_eglSurface) || (!eglDestroySurface
(m_eglDisplay, m_eglSurface))) {
            OH_LOG_Print(LOG_APP, LOG_ERROR, LOG_PRINT_DOMAIN, "EGLCore", "Release
eglDestroySurface failed");
    }

    if ((nullptr == m_eglDisplay) || (nullptr == m_eglContext) ||
(!eglDestroyContext(m_eglDisplay, m_eglContext))) {
            OH_LOG_Print(LOG_APP, LOG_ERROR, LOG_PRINT_DOMAIN, "EGLCore", "Release
eglDestroyContext failed");
    }

    if ((nullptr == m_eglDisplay) || (!eglTerminate(m_eglDisplay))) {
            OH_LOG_Print(LOG_APP, LOG_ERROR, LOG_PRINT_DOMAIN, "EGLCore", "Release
eglTerminate failed");
    }
}

// plugin_render.cpp
void PluginRender::Release(std::string &id)
{
    PluginRender *render = PluginRender::GetInstance(id);
    if (nullptr != render) {
        render->m_eglCore->Release();
        delete render->m_eglCore;
        render->m_eglCore = nullptr;
        delete render;
        render = nullptr;
        m_instance.erase(m_instance.find(id));
    }
}

void OnSurfaceDestroyedCB(OH_NativeXComponent *component, void *window)
{
    OH_LOG_Print(LOG_APP, LOG_INFO, LOG_PRINT_DOMAIN, "Callback", "OnSurfaceDestroyedCB");
    if ((nullptr == component) || (nullptr == window)) {
        OH_LOG_Print(LOG_APP, LOG_ERROR, LOG_PRINT_DOMAIN, "Callback",
            "OnSurfaceDestroyedCB: component or window is null");
        return;
```

```
    }

    char idStr[OH_XCOMPONENT_ID_LEN_MAX + 1] = { '\0' };
    uint64_t idSize = OH_XCOMPONENT_ID_LEN_MAX + 1;
    if (OH_NATIVEXCOMPONENT_RESULT_SUCCESS != OH_NativeXComponent_GetXComponentId
(component, idStr, &idSize)) {
        OH_LOG_Print(LOG_APP, LOG_ERROR, LOG_PRINT_DOMAIN, "Callback",
            "OnSurfaceDestroyedCB: Unable to get XComponent id");
        return;
    }

    // 释放申请的资源
    std::string id(idStr);
    PluginRender::Release(id);
}

PluginRender::PluginRender(std::string &id)
{
    this->m_id = id;
    this->m_eglCore = new EGLCore();
    OH_NativeXComponent_Callback *renderCallback = &PluginRender::m_callback;
    renderCallback->OnSurfaceCreated = OnSurfaceCreatedCB;
    renderCallback->OnSurfaceChanged = OnSurfaceChangedCB;

    // 设置组件销毁事件的回调函数，在组件销毁时触发以释放申请的资源
    renderCallback->OnSurfaceDestroyed = OnSurfaceDestroyedCB;
    renderCallback->DispatchTouchEvent = DispatchTouchEventCB;
}
```

12.2.7　注册与编译

在 napi_init.cpp 文件中，Init( )方法注册上文实现的接口函数，从而将封装的 C++方法传递出来，供 ArkTS 侧调用。编写接口的描述信息，根据实际需要可以修改对应参数。__attribute__((constructor))修饰的方法由系统自动调用，使用 NAPI 接口 napi_module_register( )传入模块描述信息进行模块注册。Native C++模板创建项目会自动生成此结构代码，开发者可根据实际情况修改其中内容，代码如例 12-12 所示。

例 12-12　对 Native C++方法进行注册

```
// napi_init.cpp
static napi_value Init(napi_env env, napi_value exports)
{
    OH_LOG_Print(LOG_APP, LOG_INFO, LOG_PRINT_DOMAIN, "Init", "Init begins");
    if ((nullptr == env) || (nullptr == exports)) {
        OH_LOG_Print(LOG_APP, LOG_ERROR, LOG_PRINT_DOMAIN, "Init", "env or exports
is null");
        return nullptr;
    }

    napi_property_descriptor desc[] = {
        { "getContext", nullptr, PluginManager::GetContext, nullptr, nullptr, nullptr,
napi_default, nullptr }
    };

    // 将接口函数注册为 ArkTS 侧接口 getContext()
```

```
        if (napi_ok != napi_define_properties(env, exports, sizeof(desc) / sizeof(desc[0]),
desc)) {
            OH_LOG_Print(LOG_APP, LOG_ERROR, LOG_PRINT_DOMAIN, "Init",
"napi_define_properties failed");
            return nullptr;
        }

        // 方法内检查环境变量是否包含 XComponent 组件实例，若实例存在则注册绘制相关接口
        PluginManager::GetInstance()->Export(env, exports);
        return exports;
    }

    static napi_module nativerenderModule = {
        .nm_version = 1,
        .nm_flags = 0,
        .nm_filename = nullptr,
        .nm_register_func = Init,        // 入口函数
        .nm_modname = "nativerender",    // 模块名称
        .nm_priv = ((void *)0),
        .reserved = { 0 }
    };

    extern "C" __attribute__((constructor)) void RegisterModule(void)
    {
        napi_module_register(&nativerenderModule);
    }
```

使用 CMake 工具将 C++ 源代码编译成动态链接库文件。本示例中会链接两次动态库，第一次通过 import 语句，第二次通过 XComponent 组件，代码如例 12-13 所示。

例 12-13　配置 CMake 编译文件

```
# CMakeList.txt
# 声明使用 CMake 的最小版本号
cmake_minimum_required(VERSION 3.4.1)

# 配置项目信息
project(XComponent)

# set 命令，格式为 set(key value)，表示设置 key 的值为 value
set(NATIVERENDER_ROOT_PATH ${CMAKE_CURRENT_SOURCE_DIR})

# 设置头文件的搜索目录
include_directories(
    ${NATIVERENDER_ROOT_PATH}
    ${NATIVERENDER_ROOT_PATH}/include
)

# 添加名为 nativerender 的库，库文件名为 libnativerender.so；添加 .cpp 文件
add_library(nativerender SHARED
    render/egl_core.cpp
    render/plugin_render.cpp
    manager/plugin_manager.cpp
    napi_init.cpp
)
```

```
...
# 添加构建需要链接的库
target_link_libraries(nativerender PUBLIC ${EGL-lib} ${GLES-lib} ${hilog-lib}
${libace-lib} ${libnapi-lib} ${libuv-lib} libc++.a)
```

12.3　AI 开发

OpenHarmony 提供原生的 AI 框架，其 AI 子系统部件如下。

① MindSpore Lite：AI 推理框架，为开发者提供统一的 AI 推理接口。

② Neural Network Runtime（NNRt）：神经网络运行时，作为中间桥梁连接推理框架和 AI 硬件。MindSpore Lite 已支持配置 NNRt 后端，开发者可直接配置 MindSpore Lite 来使用 NNRt 硬件。因此，这里不对 NNRt 展开介绍。

12.3.1　MindSpore Lite 简介

MindSpore Lite 是 OpenHarmony 内置的 AI 推理框架，提供面向不同硬件设备的 AI 模型推理能力，使能全场景智能应用，为开发者提供端到端的解决方案，目前已经在图像分类、目标识别、人脸识别、文字识别等应用中广泛使用。使用 MindSpore Lite 进行开发的过程如图 12-7 所示。

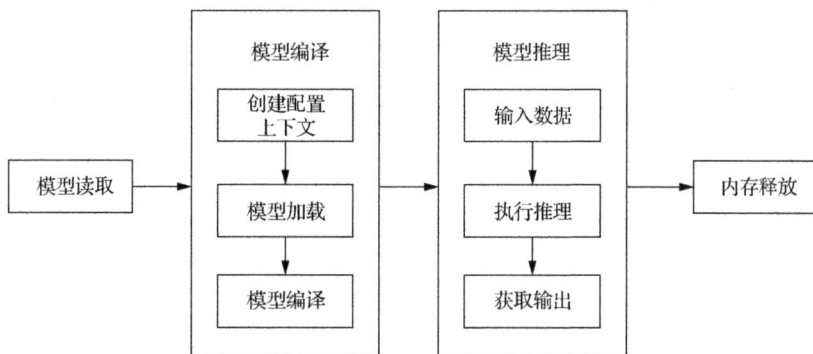

图 12-7　使用 MindSpore Lite 进行开发的过程

使用 MindSpore Lite 进行开发的过程分为如下两个阶段。

1.　模型编译

MindSpore Lite 使用.ms 模型进行编译。对于第三方框架模型，比如 TensorFlow、TensorFlow Lite、Caffe、ONNX 等，可以使用 MindSpore Lite 提供的模型转换工具将之转换为.ms 模型，使用方法可参考推理模型转换。

2.　模型推理

调用 MindSpore Lite 运行时接口，实现模型推理，大致步骤如下。

① 创建推理上下文，包括指定推理硬件、设置线程数等。

② 加载.ms 模型文件。

③ 设置模型输入数据。

④ 执行推理，读取输出。

MindSpore Lite 已作为系统部件内置在 OpenHarmony 标准系统，基于 MindSpore Lite 开发 AI 应用的开发方式如下。

① 使用 MindSpore Lite JS API 开发 AI 应用。开发者直接在 UI 代码中调用 MindSpore Lite JS API

加载模型并进行 AI 模型推理，此方式可快速验证效果。

② 使用 MindSpore Lite Native API 开发 AI 应用。开发者将算法模型和调用 MindSpore Lite Native API 的代码封装成动态库，并通过 NAPI 封装成 JS 接口，供 UI 调用。

12.3.2　MindSpore Lite JS API 的使用

开发者可以使用 MindSpore Lite 提供的 JS API，在 UI 代码中直接集成 MindSpore Lite 能力，快速部署 AI 算法，进行 AI 模型推理。

1. 基本概念

在进行开发前，请了解以下概念。

① 张量：它与数组和矩阵非常相似，是 MindSpore Lite 网络运算中的基本数据结构。

② Float16 推理模式：Float16 又称半精度，它使用 16 位表示一个数。Float16 推理模式表示推理的时候用半精度进行推理。

2. 接口说明

这里给出 MindSpore Lite 推理的通用开发流程涉及的一些接口，具体见表 12-1 所示。

表 12-1　MinidSpore Lite 接口

接口名	描述
loadModelFromFile（model: string, options: Context）: Promise<Model>	从路径加载模型
getInputs(): MSTensor[]	获取模型的输入
predict(inputs: MSTensor[]): Promise<MSTensor>	推理模型
getData(): ArrayBuffer	获取张量的数据
setData(inputArray: ArrayBuffer): void	设置张量的数据

3. 推理代码开发

假设开发者已准备好 .ms 模型。模型推理流程包括读取、编译、推理和释放，具体开发过程如下。

① 创建上下文，设置线程数、设备类型等参数。

② 加载模型。此处从路径读入模型。

③ 加载数据。模型执行之前需要获取输入，再向输入的张量中填充数据。

④ 执行推理并读取输出。使用 predict 接口进行模型推理。

具体代码如例 12-14 所示。

例 12-14　在 ArkTS 中调用 MindSpore Lite 模型

```
@State inputName: string = 'mnet_caffemodel_nhwc.bin';
@State T_model_predict: string = 'Test_MSLiteModel_predict'
inputBuffer: any = null;
build() {
  Row() {
  Column() {
    Text(this.T_model_predict)
      .focusable(true)
      .fontSize(30)
      .fontWeight(FontWeight.Bold)
      .onClick(async () => {
        let syscontext = globalThis.context;
        syscontext.resourceManager.getRawFileContent(this.inputName).then((buffer) => {
          this.inputBuffer = buffer;
```

```
            console.log('=========input bin byte length: ' + this.inputBuffer.byteLength)
        }).catch(error => {
            console.error('Failed to get buffer, error code: ${error.code},message:
${error.message}.');
        })

        // 创建上下文
        let context: mindSporeLite.Context = {};
        context.target = ['cpu'];
        context.cpu = {}
        context.cpu.threadNum = 1;
        context.cpu.threadAffinityMode = 0;
        context.cpu.precisionMode = 'enforce_fp32';

        // 加载模型
        let modelFile = '/data/storage/el2/base/haps/entry/files/mnet.caffemodel.ms';
        let msLiteModel = await mindSporeLite.loadModelFromFile(modelFile, context);

        // 设置输入数据
        const modelInputs = msLiteModel.getInputs();
        modelInputs[0].setData(this.inputBuffer.buffer);

        // 执行推理并输出
        console.log('=========MSLITE predict start=====')
        msLiteModel.predict(modelInputs).then((modelOutputs) => {
         let output0 = new Float32Array(modelOutputs[0].getData());
         for (let i = 0; i < output0.length; i++) {
             console.log(output0[i].toString());
         }
        })
        console.log('=========MSLITE predict success=====')
      })
    }
    .width('100%')
    }
    .height('100%')
  }
```

12.3.3　MindSpore Lite Native API 的使用

开发者可使用 MindSpore Lite 提供的 NAPI 来部署 AI 算法，并提供高层接口供 UI 层调用进行 AI 模型推理。一个典型场景是 AI 套件 SDK 开发。NAPI 可用于构建 JS 本地化组件，可利用 NAPI 将 C/C++开发的库封装成 JS 模块。

基本步骤如下。

1.　新建 Native 工程

打开 DevEco Studio，依次点击"File"→"New"→"Create Project"，创建"Native C++"模板工程。创建的工程其 entry/src/main/ 目录下会默认包含 cpp/目录，可以在此目录放置 C/C++代码文件，并提供 JS API 供 UI 调用。

2.　编写 C 语言推理代码

假设开发者已准备好.ms 模型。在使用 MindSpore Lite Native API 进行开发前，需要引用对应的头文件。

```
#include <mindspore/model.h>
#include <mindspore/context.h>
#include <mindspore/status.h>
#include <mindspore/tensor.h>
```

① 读取模型文件，代码如例 12-15 所示。

例 12-15　在 C 语言代码中读取本地模型

```
void *ReadModelFile(NativeResourceManager *nativeResourceManager, const std::string
&modelName, size_t *modelSize) {
    auto rawFile = OH_ResourceManager_OpenRawFile(nativeResourceManager, modelName.c_str());
    if (rawFile == nullptr) {
        LOGE("Open model file failed");
        return nullptr;
    }
    long fileSize = OH_ResourceManager_GetRawFileSize(rawFile);
    void *modelBuffer = malloc(fileSize);
    if (modelBuffer == nullptr) {
        LOGE("Get model file size failed");
    }
    int ret = OH_ResourceManager_ReadRawFile(rawFile, modelBuffer, fileSize);
    if (ret == 0) {
        LOGI("Read model file failed");
        OH_ResourceManager_CloseRawFile(rawFile);
        return nullptr;
    }
    OH_ResourceManager_CloseRawFile(rawFile);
    *modelSize = fileSize;
    return modelBuffer;
}
```

② 创建上下文，设置线程数、设备类型等参数，并加载模型，代码如例 12-16 所示。

例 12-16　在 C 语言代码中加载本地模型

```
void DestroyModelBuffer(void **buffer) {
    if (buffer == nullptr) {
        return;
    }
    free(*buffer);
    *buffer = nullptr;
}

OH_AI_ModelHandle CreateMSLiteModel(void *modelBuffer, size_t modelSize) {
    // 创建上下文
    auto context = OH_AI_ContextCreate();
    if (context == nullptr) {
        DestroyModelBuffer(&modelBuffer);
        LOGE("Create MSLite context failed.\n");
        return nullptr;
    }
    auto cpu_device_info = OH_AI_DeviceInfoCreate(OH_AI_DEVICETYPE_CPU);
    OH_AI_ContextAddDeviceInfo(context, cpu_device_info);

    // 加载.ms 模型文件
    auto model = OH_AI_ModelCreate();
```

```
    if (model == nullptr) {
        DestroyModelBuffer(&modelBuffer);
        LOGE("Allocate MSLite Model failed.\n");
        return nullptr;
    }

    auto build_ret = OH_AI_ModelBuild(model, modelBuffer, modelSize, OH_AI_MODELTYPE_
MINDIR, context);
    DestroyModelBuffer(&modelBuffer);
    if (build_ret != OH_AI_STATUS_SUCCESS) {
        OH_AI_ModelDestroy(&model);
        LOGE("Build MSLite model failed.\n");
        return nullptr;
    }
    LOGI("Build MSLite model success.\n");
    return model;
}
```

③ 设置模型输入数据，执行模型推理并获取输出数据，代码如例 12-17 所示。

例 12-17 在 C 语言代码中执行推理

```
constexpr int RANDOM_RANGE = 128;

void FillTensorWithRandom(OH_AI_TensorHandle msTensor) {
    auto size = OH_AI_TensorGetDataSize(msTensor);
    char *data = (char *)OH_AI_TensorGetMutableData(msTensor);
    for (size_t i = 0; i < size; i++) {
        data[i] = (char)(rand() / RANDOM_RANGE);
    }
}

// 填充数据，输入张量
int FillInputTensors(OH_AI_TensorHandleArray &inputs) {
    for (size_t i = 0; i < inputs.handle_num; i++) {
        FillTensorWithRandom(inputs.handle_list[i]);
    }
    return OH_AI_STATUS_SUCCESS;
}

void RunMSLiteModel(OH_AI_ModelHandle model) {
    // 设置模型输入数据
    auto inputs = OH_AI_ModelGetInputs(model);
    FillInputTensors(inputs);

    auto outputs = OH_AI_ModelGetOutputs(model);

    // 执行推理并输出
    auto predict_ret = OH_AI_ModelPredict(model, inputs, &outputs, nullptr, nullptr);
    if (predict_ret != OH_AI_STATUS_SUCCESS) {
        OH_AI_ModelDestroy(&model);
        LOGE("Predict MSLite model error.\n");
        return;
    }
    LOGI("Run MSLite model success.\n");

    LOGI("Get model outputs:\n");
```

```
        for (size_t i = 0; i < outputs.handle_num; i++) {
            auto tensor = outputs.handle_list[i];
            LOGI("- Tensor %{public}d name is: %{public}s.\n", static_cast<int>(i),
OH_AI_TensorGetName(tensor));
            LOGI("- Tensor %{public}d size is: %{public}d.\n", static_cast<int>(i),
(int)OH_AI_TensorGetDataSize(tensor));
            auto out_data = reinterpret_cast<const float *>(OH_AI_TensorGetData(tensor));
            std::cout << "Output data is:";
            for (int i = 0; (i < OH_AI_TensorGetElementNum(tensor)) && (i <=
kNumPrintOfOutData); i++) {
                std::cout << out_data[i] << " ";
            }
            std::cout << std::endl;
        }
        OH_AI_ModelDestroy(&model);
}
```

④ 调用以上 3 个方法，执行完整的模型推理流程，代码如例 12-18 所示。

例 12-18　在 C 语言代码中执行完整推理流程

```
static napi_value RunDemo(napi_env env, napi_callback_info info)
{
    LOGI("Enter runDemo()");
    GET_PARAMS(env, info, 2);
    napi_value error_ret;
    napi_create_int32(env, -1, &error_ret);

    const std::string modelName = "ml_headpose.ms";
    size_t modelSize;
    auto resourcesManager = OH_ResourceManager_InitNativeResourceManager(env, argv[1]);
    auto modelBuffer = ReadModelFile(resourcesManager, modelName, &modelSize);
    if (modelBuffer == nullptr) {
        LOGE("Read model failed");
        return error_ret;
    }
    LOGI("Read model file success");

    auto model = CreateMSLiteModel(modelBuffer, modelSize);
    if (model == nullptr) {
        OH_AI_ModelDestroy(&model);
        LOGE("MSLiteFwk Build model failed.\n");
        return error_ret;
    }

    RunMSLiteModel(model);

    napi_value success_ret;
    napi_create_int32(env, 0, &success_ret);

    LOGI("Exit runDemo()");
    return success_ret;
}
```

⑤ 编写 CMake 脚本，链接 MindSpore Lite 动态库，代码如例 12-19 所示。

例 12-19　编写 Cmake 脚本

```
cmake_minimum_required(VERSION 3.4.1)
project(OHOSMSLiteNapi)
```

```
set(NATIVERENDER_ROOT_PATH ${CMAKE_CURRENT_SOURCE_DIR})

include_directories(${NATIVERENDER_ROOT_PATH}
                    ${NATIVERENDER_ROOT_PATH}/include)

add_library(mslite_napi SHARED mslite_napi.cpp)
target_link_libraries(mslite_napi PUBLIC mindspore_lite_ndk) # 链接 MindSpore Lite 动态库
target_link_libraries(mslite_napi PUBLIC hilog_ndk.z)
target_link_libraries(mslite_napi PUBLIC rawfile.z)
target_link_libraries(mslite_napi PUBLIC ace_napi.z)
```

3. 使用 NAPI 将 C++动态库封装成 JS 模块

在 entry/src/main/cpp/types/目录下新建 libmslite_api/子目录，并在子目录中创建 index.d.ts，内容如下。

```
export const runDemo: (a:String, b:Object) => number;
```

以上代码用于定义 JS 接口 runDemo( )。

另外，新增 oh-package.json5 文件，将 API 与.so 文件相关联，构成一个完整的 JS 模块：

```
{
  "name": "libmslite_napi.so",
  "types": "./index.d.ts"
}
```

4. 在 UI 代码中调用封装的 MindSpore 模块

在 entry/src/ets/MainAbility/pages/index.ets 中，定义 onClick( )事件，并在事件回调中调用封装的 runDemo( )接口，代码如例 12-20 所示。

例 12-20　在 ArkTS 中调用本地推理模型

```
import msliteNapi from 'libmslite_napi.so' // 导入 msliteNapi 模块
...
// 点击 UI 中的超链接，触发此事件
.onClick(() => {
  resManager.getResourceManager().then(mgr => {
    hilog.info(0x0000, TAG, '*** Start MSLite Demo ***');
    let ret = 0;
    ret = msliteNapi.runDemo("", mgr); // 调用 runDemo()，执行 AI 模型推理
    if (ret == -1) {
      hilog.info(0x0000, TAG, 'Error when running MSLite Demo!');
    }
    hilog.info(0x0000, TAG, '*** Finished MSLite Demo ***');
  })
})
```

12.4　性能分析工具

应用或服务的性能较差时，可能表现为响应速度慢、动画播放不流畅、卡顿、崩溃或耗电量极大。为了避免出现这些问题，需要通过一系列性能分析工具来确定应用或服务对哪个方面资源（例如 CPU、内存、显存、网络带宽或电池）的使用率比较高。DevEco Studio 集成 Profiler 性能分析器，通过 Profiler 性能分析器提供实时性能分析数据，并通过图表形式呈现，方便开发者及时了解应用/服务的 CPU 占用、内存的分配占用、网络资源占用和电池资源消耗的具体数据，如图 12-8 所示。

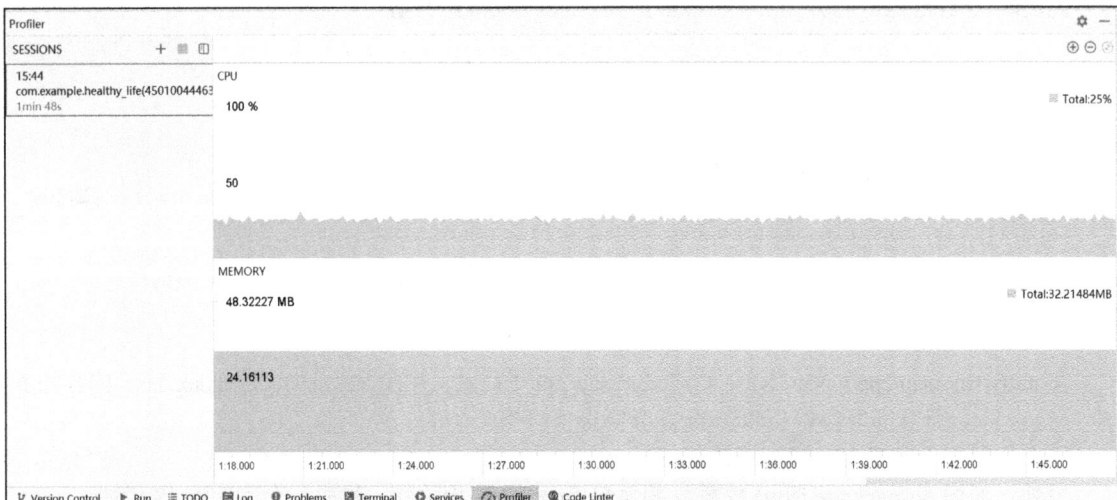

图 12-8　DevEco Studio Profiler 查看应用资源使用情况

　　所以在移动应用开发的过程中，适当监测应用资源占用情况，评估影响性能的因素是十分必要的。本节主要介绍对应用的 CPU 占用情况和内存占用情况的分析。

12.4.1　查看 CPU 占用情况

　　CPU Profiler 性能分析器是用来分析 CPU 性能的工具，可以实时查看应用/服务的 CPU 使用率和线程活动，也可以查看记录的方法跟踪数据、方法采样数据和系统跟踪数据的详情。基于 CPU 性能分析，开发者可以了解在一段时间内执行了哪些方法，以及每个方法在其执行期间消耗的 CPU 资源，可以有针对性地优化应用/服务的 CPU 使用率，为用户提供更快、更顺畅的体验，以及延长设备电池续航时间，具体步骤如下。

　　① 在 DevEco Studio 菜单栏上单击"View"→"Tool Windows"→"Profiler"，或者在 DevEco Studio 底部工具栏单击 Profiler 按钮，打开 Profiler 分析器。在 Profiler 分析器的 SESSIONS 窗口，单击"+"按钮，在弹出下拉列表中先选择设备，然后选择待分析的进程，如图 12-9 所示。

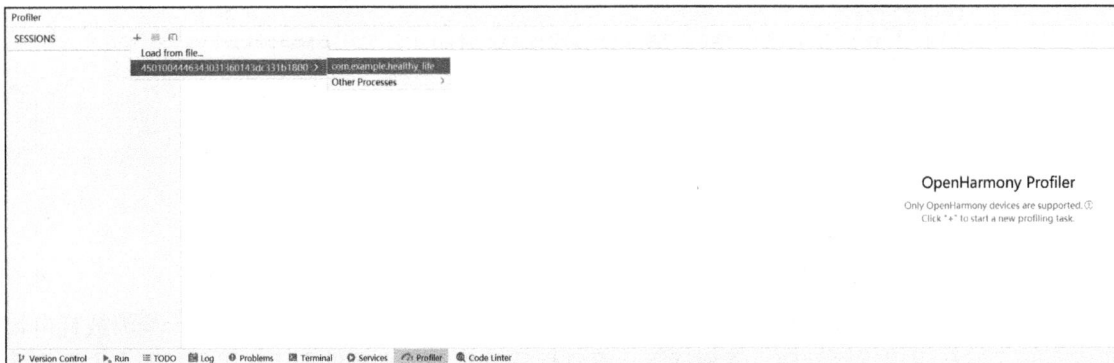

图 12-9　DevEco Studio Profiler 打开待分析应用

　　② 在实时变化视图中单击 CPU 区域，进入 CPU 详情页面，如图 12-10 所示。该图显示了在 OpenHarmony 设备上正在执行的应用占用 CPU 的实时情况。

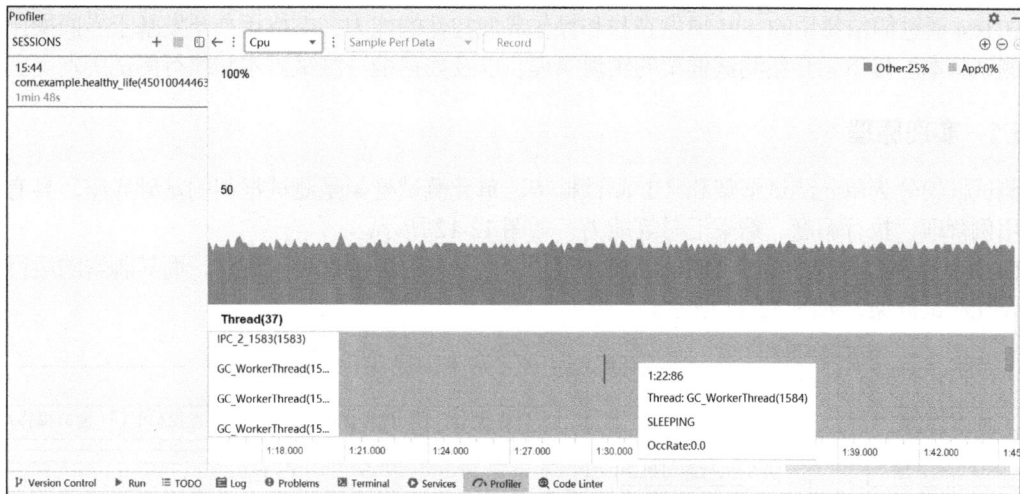

图 12-10　应用 CPU 占用情况实时数据

12.4.2　查看内存占用情况

Profiler 性能分析器支持分析内存的使用情况。应用/服务运行时，Profiler 的内存分析器实时显示内存使用情况，同时也支持捕获堆转储、跟踪内存分配，帮助开发者识别可能会导致应用卡顿、冻结的内存泄漏和内存抖动问题。

Profiler 将自动生成包括 Memory 在内的各项性能使用情况视图，如图 12-11 所示，图中显示如下信息：实时显示总内存占用的变化；实时显示总内存占用的数值和悬浮框；在事件时间轴显示活动状态、用户输入事件和屏幕旋转事件。

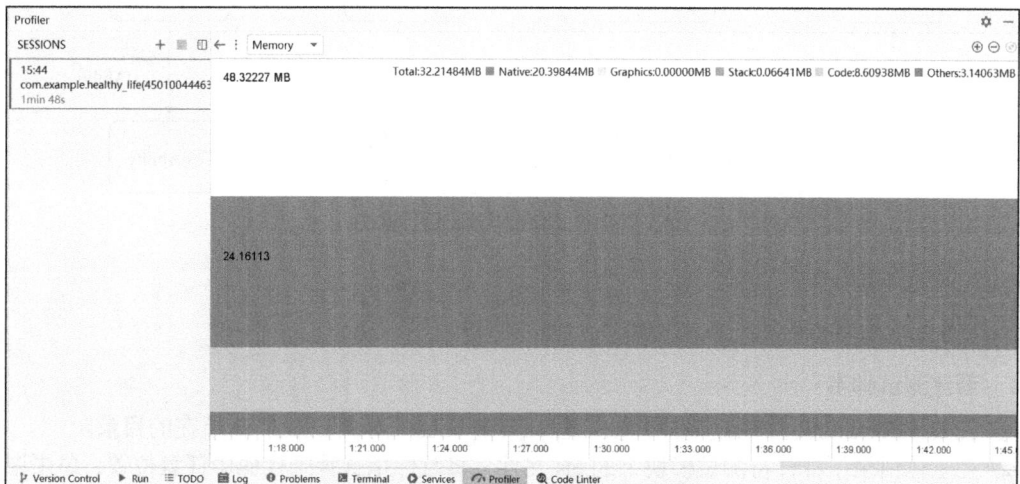

图 12-11　应用内存占用情况实时数据

12.5　应用测试

OpenHarmony 的自动化测试框架 arkxtest 是工具集的重要组成部分，支持 JS/TS 语言的单元测试框架（JsUnit）及 UI 测试框架（UiTest）。

JsUnit 提供单元测试用例执行能力，提供用例编写基础接口，可生成对应报告，用于测试系统或应用接口。

UiTest 通过简洁易用的 API 提供查找和操作界面控件的能力，支持用户开发基于界面操作的自动化测试脚本。接下来介绍测试框架的实现原理，以及如何编写测试脚本和执行测试脚本等。

12.5.1 实现原理

测试框架分为单元测试框架和 UI 测试框架。单元测试框架是测试框架的基础底座，具有最基本的用例管理、执行调度、结果汇总等能力，如图 12-12 所示。

UI 测试框架主要对外提供 UiTest API，供开发人员在对应测试场景调用，而其脚本的运行基础仍是单元测试框架，如图 12-13 所示。

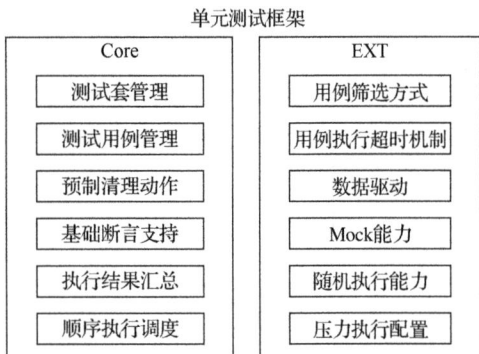

图 12-12　单元测试框架主要功能　　　　　　图 12-13　UI 测试框架主要功能

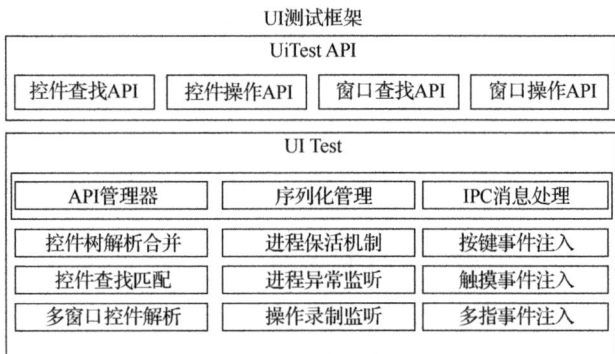

测试脚本基础运行流程如图 12-14 所示。

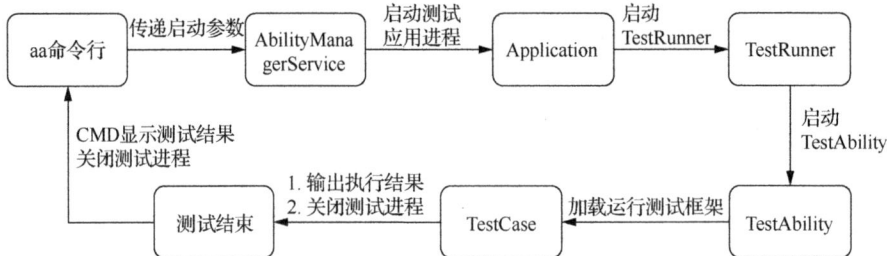

图 12-14　测试脚本基础运行流程

12.5.2 编写测试脚本

编写测试脚本的过程包含 3 个步骤。

1. 新建测试脚本

① 在 DevEco Studio 中新建应用开发工程，其中 ohos 目录即测试脚本所在的目录。

② 在工程目录下打开待测试模块下的.ets 文件，将鼠标指针置于代码中任意位置，单击鼠标右键选择命令"Show Context Actions"→"Create Ohos Test"，或按快捷键"Alt+Enter"后选择命令"Create Ohos Test"，即可新建测试脚本。

2. 编写单元测试脚本

下面主要介绍单元测试框架支持能力及其应用。在单元测试框架中，测试脚本需要包含如下基本操作。

① 导入依赖包，以便使用依赖的测试接口。

② 编写测试代码，主要编写测试代码的相关逻辑，如接口调用等。

③ 调用断言接口，设置测试代码中的检查点，如无检查点则不可构成完整的测试脚本。

例 12-21 所示脚本实现的场景是启动测试页面，检查设备当前显示的页面是否为预期页面。

例 12-21 编写单元测试脚本

```
import { describe, beforeAll, beforeEach, afterEach, afterAll, it, expect } from
'@ohos/hypium';
import abilityDelegatorRegistry from '@ohos.app.ability.abilityDelegatorRegistry';

const delegator = abilityDelegatorRegistry.getAbilityDelegator()
export default function abilityTest() {
  describe('ActsAbilityTest', function () {
    it('testUiExample',0, async function (done) {
        console.info("uitest: TestUiExample begin");
        //启动测试能力
        await delegator.executeShellCommand('aa start -b com.ohos.uitest -a
EntryAbility').then(result =>{
          console.info('Uitest, start ability finished:' + result)
        }).catch(err => {
          console.info('Uitest, start ability failed: ' + err)
        })
        await sleep(1000);
        //测试顶层显示能力
        await delegator.getCurrentTopAbility().then((Ability)=>{
          console.info("get top ability");
          expect(Ability.context.abilityInfo.name).assertEqual('EntryAbility');
        })
        done();
    })

    function sleep(time) {
      return new Promise((resolve) => setTimeout(resolve, time));
    }
  })
}
```

3. 编写 UI 测试脚本

下面主要介绍 UI 测试框架支持能力，以及对应能力 API 的使用方法。

UI 测试基于单元测试，UI 测试脚本在单元测试脚本上增加了对 UiTest 接口（提供链接）的调用，进而完成对应的测试活动。相应代码需要在单元测试脚本基础上增量编写，实现在启动的应用页面上通过点击操作检测当前页面变化是否为预期变化。

① 增加依赖导包。

```
import {Driver,ON,Component,MatchPattern} from '@ohos.uitest'
```

② 编写具体测试代码，如例 12-22 所示。

例 12-22 编写 UI 测试脚本

```
export default function abilityTest() {
  describe('ActsAbilityTest', function () {
    it('testUiExample',0, async function (done) {
        console.info("uitest: TestUiExample begin");
        //启动测试能力
        await delegator.executeShellCommand('aa start -b com.ohos.uitest -a
EntryAbility').then(result =>{
          console.info('Uitest, start ability finished:' + result)
        }).catch(err => {
          console.info('Uitest, start ability failed: ' + err)
```

```
  })
  await sleep(1000);
  //测试顶层显示能力
  await delegator.getCurrentTopAbility().then((Ability)=>{
    console.info("get top ability");
    expect(Ability.context.abilityInfo.name).assertEqual('EntryAbility');
  })
  //UI 测试代码
  //初始化驱动
  var driver = await Driver.create();
  await driver.delayMs(1000);
  //在文本"Next"上找到按钮
  var button = await driver.findComponent(ON.text('Next'));
  //点击按钮
  await button.click();
  await driver.delayMs(1000);
  //检查文本
  await driver.assertComponentExist(ON.text('after click'));
  await driver.pressBack();
  done();
  })

  function sleep(time) {
    return new Promise((resolve) => setTimeout(resolve, time));
  }
  })
}
```

12.5.3 执行测试脚本

通过点击按钮执行测试脚本，当前支持以下执行方式。

① 测试包级别执行，即执行测试包内的全部用例。

② 测试套级别执行，即执行 describe( )方法中定义的全部测试用例。

③ 测试方法级别执行，即执行指定 it( )方法也就是单条测试用例。

上述 3 种执行方式在 DevEco Studio 中的具体操作如图 12-15 所示。

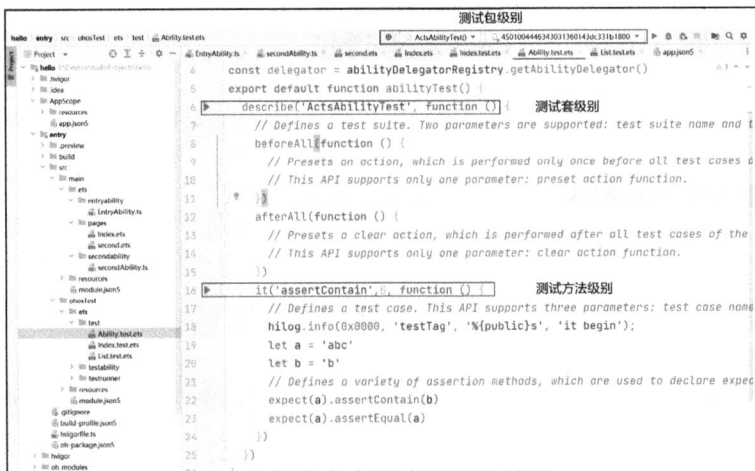

图 12-15　3 种不同执行方式

测试执行完毕后可直接在 DevEco Studio 中查看测试结果，如图 12-16 所示。

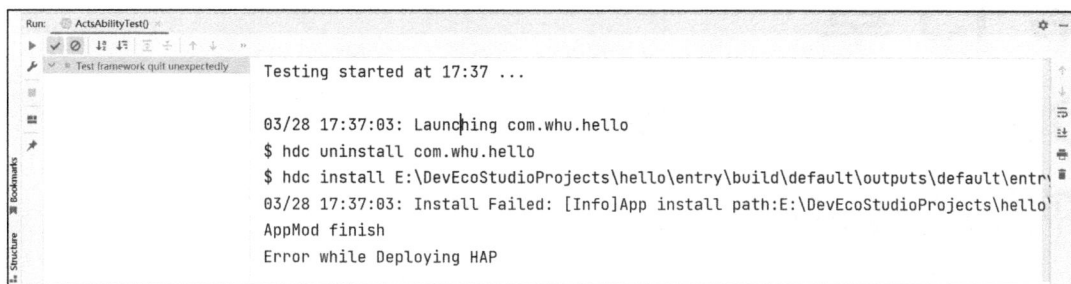

图 12-16　测试脚本运行结果

本章小结

开发复杂 OpenHarmony 应用需要与底层系统软硬件或库函数进行交互，因此从上层 ArkTS 代码中调用底层 C/C++方法成为必然，OpenHamony 提供了 NAPI 来方便用户进行调用。本章首先介绍了如何在智能设备上使用 OpenHarmony 中的 NAPI 实现 C++和 ArkTS 之间方法的相互调用。接着展示了使用 Native XComponent 来做图形渲染，然后对 AI 推理框架 MindSpore Lite 在本地的运行进行了探讨，并对 OpenHarmony 应用的性能分析工具和应用测试做了分析。

通过对本章的学习，读者应能对 OpenHarmony 的一些高级功能如 NAPI、AI 开发、性能分析和应用测试等有一定的了解。

课后习题

1.（多选题）NAPI 的应用架构可以分为（　　）3 部分。

A．C++　　　　　　　B．ArkTS　　　　　　C．工具链　　　　　　D．cpp

2.（单选题）Native XComponent 是 XComponent 组件提供在 Native 层的实例，可作为 JS 层和 Native 层 XComponent 绑定的桥梁。（　　）

A．正确　　　　　　　　　　　　　　B．错误

3.（单选题）基于 MindSpore Lite 开发 AI 应用的方式有两种，分别是使用 MindSpore Lite JS API 和使用 MindSpore Lite Native API。（　　）

A．正确　　　　　　　　　　　　　　B．错误

4.（单选题）测试框架分为单元测试框架和 UI 测试框架。（　　）

A．正确　　　　　　　　　　　　　　B．错误

第 13 章
OpenHarmony
开发实战进阶

13

学习目标

① 结合之前所介绍的 ArkUI 和原子化服务等知识，开发一个真实场景下使用的应用。

② 理解并掌握软件开发涉及的软件工程思想。

本章以健康生活应用为例，介绍如何开发一个真实场景中使用的 OpenHarmony 应用，包括从需求分析、概要设计、详细设计到代码开发的完整过程。通过这样一个实际软件产品的开发过程，读者不仅可以了解到 OpenHarmony 的一些前沿技术（如服务卡片等在生产中的落地方法和实际优势），更能够以此学习到软件工程思想和项目开发管理思想。

13.1 需求分析

运动目前已经成为大众追求高品质生活的积极手段之一。使用传统运动健康 app，需要不断打开对应的 app 进行打卡并查看健康任务，记录自己的健康轨迹并获取健康任务提醒等，非常容易造成漏报或遗漏关键信息等，使运动效果不达标。

OpenHarmony 原子化服务（元能力）除了能够把复杂应用最核心的能力快速开放给用户、提高应用的功能可达性外，还有一个巨大的优点就是实时信息的便捷显示，可提升功能的可用性。可以通过该功能解决传统运动健康 app 的问题。健康任务可以通过桌面上的服务卡片快速暴露给用户，提醒用户任务进度；完成一定任务后，可以刷新服务卡片上的任务；任务完成后，服务卡片上的任务就会消失。这样的功能可以大大提升用户体验。

此外，借助 OpenHarmony 系统强大的分布式能力，用户运动时可以将移动设备上的健康任务流转到可穿戴设备上，在运动时就可以直接对健康任务进行打卡，以提升软件可用性。

实现运动健康功能的应用名称为"健康生活"，其用例图如图 13-1 所示。

由图 13-1 可知，健康生活应用的主要功能除了关键的健康任务创建与编辑、任务打卡外，还包含登录与注册、成就管理。登录与注册主要负责管理用户登录应用的方式，而成就管理负责管理健康任务完成后的成就。

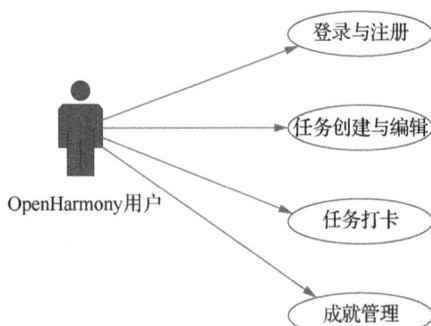

图 13-1　健康生活应用的用例图

13.2　概要设计

健康生活应用概要设计部分主要分析该应用的总体组成，以及该应用如何在不同设备上进行部署。此外，本节还会分析该应用的各功能模块，并以图的形式呈现。

13.2.1　健康生活应用部署结构

健康生活应用包含手机端应用和 Web 服务器服务。此外，对一般的商用应用而言，还需要一个数据库服务器来存储数据信息。因为一些对性能要求较高的复杂并发功能，由于手机端的算力较差，通常需要借助服务器来实现。需要说明的是，本书以介绍 OpenHarmony 移动设备应用的开发为主，所以前面 12 章中的示例代码都不涉及服务器。

健康生活应用的部署结构如图 13-2 所示。

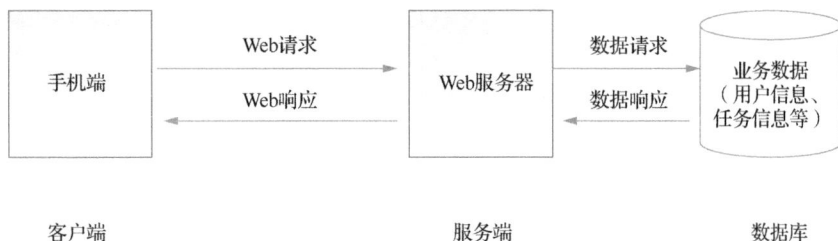

图 13-2　健康生活应用部署结构

图 13-2 展示了健康生活应用的 3 个组成部分，分别是客户端、服务端和数据库。此处的客户端特指移动设备应用，在实际生活中也可以在计算机上使用浏览器作为客户端。服务端是 Web 服务器，接收来自客户端的 Web 请求并返回 Web 响应。Web 服务器通常不能直接提供 Web 响应，因此来自客户端的请求被分析后，再重定向到数据库进行业务数据请求，本例中主要包含客户端的数据请求和数据查询请求（包括健康任务查询等）。数据库存储健康生活应用的数据信息，包括用户信息、任务信息和卡片信息等。在正式商用化的场景中，健康信息应该存储在单独的数据库服务器中，但本章为了集中展现手机端的数据库访问操作，将数据库集成到了客户端。

13.2.2　健康生活应用总体框架

对健康生活应用客户端而言，按照 MVC 架构对其功能进行逻辑划分，其总体框架如图 13-3 所示，主要包括做页面展示的 UI 层、处理应用逻辑的业务层和处理数据持久化的数据库层。

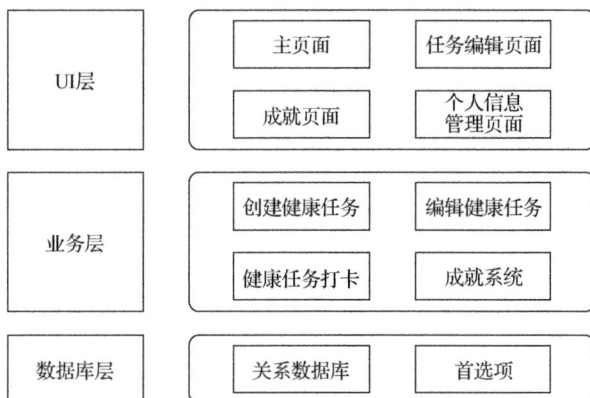

图 13-3　健康生活应用的总体框架

UI 层主要负责功能及数据的展示，包含 4 个主要页面，分别是应用主页面、任务编辑页面、成就页面和个人信息管理页面；此外，还应该包含登录页面。业务层主要负责完成健康任务创建与编辑、健康任务打卡等的逻辑功能。数据库层采用关系数据库和首选项存储任务信息。

下面对各模块的具体功能进行分析。

13.2.3　登录与注册模块

登录与注册模块主要管理用户的账户信息，支持注册和登录功能。在用户忘记密码或账号时，也提供找回功能。该模块功能分解如图 13-4 所示。

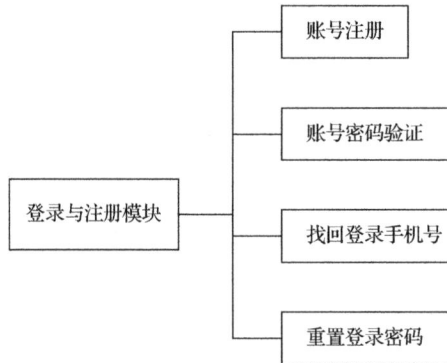

图 13-4　登录与注册模块功能分解

图 13-5 所示为健康生活应用用户登录与注册的流程图。由该图可知，当用户未在当前设备登录过时需要进行用户名和密码验证；当用户已在当前设备登录过时，输入用户名后会自动填充密码。

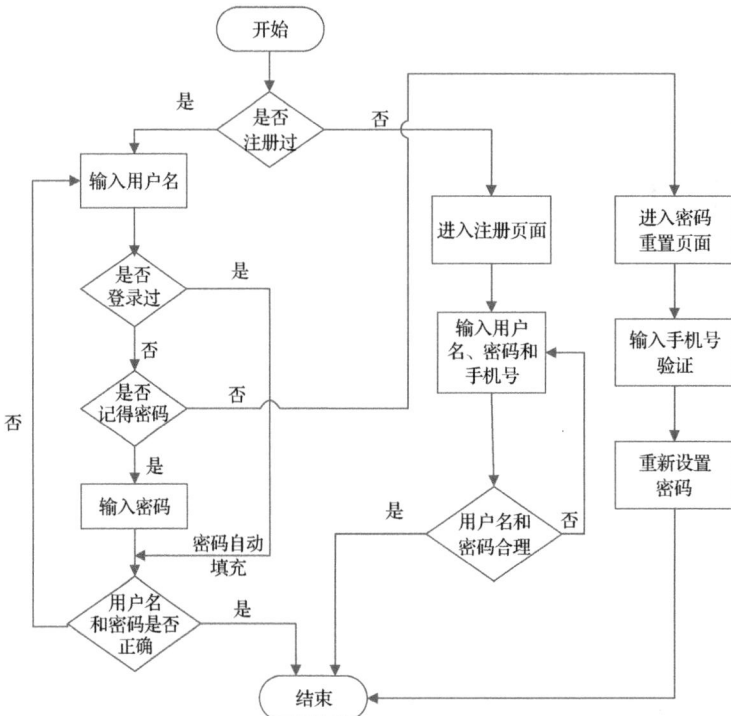

图 13-5　登录与注册流程图

13.2.4 任务创建与编辑模块

任务创建与编辑模块是健康生活应用的核心功能模块，其主要功能是让登录后的用户创建健康任务和编辑健康任务，以方便后期进行任务打卡，如图 13-6 所示。用户验证身份后就可以登录应用开始创建任务，如果任务列表非空也可以选择编辑任务。任务分两种类型：时间型和目标型。

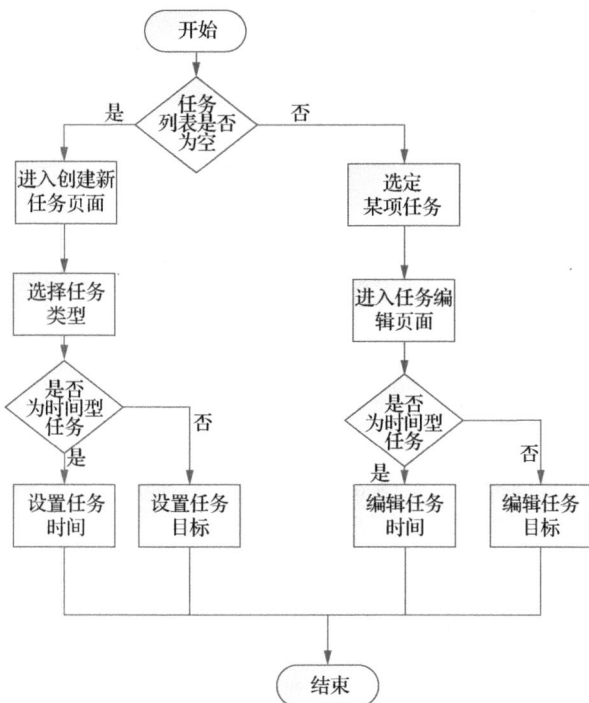

图 13-6 任务创建与编辑流程图

13.2.5 任务打卡模块

在用户完成某项任务后，任务打卡模块提供用户对某项任务打卡的功能。时间型任务只需用户打卡一次就行；而目标型任务需要用户进行多次打卡，直到达到任务目标才算完成任务，如图 13-7 所示。

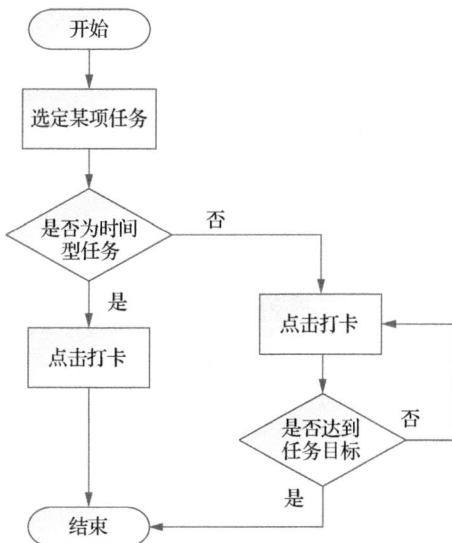

图 13-7 任务打卡流程图

13.2.6 成就管理模块

成就管理模块的主要功能包括检查任务列表上的任务是否打卡完毕，如果都打完了则检测是否达到指定的天数。当指定天数达到后，可以激活对应的成就，用户可以在成就页面查看已经获得的成就，如图 13-8 所示。

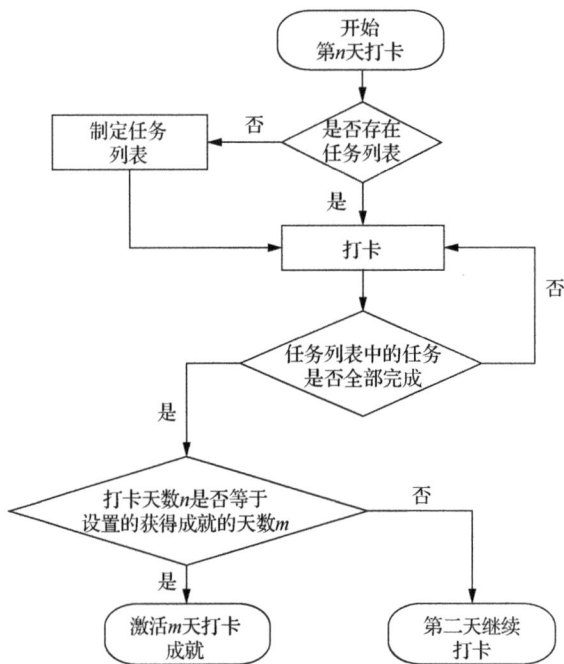

图 13-8　成就管理流程图

13.3　详细设计

本节主要根据 13.2 节分析的健康生活应用各功能模块的具体功能要求设计开发时需要用到的类图和数据库等。类图可以精确到相关类的字段和具体函数，数据库实体关系（Entity-Relationship，E-R）图则分析应用中需要用到的数据实体和实体间的关系。本节中的类图和数据库 E-R 图主要侧重于健康任务的相关信息。

13.3.1　类图设计

健康任务的查看有两种方式，分别为传统应用启动模式和服务卡片启动模式。下面对这两种启动模式的类图进行介绍。

1. 传统应用启动模式的类图

对任务创建与编辑模块来说，需要展示任务列表上所有的任务，因此在类图设计中考虑设计一些显示类来承载这些内容。在 OpenHarmony 中，显示类被称为页面（Page）。

在基于 ArkUI 框架的应用开发中，页面是通过 struct 形式表现的，因此没有类图的支撑。但类图也不是一定要转化为具体的业务对象，它是用来指导用户定义具体业务能力的，OpenHarmony 开发者完全可以根据设计者设计的类图来定义 eTS 页面的 struct 结构。当然，在 OpenHarmony 中也可以定义与业务有关的类来封装数据和方法。

图 13-9 所示为健康生活应用核心业务显示类图。

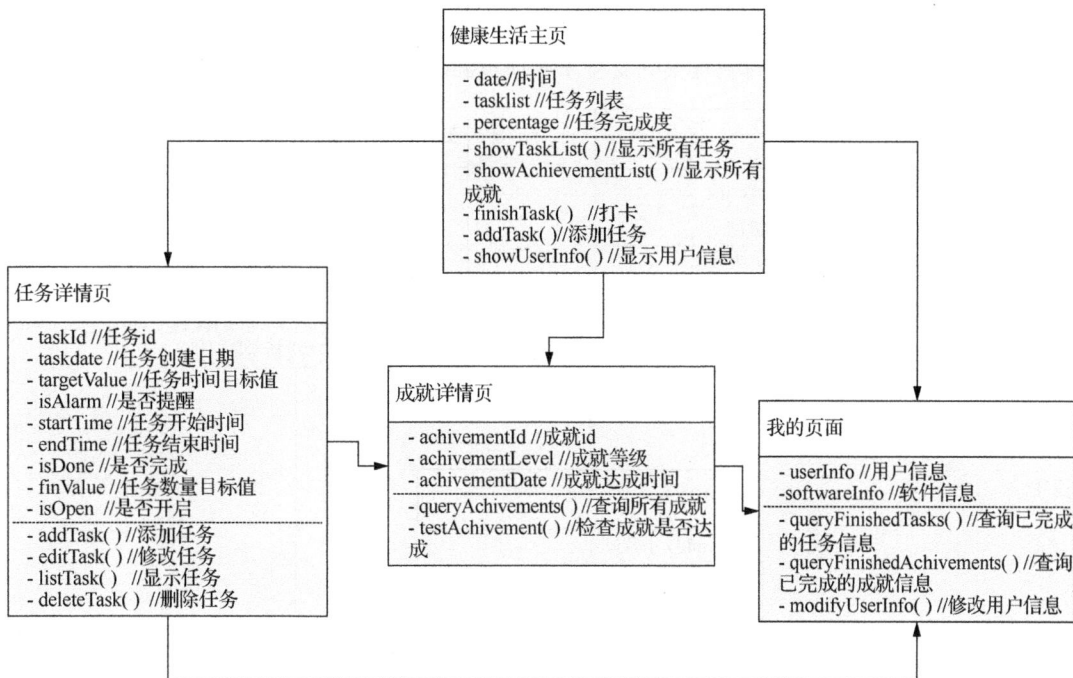

图 13-9　健康生活应用核心业务显示类图

除了定义各显示类的关键数据和方法，图中的箭头显示了显示类之间的交互，这些交互实际上是在 ArkUI 的 UIAbility 包含的 Page 之间的导航。在页面间进行跳转时是可以传递参数的，图 13-9 中各显示类的功能描述、输入和输出如表 13-1～表 13-4 所示。

表 13-1　健康生活主页

功能描述	健康生活主页
输入	无
输出	用户选择的页签 id

表 13-2　任务详情页

功能描述	任务详情页
输入	用户选择的任务 id
输出	健康生活主页上的一个任务

表 13-3　成就详情页

功能描述	成就详情页
输入	用户的打卡次数
输出	成就 id

表 13-4　我的页面

功能描述	我的页面
输入	用户 id
输出	用户已完成的任务

2. 服务卡片启动模式的类图

用户将服务卡片加载到桌面后，可以实时查看当前的任务完成情况。整个卡片业务涉及的类图及类图之间的交互如图 13-10 所示。

在图 13-10 中，由于卡片工作的特殊性，除了卡片自身的服务卡片类之外，还有专门的服务卡片管理类，卡片通过与服务卡片管理类的交互来实现页面跳转或访问其他业务类。

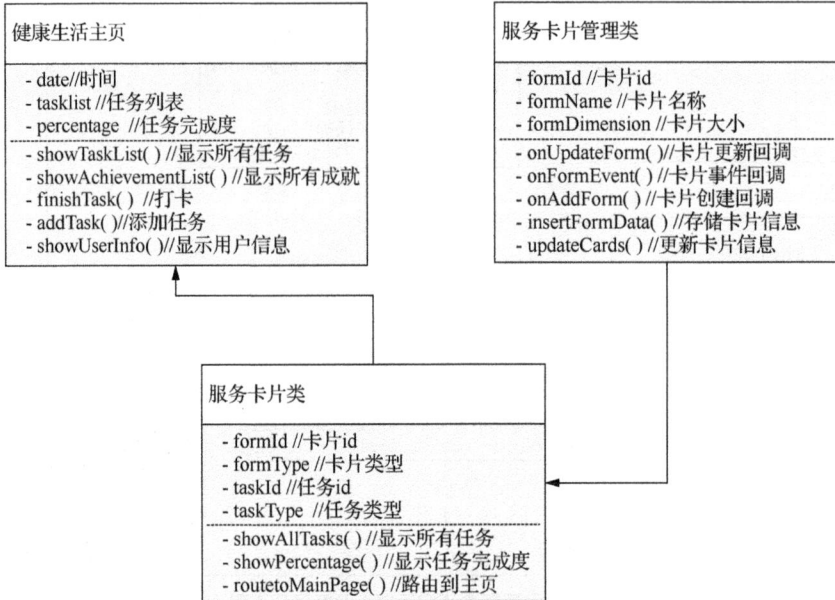

图 13-10　整个卡片业务涉及的类图及类图之间的交互

图 13-10 展示了服务卡片相关类间的交互关系。服务卡片管理类和服务卡片类的功能描述、输入和输出如表 13-5 和表 13-6 所示。

表 13-5　服务卡片管理类

功能描述	服务卡片绑定的 Ability（用于创造和更新卡片信息）
输入	Want
输出	任务信息

表 13-6　服务卡片类

功能描述	服务卡片对应的类（用于核心信息显示和跳转）
输入	任务信息
输出	卡片 id

13.3.2　数据库设计

健康生活应用涉及的核心数据为任务信息、成就信息、卡片信息和用户信息，主要涉及 4 个实体：任务实体、成就实体、卡片实体和用户实体。其中，一个用户可以创建多个任务，一个用户也可以有多个成就。这些重要的实体信息必须存储在数据库中，也就是实现数据持久化，其目的是让健康生活应用不管重启多少次，都能够让用户查看自己创建的任务信息和自己的成就信息。数据实体是和对象一一对应的，由任务详情类产生的对象就对应任务实体。表征数据实体及实体间关系的常用工具为 E-R 图，图 13-11 所示为健康生活应用核心数据 E-R 图。

图 13-11 所示的 4 个数据表实体存放在数据库服务器中，为了简化移动应用的设计，也可以将这 4 个实体存放在运动健康数据库 SQLite 中。具体数据库和数据表的建立方法见 7.4 节。

任务实体主要包含表 13-7 所示任务数据表结构中的字段，对任务而言，其任务 id 是表明其身份唯一的字段，所以该字段为该表索引。其他核心字段有时间目标值、数量目标值、是否开启和是否提醒等。

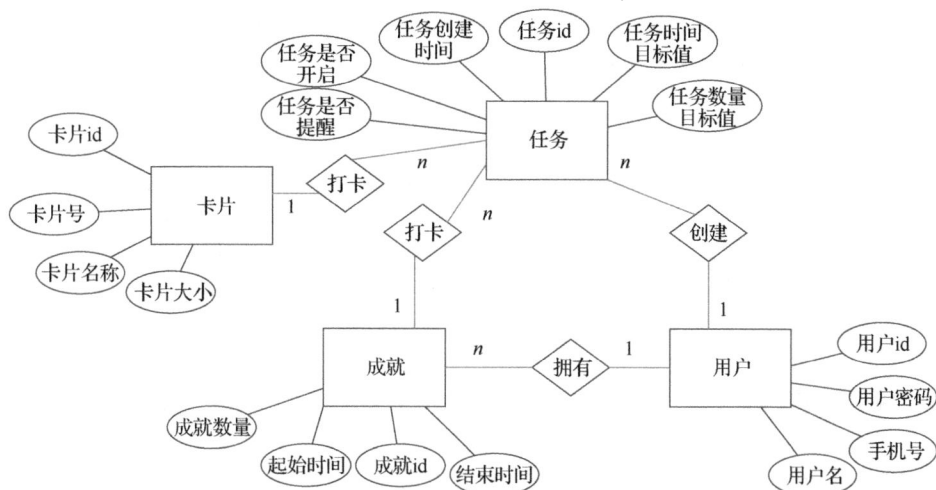

图 13-11　健康生活应用核心数据 E-R 图

表 13-7　任务数据表结构

字段名	字段描述
taskId	任务 id
taskdate	任务创建时间
targetValue	任务时间目标值
isAlarm	是否提醒
startTime	任务开始时间
endTime	任务结束时间
frequency	任务频率
isOpen	是否开启
finValue	任务数量目标值

成就实体主要包含表 13-8 所示成就数据表结构中的字段，对成就而言，其成就 id 为表明其身份唯一的字段，所以该字段为该表索引。其他核心字段有开始日期、结束日期和打卡时间等，数据类型需要读者自行补充。

表 13-8　成就数据表结构

字段名	字段描述
id	成就 id
firstDate	开始日期
lastDate	结束日期
checkinDays	打卡时间
achivements	所获成就

卡片实体主要包含表 13-9 所示卡片信息数据表结构中的字段，对卡片而言，其卡片 id 为表明其身份唯一的字段，所以该字段为该表索引。其他核心字段还有卡片名称和卡片大小。

表 13-9　卡片信息数据表结构

字段名	字段描述
formId	卡片 id
formName	卡片名称
formDimension	卡片大小

用户实体包含表 13-10 所示用户信息数据表结构中的字段，用户 id 为表明其身份的唯一字段，其他字段包括用户名、用户密码和手机号。

表 13–10　用户信息数据表结构

字段名	字段描述
userId	用户 id
name	用户名
password	用户密码
telephone	手机号

13.4　代码开发

根据 13.2 节的概要设计和 13.3 节的详细设计，健康生活应用需要开发的内容已经十分清晰了。该应用共分为四大模块，在 DevEco Studio 中沿用第 10 章建立的 health_life 工程。

健康生活应用项目的整体代码结构如图 13-12 所示。

健康生活应用代码架构分为三大部分，分别如下。

① 核心业务模块：包含与业务有关的界面能力和系统启动主 Ability，遵循 MVVM 模型结构。pages 目录和 view 目录是与界面相关的，属于 View；model 目录包含与数据库有关的类，属于 Model；viewmodel 目录则有关界面和数据库绑定，属于 ViewModel；entryability 目录为应用主 UIAbility；service 目录有关任务提醒功能。

② 服务卡片模块：提供与服务卡片有关的界面和卡片管理，包括 agency 目录、progress 目录和 entryformability 目录。

③ 公共模块：主要是 common 目录，其中包括封装好的数据库操作、核心业务类定义和工具类定义。

健康生活应用的服务卡片功能在第 10 章有部分介绍，这里简单带过，主要对应用主体功能进行分析。

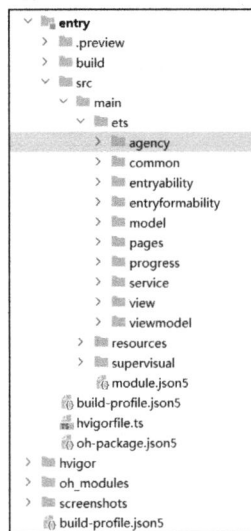

图 13-12　健康生活应用项目的整体代码结构

13.4.1　应用主页面

在健康生活应用中，可能会需要访问设备硬件信息，如可穿戴设备上的加速度传感器等，此时需要向用户请求动态权限。本应用需要的权限还有应用通知权限：当用户编制的定时喝水任务时间条件达到后，会发送通知消息。应用动态请求权限功能的实现如例 13-1 所示。

例 13-1　动态请求权限

```
import abilityAccessCtrl, { Permissions } from '@ohos.abilityAccessCtrl';

// app 偏好名称
const H_STORE: string = 'healthAppStore';
const IS_PRIVACY: string = 'isPrivacy';
const permissions: Array<Permissions> = ['ohos.permission.READ_CALENDAR'];
auth(){
    let atManager: abilityAccessCtrl.AtManager = abilityAccessCtrl.createAtManager();
    // requestPermissionsFromUser()会判断权限的授权状态来决定是否唤起弹窗
    atManager.requestPermissionsFromUser(this.context, permissions).then((data) => {
```

```
let grantStatus: Array<number> = data.authResults;
let length: number = grantStatus.length;
for (let i = 0; i < length; i++) {
  if (grantStatus[i] === 0) {
    let preferences = data_preferences.getPreferences(this.context, H_STORE);
    preferences.then((res) => {
      res.put(IS_PRIVACY, true).then(() => {
        res.flush();
        Logger.info('SplashPage','isPrivacy is put success');
      }).catch((err) => {
        Logger.info('SplashPage','isPrivacy put failed. Cause:' + err);
      });
    })
    this.jumpAdPage();
  } else {
// 用户拒绝授权，提示用户必须授权才能访问当前页面的功能，并引导用户到系统设置中打开相应的权限
    return;
  }
}
// 授权成功
}).catch((err) => {
  console.error(`Failed to request permissions from user. Code is ${err.code}, message
is ${err.message}`);
})

}
```

例 13-1 中使用 abilityAccessCtrl 对象对健康生活应用需要的权限进行用户动态授权。用户初次启动应用后会弹出授权窗口，当用户同意授权后，授权信息会写入偏好文件。下次启动应用时，由于在偏好文件中可以读取到授权信息，直接进入应用主页面。例 13-1 的运行结果如图 13-13 所示。

主页包含任务信息的所有入口，如图 13-14 所示，涉及任务列表的展示、任务的编辑和新增、上下滚动过程中顶部导航栏的渐变、日期的切换，以及随着日期切换页面同步任务列表的功能。

图 13-13 健康生活应用请求授权

图 13-14 健康生活主页运行效果

应用主页结构如例 13-2 所示。结合图 13-14 所示运行效果，可以看到主页中的核心组件为 Tabs，其中包含 3 个 TabContent( )，分别对应主页中的"首页""成就"和"我的"。

例 13-2　应用主页结构

```
build() {
  Tabs({ barPosition: BarPosition.End, controller: this.tabController }) {
    TabContent() {
      HomeIndex({ homeStore: $homeStore, editedTaskInfo: $editedTaskInfo, editedTaskID:
$editedTaskID })
        .borderWidth({ bottom: 1 })
        .borderColor($r('app.color.primaryBgColor'))
    }
    .tabBar(this.TabBuilder(TabId.HOME))
    .align(Alignment.Start)

    TabContent() {
      AchievementIndex()
    }
    .tabBar(this.TabBuilder(TabId.ACHIEVEMENT))

    TabContent() {
      MineIndex()
        .borderWidth({ bottom: 1 })
        .borderColor($r('app.color.primaryBgColor'))
    }
    .tabBar(this.TabBuilder(TabId.MINE))
  }
  .scrollable(false)
  .allSize()
  .barWidth(commonConst.THOUSANDTH_940)
  .barMode(BarMode.Fixed)
  .vertical(false)
  .onChange((index) => {
    this.currentPage = index;
  })
}
```

1．导航栏背景渐变

在滚动页面的过程中，通过在 onScrollAction( )方法里计算纵向的偏移量来改变当前页面由 @State 装饰的 naviAlpha 变量值，进而改变顶部标题的背景色，实现导航栏背景渐变，代码如例 13-3 所示。

例 13-3　导航栏背景渐变

```
private yOffset: number = 0;
// 当滚动 Scroll 组件时，改变 naviAlpha 变量值
onScrollAction() {
  this.yOffset = this.scroller.currentOffset().yOffset;
  if (this.yOffset > commonConst.DEFAULT_56) {
    this.naviAlpha = 1;
  } else {
    this.naviAlpha = this.yOffset / commonConst.DEFAULT_56;
  }
}
```

2. 日历组件

日历组件主要用到的是一个横向滑动的 Scroll 组件。横向滑动页面时，通过在 onScrollEndAction( ) 方法里计算横向的偏移量来实现分页的效果，代码如例 13-4 所示。同时，Scroll 组件提供 scrollPage( ) 方法，可实现点击左、右箭头按钮的时候进行页面切换。

例 13-4　实现日历功能

```
build() {
  Row() {
    Column() {
      Row() {
        this.ArrowIcon(false)
        HealthText({ title: this.homeStore.dateTitle, fontSize: $r('app.float.
default_14') })
          .margin($r('app.float.default_12'))
        this.ArrowIcon(true)
      }
      .justifyContent(FlexAlign.Center)

      Scroll(this.scroller) {
        Row() {
          ForEach(this.homeStore.dateArr, (item: WeekDateModel, index: number) => {
            Column() {
              Text(item.weekTitle)
                .fontSize($r('app.float.default_12'))
                .fontWeight(commonConst.FONT_WEIGHT_500)
                .fontColor(sameDate(item.date, this.homeStore.showDate) ? $r('app.color.
blueColor') : $r('app.color.titleColor'))
                .fontFamily($r('app.string.HarmonyHeiTi_Medium'))
                .opacity(commonConst.OPACITY_6)
              Divider()
                .margin({top: commonConst.DEFAULT_2, bottom: $r('app.float.default_4')})
                .width($r('app.float.default_12'))
                .color(sameDate(item.date, this.homeStore.showDate) ? $r('app.color.
blueColor') : $r('app.color.white'))
              Image(this.getProgressImg(item))
                .height($r('app.float.default_28'))
                .objectFit(ImageFit.Contain)
                .margin({ top: commonConst.THOUSANDTH_80 })
            }
            .width(`${WEEK_DAY_WIDTH}%`)
            .justifyContent(FlexAlign.SpaceBetween)
            .onClick(() => WeekCalendarMethods.calenderItemClickAction.call(this, item,
index))
          })
        }
      }
      .scrollBar(BarState.Off)
      .scrollable(ScrollDirection.Horizontal)
      .width(commonConst.THOUSANDTH_1000)
      .onScrollStop(() => WeekCalendarMethods.onScrollEndAction.call(this))
      .onScrollEdge(() => WeekCalendarMethods.onScrollEdgeAction.call(this))
    }
    .borderRadius($r('app.float.default_24'))
    .backgroundColor($r('app.color.white'))
```

```
      .width(commonConst.THOUSANDTH_1000)
      .height(commonConst.THOUSANDTH_1000)
      .padding({ top: commonConst.THOUSANDTH_50, bottom: commonConst.THOUSANDTH_120 })


    }
    .width(commonConst.THOUSANDTH_1000)
    .height(commonConst.THOUSANDTH_420)
    .padding(commonConst.THOUSANDTH_33)

  }
```

需要在滑动到边缘的时候去请求更多的历史数据，以便能一直滑动。通过 Scroll 组件的 onScrollEdge( )
方法可以判断是否已滑到边缘位置，如例 13-5 所示。

例 13-5　定义日历导航栏滑动事件

```
function onScrollEndAction() {
  if (!this.isPageScroll) {
    let page = Math.round(this.scroller.currentOffset().xOffset / this.scrollWidth);
    page = this.isLoadMore ? page + 1 : page;
    if (this.scroller.currentOffset().xOffset % this.scrollWidth != 0 || this.isLoadMore) {
      let xOffset = page * this.scrollWidth;
      this.scroller.scrollTo({ xOffset, yOffset: 0 });
      this.isLoadMore = false;
    }
    this.currentPage = this.homeStore.dateArr.length / WEEK_DAY_NUM - page - 1;
    Logger.info('HomeIndex', 'onScrollEnd: page ' + page + ', listLength ' +
this.homeStore.dateArr.length);
    let dayModel = this.homeStore.dateArr[WEEK_DAY_NUM * page+this.homeStore.selectedDay];
    Logger.info('HomeIndex', 'currentItem: ' + JSON.stringify(dayModel) + ', selectedDay ' +
this.homeStore.selectedDay);
    this.homeStore.setSelectedShowDate(dayModel.date.getTime());
  }
  this.isPageScroll = false;
}

function onScrollEdgeAction(side: Edge) {
  if (side == Edge.Top && !this.isPageScroll) {
    Logger.info('HomeIndex', 'onScrollEdge: currentPage ' + this.currentPage);
    if ((this.currentPage + 2) * WEEK_DAY_NUM >= this.homeStore.dateArr.length) {
      Logger.info('HomeIndex', 'onScrollEdge: load more data');
      let date: Date = new Date(this.homeStore.showDate);
      date.setDate(date.getDate() - WEEK_DAY_NUM);
      this.homeStore.getPreWeekData(date);
      this.isLoadMore = true;
    }
  }
}
```

滑动停止时，例 13-5 所示代码通过判断偏移量进行分页处理，通过 isPageScroll 变量判断是否
为用手指滑动，点击左、右箭头按钮将不做滑动处理，使用 scrollTo( )函数可以滑动到指定位置。

homeStore 主要负责请求数据库的数据，并对数据进行处理，进而渲染到页面上。同时，还需
要知道怎么根据当天的日期计算出本周内所有日期数据，代码如例 13-6 所示。

例 13-6　获取本周日期数据

```
  // HomeViewModel.ets
public getPreWeekData(date: Date, callback: Function) {
  let [initArr, dateArr] = getPreviousWeek(date);
```

```
    // 从数据库获取数据
    DayInfoApi.queryList(dateArr, (res: DayInfo[]) => {
      Logger.info('getPreWeekData->DayInfoList: ', JSON.stringify(res));
      if (res.length > 0) {
        for (let i = 0; i < initArr.length; i++) {
          let dayInfo = res.find((item) => item.date == initArr[i].dateStr) || null;
          initArr[i].dayInfo = dayInfo;
        }
      }
      this.dateArr = initArr.concat(...this.dateArr);
      callback();
    })
  }

// WeekCalendarModel.ets
export function getPreviousWeek(showDate: Date): [Array<WeekDateModel>, Array<string>] {
  Logger.debug('WeekCalendarModel', 'get week date by date: ' + showDate.toDateString())
  let arr: Array<WeekDateModel> = [];
  let strArr: Array<string> = [];
  let currentDay = showDate.getDay() - 1;
  // 周一是一周的第一天
  showDate.setDate(showDate.getDate() - currentDay);
  for (let index = WEEK_DAY_NUM; index > 0; index--) {
    let tempDate = new Date(showDate);
    tempDate.setDate(showDate.getDate() - index);
    let dateStr = dateToStr(tempDate);
    strArr.push(dateStr);
    arr.push(new WeekDateModel(WEEK_TITLES[tempDate.getDay()], dateStr, tempDate))
  }
  Logger.debug('WeekCalendarModel', JSON.stringify(arr))
  return [arr, strArr];
}
```

数据请求通过 DayInfoApi 类来处理。由于 date 的 getDate( )方法返回的 0～6 代表周日到周六，而页面上展示的是周一～周日，因此这里要将 getDate( )方法返回的数据偏移一天。

3. 悬浮按钮

由于应用主页右下角有一个悬浮按钮，所以应用主页整体采用了一个 Stack 组件，将右下角的悬浮按钮和顶部的 title 放在滚动组件层的上层，代码如例 13-7 所示。

例 13-7　悬浮按钮实现

```
build() {
    Stack() {
...
}
 AddBtn({ clickAction: this.editTaskAction.bind(this) })
    Row() {
      Text($r('app.string.EntryAbility_label'))
        .titleTextStyle()
        .fontSize($r('app.float.default_24'))
        .padding({ left: commonConst.THOUSANDTH_66 })
    }
    .width(commonConst.THOUSANDTH_1000)
    .height(commonConst.DEFAULT_56)
```

```
    .position({ x: 0, y: 0 })
    .backgroundColor(`rgba(${WHITE_COLOR_0X},${WHITE_COLOR_0X},${WHITE_COLOR_0X},${
this.naviAlpha})`)

    CustomDialogView()
  }
  .allSize()
  .backgroundColor($r('app.color.primaryBgColor'))
}
```

4. 页面跳转及传参

长按主页任务列表时需要跳转到对应的任务编辑页面，点击悬浮按钮时需要跳转到任务列表页面。要实现页面跳转，需要在头部引入 router，代码如例 13-8 所示。

例 13-8　页面跳转实现

```
import router from '@ohos.router';
 taskItemAction(item: TaskInfo, isClick: boolean) {
    if (!this.homeStore.checkCurrentDay()) {
      return;
    }
    if (isClick) {
      // 当点击悬浮按钮时，跳转到定时任务列表页面
      let callback: CustomDialogCallback = { confirmCallback: this.onConfirm.bind(this),
cancelCallback: null };
      this.broadCast.emit(BroadCastType.SHOW_TASK_DETAIL_DIALOG, [item, callback]);
    } else {
      // 编辑任务
      const editTask: ITaskItem = {
        ...TaskMapById[item.taskID],
        targetValue: item?.targetValue,
        isAlarm: item.isAlarm,
        startTime: item.startTime,
        frequency: item.frequency,
        isOpen: item.isOpen,
      };
      router.pushUrl({ url: 'pages/TaskEditPage', params: { params: JSON.stringify
(editTask) } });
    }
  }
```

13.4.2　任务创建与编辑

用户点击悬浮按钮进入任务列表页，点击任务列表可进入对应任务的编辑页面，对任务进行详细的设置；编辑任务之后点击"完成"按钮，将返回应用主页。

1. 任务列表

任务列表页由上部的标题、返回按钮，以及具体任务的列表组成。使用 Navigation 以及 List 组件构成页面，使用 ForEach 遍历生成具体列表。构成任务列表页面的代码如例 13-9 所示。

例 13-9　构成任务列表页面

```
build() {
  Row() {
    Navigation() {
      Column() {
        TaskList()
```

```
    }
      .width(THOUSANDTH_1000)
      .justifyContent(FlexAlign.Center)
    }
    .size({ width: THOUSANDTH_1000, height: THOUSANDTH_1000 })
    .title(ADD_TASK_TITLE)
    .titleMode(NavigationTitleMode.Mini)
  }
  .backgroundColor($r('app.color.primaryBgColor'))
  .height(THOUSANDTH_1000)
}
```

实现效果如图 13-15 所示。

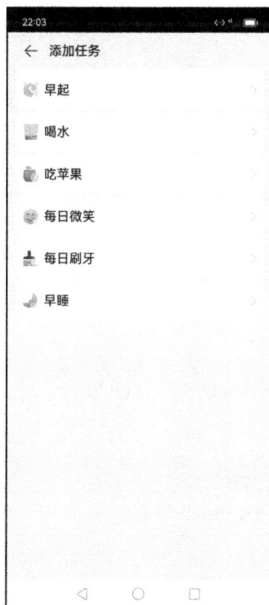

图 13-15　任务列表页面

每个列表项右侧有一个用于判断是否开启任务的标识，点击某个列表项需要跳转到对应的任务编辑页面。例 13-9 中的任务列表 TaskList 的具体实现如例 13-10 所示。

例 13-10　任务列表具体实现

```
build() {
    List({ space: commonConst.LIST_ITEM_SPACE }) {
      ForEach(this.taskList, (item) => {
        ListItem() {
          Row() {
            Row() {
              Image(item?.icon)
                .width(commonConst.DEFAULT_24)
                .height(commonConst.DEFAULT_24)
                .margin({ right: commonConst.DEFAULT_8 })
Text(item?.taskName).fontSize(commonConst.DEFAULT_20).fontColor($r('app.color.titleColor'))
            }.width(commonConst.THOUSANDTH_500)

            Blank()
              .layoutWeight(1)
            if (item?.isOpen) {
```

```
        Text($r('app.string.already_open'))
          .fontSize(commonConst.DEFAULT_16)
          .flexGrow(1)
          .align(Alignment.End)
          .margin({ right: commonConst.DEFAULT_8 })
          .fontColor($r('app.color.titleColor'))
      }
      Image($r('app.media.ic_right_grey'))
        .width(commonConst.DEFAULT_8)
        .height(commonConst.DEFAULT_16)
    }
    .width(commonConst.THOUSANDTH_1000)
    .justifyContent(FlexAlign.SpaceBetween)
    .padding({ left: commonConst.DEFAULT_12, right: commonConst.DEFAULT_12 })
  }
  .height(commonConst.THOUSANDTH_80)
  .borderRadius(commonConst.DEFAULT_12)
  .onClick(() => {
    router.pushUrl({
      url: 'pages/TaskEditPage',
      params: {
        params: formatParams(item),
      }
    })
  })
  .backgroundColor($r('app.color.white'))
})
}
.height(commonConst.THOUSANDTH_1000)
.width(commonConst.THOUSANDTH_940)
}
}
```

2. 任务编辑

任务编辑页面由上部的"编辑任务"标题和返回按钮，以及主体内容的 List 配置项和下部的"完成"按钮组成。任务编辑页面由 Navigation 和一个自定义组件 TaskDetail 构成，代码如例 13-11 所示。

例 13-11　任务编辑页面

```
@Entry
@Component
struct TaskEdit {
  build() {
    Row() {
      Navigation() {
        Column() {
          TaskDetail()
        }
        .width(THOUSANDTH_1000)
        .height(THOUSANDTH_1000)
      }
      .size({ width: THOUSANDTH_1000, height: THOUSANDTH_1000 })
      .title(EDIT_TASK_TITLE)
      .titleMode(NavigationTitleMode.Mini)
    }
    .height(THOUSANDTH_1000)
```

```
    .backgroundColor($r('app.color.primaryBgColor'))
  }
}
```

自定义组件 TaskDetail 由 List 及其子组件 ListItem 构成，代码如例 13-12 所示。

例 13-12　TaskDetail 页面结构

```
build() {
    Row() {
      Column() {
        List({ space: commonConst.LIST_ITEM_SPACE }) {
          ListItem() {
            TaskChooseItem()
          }
          .listItemStyle()

          ListItem() {
            TargetSetItem()
          }
          .listItemStyle()
          .enabled(
            this.settingParams?.isOpen
            && this.settingParams?.taskID !== taskType.smile
            && this.settingParams?.taskID !== taskType.brushTeeth
          )
          .onClick(() => {
            this.broadCast.emit(
            BroadCastType.SHOW_TARGET_SETTING_DIALOG);
          })

          ListItem() {
            OpenRemindItem()
          }
          .listItemStyle()
          .enabled(this.settingParams?.isOpen)

          ListItem() {
            RemindTimeItem()
          }
          .listItemStyle()
          .enabled(this.settingParams?.isOpen && this.settingParams?.isAlarm)
          .onClick(() => {
            this.broadCast.emit(BroadCastType.SHOW_REMIND_TIME_DIALOG);
          })

          ListItem() {
            FrequencyItem()
          }
          .listItemStyle()
          .enabled(this.settingParams?.isOpen && this.settingParams?.isAlarm)
          .onClick(() => {
            this.broadCast.emit(BroadCastType.SHOW_FREQUENCY_DIALOG);
          })
```

```
          }
          .width(commonConst.THOUSANDTH_940)

          Button() {
Text($r('app.string.complete')).fontSize($r('app.float.default_20')).
fontColor($r('app.color.blueColor'))
          }
          .width(commonConst.THOUSANDTH_800)
          .height(commonConst.DEFAULT_48)
          .backgroundColor($r('app.color.borderColor'))
          .onClick(() => {
            this.finishTaskEdit();
          })
          .position({
            x: commonConst.THOUSANDTH_100,
            y: commonConst.THOUSANDTH_800
          })

          TaskDialogView()
        }
        .width(commonConst.THOUSANDTH_1000)
      }
    }
```

实现效果如图 13-16 所示。

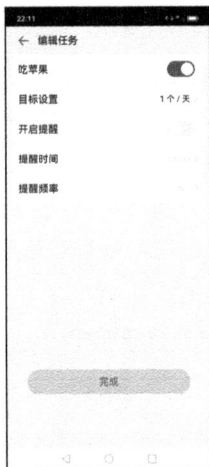

图 13-16　任务编辑页面

在自定义弹窗 TaskDialogView 组件内注册打开弹窗的事件，当点击对应任务的编辑项时触发该事件，进而打开弹窗，代码如例 13-13 所示。

例 13-13　自定义任务弹窗

```
@Component
export struct TaskDialogView {
  @State isShow: boolean = false;
  @Consume broadCast: BroadCast;

  // 任务设置日志
  targetSettingDialog = new CustomDialogController({
    builder: TargetSettingDialog(),
    autoCancel: true,
```

```
    alignment: DialogAlignment.Bottom,
    offset: { dx: ZERO, dy: MINUS_20 }
  });
  // 提醒时间对话框
  RemindTimeDialogController: CustomDialogController = new CustomDialogController({
    builder: RemindTimeDialog(),
    autoCancel: true,
    alignment: DialogAlignment.Bottom,
    offset: { dx: ZERO, dy: MINUS_20 }
  });
  // 频率日志
  FrequencyDialogController: CustomDialogController = new CustomDialogController({
    builder: FrequencyDialog(),
    autoCancel: true,
    alignment: DialogAlignment.Bottom,
    offset: { dx: ZERO, dy: MINUS_20 }
  });

  aboutToAppear() {
    Logger.debug('CustomDialogView', 'aboutToAppear');

    // 任务设置日志
    this.broadCast.on(BroadCastType.SHOW_TARGET_SETTING_DIALOG, () => {
      this.targetSettingDialog.open();
    })
    // 提醒时间对话框
    this.broadCast.on(BroadCastType.SHOW_REMIND_TIME_DIALOG, () => {
      this.RemindTimeDialogController.open();
    })
    // 频率日志
    this.broadCast.on(BroadCastType.SHOW_FREQUENCY_DIALOG, () => {
      this.FrequencyDialogController.open();
    })
  }
}
```

任务目标设置有 3 种：早睡早起的时间、喝水的量、吃苹果的个数。故根据任务的 id 进行区分，将同一弹窗复用。自定义吃苹果个数的弹窗如图 13-17 所示。

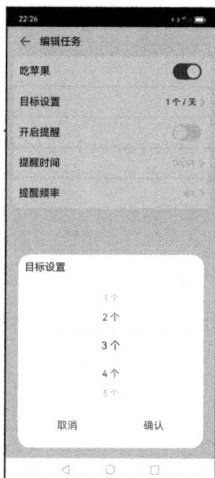

图 13-17 自定义吃苹果个数的弹窗

13.4.3 任务列表与打卡

首页会展示当前用户已经开启的任务列表，每条任务会显示对应的任务名称以及任务目标、当前任务完成情况。用户只可对当天任务进行打卡操作，如果任务列表中的每个任务都在当天完成则连续打卡天数加 1，连续打卡多天会获得相应成就。任务列表与打卡效果如图 13-18 所示。

图 13-18　任务列表与打卡效果

1. 任务卡片

使用 List 组件展示用户当前已经开启的任务，每条任务对应一个 TaskCard 组件，clickAction 包装了点击事件和长按事件，用户点击任务卡片时会触发弹起打卡弹窗，可在其中进行打卡操作；长按任务卡片时会跳转至任务编辑页面，可在其中对相应的任务进行编辑处理，代码如例 13-14 所示。

例 13-14　任务卡片

```
@Component
export struct TaskCard {
  @Prop taskInfoStr: string;
  clickAction: (isClick: boolean) => void;

  @Builder targetValueBuilder() {
    if (JSON.parse(this.taskInfoStr).isDone) {
      HealthText({ title: '', titleResource: $r('app.string.task_done') })
    } else {
      Row() {
        HealthText({
          title: JSON.parse(this.taskInfoStr).finValue || `--`,
          fontSize: $r('app.float.default_24')
        })
        Text(` / ${JSON.parse(this.taskInfoStr).targetValue} ${TaskMapById[JSON.parse
(this.taskInfoStr).taskID].unit}`)
          .labelTextStyle()
          .fontWeight(commonConst.FONT_WEIGHT_400)
      }
    }
  }

  build() {
    Row() {
```

```
    Row({ space: commonConst.DEFAULT_6 }) {
      Image(TaskMapById[JSON.parse(this.taskInfoStr).taskID].icon)
        .width($r('app.float.default_36')).height($r('app.float.default_36'))
        .objectFit(ImageFit.Contain)
      HealthText({
        title: '',
        titleResource: TaskMapById[JSON.parse(this.taskInfoStr).taskID].taskName,
        fontFamily: $r('app.string.HarmonyHeiTi')
      })
    }

    this.targetValueBuilder();
  }
  .allSize()
  .justifyContent(FlexAlign.SpaceBetween)
  .borderRadius($r('app.float.default_24'))
  .padding({ left: commonConst.THOUSANDTH_50, right: commonConst.THOUSANDTH_33 })
  .backgroundColor($r('app.color.white'))
  .onClick(() => this.clickAction(true))
  .gesture(LongPressGesture().onAction(() => this.clickAction(false)))
  }
}
```

在组件 CustomDialogView 的 aboutToAppear( ) 生命周期回调中注册 SHOW_TASK_DETAIL_DIALOG 的事件回调方法，当通过 emit( ) 触发此事件即触发回调方法时显示成就，代码如例 13-15 所示。

例 13-15　注册打卡成就事件

```
aboutToAppear() {
  Logger.debug('CustomDialogView', 'aboutToAppear');
  // 成就日志
  this.broadCast.on(BroadCastType.SHOW_ACHIEVEMENT_DIALOG, (achievementLevel: number) => {
    Logger.debug('CustomDialogView', 'SHOW_ACHIEVEMENT_DIALOG');
    this.achievementLevel = achievementLevel;
    this.achievementDialog.open();
  })

  // 任务时钟日志
  this.broadCast.on(BroadCastType.SHOW_TASK_DETAIL_DIALOG,
    (currentTask: TaskInfo, dialogCallBack: CustomDialogCallback) => {
    Logger.debug('CustomDialogView', 'SHOW_TASK_DETAIL_DIALOG');
    this.currentTask = currentTask || TaskItem;
    this.dialogCallBack = dialogCallBack;
    this.taskDialog.open();
  })
}
```

2. 打卡弹窗

弹窗由两个组件（TaskBaseInfo 和 TaskClock）构成，会根据当前任务的 id 获取任务名称以及弹窗背景图片资源，如例 13-16 所示。

例 13-16　健康任务打卡弹窗

```
@CustomDialog
export struct TaskDetailDialog {
  controller: CustomDialogController;
  @Consume currentTask: TaskInfo;
  @State showButton: boolean = true;
```

```
    @Consume dialogCallBack: CustomDialogCallback;

  build() {
    Column() {
      TaskBaseInfo({
        taskName: TaskMapById[this.currentTask?.taskID].taskName
      });

      TaskClock({
        confirm: () => {
          this.dialogCallBack.confirmCallback(this.currentTask);
          this.controller.close();
        },
        cancel: () => {
          this.controller.close();
        },
        showButton: this.showButton
      })
    }
    .height($r('app.float.default_451'))
    .width($r('app.float.default_316'))
    .backgroundImage(TaskMapById[this.currentTask?.taskID].dialogBg, ImageRepeat.
NoRepeat)
    .backgroundImageSize({
      width: '100%',
      height: '100%'
    })
    .justifyContent(FlexAlign.End)
    .padding({
      bottom: $r('app.float.default_12'),
      left: $r('app.float.default_20')
    })
  }
}
```

运行效果如图 13-19 所示。

图 13-19 健康任务打卡弹窗

打卡成功后同步更新当天任务完成情况数据，以及判断累计打卡天数是否满足获得成就条件。满足条件会弹出对应成就已获得页面，如例 13-17 所示。

例 13-17　打卡成就获取

```
public async taskClock(taskInfo: TaskInfo) {
    let taskItem = await this.updateTask(taskInfo);
    let dateStr = this.selectedDayInfo?.dateStr;
    if (!taskItem) {
      return Promise.resolve({
        achievementLevel: 0,
        showAchievement: false
      });
    }

    this.selectedDayInfo.taskList = this.selectedDayInfo.taskList.map((item) => {
      return item.taskID == taskItem?.taskID ? taskItem : item;
    });
    let achievementLevel;
    if (taskItem.isDone) {
      let dayInfo = await this.updateDayInfo();
      if (dayInfo && dayInfo?.finTaskNum === dayInfo?.targetTaskNum) {
        achievementLevel = await this.updateAchievement(this.selectedDayInfo.dayInfo);
      }
    }
    this.dateArr = this.dateArr.map((item: WeekDateModel) => dateStr == item.dateStr ?
this.selectedDayInfo : item);
    Logger.info('achievementLevel', `${achievementLevel}`);
    return Promise.resolve({
      achievementLevel: achievementLevel,
      showAchievement: ACHIEVEMENT_LEVEL_LIST.includes(achievementLevel)
    });
  }
```

updateDayInfo( )用于更新每日任务完成情况数据，当日任务完成数量等于总任务数量则连续打卡天数加 1；updateAchievement( )用于更新成就数据，判断是否弹出获得成就信息及弹出成就类型；updateTask( )用于更新当天任务列表。

13.4.4　任务提醒

本小节将介绍如何发布任务提醒和取消任务提醒，ReminderAgent 类提供了发布任务提醒、查询任务提醒、取消任务提醒这 3 个接口供任务编辑页面调用。

1. 发布任务提醒

在编辑任务页面中开启提醒，选好提醒时间后点击保存，然后通过 reminderAgent.publishReminder( ) 方法发布任务提醒。在发布任务提醒之前，判断当前任务提醒 id 是否存在，如不存在则发布任务提醒，否则先取消任务提醒再发布。提醒信息均存储在用户偏好文件中，代码如例 13-18 所示。

例 13-18　发布任务提醒

```
function publishReminder(params: any, context: Context) {
  if (!params) {
    Logger.error(REMINDER_AGENT_TAG, 'publishReminder params is empty');
    return;
  }
```

```
        let notifyId = params.notificationId.toString();
    hasPreferencesValue(context, notifyId, (preferences: preferences.Preferences,
hasValue: boolean) => {
        if (hasValue) {
          preferences.get(notifyId, -1, (error: Error, value: number) => {
            if (value >= 0) {
              reminderAgent.cancelReminder(value).then(() => {
                processReminderData(params, preferences, notifyId);
              }).catch((err) => {
                Logger.error(REMINDER_AGENT_TAG, `cancelReminder err: ${err}`);
              });
            } else {
              Logger.error(REMINDER_AGENT_TAG, 'preferences get value error ' + JSON.
stringify(error));
            }
          });
        } else {
          processReminderData(params, preferences, notifyId);
        }
    });
    }
    function processReminderData(params: object, preferences: preferences.Preferences,
notifyId: string) {
      let timer = fetchData(params);
      reminderAgent.publishReminder(timer).then((reminderId: number) => {
        putPreferencesValue(preferences, notifyId, reminderId);
      }).catch((err) => {
        Logger.error(REMINDER_AGENT_TAG, `publishReminder err: ${err}`);
      });
    }
```

2. 取消任务提醒

在编辑任务页面中关闭提醒，点击保存，然后通过 reminderAgent.cancelReminder( )方法取消当前任务提醒。在取消任务提醒之前，判断当前任务提醒 id 是否存在，如果存在则取消任务提醒，否则说明当前任务未开启提醒，代码如例 13-19 所示。

例 13-19　取消任务提醒

```
// ReminderAgent.ets
// 取消任务提醒
function cancelReminder(reminderId: number, context: Context) {
  if (!reminderId) {
    Logger.error(Const.REMINDER_AGENT_TAG, 'cancelReminder reminderId is empty');
    return;
  }
  let reminder: string = reminderId.toString();
  hasPreferencesValue(context, reminder, (preferences: preferences.Preferences,
hasValue: boolean) => {
    if (!hasValue) {
      Logger.error(Const.REMINDER_AGENT_TAG, 'cancelReminder preferences value is
empty');
      return;
    }
    getPreferencesValue(preferences, reminder);
  });
```

```
  }

  function getPreferencesValue(preferences: preferences.Preferences, getKey: string) {
    preferences.get(getKey, -1).then((value: preferences.ValueType) => {
      if (typeof value !== 'number') {
        return;
      }
      if (value >= 0) {
        reminderAgent.cancelReminder(value).then(() => {
          Logger.info(Const.REMINDER_AGENT_TAG, 'cancelReminder promise success');
        }).catch((err: Error) => {
          Logger.error(Const.REMINDER_AGENT_TAG, `cancelReminder err: ${err}`);
        });
      }
    }).catch((error: Error) => {
      Logger.error(Const.REMINDER_AGENT_TAG, 'preferences get value error ' +
JSON.stringify(error));
    });
  }
```

13.4.5　数据库访问

本小节将对任务、成就、卡片和用户信息进行持久化，并提供对应表的增、删、改、查等操作。卡片信息持久化是为了持续刷新卡片；任务信息持久化则是为了持续显示任务信息，以方便用户打卡。

1.　数据库创建

健康生活应用中定义了一个 RdbHelperImp 类，用于对手机上的 SQLite 健康数据库进行操作。首先获取一个 rdbStore 模块来操作关系数据库，代码如例 13-20 所示。

例 13-20　关系数据库创建

```
// RdbHelperImp.ets
getRdb(context: Context): Promise<RdbHelper> {
  this.storeConfig = {
    // 配置数据库文件名、安全级别
    name: this.mDatabaseName, securityLevel: dataRdb.SecurityLevel.S1
  };
  return new Promise<RdbHelper>((success, error) => {
    dataRdb.getRdbStore(context, this.storeConfig).then(dbStore => {
      this.rdbStore = dbStore;  // 获取 rdbStore 模块
      success(this);
    }).catch((err: Error) => {
      Logger.error(`initRdb err : ${JSON.stringify(err)}`);
      error(err);
    })
  })
}
```

关系数据库接口提供的增、删、改、查操作均有 callback 和 Promise 两种异步回调方式，此处使用 Promise 异步回调，代码如例 13-21 所示。

例 13-21　回调式关系数据库操作

```
// RdbHelperImp.ets
insert(tableName: string, values: dataRdb.ValuesBucket | Array<dataRdb.ValuesBucket>):
Promise<number> {
  return new Promise<number>((success, error) => {
```

```
    Logger.info(`insert tableName : ${tableName}, values : ${JSON.stringify(values)}`);
    ...
    if (Array.isArray(values)) { // 如果插入一组数据，则批量插入
      Logger.info(`insert values isArray = ${values.length}`);
      this.rdbStore.beginTransaction();
      this.saveArray(tableName, values).then(data => {
        Logger.info(`insert success, data : ${JSON.stringify(data)}`);
        success(data);
        this.rdbStore.commit();
      }).catch((err: Error) => {
        Logger.error(`insert failed, err : ${err}`);
        error(err);
        this.rdbStore.commit();
      })
    } else {
      this.rdbStore.insert(tableName, values).then(data => {  // 调用 insert()接口插入数据
        Logger.info(`insert success id : ${data}`);
        success(data);
        this.rdbStore.commit();
      }).catch((err: Error) => {
        Logger.error(`insert failed, err : ${JSON.stringify(err)}`);
        error(err);
        this.rdbStore.commit();
      })
    }
  })
}

// 删除数据使用 delete()接口，实现代码如下
delete(rdbPredicates: dataRdb.RdbPredicates): Promise<number> {
  Logger.info(`delete rdbPredicates : ${JSON.stringify(rdbPredicates)}`);
  return this.rdbStore.delete(rdbPredicates);
}

// 更新数据使用 update()接口，实现代码如下
update(values: dataRdb.ValuesBucket, rdbPredicates: dataRdb.RdbPredicates): Promise
<number> {
  return this.rdbStore.update(values, rdbPredicates);
}

// 查找数据使用 query()接口，实现代码如下
query(rdbPredicates: dataRdb.RdbPredicates, columns?: Array<string>): Promise<dataRdb.
ResultSet> {
  Logger.info(`query rdbPredicates : ${JSON.stringify(rdbPredicates)}`);
  return this.rdbStore.query(rdbPredicates, columns);
}
```

例 13-21 所示代码中的数据库增、删、改、查都是利用 rdbStore 模块的增、删、改、查操作完成的，除了对 insert( )操作封装了批量插入和单条插入的功能。

至此，健康生活应用提供了 6 个基本的健康任务，分别是早起、喝水、吃苹果、每日微笑、睡前刷牙和早睡。用户可以选择开启或关闭某个任务，对开启的任务可以选择是否开启提醒，可在指定的时间段内提醒用户进行打卡；也可以选择任务的开启时间，如只在周一到周五开启等。需要记录每项任务的目标值和实际完成值，在用户打卡后判断任务是否已经完成，并记录在数据库中。因

此，需要创建一张存储每天健康任务信息的数据表。

2. 数据表创建及操作

根据 13.3.2 小节设计的表结构，创建对应的数据表，实现对相应数据的读、写操作。

（1）创建任务信息表

在 EntryAbility 的 onCreate( )方法中，通过 RdbUtils.createTable( )方法创建相应的表结构和初始化数据，如例 13-22 所示。

例 13-22　表格创建

```
export default class EntryAbility extends UIAbility {
  private static TAG: string = 'EntryAbility';

  async onCreate(Want, launchParam) {
    globalThis.abilityWant = Want;
    globalThis.launchParam = launchParam;

    RdbUtils.initDb(this.context, RDB_NAME.dbName);
    await RdbUtils.createDb();

    RdbUtils.createTable(DAY_INFO.tableName, columnDayInfoList).then(() => {
      Logger.info(`RdbHelper createTable dayInfo success`);
    }).catch(err => {
      Logger.error(`RdbHelper dayInfo err : ${JSON.stringify(err)}`);
    });

    RdbUtils.createTable(GLOBAL_INFO.tableName, columnGlobalInfoList).then(() => {
      Logger.info(`RdbHelper createTable globalInfo success`);
    }).catch(err => {
      Logger.error(`RdbHelper globalInfo err : ${JSON.stringify(err)}`);
    });
    RdbUtils.createTable(TASK_INFO.tableName, columnTaskInfoInfoList).then(() => {
      Logger.info(`RdbHelper createTable taskInfo success`);
    }).catch(err => {
      Logger.error(`RdbHelper taskInfo err : ${JSON.stringify(err)}`);
    });
    RdbUtils.createTable(FORM_INFO.tableName, columnFormInfoList).catch(err => {
      Logger.error(`RdbHelper formInfo err : ${JSON.stringify(err)}`);
    });
  }
}
```

健康任务信息数据表需要提供插入数据的接口，以在用户当天第一次打开应用时生成当天的健康任务信息数据，代码如例 13-23 所示。

例 13-23　提供插入数据的接口

```
export const columnTaskInfoInfoList: Array<ColumnInfo> = [
  new ColumnInfo('id', 'integer', -1, false, true, true),
  new ColumnInfo('date', 'TEXT', -1, false, false, false),
  new ColumnInfo('taskID', 'integer', -1, false, false, false),
  new ColumnInfo('targetValue', 'text', -1, false, false, false),
  new ColumnInfo('isAlarm', 'boolean', -1, false, false, false),
  new ColumnInfo('startTime', 'text', -1, false, false, false),
  new ColumnInfo('endTime', 'text', -1, false, false, false),
  new ColumnInfo('frequency', 'text', -1, false, false, false),
  new ColumnInfo('isDone', 'boolean', -1, true, false, false),
```

```
    new ColumnInfo('finValue', 'text', -1, false, false, false),
    new ColumnInfo('isOpen', 'boolean', -1, true, false, false)
  ];
  createTableSql(tableName: string, columns: Array<ColumnInfo>): string {
    let sql = `create table if not exists ${tableName}(`;
    for (let column of columns) {
      sql = sql.concat(`${column.name} ${column.type}`);
      sql = sql.concat(`${column.length && column.length > 0 ? `(${column.length})` : ''}`);
      sql = sql.concat(`${column.primary ? ' primary key' : ''}`);
      sql = sql.concat(`${column.autoincrement ? ' autoincrement' : ''}`);
      sql = sql.concat(`${column.nullable ? '' : ' not null'}`);
      sql = sql.concat(', ');
    }
    sql = `${sql.substring(0, sql.length - 2)})`;
    return sql;
  }
```

（2）更新任务信息

用户开启或关闭任务，改变任务的目标值、任务提醒时间、任务提醒频率等，以及用户打卡后修改任务的实际完成值等，都是通过更新数据接口来实现的，代码如例 13-24 所示。

例 13-24　更新数据接口

```
  updateDataByDate(taskInfo: TaskInfo, callback): void {
    const valueBucket = generateBucket(taskInfo);
    let predicates = new dataRdb.RdbPredicates(TASK_INFO.tableName);
    predicates.equalTo('date', taskInfo.date).and().equalTo('taskID', taskInfo.taskID);
    RdbUtils.update(valueBucket, predicates).then(result => {
      callback(result);
    });
    Logger.info('TaskInfoTable', `Update data {${taskInfo.date}:${taskInfo.taskID}}
finished.`);
  }
  function generateBucket(taskInfo: TaskInfo): dataRdb.ValuesBucket {
    let valueBucket = {};
    TASK_INFO.columns.forEach((item: string) => {
      if (item !== 'id') {
        valueBucket[item] = taskInfo[item];
      }
    });
    return valueBucket;
  }
```